Austin/Rover

Mini

850, 1000, 1100, 1275 ccm
Limousine, Clubman, Kombi, Cooper S, Cooper I
Vergaser- und Einspritzmotoren
Baujahre 1976 bis 1996

1 Allgemeines

1.1 Einleitung

Diese Reparaturanleitung befasst sich mit dem in der Geschichte des Automobilbaus bereits als Legende zu bezeichnenden "Mini", welcher seit der Erstvorstellung von Austin, British Leyland, "BL" und schliesslich jetzt von Rover gebaut wurde und weiterhin in der Produktion ist. Alle Fahrzeuge, ganz gleich welchen Zylinderinhalt sie haben, sind mit dem bewährten Motor der Serie A ausgerüstet. Praktisch gesehen wurde nur der 998 cm^3-Motor einer grösseren Änderung unterzogen, da dieser Motor in der jüngsten Vergangenheit in den Metro eingebaut wurde.
Das Kurbelgehäuse des Motors ist direkt an das Getriebegehäuse verschraubt, welches ebenfalls als Ölwanne dient, da Motor und Getriebe das gleiche Schmieröl verwenden. Beim Getriebe handelt es sich um ein vollsynchronisiertes Vierganggetriebe. Nur Modelle mit dem 998 cm^3-Motor sind wahlweise mit einer Viergang-Getriebeautomatik erhältlich.
Der Antrieb auf die Antriebswellen und damit die Vorderräder erfolgt über das ebenfalls im Getriebe untergebrachte Differential. Die Antriebswellen sind an beiden Enden mit Gleichlaufgelenken versehen.
Die Abbremsung des Fahrzeuges erfolgt normalerweise durch Bremsbacken/Trommeln an allen vier Rädern. Nur die Modelle 1275 GT und der Cooper S haben Scheibenbremsen an den Vorderräder. Ab ca. 1984 wurden auch vordere Scheibenbremsen in die verbleibenden Modelle eingebaut. Unterschiede gibt es ebenfalls in der Bremsanlage. Während am Anfang gebaute Fahrzeuge noch eine Einkreisbremsanlage hatten, wurde bald eine Zweikreisbremsanlage eingebaut.
Die Zahnstangenlenkung sowie die Einzelradaufhängung aller Räder gibt Ihnen die bekannten sicheren und positiven Fahreigenschaften.

1.2 Fahrzeugerkennung

Die Lage der verschiedenen Typenschilder wird Ihnen ja bekannt sein. Da es jedoch auch möglich ist, dass Sie vielleicht ein Fahrzeug aus zweiter Hand erstanden haben, werden Sie die entsprechenden Angaben in einem Schild auf der Schliessfläche der Motorhaube finden.
Jeder Motor hat ausser der Bezeichnung des Motortyps eine Seriennummer. Diese ist auf einem Blechschild eingeschlagen, welches auf der rechten Seite des Zylinderblocks befestigt ist.
Das Getriebe hat auch eine Seriennummer. Diese ist in eine Fläche des Getriebegehäuses unmittelbar unter dem Anlasser eingeschlagen.
Ebenfalls in die Schliessfläche der Motorhaube ist die Nummer des Aufbaus (Karosserie) eingeschlagen. Bei der Vielzahl der Modelle während der Produktionszeit des Minis, tut man gut daran, dass man dieser Nummer ebenfalls die notwendige Aufmerksamkeit schenkt.
Diese Nummern sind beim Bestellen von Ersatzteilen oder Austauschteilen unbedingt anzugeben. Der Fahrzeughersteller versucht immer

noch die Fahrzeugmodelle zu verbessern. Nur durch Angabe der besagten Nummern ist Ihr Ersatzteillieferant in der Lage, Ihnen die vorgeschriebenen Teile für die betreffende Ausführung Ihres Minis zu verkaufen.

1.3 Allgemeine Anweisungen bei Reparaturen

Die Beschreibungen in dieser Reparaturanleitung sind in einfacher Weise und allgemein verständlich gehalten. Wenn dem Text und den Abbildungen bei der Arbeit Schritt für Schritt gefolgt wird, dürften keine Schwierigkeiten auftreten.
Die Mass- und Einstelltabelle am Ende des Buches ist hierbei ein wichtiger Teil und muss bei allen Reparaturarbeiten am Fahrzeug hinzugezogen werden. Innerhalb der einzelnen Anleitungen werden die notwendigen Massangaben oder Einstellwerte nicht immer angeführt, weshalb in der genannten Tabelle nachzuschlagen ist. Es sei besonders darauf hingewiesen, dass man unter dem in Frage kommenden Modell, bzw. Motor nachlesen muss, um jegliche Fehler zu vermeiden.
Einfache Handgriffe, wie z.B. "Motorhaube öffnen" vor Arbeiten im Motorraum, oder "Radmuttern lösen" vor Arbeiten an den Radbremsen werden nicht immer erwähnt, da diese als selbstverständlich vorausgesetzt werden.
Dagegen befasst sich der Text ausführlich mit schwierigen Arbeiten, die in allen Einzelheiten beschrieben sind. Eine Reihe wichtiger Hinweise, die bei jeder Reparaturarbeit beachtet werden sollten:

- Schrauben und Muttern sind in sauberem Zustand und leicht eingeölt zu verwenden. Mutternflächen und Gewindegänge immer auf Beschädigung untersuchen und vorhandene Grate entfernen. Im Zweifelsfall neue Schrauben oder Muttern verwenden. Einmal gelöste, selbstsichernde Muttern sollten immer erneuert werden. Auf keinen Fall dürfen Muttern und Schrauben entfettet werden.
- Stets die in der Anzugsdrehmoment-Tabelle angeführten Anzugsdrehmomente beachten. Diese Werte sind nahezu in den gleichen Gruppen zusammengefasst, die auch die Kapitel dieser Reparaturanleitung bilden und lassen sich somit leicht auffinden. Bestimmte Bilder in dieser Ausgabe geben ausserdem die Anzugsdrehmomente von Schrauben und Muttern an, wodurch es Ihnen ermöglicht wird, das Anziehen von Befestigungen schnell durchzuführen.
- Alle Dichtscheiben, Dichtungen, Sicherungsbleche, Sicherungsscheiben, Splinte und 'O'-Dichtringe (Rundschnurringe) sind beim Zusammenbau zu erneuern. Öldichtringe (Radialdichtringe, Simmerringe) sollten ebenfalls erneuert werden, sofern die Welle aus dem Dichtring genommen wurde. Die Lippe eines Dichtringes ist vor dem Zusammenbau mit Fett einzuschmieren. Man muss darauf achten, dass sie beim Einbau in die Richtung weist, aus welcher Öl oder Fett austreten kann.
- Bei Hinweisen auf die linke oder rechte Seite des Fahrzeuges wird angenommen, dass man aus der Fahrtrichtung bei Vorwärtsfahrt die Seitenbezeichnung ableiten kann, analog der Begriffe "vorn" und "hinten". Im Zweifelsfall wird im Text nochmals eine Erläuterung gegeben.
- Ganz besonders ist darauf zu achten, dass zu Arbeiten an den Bremsen, an der Radaufhängung oder allgemein an der Unterseite des Fahrzeuges für eine sichere Abstützung des hochgebockten Wagens gesorgt ist. Kapitel 1.5 sollte durchgelesen werden, ehe man das Fahrzeug aufbockt. Der Bordwagenheber ist nur für den Radwechsel unterwegs vorgesehen. Falls er dennoch bei Reparaturen zur Hilfe genommen wird, ist lediglich der Wagen damit anzuheben und dann auf geeignete Montageböcke abzulassen. Derartige, dreibeinige Unterstellböcke sollen zur Sicherheit auch unter dem Fahrzeug plaziert werden, wenn ein Garagenwagenheber zur Verfügung steht. Ziegelsteine sollten zum Unterbauen nicht verwendet werden, allenfalls Hohlblocksteine wegen ihren grösseren Auflageflächen, doch sind dann zwischen Fahrzeug und Steine noch genügend starke Bretter zu legen.
- Fette, Öle, Unterbodenschutz und alle mineralischen Substanzen wirken auf die Gummiteile des Fahrwerks und der Bremsanlage aggressiv. Besonders von Teilen der hydraulischen Anlage sind solche Mittel, zu denen auch Kraftstoff gehört, fernzuhalten. Für Reinigungsarbeiten an der Bremsanlage soll nur Bremsflüssigkeit oder Spiritus verwendet werden. Hierbei sei aber darauf verwiesen, dass Bremsflüssigkeit giftig ist und z.B. auf lackierte Flächen ätzend wirkt.
- Zur Erzielung der besten Reparaturergebnisse ist die Verwendung von Original-Ersatzteilen Voraussetzung. Um späteren Schwierigkeiten aus dem Wege zu gehen, muss der Einbau irgendwelcher Fremdprodukte unterbleiben. Ausnahmen sind nur bei Teilen der elektrischen Anlage gegeben oder falls das Herstellerwerk dementsprechende Freigaben macht.
- Bei Bestellungen von Ersatz- und Austauschteilen müssen die genaue Modellbezeichnung mit Fahrgestellnummer, gegebenenfalls die Motornummer und das Baujahr angegeben werden. Damit beschleunigt man die Bestellung und

das Beziehen von falschen Teilen wird verhindert.
- Alle Arbeiten am Auto, besonders solche an der Bremsanlage und an der Lenkung sowie Radaufhängung, sind mit Sorgfalt und Umsicht durchzuführen. Die Verkehrssicherheit des Fahrzeuges muss nach jeder Reparatur ohne Ausnahme gewährleistet sein.

1.4 Arbeitsbedingungen und Werkzeuge

Um Reparaturarbeiten durchzuführen, benötigt man einen sauberen, gut beleuchteten Arbeitsplatz, der mit einer Werkbank und Schraubstock versehen ist. Es soll auch genügend Raum vorhanden sein, um die verschiedenen Teile auszulegen und zu ordnen, ohne dass man sie immer wieder wegräumen muss. In einer gut ausgerüsteten Werkstatt lässt sich gemütlich und ohne Hast arbeiten, die Maschine kann in einer sauberen Umgebung zerlegt und wieder zusammengebaut werden. Leider verfügt aber nicht jeder über einen solchen idealen Arbeitsplatz und dementsprechend muss auch da und dort improvisiert werden. Um diesen Nachteil auszugleichen, muss besonders viel Zeit und Sorgfalt aufgewendet werden.
Als weiteres benötigt man unbedingt einen möglichst vollständigen Satz Qualitätswerkzeuge. Qualität ist hier oberstes Gebot, da billiges Werkzeug auf lange Sicht eher teuer werden kann, falls man damit abrutscht oder es zerbricht und dabei teuren Schrott baut. Ein gutes Qualitätswerkzeug wird sich lange verwenden lassen und rechtfertigt in jedem Falle die Anschaffungskosten. Die Grundlage des Werkzeugsatzes ist ein Satz Gabelschlüssel, die sich an jedem gut zugänglichen Teil des Fahrzeuges ansetzen lassen. Ein Satz Ringgabelschlüssel stellt einen wünschenswerten Zusatz dar, die sich besonders bei festsitzenden Schrauben und Muttern verwenden lassen, oder wo die Platzverhältnisse ungünstig sind.
Um die Kosten tief zu halten, kann man sich auch mit einem Satz kombinierter Ringgabelschlüssel behelfen, diese tragen an einem Ende eine Gabelöffnung und am anderen einen Ring von der gleichen Weite. Bild 1 zeigt derartige Schlüssel.
Stecknüsse (-einsätze) stellen ebenfalls eine lobenswerte Investition dar. Vorausgesetzt, dass der Aussendurchmesser der Nüsse nicht allzu gross ist, können auch sehr versteckt oder in Vertiefungen sitzende Muttern und Schrauben gelöst werden.
Weitere benötigte Werkzeuge sind ein Satz Kreuzschlitzschraubenzieher, Zangen und ein Hammer. Im Automobilbau werden mehr und mehr Schrauben mit sogenannten "Torx"-Köpfen verwendet. Zum Lösen derartiger Schrauben wird ein spezieller Stecknussatz benutzt, der wie normale Sechskant-Stecknussätze Einsätze verschiedener Grösse hat (mit "T" bezeichnet, gefolgt von einer Zahl, z.B. "T40" oder "T50").

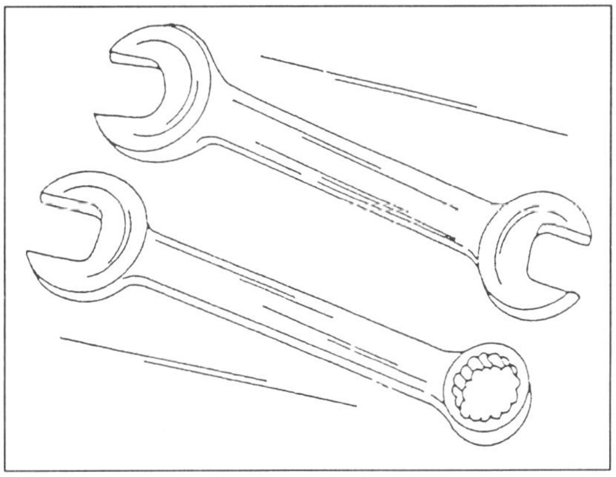

Bild 1
Ansicht eines doppelseitigen Gabelschlüssels (oben) und eines Ringgabelschlüssels (unten). Immer darauf achten, dass die Schlüsselweite der Grösse der Mutter oder des Schraubenkopfes entspricht.

Zusätzlich zur Grundausrüstung kann man sich noch ein paar speziellere Werkzeuge beschaffen, die sich meistens als unschätzbare Hilfe erweisen, besonders wenn man gewisse Reparaturen immer wieder durchführen muss. Damit lässt sich also recht viel Zeit ersparen. Als Beispiel sei hier einmal der Schlagschraubenzieher erwähnt, ohne den sich die maschinell angezogenen Kreuzschlitzschrauben kaum lösen lassen, ohne dass man sie dabei beschädigt. Selbstverständlich kann er auch zum Anziehen verwendet werden, um einen öl- und gasdichten Sitz zu gewährleisten. Ebenfalls oft benötigt werden Seegerringzangen, da Getriebeäder, Wellen und ähnliche Teile meist durch Sicherungsringe gehalten werden, die sich mit einem Schraubenzieher nur schwer entfernen lassen. Es sind zwei Typen von Seegerringzangen erhältlich, einer für die Aussensicherungsringe, welche mit der in Bild 2 gezeigten Zange geöffnet werden, und einer für Innensicherungsringe. Sie sind mit geraden oder abgewinkelten Klauen erhältlich. Eines der nütz-

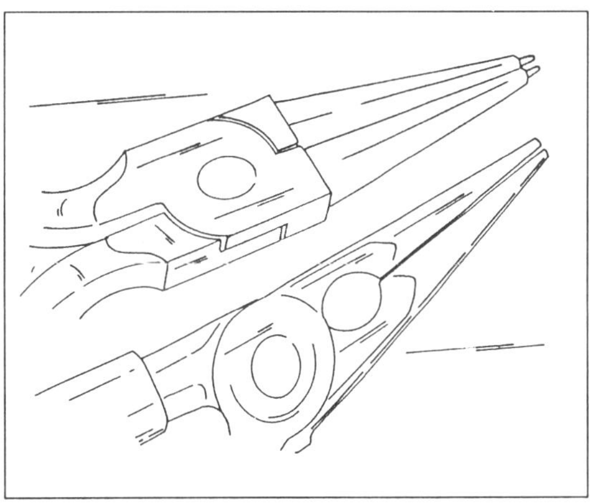

Bild 2
Seegerringzangen sehen wie im oberen Bild gezeigt aus. Die gezeigte Ausführung öffnet Aussensprengringe. Das untere Bild zeigt eine manchmal erwähnte Spitzzange.

lichsten Werkzeuge ist der Drehmomentschlüssel, eigentlich eine Art Schraubenschlüssel, der so eingestellt werden kann, dass er durchrutscht, wenn ein gewisses Anzugsdrehmoment einer Schraube oder Mutter erreicht ist. Derartige Schlüssel sind ebenfalls mit einem Zeiger erhältlich, welcher das erreichte Drehmoment anzeigt. Anzugsdrehmomente werden in jedem modernen Werkstatthandbuch oder jeder Reparaturanleitung aufgeführt, so dass auch besonders komplexe Baugruppen oder Komponenten, wie z.B. ein Zylinderkopf, angezogen werden können, ohne dass man Beschädigungen oder Lecks infolge Verzugs befürchten muss. Falls Sie das erste Mal am Auto arbeiten, können Sie anhand von Bild 3 sehen, wie ein solcher Drehmomentschlüssel aussieht.

Je höher entwickelt ein Automodell ist, desto mehr Werkzeuge benötigt man, um es im Do-it-yourself-Verfahren immer im bestmöglichen Zustand zu halten. Leider lassen sich aber einige ganz spezielle Arbeiten nicht ohne die richtige Ausrüstung durchführen, für die man meist tief in die Tasche greifen muss, wenn man diese Arbeiten nicht einem Spezialisten gegen ein gewisses Entgelt übergeben will. Hier ist auch eine gewisse Vorsicht am Platze, es gibt nun einfach verschiedene Arbeiten, die man am besten einem Fachmann überlässt. Obwohl ein Vielfachmessgerät zum Aufspüren von elektrischen Schäden eine grosse Hilfe darstellt, kann es in ungeübten Händen grossen Schaden anrichten.

Obschon in dieser Reparaturanleitung gezeigt wird, wie sich verschiedene Komponenten auch ohne Spezialwerkzeuge aus- und wieder einbauen lassen (falls nicht unbedingt nötig) empfiehlt es sich, die Anschaffung der gebräuchlichsten Spezialwerkzeuge in Betracht zu ziehen. Dies wird sich besonders dann lohnen, wenn man das Auto über längere Zeit behalten will. In Bild 3 sind einige der gebräuchlichsten Werkzeuge und Hilfswerkzeuge gezeigt, die man immer wieder brauchen wird. Man sollte sich diese im Laufe der Zeit anschaffen, wenn man die Absicht hat sein Auto selbst zu pflegen.

Auch mit den vorgeschlagenen, improvisierten Methoden und Werkzeugen lassen sich verschiedene Teile ohne Gefahr von Beschädigung aus- und einbauen. In jedem Fall lässt sich mit den Spezialwerkzeugen, die vom Hersteller produziert und verkauft werden, eine Menge Zeit (und Ärger) sparen.

Ehe man irgendwelche Arbeiten an einem Fahrzeug durchführt, raten wir Ihnen, die folgenden Hinweise gründlichst durchzulesen und vielleicht einzuprägen, damit Sie vor allen Verletzungen, gleich welcher Art, bewahrt werden:

- Auf einen einzelnen Wagenheber kann man sich nie hundertprozentig verlassen. Immer zusätzliche Böcke unterstellen. Zwei übereinandergelegte, abgeschraubte Räder kann man z.B. auf der Seite der Reparatur entweder vorn oder hinten unterlegen, falls keine Böcke zur Verfügung stehen. Ein abrutschender Wagen wird dann wenigstens auf den Rädern landen.
- Niemals die Räder oder Achsmuttern anzie-

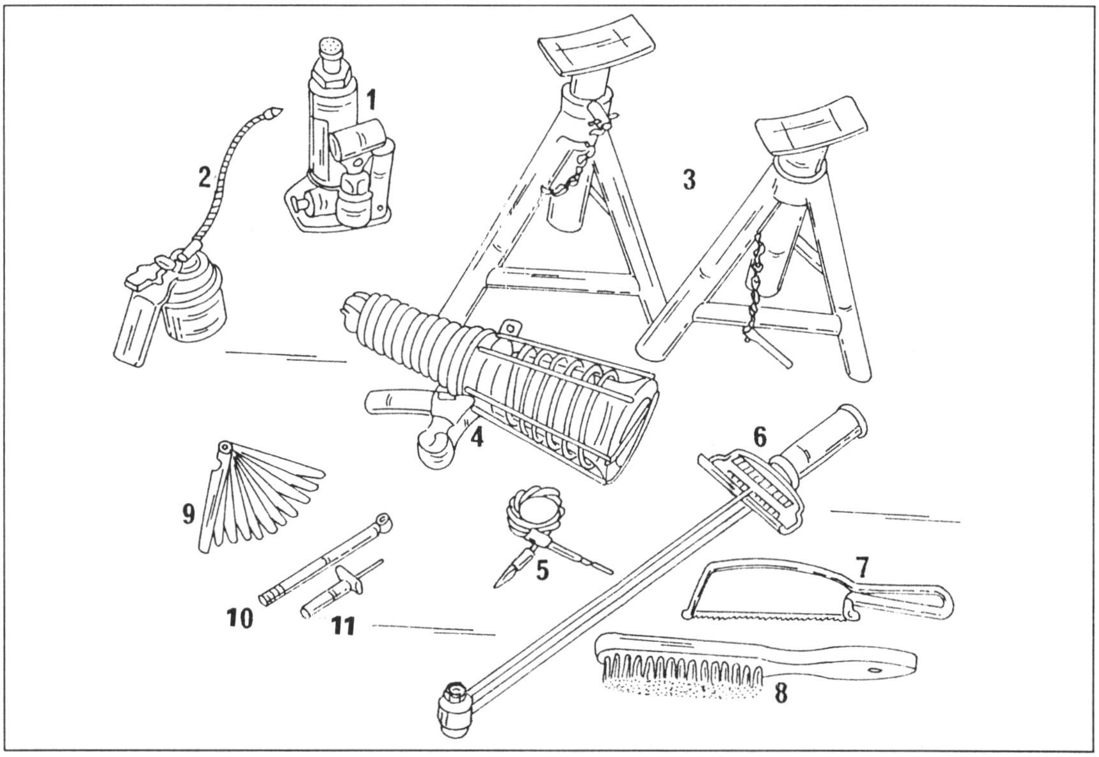

Bild 3
Vorgeschlagene Werkzeuge und Hilfswerkzeuge zur Pflege und Reparatur Ihres Fahrzeuges.
1 Hydraulischer Heber
2 Ölkanne
3 Unterstellböcke
4 Elektrische Handlampe
5 Prüflampe (12 Volt)
6 Drehmomentschlüssel
7 Mini-Säge
8 Drahtbürste
9 Blattfühlerlehren
10 Reifendruckfühler
11 Reifenprofilmesser

hen, wenn das Fahrzeug aufgebockt ist.

- Niemals den Verschlussdeckel des Kühlers bei heissem Motor öffnen. Falls es unumgänglich ist, einen dicken Lappen um den Deckel legen und diesen bis zur ersten Raste lösen, damit der Dampf entweichen kann.
- Niemals das Motoröl/Getriebeöl ablassen, wenn das Fahrzeug bis zum letzten Moment gefahren wurde. Motoröl nur entsprechend der geltenden Vorschriften entsorgen, auf keinen Fall wegschütten.
- Keine Bremsflüssigkeit oder Frostschutzmittel auf Lackstellen tropfen lassen. Die hinterlassenen Flecke lassen sich nur schwer oder nicht entfernen.
- Keinen Bremsstaub einatmen. Obwohl Beläge und Bremsklotzmaterial jetzt meistens asbestfrei hergestellt sind, schadet dies trotzdem Ihrer Gesundheit. Falls Sie Pressluft zum Ausblasen von Bremsen benutzen, kann man den Kopf von der Staubstelle wegdrehen. Erkundigen Sie sich über die Erhältlichkeit von Sprays, mit denen man die Bremsteile absprüht, um die Staubentwicklung zu vermeiden (Autozubehörgeschäft oder Werkstatt).
- Öl- oder Fettreste sofort vom Boden abwischen, ehe Sie selbst oder andere Leute darauf ausrutschen.
- Keine Schlüssel falscher Schlüsselweite oder ausgeweitete Schlüssel zum Lösen von festsitzenden Muttern oder Schrauben benutzen. Ein Abrutschen bedeutet in den meisten Fällen eine Verletzung. Offene Wunden auf jeden Fall "verpflastern" lassen, ehe Schmutz oder Öl usw. eindringen kann.
- Niemals ein sehr schweres Teil des Fahrzeuges allein heben — erbitten Sie sich Hilfe.
- Kinder oder Haustiere auf keinen Fall in Wagennähe lassen, wenn an diesem eine Reparatur durchgeführt wird.
- Falls Arbeiten am Auspuff durchgeführt werden sollen, muss man ihn vorher abkühlen lassen.
- Schutzbrillen sind bei Arbeiten mit elektrisch betriebenen Geräten, wie z.B. Bohr- oder Schleifmaschinen, zu tragen. Eine solche Brille wäre auch nicht am falschen Platze, wenn man sich zum Arbeiten unter das Fahrzeug legen muss.
- Besorgen Sie sich eine gute Handschutzcreme, um die Hände vor schmutzigen Arbeiten einzureiben. Abgesehen von leichterer Reinigung bietet sie einen bestimmten Schutz gegen Altöl oder andere korrosive Mittel.
- Krawatten haben bei Arbeiten am Auto keinen Platz. Ebenfalls lange Hemdsärmel oder andere lose Kleidungsstücke fern von sich bewegenden Teilen halten. Lange Haare während der Arbeit festbinden. Fingerringe und Armbanduhren am besten abziehen. Abgesehen davon, dass man daran hängenbleiben kann, bieten sie auch einen Leiter für die elektrische Anlage.
- Den Arbeitsplatz von unnötigen Teilen befreien. Ein Stolpern wird dadurch offensichtlich weitgehend verringert.
- Falls es möglich ist, arbeiten Sie niemals allein an einem Fahrzeug. Familie, Freunde oder Bekannte können öfters mal kurz nachschauen, ob alles in Ordnung ist.
- Niemals versuchen eine Arbeit überhastet zu Ende zu führen. Viele Radmuttern wurden lose gelassen, um das Fahrzeug wieder schnell zum Fahren zu bringen.
- Niemals in der Nähe des Fahrzeuges rauchen oder andere rauchende Personen in die Nähe lassen. Ebenfalls aus diesem Grund sollte man die Batterie abklemmen, wenn Kraftstoffleitungen abgeschlossen werden. Mit Metallgegenständen hergestellte Kurzschlüsse könnten zu Funkenbildung führen. Sicherheitshalber sollten Sie einen Handfeuerlöscher bereit haben.
- Eine Handlampe niemals auf den Motor auflegen, um besser zu sehen. Bestimmte Handlampen entwickeln grosse Wärme und könnten Teile am Motor verbrennen, obwohl man annimmt, dass sie durch den Drahtkäfig geschützt werden.

Falls Sie die angeführten Hinweise sorgfältig beachten, sollten bei den im Buch beschriebenen Arbeiten keine Verletzungen Ihrer Person oder Beschädigung des Fahrzeuges auftreten.

Achtung: Schlechte Werkzeuge führen in den meisten Fällen zu Verletzungen oder Beschädigung von Muttern, Schrauben usw. Unbedingt vermeiden. Die Anschaffung einer guten Werkzeugausrüstung ist ein guter Anfang zur Selbstpflege des Autos.

1.5 Fahrzeug richtig aufbocken

Als erstes gilt, dass man sich vergewissern muss, dass sich der Wagenheber zwischen den untersten Teilen des Fahrzeuges und dem Boden einschieben lässt. Aufgrund der Konstruktion darf ein Wagenheber, einschliesslich eines Rollwagenhebers, nur unter der Seite der Karosserie angesetzt werden. Der Bordwagenheber dient zum Anheben einer Seite des Fahrzeuges, wenn er in die Ansatzstellen eingesetzt wird. Falls die Karosserie jedoch nicht mehr im besten Zustand ist oder die Aufnahmeöffnungen für den Wagenheber sind verstopft oder beschädigt, kann man sich eines Scherenwagenhebers oder Öldruckhebers bedienen, den man an geeigneter Stelle unter dem Nebenrahmen ansetzt.
Sehr einladend ist es einen Rollwagenheber unter dem Motor/Getriebeblock anzusetzen. Dies wird im allgemeinen nicht empfohlen, jedoch kann man es schon mal durchführen, wenn man einen Holzklotz zwischen Block und Wagenheberkopf einsetzt.

Die Handbremse anziehen und zur Sicherheit einen Ziegelstein auf der gegenüberliegenden Seite unter das Hinterrad und das Vorderrad unterlegen.

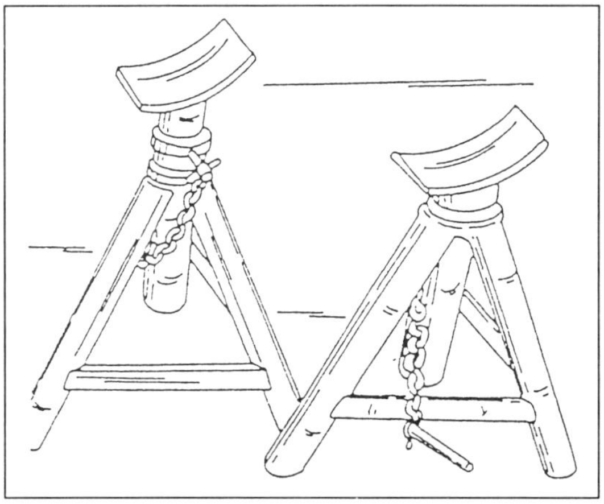

Bild 4
Dreibeinige Unterstellböcke sind die beste Lösung zum Aufbocken eines Fahrzeuges. Wichtig dabei ist, dass der zum Verstellen der Höhe benutzte Bolzen kräftig genug ist, um das Fahrzeug zu tragen.

Vor Aufbocken der Rückseite des Fahrzeuges bei eingebautem Schaltgetriebe den Rückwärtsgang oder bei eingebauter Schaltautomatik den Wählhebel in die Parkstellung schalten, damit der Wagen nicht von den Böcken rollen kann.

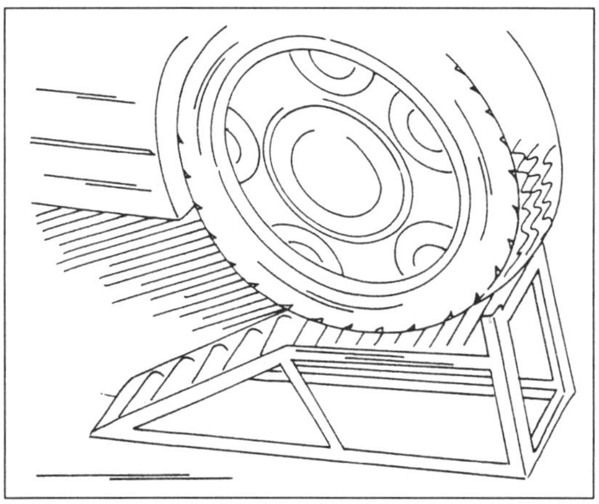

Bild 5
Die Räder können auf Auffahrrampen gefahren werden, um an Teile unter dem Fahrzeug heranzukommen.

Unbedingt darauf achten, dass die Bodenfläche, auf welcher das Fahrzeug aufgebockt werden soll, nicht zu weich ist, damit der Wagenheber oder die Böcke nicht in den Boden einsinken können. Ein breites Stück Holz, unter die Räder eines Rollwagenhebers (Rangierwagenhebers) untergelegt, wird diese Gefahr weitgehend verringern. Das gleiche trifft auf den Bordwagenheber zu. Manchmal sieht der Boden fest aus, bis man feststellt, dass die Räder des Wagenhebers langsam einsinken.
Unterstellböcke können nur unter die Seite der Karosserie untergesetzt werden, jedoch sind diese entsprechend zu schützen, damit sie die Karosserie nicht beschädigen können. Ein Stück alter Autoreifen eignet sich vortrefflich zum Einlegen zwischen Unterstellbock und Karosserie. Zu verwenden sind dreibeinige Unterstellböcke, wie man sie in Bild 4 sehen kann. Dabei darauf achten, dass der Verstellbolzen zur Höheneinstellung die genügende Festigkeit hat. Keine beliebigen Schrauben einstecken, falls sich der ursprüngliche Bolzen von der Kette gelöst hat.
Auffahrrampen sind die besten Auffahrmöglichkeiten für ein Fahrzeug, da man sich einen Wagenheber ersparen kann. Beim Auffahren natürlich darauf achten, dass man die Rampen genau vor die Räder stellt, um die genaue Richtungstreuigkeit zu erhalten. Zur zusätzlichen Sicherheit sollten die Rampen eine Mulde für die Räder in der Standfläche haben. In Bild 5 kann man sehen, wie ein Rad auf einer derartigen Auffahrrampe aufsitzen muss. Je nach Radseite die Handbremse anziehen oder Gang einlegen.

1.6 Wartungs- und Pflegearbeiten

Die meisten der Wartungsarbeiten können selbst durchgeführt werden. Manchmal ist es jedoch zweckmässiger, die Wartung in einer Werkstatt durchführen zu lassen, d.h. es fehlen die notwendigen Einrichtungen oder Erfahrungen, Messgeräte sind erforderlich oder die Werkstatt kann die Arbeit einfach schneller durchführen. Dies giilt besonders bei den technisch weiter entwickelten Fahrzeugen mit Kraftstoffeinspritzung zum Beispiel. Vor allem wichtig sind die regelmässigen Inspektionen und Kontrollen, welche zur Werterhaltung Ihres Fahrzeuges beitragen. Einige davon sind untenstehend angeführt. Nach einer bestimmten Fahrleistung oder nach Ablauf einer gewissen Zeit durchzuführende Wartungsarbeiten werden in den entsprechenden Kapiteln beschrieben. Ihr Wartungsscheckheft wird Ihnen die Zeitabstände angeben, bei welchen bestimmte Arbeiten durchzuführen sind, d.h. alle 12 Monate oder ca. alle 15 000 km ist ein Inspektionsdienst durchzuführen. Ein grosser Service sollte alle 40 000 km oder 24 Monate erfolgen.

1.6.1 Motorölstand kontrollieren/Ölwechsel

Der Stand des Motoröls sollte etwa alle 600 km, mindestens aber einmal in der Woche, kontrolliert werden. Das Fahrzeug muss auf einer ebenen Fläche abgestellt und der Motor muss warm sein. Obwohl Ihnen bekannt sein wird, wie man den Ölstand kontrolliert, gibt es jedoch Fälle, dass beim Kauf eines Zweithandwagens die Betriebsanleitung nicht dabei ist, so dass man den Ölmessstab das erste Mal sieht.
Zur Kontrolle den Ölmessstab herausziehen und

mit einem sauberen Lappen abwischen. Den Messstab nochmals hineinschieben und ihn wieder herausziehen. Das Öl muss zwischen der oberen und unteren Markierung liegen (Bild 6). Auf keinen Fall den Motor überfüllen, d.h. das Öl darf nicht über die obere Marke steigen (schadet dem Katalysator, falls einer eingebaut ist).
Die Einfüllstelle für das Motoröl wird Ihnen ja aus der Betriebsanleitung bekannt sein. Obwohl der Verschlussdeckel an einem Kunststoffband hängt, sollte man den Deckel nicht daran herunterhängen lassen, damit kein Schmutz daran anhaften kann. Bei der Kontrolle den Dichtring des Deckels überprüfen.
Alle 20 000 km oder mindestens einmal alle 12 Monate müssen das Motoröl sowie der Ölfilter gewechselt werden. Die Wartungsintervalle beziehen sich auf einen als normal anzusehenden Fahrzeugbetrieb.
Zum Ablassen des Öls das Fahrzeug vorn auf Böcke setzen oder auf Auffahrrampen fahren. Den Ölablassstopfen aus der Seite des Getriebes ausschrauben. Um das Ablaufen des Öls zu beschleunigen, entweder den Öleinfüllverschlussdeckel oder den Ölmessstab herausziehen. Das Motoröl sollte warm, jedoch nicht heiss sein. Nach Ablaufen des Öls den Ablassstopfen reinigen und wieder einschrauben.
Das vorgeschriebene Motoröl einfüllen, bis durch die Kontrolle am Ölmessstab angezeigt wird, dass der richtige Ölstand hergestellt wurde.
Auf den Ölfilterwechsel wird im betreffenden Kapitel eingegangen.

1.6.2 Flüssigkeitsstand für Bremsanlage und Kupplungsanlage kontrollieren

Die Behälter für die Bremsflüssigkeit und die Flüssigkeit der Kupplungsanlage sind getrennt. Beide sitzen nebeneinander im Motorraum an der in Bild 7 gezeigten Stellen. Der Vorratsbehälter ist nicht, wie heutzutage gängig, durchsichtig, d.h. man muss die Verschraubung des entsprechenden Vorratsbehälters öffnen, um sich zu überzeugen, ob ein Nachfüllen erforderlich ist.
Nur frische Bremsflüssigkeit nachfüllen, die der vom Hersteller vorgeschriebenen Norm entsprechen muss. Stark verschmutzte Verschlussdeckel und/oder Vorratsbehälter müssen vorher einwandfrei gereinigt werden.
Falls der Flüssigkeitsstand unerwartet niedrig vorgefunden wird, kann man annehmen, dass die Beläge der Bremsbacken bzw. Bremsklötze der Scheibenbremsen abgenutzt sind.
Bremsflüssigkeit ist in der Lage Wasser aufzunehmen, wodurch unter anderem der Siedepunkt der Bremsflüssigkeit herabgesetzt wird. Grundsätzlich gilt, dass man nur in einer verschlossenen Dose gelagerte Flüssigkeit einfüllen darf. *Aus diesem Grund ist es auch immer angebracht die Flüssigkeit in der Anlage alle 2 Jahre zu wechseln, auch wenn die Bremsanlage einwandfrei arbeiten sollte.*

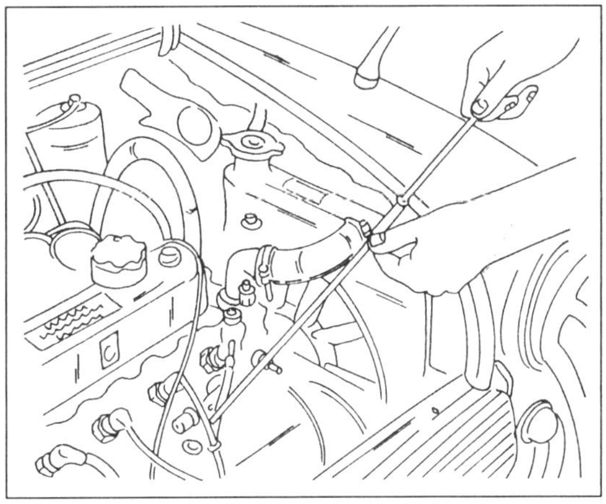

Bild 6
Kontrolle des Ölniveaus von Motor und Getriebe. Gemessen wird nur am Ölmessstab des Motors. Das Öl muss innerhalb der angegebenen Markierungen liegen.

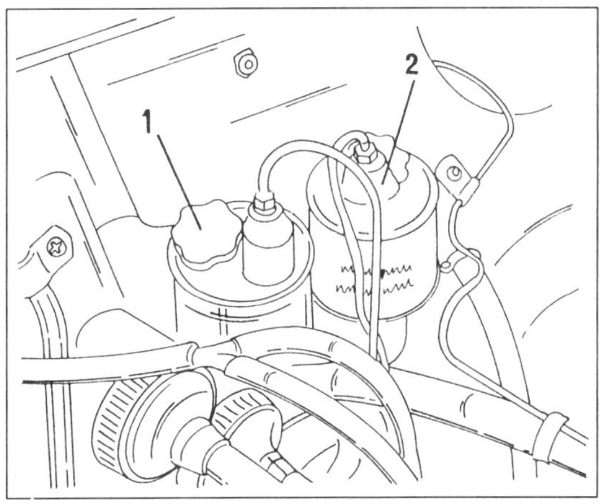

Bild 7
Die Vorratsbehälter von Hauptbremszylinder (1) und Kupplungsgeberzylinder (2) sitzen nebeneinander im Motorraum.

1.6.3 Bremsleuchten überprüfen

Die Arbeitsweise der Bremsleuchten kann mit Hilfe einer zweiten Person oder auch allein kontrolliert werden. Bei der ersten Methode auf die Bremse treten, während die zweite Person das Aufleuchten der Lampen kontrolliert. Sind Sie allein, rückwärts vor die Garagentür fahren und auf die Bremse treten. Die Lampen scheinen rot gegen die Garagentür. Falls eine Lampe nicht aufleuchtet, die Glühbirne ersetzen; leuchten beide Lampen nicht auf, könnte der Bremslichtschalter defekt sein, da es nur selten ist, dass beide Glühbirnen durchgebrannt sind. Die entsprechende Überprüfung der Bremsanlage vornehmen.

1.6.4 Beleuchtung kontrollieren

Alle Beleuchtungskörper (einschliesslich der Hupe und Warnblinkanlage) der Reihe nach durchschalten und deren Funktion kontrollieren. Rücklichter und Rückfahrscheinwerfer (falls eingebaut) können am besten im Dunkeln vor der Garagentür kontrolliert werden, ohne dass man aus dem Fahrzeug aussteigt.

1.6.5 Reifendruck kontrollieren

Den Reifendruck an einer Tankstelle kontrollieren, es sei denn, Ihnen stehen ein Reifendruckprüfer und ein kleiner Luftkompressor zur Verfügung (den man in der Dose für den Zigarrenanzünder anschliessen kann). Falls Sie den Druck nicht kennen, können Sie anhand der Tabellen an Tankstellen leicht feststellen, welcher Druck für Ihr Fahrzeug erforderlich ist.

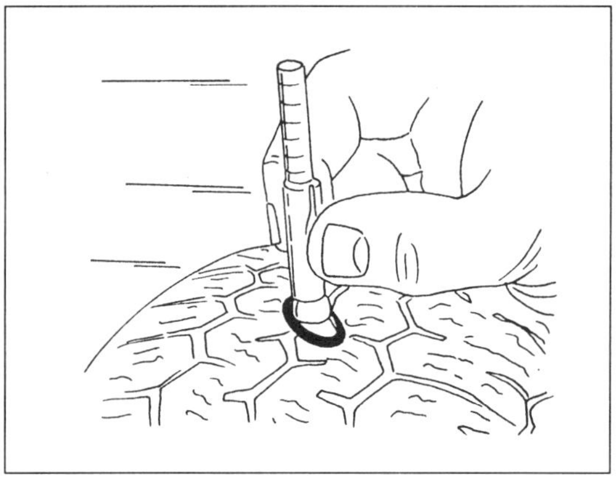

Bild 8
Kontrolle der Profiltiefe der Reifen mit der Messlehre.

Werden die Reifendrücke im warmen Zustand kontrolliert, kann der Druck 0,2 bis 0,3 bar höher liegen. Auf keinen Fall Luft herauslassen, um den Druck zu senken.
Nach einer gewissen Kilometerleistung sollte man die verbleibende Profiltiefe des Reifens kontrollieren. Von Reifenherstellern werden dazu kleine Messlehren hergestellt, die in Bild 3 gezeigt wurde (Pos. 11) und wie in Bild 8 gezeigt auf den Reifen aufgesetzt wird. Aus der Anzeige kann man die Tiefe des Reifenprofils erhalten, welche laut Gesetz nicht weniger als 1,6 mm betragen darf.

1.6.6 Luftfiltereinsatz/Vergaserdämpfer

Der Luftfiltereinsatz sollte ca. alle 20 000 km oder 12 Monate erneuert werden. In staubigen Gegenden sind die Intervalle entsprechend zu verringern. Das Auswechseln des Filtereinsatzes wird im betreffenden Kapitel beschrieben.
Unter dem Luftfilterdeckel sitzt der mit einer Kappe versehene Vergaser. Die unter der Kappe liegende Bohrung ist mit Öl gefüllt. Alle 10 000 km oder alle 6 Monate sollte man den Ölstand in dieser Bohrung kontrollieren. Auch diese Arbeit wird im Kapitel über den Vergaser erwähnt.

1.6.7 Ventilspiele einstellen/Zündkerzen

Das Einstellen der Ventilspiele ist beim Mini als Wartungsarbeit anzusehen. Alle 20 000 km oder einmal im Jahr sollte man das Spiel der Ventile kontrollieren und ggf. einstellen, wie es im entsprechenden Kapitel beschrieben ist. Auf den Zustand der Zylinderkopfhaubendichtung achten.
Nachdem die Ventilspiele eingestellt wurden, kann man die Gelegenheit nehmen, um die sowieso ausgeschraubten Zündkerzen zu erneuern.

1.6.8 Radaufhängung abschmieren

Die Radaufhängung ist vorn und hinten an verschiedenen Stellen mit Fettschmiernippeln versehen. Alle 10 000 km oder alle 6 Monate sollte man die Nippel an den folgenden Stellen abschmieren:

- Zwei Nippel an den Achsschenkeln der Vorderradnaben. Ein Nippel sitzt an der Oberseite, einer an der Unterseite.
- Ein Fettschmiernippel sitzt an jedem inneren Lagerbolzen des oberen Querlenkers.
- Ein Nippel an der Gelenkstelle des hinteren Lenkerarms. Bei älteren Modellen ist dieser mit einem Gummistopfen verdeckt.

1.7 Schmiermittel, Dichtungsmasse, "Loctite", etc.

Jeder Autohersteller empfiehlt die Verwendung von bestimmten Schmiermitteln, die während der Produktion auf das Fahrzeug abgestimmt worden. Dies trifft ebenfalls auf Rover zu und aus diesem Grund halten wir uns bei Reparaturen an die vom Hersteller angegebenen Schmieröle, Fette und dergleichen.
Oft wird einfach der Ausdruck "Gewindesicherungsmittel" oder "Loctite" erwähnt. Bei diesem handelt es sich um eine Sicherungsflüssigkeit für Muttern- und Schraubengewinde, die ein Lösen von angezogenen Verbindungen verhindert. Obwohl im Text nur auf "Loctite" eingegangen wird, sollten Sie wissen, dass verschiedene Ausführungen zur Verfügung stehen. Ihr Ersatzteillager wird Sie über die Erhältlichkeit dieser Sicherungsmittel unterrichten.
Oftmals kommt es jedoch vor, dass andere, ebenfalls geeignete Mittel zum Sichern von Gewindeverbindungen benutzt werden. Auch hier

sollten Sie in der Lage sein, dies in der Werkstatt zu erfahren.
Das gleiche trifft auch auf Fette und andere Schmiermittel zu. Hier werden auch von Citroën gehandelte Fette angegeben. Wiederum ist es am besten, wenn man sich in einer Werkstatt erkundigt, ob andere Fette benutzt werden können, um zu gewährleisten, dass die Arbeiten einwandfrei durchgeführt werden können.
Spezial-Fett ist zum Beispiel zur Schmierung der Gleichlaufgelenke für die Antriebswellen der Vorderräder erforderlich. Wiederum sollten Sie in der Werkstatt erfahren, was in Ihrer Gegend benutzt wird.

1.8 Umgang mit Gewinden, Schrauben, Muttern, usw.

Bei einem ziemlich neuen Fahrzeug bzw. Motor wird man keine Schwierigkeiten mit dem Lösen von Schrauben, Muttern, Stiftschrauben, usw. haben. Ist das Fahrzeug jedoch älter, wie dies bei den in der Ausgabe behandelten Fahrzeugen der Fall ist, kommen schon mal Probleme beim Lösen von Gewindeverbindungen vor, vor allem wenn die Teile längere Zeit dem Strassenschmutz ausgesetzt sind. Die folgenden Hinweise sollten Ihnen helfen, diese Probleme aus dem Weg zu räumen.

- Beim Lösen von Muttern auf Stiftschrauben immer das herausstehende Gewinde mit einer Drahtbürste reinigen, um Schmutz oder auch Rost zu entfernen. Man erspart sich dadurch, dass die Mutter über die Schmutzstellen geschraubt werden muss. Die Verbindungsstelle jetzt mit einem Rostlösesprühmittel behandeln. Hier gibt es verschiedene Produkte, d.h. man muss den Gebrauchsanweisungen folgen.
- Falls eine in eine Schweissmutter eingedrehte Schraube gelöst werden soll (meistens in der Karosserie), möglichst die Gewindestelle von der Rückseite mit dem Rostlösemittel einsprühen. Schraubenköpfe derartiger Verbindungen reissen gern ab oder man löst die Schweissmutter.
- Schrauben mit Schlitz- oder Kreuzschlitzköpfen lassen sich manchmal nur sehr schwer lösen. Kreuzschlitzschraubenzieher rutschen gern aus dem Kreuzschlitz heraus und beschädigen diesen dabei. Um diesem vorzubeugen, kann man einen Schraubenzieher oder Kreuzschlitzschraubenzieher mit einem durchgehenden Schaft an der Schraube ansetzen und mit einem kurzen Schlag mit einem Hammer "behandeln". In den meisten Fällen löst sich der Schraubenkopf von der Verbindung und die Schraube kann leicht herausgedreht werden.
- Innensechskantschrauben (der bekannte "Inbuskopf") oder Schrauben mit "Polygon"-Kopf (Vielverzahnung, meistens 12 Ecken) können ebenfalls Schwierigkeiten beim Lösen bringen. Als erstes gilt, dass man die Öffnung des Innensechskants einwandfrei reinigt (mit einem kleinen Schraubenzieher zum Beispiel), um den Innensechskantschlüssel oder Vielzahnschlüssel anzusetzen. Falls möglich sollte man hier auch einen Steckeinsatz benutzen. Vor Lösen der Schrauben kann man einen Hammerschlag auf den Steckeinsatz geben, um das Beharrungsvermögen der Schraube zu lösen. Manchmal ist jedoch ein abgewinkelter Inbusschlüssel erforderlich. Durch dessen Winkelstellung wird das Lösen manchmal zum Problem. Wir schlagen vor: Den Schlüssel in die Schraube einsetzen und einen kleinen Ringschlüssel über das lange Ende des Inbusschlüssels schieben. Den Schlüssel jetzt gut gerade halten und die Schraube durch Druck auf den Ringschlüssel lösen. Dadurch vermeidet man, dass sich der Winkelschlüssel bei festsitzenden Schrauben innerlich verdreht.
Kleine, jedoch zugängliche Inbusschraubenköpfe kann man auch mit einer Gripzange erfassen und auf diese Weise die Schraube herausdrehen, vor allem, wenn das Innensechskant abgerundete Kanten erhalten hat. Eine solche Gripzange ist in Bild 9 gezeigt. Beim Zusammendrücken der Gripzange nicht die Finger einquetschen, d.h. die Finger nicht in die Gegend der Pfeilstelle bringen.

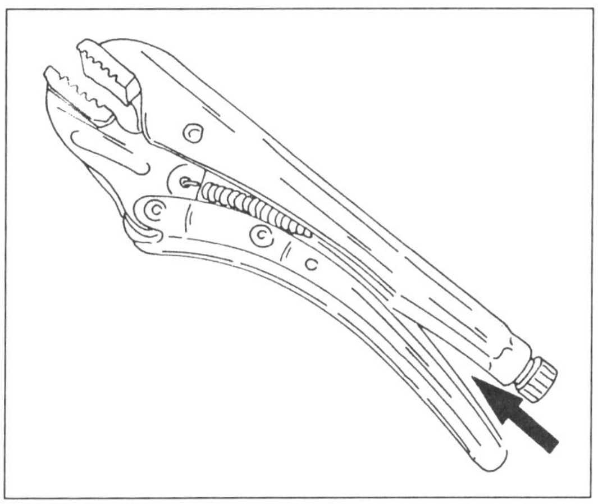

Bild 9
Ansicht einer verstellbaren Gripzange. Beim Zusammendrücken der beiden Griffenden nicht die Finger an die Pfeilstelle bringen, da die Zange "zuschnappt".

- Schwierigkeiten können auch manchmal beim Lösen von Muttern oder Schrauben auftreten, deren Kanten bereits durch unvorschriftsmässige Verwendung der falschen Schlüsselgrösse abgerundet sind (aus Erfahrung gesprochen bei Zweithandwagen manchmal anzutreffen). Mit der bereits erwähnten Gripzange kann man versuchen die Mutter oder Schraube zu lösen. Je nach Lage der Mutter kann man diese auch aufmeisseln oder am Gewinde entlang aufsägen. In diesem Zusammenhang möchten wir

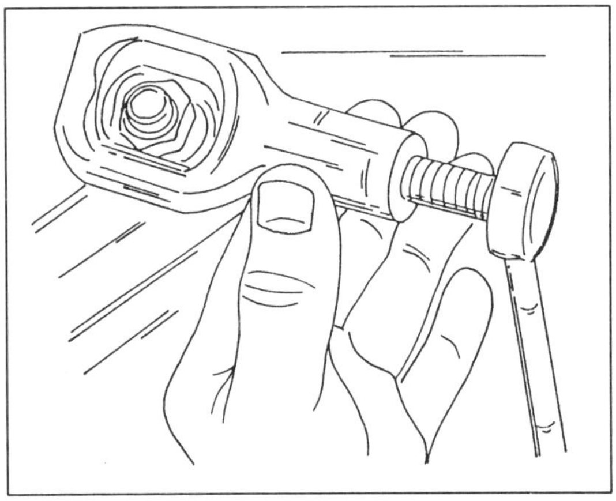

Bild 10
Benutzung eines Mutternspalters. Durch Anziehen der Schraube wird die Mutter in zwei Teile gespalten und kann abgenommen werden.

auch den Mutternspalter erwähnen, falls man zu dessen Benutzung genügend Arbeitsraum hat. Das Werkzeug arbeitet in der in Bild 10 gezeigten Weise, d.h. man zieht die Schraube an, bis die Mutter platzt. Ein Vorteil ist dabei, dass man das Gewinde der Schraube nicht beschädigt.

- Im Text werden viele Male selbstsichernde Muttern erwähnt. Wie der Name besagt, werden diese durch ihre eigene Sicherungsfähigkeit gesichert, welche nach dem Lösen meistens zerstört wird. Wenn selbstsichernde Muttern erwähnt werden, sollte man diese immer erneuern.
- Manchmal passiert es und eine Schraube reisst am Kopf ab. Um das verbleibende Gewindestück aus der Bohrung zu bekommen, bohrt man ein Loch in der Mitte der "Schraube" und benutzt einen sogenannten "Linksgewindezieher". Diese sind in Autozubehörgeschäften erhältlich und werden wie eine Schraube in das gebohrte Loch eingesetzt. Durch Anziehen schneidet sich das Werkzeug in das Schraubenstück ein und hoffnungsvoll zieht man es heraus. Die einzige andere Lösung ist ein Aufbohren auf den ungefähren Gewindedurchmesser der Schraube (etwas weniger) und das Nachschneiden mit einem Gewindeschneider.
- Stehbolzen werden mit zwei gegeneinander gekonterten Muttern herausgedreht. Beim Herausdrehen den Schlüssel an der inneren Mutter ansetzen, zum Hineinschrauben den Schlüssel an der äusseren Mutter ansetzen.
- In Aluminiumteile eingearbeitete Gewinde werden manchmal beim Anziehen von Schrauben beschädigt. In Ihrer Werkstatt werden Sie Gewindeeinsätze unter der Markenbezeichnung "Heli-Coil" erhalten. Diese können entsprechend den Anweisungen in der Schachtel in das alte Gewindeloch eingezogen werden. Da das Aufbohren genau sein muss, sollte man die Arbeit einer Werkstatt überlassen, um das betroffene Teil nicht noch mehr zu beschädigen.

Beim Motor, ganz gleich welchen Zylinderinhalt er hat, handelt es sich um einen Vierzylinder-Motor mit hängenden Ventilen. Der aus Gusseisen hergestellte Zylinderkopf enthält zwei senkrecht eingesetzte Ventile pro Zylinder, die in eingepressten Ventilführungen gleiten. Die Ventile werden durch Kipphebel und Stösselstangen über rohrförmige Stössel von der Nockenwelle betätigt. Die Nockenwelle ist in der linken Seite des Zylinderblocks gelagert.

Die eingebauten Leichtmetall-Kolben sind in ihrer Konstruktionsweise dem Motor angepasst, haben aber alle drei Verdichtungsringe und einen Ölabstreifring. Kolbenbolzen sind in unterschiedlicher Weise gelagert:

- Beim 850 cm³-Motor werden die Bolzen mit Klemmschrauben gehalten.
- Beim 998 und 1098 cm³-Motor werden die Bolzen mit Sicherungsringen gehalten.
- Beim 1275 cm³-Motor haben die Bolzen eine Presspassung in den Pleuelaugen und sind schwimmend in den Kolben gelagert.

Austauschbare Lagerschalen werden in den Pleuellagern verwendet, die jedoch nicht bei allen Motoren die gleiche Materialzusammensetzung haben.

Eine Steuerkette dient zum Antrieb der Nockenwelle. Im allgemeinen wird eine einfache Kette eingebaut, jedoch hat der Cooper S zum Beispiel eine Duplex-Kette. Unterschiede liegen auch in der Lagerung der Nockenwelle vor. Obwohl die Welle bei allen Motoren in drei Lagern läuft, sind zum Beispiel beim kleinsten Motor zwei Lager direkt in den Zylinderblock eingebohrt, während ein austauschbares Weissmetalllager auf der Steuerseite eingebaut ist. Die anderen Motoren haben drei austauschbare Nockenwellenlager.

Die Kurbelwellenlagerung ist bei allen Motoren gleich, d.h. drei Lagerstellen mit austauschbaren Lagerschalen und vier halbrunde Anlaufscheiben am mittleren Lager der Kurbelwelle. Die Riemenscheibe der Kurbelwelle treibt die Drehstromlichtmaschine, die Wasserpumpe und den Ventilator an.

Zündverteiler und Ölpumpe werden von der Nockenwelle angetrieben. Ein Schraubenrad treibt den Zündverteiler an, ein Mitnehmerschlitz am Ende der Nockenwelle treibt die Ölpumpe an.

2.1 Aus- und Einbau des Triebwerks

Das gesamte Triebwerk kann von der Unterseite des Fahrzeuges zusammen mit dem Nebenrahmen ausgebaut werden, oder man hebt den Motor zusammen mit dem Getriebe von oben aus dem Motorraum heraus. Da dies die leichtere Ausbauweise für den Heimwerker ist, beschränkt sich der folgende Text auf diese Methode. Zu beachten sind die Unterschiede bei eingebautem Schaltgetriebe, automatischem Getriebe und eingebauter Kraftstoffeinspritzung. Wir versuchen diese Modelle entsprechend abzugliedern, ohne dass wir dabei immer auf eine bestimmte Ausführung eingehen.

Beim Ausbau wird auf bestimmte Teile eingegangen, die nicht an jedem Motor vorzufinden sind. Falls sie fehlen, kann man die Anweisungen einfach übersehen.

2.1.1 Ausbau des Motors mit Vergaser und Schaltgetriebe

Das Antriebsaggregat hat ein Gewicht von ca. 150 kg. Man muss deshalb einen Handkran oder Flaschenzug zur Verfügung haben, welcher in der Lage ist diese Last zu halten.

- Motorhaubenscharniere mit einem Bleistift am Motorhaubenblech anzeichnen und die Motorhaube abschrauben und vorsichtig ablegen. Eine Decke unter die Haube legen, um keine Lackschäden zu verursachen.
- Massekabel der Batterie abklemmen. Die Batterie befindet sich im Kofferraum.
- Falls ein Abschirmschild für den Zündverteiler an der Vorderseite des Motors angebracht ist (1275 GT, Clubman), wird dieses mit drei Haltespangen befestigt. Diese lösen und das Schild abnehmen.
- Luftfilter des Vergasers abmontieren und am Vergaser die Kraftstoffleitung, die Leitung der Unterdruckverstellung zum Verteiler und die Belüftungsleitung für den Vergaser abschliessen. Den Vergaser danach abschrauben und herunterheben.
- Ansaugschlauch von der Kraftstoffpumpe abschliessen. Eine geeignete Schraube in das Schlauchende einschieben, um ein Auslaufen von Kraftstoff zu vermeiden.
- Wasserablassstopfen aus der Rückseite des Zylinderblocks herausdrehen, um das Kühlmittel abzulassen. Falls das Frostschutzmittel aufgefangen werden soll, ist ein geeigneter Behälter unterzustellen.
- Schlauchschellen lockern und die beiden Heizungsschläuche abziehen.
- Heizungsregelventil vom Zylinderkopf ab-

schrauben und zur Seite legen, so dass es nicht im Wege ist (falls vorhanden).

● Auspuffrohr vom Flansch des Auspuffkrümmers abschrauben. Die Befestigung erfolgt mit einer Klemmbride mit Schrauben und Muttern. Beim Cooper S muss die gesamte Auspuffanlage ausgebaut werden, wie es im betreffenden Kapitel beschrieben ist. Beim 850- und 1000 cm³-Motor die Signalhupe abklemmen und abschrauben.

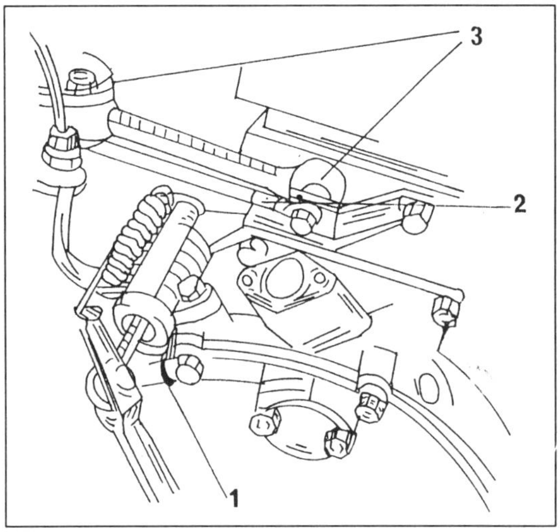

Bild 11
Einzelheiten zum Ausbau des Motors.
1 Kupplungsnehmerzylinder
2 Motormasseband
3 Motorstützstrebe

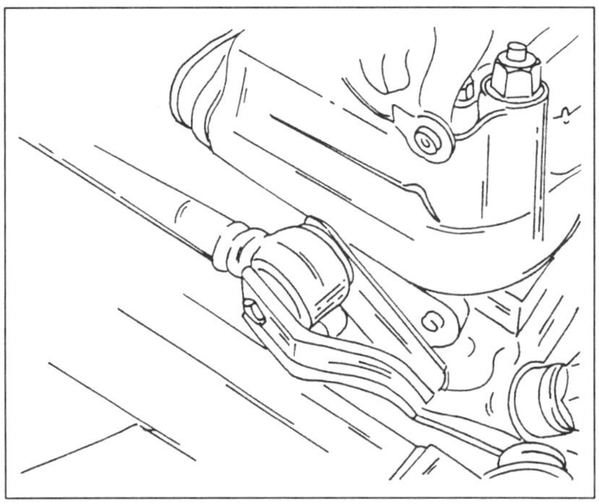

Bild 12
Die Stützstrebe des Motors ist an gezeigter Stelle am Zylinderblock verschraubt.

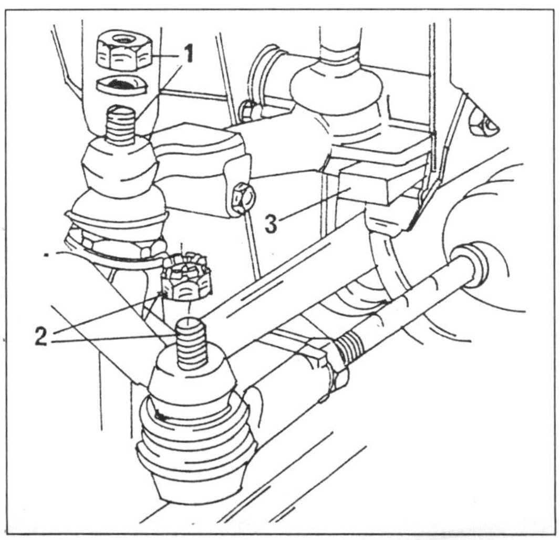

Bild 13
Trennen der Kugelgelenke von Spurstange und Gelenknabe der Radaufhängung. Der im Text erwähnte Keil (Holz) ist mit (3) bezeichnet.
1 Kugelgelenk der Gelenknabe
2 Kugelgelenk der Spurstange
3 Holzkeil

● Von der Unterseite des rechten, vorderen Kotflügels den Rohranschluss für die Luftansaugung lösen und den Schlauch vollkommen vom Kotflügelseitenteil entfernen.

● Elektrische Leitung von der Rückseite des Anlassers abklemmen, die Schrauben des Einrückmagnetschalters lösen und den Schalter durch die Öffnung für den Luftansaugschlauch im Kotflügelseitenteil führen.

● Die elektrischen Leitungen vom Wärmefühler des Fernthermometers und dem Öldruckschalter abschliessen.

● Den Stecker von der Rückseite der Drehstromlichtmaschine abziehen und ein Kabel abschrauben.

● Die beiden an der Zündspule angeschlossenen Kabel kennzeichnen und abschliessen. Ebenfalls das mittlere Kabel aus der Zündspule herausziehen.

● Die Zündkerzenkabel von den Kerzen abziehen, die Federspangen zurückschnappen und den Verteilerkopf mit den daran hängenden Zündkabeln vom Verteiler abnehmen. Ebenfalls den Verteilerläufer von der Welle des Verteilers abziehen.

● Rückzugfeder des Kupplungsausrückhebels aushängen, die Befestigungsschrauben des Kupplungsnehmerzylinders lösen und den Zylinder, am Schlauch hängend, aus dem Wege rücken.

● Falls ein Öldruckmesser eingebaut ist, eine Klemmschraube lockern und den Gummischlauch von der Leitung an der Rückseite des Motors ziehen.

● Einen im Motorraum eingebauten Bremskraftverstärker ausbauen (siehe Kapitel "Bremsen").

● Die Stützstrebe des Motors von der Rückseite des Zylinderblocks durch Lösen der Schraube vollkommen trennen und die Schraube am anderen Ende der Strebe lockern. Die Stützstrebe um das hintere Gelenk schwingen, so dass sie nicht im Wege ist. Die Befestigung ist in Bild 12 gezeigt. Unter der Schraube kann auch das Masseband sitzen.

● Bei Cooper S-Modellen die Überwurfmuttern der Schläuche des Ölkühlers am Ölkühler lösen und abziehen. Die Enden der Schläuche in geeigneter Weise verschliessen. Den Ölkühler danach abschrauben und herausnehmen.

● Die Zylinderkopfhaube abschrauben und geeignete Hebeösen anbringen.

● Befestigungsschraube des Rückprallgummis für den oberen Querlenker der Vorderradaufhängung entfernen und einen festen Holzkeil der gleichen Stärke wie der Rückprallgummi an dessen Stelle einsetzen. Die Arbeit wird auf beiden Seiten durch den Radkasten durchgeführt. Wo der Keil eingeschoben wird, kann man in Bild 13 sehen.

● Die Radmuttern lockern, Vorderseite des Fahrzeuges anheben und Unterstellböcke unter die Seitenträger des Nebenrahmens setzen. Beide Vorderräder abschrauben.

● Die Muttern der Kugelegelenke für die Spurstangen lösen und mit einem geeigneten Kugelbolzenabzieher die Konusverbindung der Kugelbolzen trennen. Der Abzieher sollte die in Bild 14 gezeigte Form haben.

● Die Mutter des Kugelbolzens der oberen Gelenknabe mit Federring entfernen (siehe Bild 13) und die Kugelbolzenverbindung mit dem in Bild 14 gezeigten Abzieher trennen. Die Mutter nach Lösen der Verbindung wieder aufschrauben, d.h. der Kugelbolzen muss am Achsgelenk angeschlossen bleiben. Die Arbeit auf beiden Seiten durchführen.

● Als nächstes werden die Antriebswellen ausgebaut, wozu jedoch die Verwendung eines Spezialwerkzeugs erforderlich ist (18G 1243). Das Werkzeug an der Welle ansetzen und fest gegen das innere Gelenk andrücken, ehe der Kegelstift eingesetzt wird. Den "U"-förmigen Teil des Werkzeuges in die Rille der Welle einschlagen und die beiden Schrauben gleichmässig anziehen, bis die Antriebswelle vom inneren Gelenk getrennt ist. Das Werkzeug danach abnehmen und die Arbeit auf der anderen Seite des Fahrzeuges wiederholen (siehe ebenfalls unter "Antriebswellen").

● Bei einem Cooper S sind die Kreuzgelenkflansche mit je vier Muttern an den Flanschen der Differentialantriebswellen angeschraubt. Die Muttern lösen.

● Die Mutter wieder vom Kugelbolzen des Achsgelenks abschrauben und den oberen Querlenker lösen. Darauf achten, dass der Bremsschlauch dabei nicht unter Spannung kommt.

● Die Lage der Gummimanschette des inneren Gelenks festhalten und gleichzeitig die Antriebswelle aus dem inneren Gelenk herausziehen. Die gleiche Arbeit auf der anderen Seite durchführen.

● Auspuffrohr vom Aufhängungshalter lösen und die Halterung von der Befestigung an der Seite des Differentials abschrauben.

● Untere Stützstrebe des Motors von der Rückseite des Getriebegehäuses lösen. Die Schraube am anderen Ende der Welle nur lockern und die Strebe zur Seite schwingen, so dass sie nicht im Wege ist.

● Den Rückwärtsgang einlegen und den Federspannstift herausschlagen, welcher die Fernschaltwelle mit der Gangwählwelle verbindet.

● Ein geeignetes Hebezeug, d.h. einen Kran oder Flaschenzug an den Motorhebeösen anbringen und das Triebwerk langsam anheben, bis die Motorlager unter Spannung kommen.

● Schraube aus dem Gabelstück (3) in Bild 15 entfernen und die Gabel von der Verbindung lösen. Die Schrauben und Muttern der Motorlager vom Nebenrahmen lösen.

● Triebwerk weiter anheben, bis man an die Kordelmutter der Tachometerspiralenbefestigung kommt. Die Spirale darf dabei nicht unter Spannung kommen. Die Mutter abschrauben und die Spirale herausziehen.

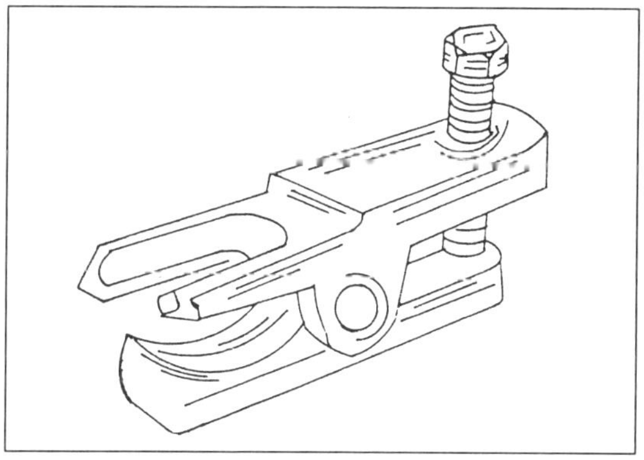

Bild 14
Ein Abzieher der gezeigten Form muss zum Abdrükken der Gelenke von Spurstangen und Gelenknabe benutzt werden.

● Das Triebwerk vollkommen aus dem Motorraum herausheben, aber laufend darauf achten, dass keine Teile vergessen wurden und dass der Motor nirgends anstossen oder hängenbleiben kann.

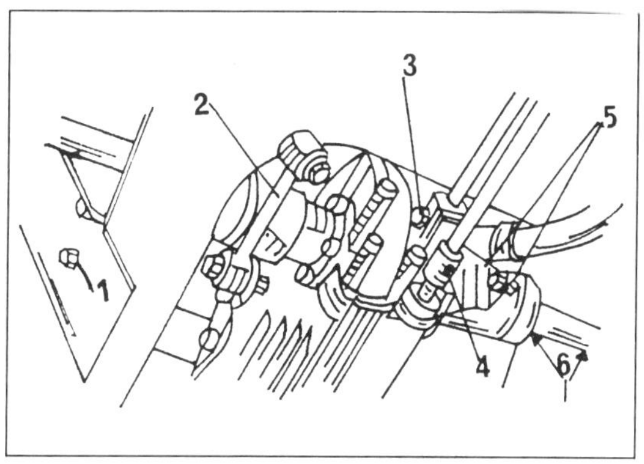

Bild 15
Ansicht des Motors und Getriebes von der Unterseite mit Einzelheiten des Aus- und Einbaus.
1 Mutter der Motorlager
2 Untere Stützstrebe
3 Schaltstangenhebel
4 Spannstift der Schaltstangenverbindung
5 Auspuffrohrhalterung
6 Antriebswelle und Gelenk

2.1.2 Einbau des Motors mit Vergaser und Schaltgetriebe

Der Einbau des Getriebes geschieht in umgekehrter Reihenfolge wie der Ausbau. Beim Hineinheben des Motors muss die Tachometerspirale am Getriebe angeschlossen werden, ehe das Triebwerk vollkommen in die Aufhängungen gesenkt wird. Zu beachten sind alle Anzugsdrehmomente, die der Aufstellung am Ende der Anleitung zu entnehmen sind.

Abschliessend die Kühlanlage auffüllen. Vor dem Anlassen des Motors nochmals überzeugen, dass Motor/Getriebe mit Öl gefüllt wurden.

Nach einem kurzen Lauf des Motors muss man vielleicht Einstellungen an Zündung, Leerlauf, usw. vornehmen.

2.1.3 Ausbau des Motors mit automatischem Getriebe

Ein automatisches Getriebe wird nur bei Modellen mit 1000 cm³-, 1100 cm³- und Clubman-Ausführungen eingebaut. Der Ausbau dieses Triebwerks geschieht in ähnlicher Weise wie bei Fahrzeugen mit Schaltgetriebe, soll aber aufgrund einiger Unterschiede zwischen Modellvarianten nochmals beschrieben werden.

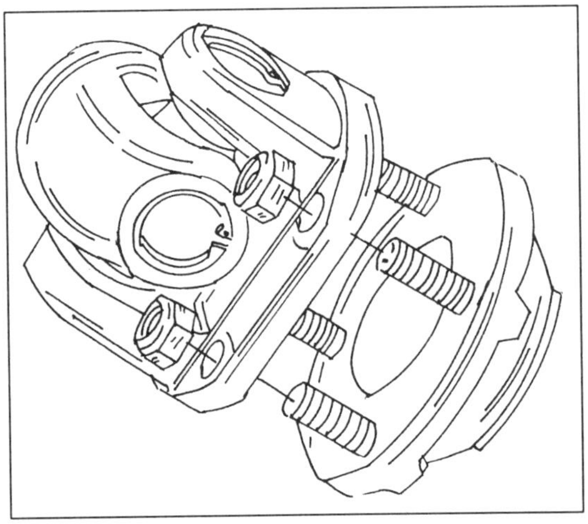

Bild 16
Antriebswellen von Fahrzeugen mit automatischem Getriebe sind mit Flanschen befestigt.

- Motorhaube abschrauben, Batteriemassekabel abschliessen, Luftfilter abnehmen und die Kraftstoffleitung, Unterdruckleitung und den Luftschlauch vom Vergaser abschliessen. Das Betätigungsgestänge für die Kick-down-Betätigung des automatischen Getriebes abschliessen und den Vergaser vom Ansaugkrümmer abschrauben und zur Seite legen. Einen Lappen auf die Ansaugkrümmeröffnung legen.
- Ansaugleitung von der Kraftstoffpumpe abschliessen.
- Kühlmittel ablassen.
- Regulierventil für die Wagenheizung abschrauben.
- Auspuffrohr vom Auspuffkrümmer trennen.
- Bei Ausführungen mit 1000 cm³- und 1100 cm³-Motor die Signalhupe abklemmen und vollkommen ausbauen. Von der Unterseite des rechten Radkastens den Ansaugschlauch lösen und danach den Luftansaugstutzen vom Kotflügelseitenteil abschrauben.
- Leitungen des Anlassers abklemmen, die Schrauben des Einrückmagnetschalters lösen und den Schalter durch die Öffnung für den Luftansaugstutzen herausnehmen.
- Bei Clubman-Ausführungen muss die Abschirmung für den Zündverteiler und dessen Haltebügel von der Zylinderkopfhaube gelöst werden. Ebenfalls alle elektrischen Leitungen von den Nebenteilen des Motors abklemmen.
- Beim 1000- und 1100 cm³-Motor die Kabel von den Zündkerzen abziehen und den Verteilerdeckel sowie den Verteilerläufer entfernen.
- Stützstrebe für den Motor von der Rückseite des Motors trennen und die Schraube und Mutter am anderen Ende der Strebe lockern, bis man die Strebe zur Seite und somit aus dem Wege schwingen kann.
- Beim 1000- und 1100 cm³-Motor den Schlauch des Öldruckmessers von der Rückseite des Zylinderblocks abschliessen.
- Den Heizungsschlauch vom unteren Kühlerschlauch nach Lösen des Schlauchbinders abziehen.
- Zylinderkopfhaube abschrauben und geeignete Hebeösen am Zylinderkopf befestigen.
- Die Vorderseite des Fahrzeuges anheben und Unterstellböcke unter die Seitenträger des Nebenrahmens unterstellen. Beide Räder müssen sich frei drehen lassen.
- Auspuffrohr von der Halterung am Getriebe frei machen und ebenfalls die Halterung vom Getriebe abschrauben.
- Die Antriebswellen bei Ausführungen mit automatischem Getriebe werden durch Muttern an den Flanschen der Wellen und Antriebswellen des Differentials verbunden (siehe Bild 16). Die Muttern lösen und die Flansche auseinanderdrücken, um die Wellen zu lösen.
- Schrauben des Deckels für das Schaltseil entfernen und den Deckel abnehmen. Das darunter liegende Schaltseil abschliessen und vom Getriebe lösen.
- Muttern der Motorlager vom Nebenrahmen lösen und den Motor mit dem automatischen Getriebe herausheben. Wieder ist die Tachometerspirale abzuschrauben, ehe das Triebwerk aus dem Motorraum herausgehoben wird. Darauf achten, dass das Triebwerk nicht hängen bleiben kann, oder irgendwo anstösst.

2.1.4 Einbau des Motors mit automatischem Getriebe

Der Einbau geschieht in umgekehrter Reihenfolge wie der Ausbau. Wiederum die Tachometerspirale anschliessen, ehe der Motor vollkommen in die Aufhängungen gesenkt wird. Ebenfalls die Antriebswellen mit den Flanschen zusammenbringen, ehe der Motor gesenkt wird, aber die Muttern erst festziehen, nachdem die Motoraufhängungen angeschraubt wurden.
Nach dem Einbau das Schaltseil einstellen und die Kick-down-Betätigung kontrollieren und ggf. einstellen. Die Arbeiten dazu werden in den betreffenden Abschnitten beschrieben.
Die Kühlanlage auffüllen. Ölstand kontrollieren.

2.1.5 Ausbau und Einbau des Motors mit Kraftstoffeinspritzung

Wie bei den bereits beschriebenen Ausführungen wird auch dieser Motor zusammen mit dem Getriebe ausgebaut.

- Motorhaube nach Kennzeichnung der Scharniere abschrauben.
- Motor/Getriebeöl ablassen. Den Stopfen gut sauberwischen und sofort wieder einschrauben und festziehen.
- Vorderseite des Fahrzeuges anheben, Unterstellböcke unter die Seitenträger des Nebenrahmens untersetzen und die Räder abschrauben. Die Handbremse gut anziehen, damit der Wagen nicht abrollen kann.
- Massekabel der Batterie abklemmen.
- Die Abschirmung der Zündungsteile von der Vorderseite des Motors lösen.
- Den Schlauch von dem neben dem Kühler sitzenden Dehngefäss (Ausgleichsbehälter) der Kühlanlage abschliessen. Eine Schraube lösen und das Dehngefäss ausbauen.
- Luftfiltergehäuse und Steuergerät ausbauen, wie es im Abschnitt "Kraftstoffeinspritzanlage" beschrieben wird.
- Den Hauptbremszylinder sowie den Bremskraftverstärker ausbauen (Abschnitt "Bremsen"). Zwei Überwurfmuttern des Bremszylinders am Bremsdruckverminderungsventil lösen und die beiden Leitungen herausnehmen. Die offenen Anschlüsse in geeigneter Weise verschliessen, um das Eindringen von Schmutz zu vermeiden.
- Den Anschlussstecker von der Hupe abziehen, die beiden Schrauben lösen und die Hupe vom vorderen Karosserieblech abschrauben und herausnehmen.
- Von der Unterseite des rechten Kotflügels den Ansaugluftschlauch vom Luftansaugkanal lösen. Den Luftansaugkanal von der Innenseite des Motorraums vom Kotflügelseitenteil abschrauben und herausnehmen.
- Die Halteschellen der Einspritzleitungen zum Einspritzgehäuse an der Stirnwand abschrauben.
- Die Kabelverbindung zur Lambda-Sonde (im Ansaugkrümmer) von den Kabelschellen lösen und vom Hauptkabelstrang des Motors abschliessen.
- Den Druck aus der Kraftstoffanlage entlasten. Dazu ist das betreffende Kapitel in Abschnitt "Kraftstoffanlage" durchzulesen. Erst nachdem der Druck entlastet ist, die Überwurfmuttern der Vorlauf- und Rücklaufleitungen am Drosselklappenteil lockern. Das Anschlussstück dabei mit einem Gabelschlüssel gegenhalten. Offene Anschlussstellen in geeigneter Weise verschliessen.
- Kabelstecker an den Teilen der Einspritzanlage trennen. Diese sind am Einspritzgehäuse, am Potentiometer der Drosselklappe und am Stufenmotor zu finden. Die Kabel von den Kabelbindern freimachen (darauf achten, wie sie befestigt sind) und zur Seite schieben.
- Kontermuttern der Gaszugbefestigung lokkern, die Aussenhülle vom Widerlager lösen und das Innenseil aus dem Segment der Drosselklappenbetätigung aushängen.
- Den Belüftungsschlauch des Ölabscheiders von der rechten Seite des Zylinderkopfes abschliessen. Der Ölabscheider muss auf der Seite der Kupplung abgeschraubt werden (2 Schrauben) und wird zusammen mit dem Schlauch abgenommen. Eine Dichtung wird dabei frei (erneuern).
- Zwei Schrauben und den Halter der Stützstrebe auf der rechten Seite des Motors lösen. Unter einer Schraube liegt ein Massekabel. Die Befestigungsschraube der Stützstrebe auf der anderen Seite lockern und die Strebe vom Motor wegdrücken, so dass sie nicht im Wege ist.
- Von der Unterseite des Fahrzeuges eine Schraube und Mutter der Auspuffrohrbefestigung am Getriebe entfernen und danach die Auspuffkrümmerverbindung am Rohr lösen (drei Muttern). Die freigewordene Dichtung muss erneuert werden.
- Bei einem Schaltgetriebe die Schraube und Mutter der Stützstrebe am Getriebe lösen. Den Federspannstift herausschlagen, welcher die Fernschaltwelle mit der Gangwählwelle verbindet. Der Spannstift muss erneuert werden.

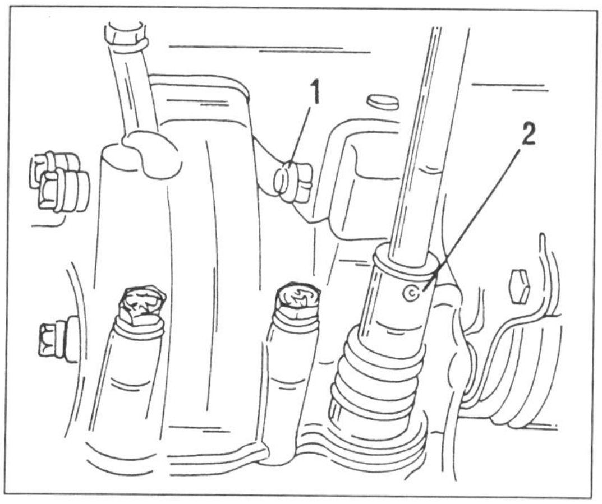

Bild 17
Die Schraube (1) hält die Stützstrebe, der Federspannstift (2) verbindet die Schaltstange.

- Den Kupplungszylinder vom Getriebe abschrauben und zusammen mit dem Schaltgestänge zur Seite schieben, um die Teile aus dem Wege zu nehmen.
- Bei eingebauter Getriebeautomatik den Deckel für das Schaltseil an der Unterseite des Getriebes abschrauben. Die Klemmschraube der Schaltseilbefestigung am Winkelhebel lockern,

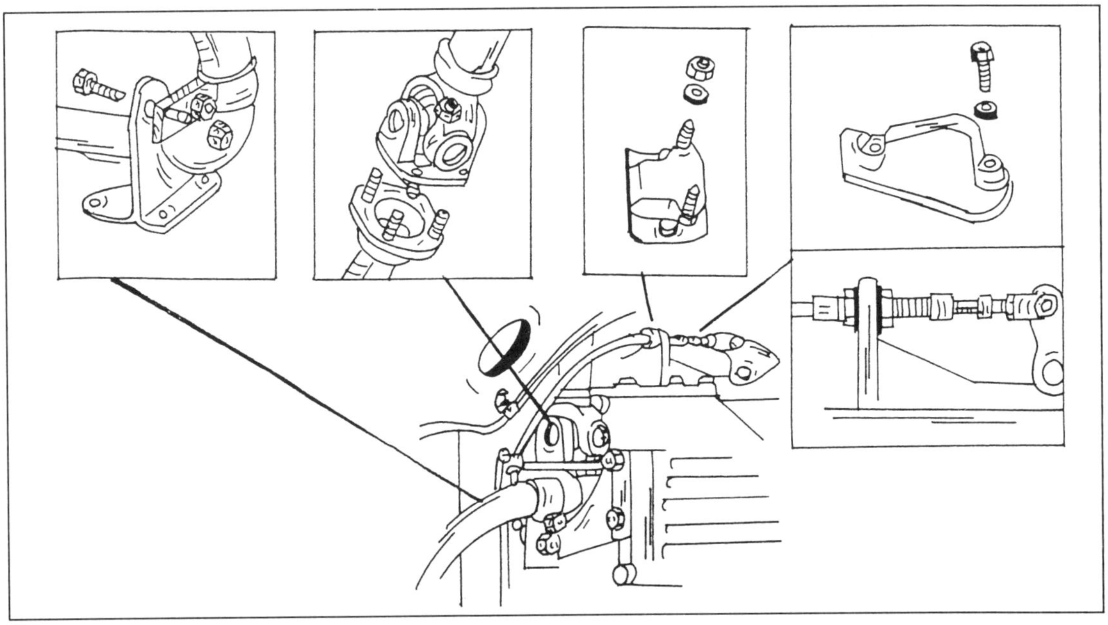

Bild 18
Ansicht des Motors mit automatischem Getriebe von der Unterseite mit Lage einiger beim Ausbau zu lösender Teile.

das Innenseil abschliessen und die Gummimanschette vom Seil abziehen. Die Mutter der Seilaussenhülle entfernen und das Seil vom Getriebe freimachen. Ebenfalls zwei Schrauben des Dekkels für den Anlasssperrschalter lösen, den Deckel abnehmen und den Stecker des Schalters abziehen.

● Bei allen Ausführungen die Mutter und Schraube der unteren Stützstrebe an der Getriebehalterung lösen und die Scheiben in der Innenseite der Halterung herausnehmen.

● Tachometerspirale nach Lösen der Kordelmutter aus dem Getriebe ziehen.

● Alle Schläuche der Kühlanlage abschliessen. Auslaufendes Kühlmittel in geeigneter Weise auffangen, vor allem, wenn man das Frostschutzmittel wieder verwenden kann. Das Heizungsregelventil muss zusammen mit den daran angeschlossenen Schläuchen ausgebaut werden.

● Alle Unterdruckschläuche abschliessen. Die Schläuche sind farbig gezeichnet. Einen Vermerk machen, wo die einzelnen Schläuche angeschlossen sind.

● Vorderes Kühlergitter ausbauen.

● An der vorderen Unterseite des Kühlers den Stecker vom Temperaturschalter für die Ventilatorbetätigung abziehen.

● Die Drehstromlichtmaschine ausbauen.

● Kabelbinder der zum Anlasser-Einrückmagnetschalter führenden Kabel lösen. Zwei Stecker abziehen. Einen Stecker vom Positions-Sensor der Kurbelwelle und einen Stecker von der Steckzunge am Einrückmagnetschalter abziehen. Das grosse Kabel von der Anlasserklemme abschrauben und danach den Anlasser ausbauen.

● Falls eingebaut, den Ölkühler ausbauen.

● Auf die Anschlussweise der Kabel an der Zündspule achten und die Kabel abschliessen. Ebenfalls das Kabel des Öldruckschalters abschliessen. Den Kabelstrang zur Seite drücken, damit er sich später nicht verfangen kann.

● Der weitere Ausbau erfolgt in gleicher Weise wie es bereits bei den anderen Fahrzeugausführungen beschrieben wurde. Einige Kabel sind noch abzuschliessen, welche man im Verlauf des weiteren Ausbaus schnell finden wird.

Der Einbau erfolgt in umgekehrter Reihenfolge wie der Ausbau. Kapitel 2.1.2 und 2.1.4 sind durchzulesen.

2.2 Der Zylinderkopf

2.2.1 Aus- und Einbau des Zylinderkopfes

Der Ausbau des Zylinderkopfes könnte z.B. bei der Erneuerung der Zylinderkopfdichtung oder zum Überholen des Zylinderkopfes erforderlich werden, und kann durchgeführt werden, ohne dass man den Motor ausbaut. Bei der folgenden Beschreibung wird im allgemeinen auf alle Vergasermotorenausführungen eingegangen. Der Motor mit Einspritzung ist getrennt beschrieben:

Vergasermotor

● Batterie abklemmen, um Kurzschlüsse zu vermeiden.

● Die Motorhaube kann entweder abgeschraubt werden oder an der Karosserie gelassen werden.

● Kühlanlage ablassen, indem man den Ablassstopfen aus der Rückseite des Motors ausschraubt. Einen Behälter unter den Motor untersetzen, wenn man das Frostschutzmittel auffangen will.

- Luftfilter ausbauen und vom Vergaser den Unterdruckschlauch des Zündverteilers, den Kraftstoffschlauch und den Belüftungsschlauch entfernen.
- Den Vergaser vom Ansaugkrümmer abschrauben. Einen Lappen in die Ansaugkrümmeröffnung legen, damit keine Fremdkörper in den Motor fallen können.
- Bei einem Cooper S den Ansaugkrümmer und den Auspuffkrümmer vom Zylinderkopf abschrauben. Den Ansaugkrümmer abheben und den Auspuffkrümmer von den Stiftschrauben abziehen und mit einem Stück Draht festbinden, so dass er nicht länger in Verbindung mit dem Kopf ist.
- Auf der Kühlerseite den Stützhalter für den Kühler entfernen. Dieser ist durch eine Schraube und zwei Muttern gehalten. Die beiden Muttern halten gleichzeitig den oberen Wasserstutzen.
- Kerzenkabel abziehen.
- Leitung des Wärmefühlers für das Fernthermometer abklemmen (auf der rechten Seite des oberen Wasserstutzens).
- Heizungsventil abschrauben und zur Seite legen.
- Schlauchbinder des Waserumleitschlauches lösen. Dies ist der Schlauch, welcher von der Unterseite in den Zylinderkopf mündet.
- Zylinderkopfhaube ausbauen. Bei Clubman- und 1275 GT-Ausführungen die drei Spangen entfernen und die Abschirmung für den Zündverteiler entfernen, ehe die beiden Muttern der Haube gelöst werden. Die Scheiben und Dichtringe abnehmen. Sofort die Reste der alten Dichtung von Haube und Zylinderkopf entfernen.
- Die Zylinderkopfmuttern können jetzt gelöst werden. Bei einigen 1275 cm³-Motoren werden eine zusätzliche Schraube an Stelle "a" und eine zusätzliche Mutter an Stelle "b" in Bild 19 verwendet, die bei allen anderen Motoren nicht vorhanden sind. Die Schraube und Mutter als erstes lösen und danach die anderen Muttern in umgekehrter Reihenfolge wie im Bild gezeigt langsam lösen. Insgesamt werden neun Muttern des Zylinderkopfes und vier Muttern der Kipphebellagerböcke gelöst.
- Auf der gegenüberliegenden Seite des Keilriemens (rechts in Fahrtrichtung) die Zündspule abschrauben und zur Seite legen.
- Kipphebelwelle vom Zylinderkopf abheben und ablegen.
- Die Stösselstangen herausziehen. Die Stösselstangen sofort in Einbaureihenfolge durch ein Stück Pappe stossen. Eine Seite der Pappe mit "Vorn" kennzeichnen und auf dieser Seite die Stösselstange an der Keilriemenseite des Motors durchstossen. Dies gewährleistet, dass man die Stösselstange wieder in der ursprünglich Lage einbauen kann.
- Oberen Wasserschlauch vom Thermostatgehäuse entfernen (Schlauchschelle lockern).

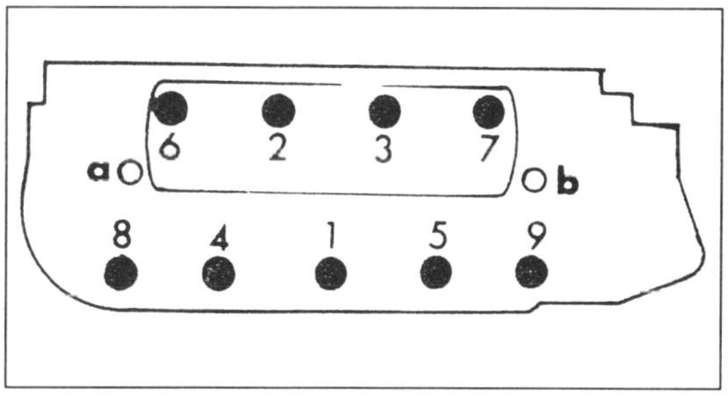

Bild 19 Anzugsreihenfolge der Zylinderkopfmuttern und Muttern der Kipphebelwelle. Schraube "a" und Mutter "b" werden bei einigen 1275 cm³-Motoren verwendet.

- Den Zylinderkopf jetzt abheben. Falls er klemmen sollte, mit einem Gummi- oder Kunststoffhammer gegen den Zylinderkopf schlagen, um ihn von der Dichtung zu lösen. Auch durch Hin- und Herwackeln sollte es möglich sein den Kopf zu trennen. Falls der Kopf zusammen mit dem Auspuffkrümmer ausgebaut wurde, kann man den Krümmer sofort abschrauben.
- Zylinderkopfdichtung abnehmen und sofort die Flächen von Kopf und Block reinigen. Abschliessend einen Lappen über den freigelegten Zylinderblock legen, damit keine Fremdkörper in den Motor fallen können, während Arbeiten am Zylinderkopf durchgeführt werden.

Vor dem Einbau des Zylinderkopfes die Dichtflächen von Kopf und Block kontrollieren, da es sein könnte, dass sie sich verzogen haben. Dazu ein Stahllineal längs, quer und diagonal über die entsprechende Fläche legen und mit einer Fühlerlehre den Spalt zwischen dem Stahllineal und der Fläche ausmessen. Der Hersteller gibt keine genauen Angaben an, jedoch kann man annehmen, dass der Kopf nachgeschliffen werden muss, falls der Spalt an irgendeiner Stelle grösser als 0,10 mm ist.

Beim Einbau des Zylinderkopfes entsprechend der folgenden Anweisungen vorgehen:

- Die Zylinderkopfdichtung immer erneuern. Die Dichtung ist mit "Front" (vorn) und "Top" (oben) gezeichnet und muss entsprechend aufgelegt werden. Die Dichtung vor dem Auflegen auf einwandfreie Sauberkeit kontrollieren, so dass keine Fremdkörper anhaften können.
- Falls der Auspuffkrümmer abgeschraubt wurde (oder beim Krümmer eines Cooper S) eine neue Dichtung verwenden. Den Zylinderkopf aufsetzen und mit einem Gummihammer anschlagen.
- Die Muttern mit Scheiben auf die ausserhalb

der Zylinderkopfhaube sitzenden Stiftschrauben aufschrauben (beim 1275 cm³-Motor ebenfalls die zusätzliche Mutter und zusätzliche Schraube) und fingerfest anziehen. Die verbleibenden Muttern erst nach Aufsetzen der Kipphebelwelle aufschrauben.

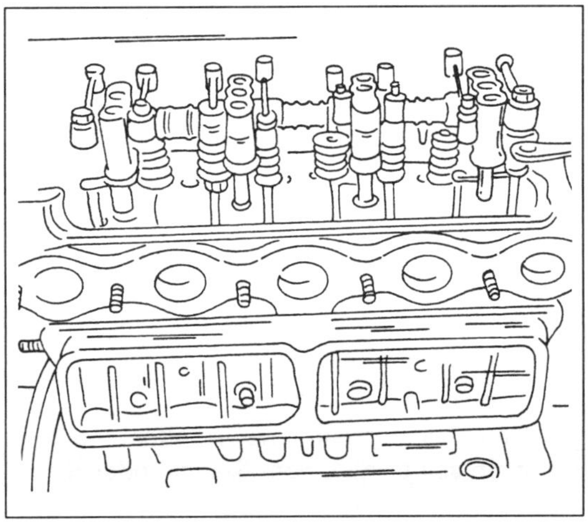

Bild 20
Der Kipphebelmechanismus sitzt auf der Oberseite des Zylinderkopfes und wird mit vier eigenen und vier der Zylinderkopfmuttern gehalten.

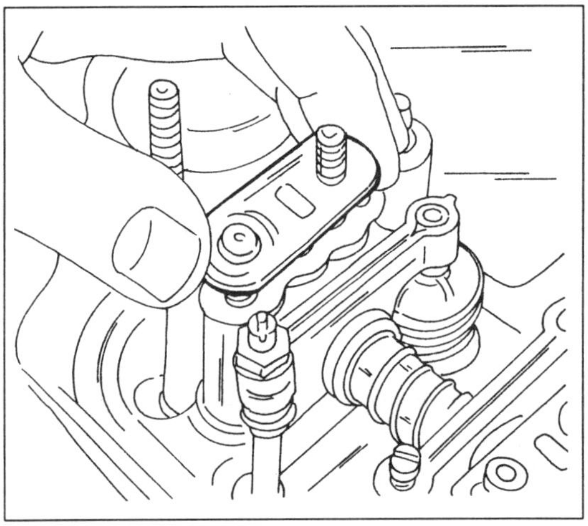

Bild 21
Auf die Stiftschrauben der Kipphebelwellenböcke werden die Unterlegscheiben aufgelegt.

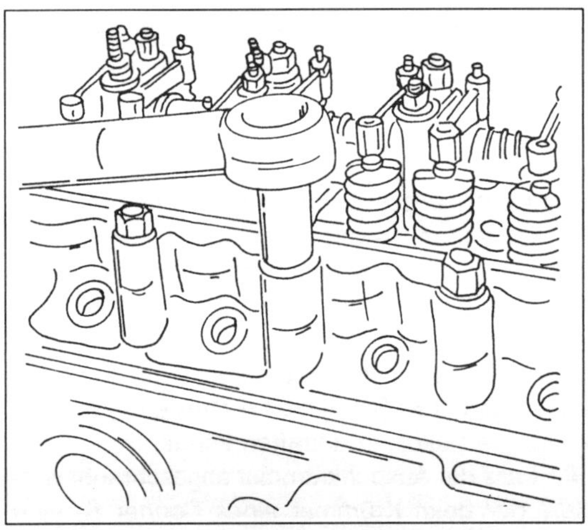

Bild 22
Anziehen der Zylinderkopfmuttern. Eine normale Stecknuss mit Drehmomentschlüssel wird benutzt.

- Die Enden der Stösselstangen einölen und in die richtigen Stössel einsetzen.
- Die Kipphebelwelle jetzt über die acht Stiftschrauben aufsetzen (in Bild 20 bei ausgebautem Motor gezeigt). Darauf achten, dass die Kipphebel in die richtige Richtung weisen. Beim Aufsetzen die Einstellschrauben der Ventile in die Kugelpfannen der Stössenstangen führen.
- Die in Bild 21 gezeigte Platte über die Stiftschrauben aufsetzen und danach die Muttern der Kipphebelwellenbefestigung und die verbleibenden vier Muttern der Zylinderkopfbefestigung aufschrauben (diese halten ebenfalls die Kipphebelwelle). Die Muttern fingerfest anziehen.
- Die Muttern der Zylinderkopfbefestigung jetzt in mehreren Durchgängen in der in Bild 19 gezeigten Reihenfolge auf ein Anzugsdrehmoment von 70 Nm anziehen. Zum Anziehen werden eine einfache Stecknuss und ein Drehmomentschlüssel benutzt (siehe Bild 22). Die Muttern der Kipphebelböcke werden auf ein Anzugsdrehmoment von 32 Nm angezogen. Falls die zusätzliche Mutter und Schraube vorhanden ist, werden diese nach vorschriftsmässigem Anziehen der Zylinderkopfmuttern als letztes angezogen.
- Alle anderen Arbeiten in umgekehrter Reihenfolge wie beim Ausbau durchführen. Die Kühlanlage auffüllen und den Motor laufen lassen. Falls erforderlich die Ventilspiele einstellen, wie es weiter hinten beschrieben wird. Beim Montieren der Zylinderkopfhaube die Dichtungsfläche der Haube mit Dichtungsmasse einschmieren und eine neue Dichtung an der Deckelfläche ankleben. Die Dichtringe und Scheiben anbringen und die beiden Muttern gleichmässig anziehen.

Einspritzmotor

Beim Ausbau des Zylinderkopfes im allgemeinen wie beim Ausbau des Einspritzmotors vorgehen (Kapitel 2.1.5). Auf einige Arbeitsgänge soll besonders eingegangen werden:

- Das Auspuffrohr von der Unterseite des Fahrzeuges am Getriebe lösen und die Verbindung zwischen dem vorderen Auspuffrohr und dem Auspuffkrümmer trennen.
- Beim Ablassen der Kühlanlage den unteren Schlauch vom Kühler abschliessen. Den Schlauch nach Ablaufen des Kühlmittels sofort wieder befestigen.
- Den Luftfilter vollkommen ausbauen.
- Bei eingebauter Getriebeautomatik das Betätigungsgestänge des Reglers am Drosselklappengestänge abschliessen.
- Zwei Unterdruckschläuche von der Rückseite des Ansaugkrümmers abschliessen. Die Anschlussstellen vermerken.
- Die Überwurfmutter der Leitung für den Bremskraftverstärker am Ansaugkrümmer lösen. Auf die Dichtscheiben achten.
- Kühlmittelschläuche von der linken Seite des

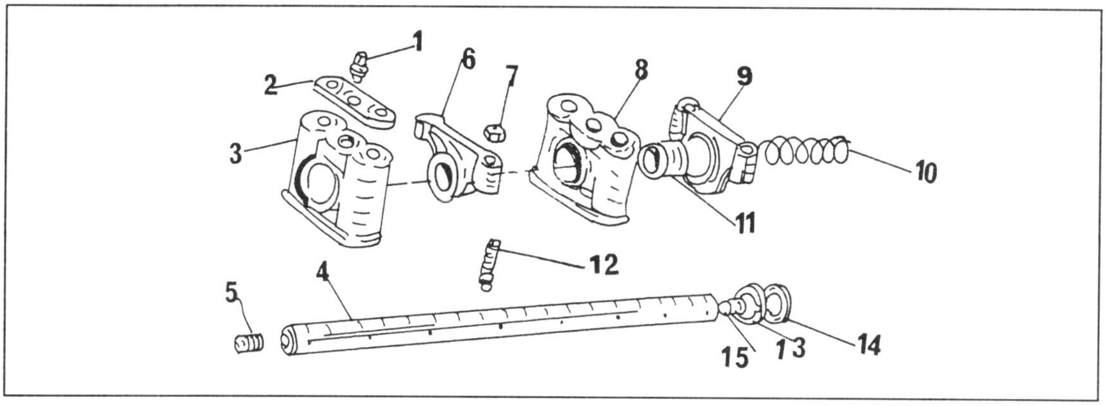

Bild 23
Montagebild der Kipphebelwelle.
1 Führungsschraube
2 Auflagescheibe
3 Kipphebellagerbock
4 Kipphebelwelle
5 Schraubstopfen
6 Kipphebel
7 Kontermutter, Kipphebeleinstellschraube
8 Kipphebellagerbock
9 Kipphebel
10 Druckfeder
11 Kipphebelbüchse
12 Ventileinstellschraube
13 Scheibe
14 Scheibe
15 Stopfen in Kipphebelwelle

Zylinderkopfes abschliessen. Ebenfalls den oberen Kühlmittelschlauch zwischen Thermostatgehäuse und Kühler ausbauen.

- Die drei Schrauben der Kühlerstütze lösen und diese von der Seite des Zylinderkopfes abnehmen.
- Zwei Schläuche von der linken Seite des Zylinderkopfes abschliessen und einen einzelnen Schlauch auf der rechten Seite des Kopfes trennen.
- Zündspule an der Vorderseite des Zylinderkopfes abschrauben und zur Seite legen.
- Die Zündkerzenkabel von den Kerzen abziehen.
- Den Zylinderkopf jetzt ausbauen, wie es beim Vergasermotor beschrieben wurde. Ein oder zwei Kabelstecker müssen während dem Ausbau getrennt werden, sobald man an diese heran kann. Der Einbau des Zylinderkopfes geschieht in der beim Vergasermotor beschriebenen Weise. Ebenfalls die beim Einspritzer beschrieben Arbeiten in umgekehrter Reihenfolge durchführen.

2.2.2 Zylinderkopf zerlegen

Kipphebelwelle

Die Kipphebelwelle ist in Bild 23 in zerlegtem Zustand gezeigt.

- Bei ausgebauter Kipphebelwelle die Führungsschraube (1) aus dem zweiten Kipphebelbock herausschrauben.
- Die Splinte aus beiden Enden der Kipphebelwelle herausziehen und die Federn, Scheiben, Kipphebelböcke und Kipphebel der Reihe nach von der Welle ziehen und in der ausgebauten Reihenfolge so aufbewahren, dass sie beim Einbau wieder in die richtige Lage kommen können. Zu beachten ist, dass einige Scheiben neben den Kipphebeln oder Kipphebelböcken eingesetzt sind, die man nicht verlieren darf. Bei der Kipphebelwelle des 1275 cm^3-Motors sind diese Scheiben nicht eingebaut, jedoch ist die Welle dieses Motors mit einer doppelt gewikkelten Feder an beiden Enden versehen.

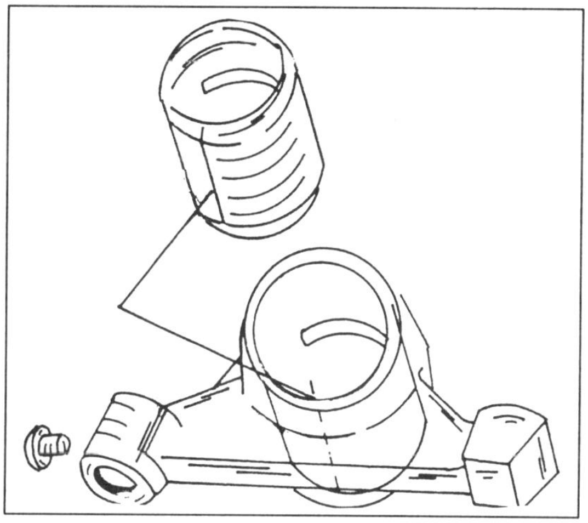

Bild 24
Beim Einziehen von neuen Kipphebelbüchsen darauf achten, dass sich die Naht der Büchse an der Oberseite des Kipphebels befindet.

- Die Büchsen der Kipphebel (11) auf Verschleiss kontrollieren und, falls erforderlich, erneuern. Zu beachten ist, dass während der Bauzeit des Minis geschmiedete oder gepresste Kipphebel verwendet wurden und nur die Büchsen in den geschmiedeten Hebeln erneuert werden können. Sind gepresste Kipphebel ausgeschlagen, müssen sie im Satz erneuert werden.
- Zum Auspressen der alten Büchsen einen passenden Dorn verwenden. Beim Einpressen ist zu beachten, dass die Naht der Büchse an der Oberseite des Kipphebels liegt (Bild 24). Geschmiedete und gepresste Kipphebel können in kompletten Sätzen erneuert werden. Falls jedoch nur ein oder zwei gepresste Kipphebel ausgeschlagen sind, schlagen wir vor, nur diese zu erneuern.
- Nach dem Einpressen den Stopfen aus dem Ende des Kipphebels ausbohren und die Ölbohrung durch die Büchse verlängern. Dazu einen Spiralbohrer von 1,98 mm Durchmesser verwenden.
- Die neue Büchse muss auf das Mass der Kipphebelwelle aufgerieben werden. Das Reibmass beträgt 14,30 bis 14,313 mm, wenn die Welle noch den Nenndurchmesser besitzt. Andernfalls die Welle ausmessen und die Büchsen

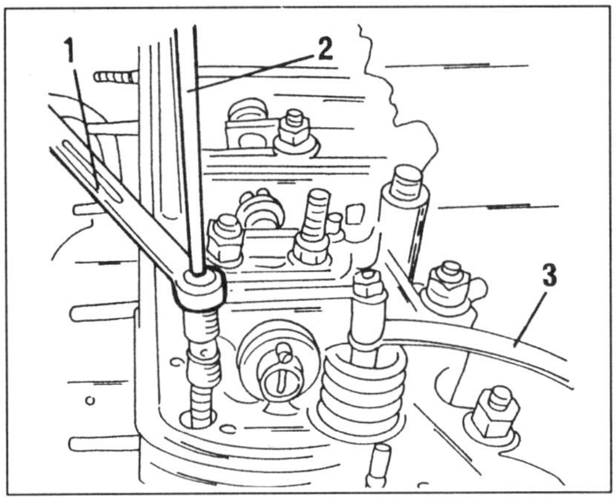

Bild 25
Einstellen der Ventilspiele.
1 Ringschlüssel
2 Schraubenzieher
3 Fühlerlehre

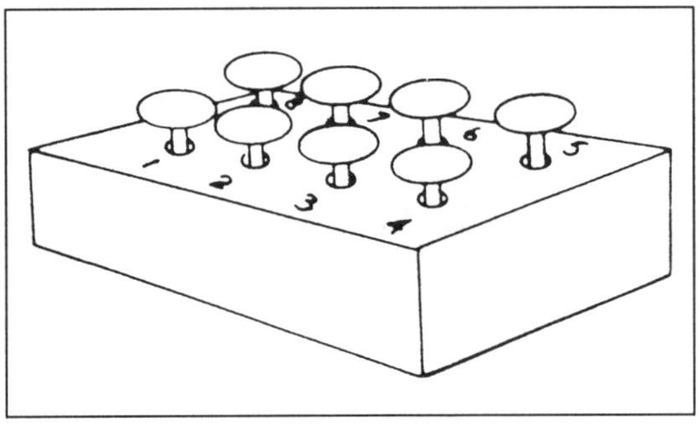

Bild 26
Ventile durch den Boden einer umgekehrten Pappschachtel stossen, um sie in ihrer Einbaureihenfolge zusammenzuhalten.

entsprechend aufreiben. Abschliessend einen Niet anstelle des Stopfens in den Kipphebel einschlagen und verschweissen.

Hinweis: Es wird darauf hingewiesen, dass es vielleicht besser ist, wenn man anstelle neuer Büchsen neue Kipphebel einbaut.

● Um die Innenseite der Kipphebelwelle und somit die Ölbohrungen zu reinigen, dreht man den Stopfen (5) in Bild 23 aus der Kipphebelwelle heraus.

Wichtiger Hinweis: Falls die Kipphebelwelle bei eingebautem Zylinderkopf ausgebaut werden soll, müssen die Muttern des Zylinderkopfes (beim 1275 cm^3-Motor ebenfalls die zusätzliche Mutter und Schraube) gelockert werden, wie wenn man den Zylinderkopf ausbauen will. Beim Einbau der Kipphebelwelle danach die Zylinderkopfmuttern und die Muttern der Kipphebellagerung in der beschriebenen Weise anziehen.

Einstellen der Ventilspiele

Die Auslass- und Einlassventile aller Motoren werden bei kaltem Motor auf einen Wert von 0,30 mm eingestellt. Zum Einstellen der Spiele am besten die Zündkerzen ausschrauben und den vierten Gang einlegen. Danach das Fahrzeug auf einer Seite auf Böcke setzen und das Rad durchdrehen, bis das Ventil Nr. 8 vollkommen geöffnet ist (d.h. nach unten gedrückt ist). In dieser Stellung ist Ventil Nr. 1 vollkommen geschlossen und kann eingestellt werden.

Die Kontermutter der Einstellschraube für das bestimmte Ventil lockern und die Einstellschraube verstellen, bis eine Fühlerlehre der angegebenen Stärke zwischen Kipphebel und Ventilschaft eingeführt werden kann. Bild 25 zeigt wie Ringschlüssel, Schraubenzieher und Fühlerlehre zusammen benutzt werden.

Die Fühlerlehre sollte eine gleitende Passung haben. Abschliessend die Kontermutter wieder mit dem Ringschlüssel festziehen. Dabei die Einstellschraube mit dem Schraubenzieher gegenhalten, damit sie sich nicht mitdrehen kann.

Um zu gewährleisten, dass jedes Ventil vollkommen geschlossen ist, während es eingestellt wird, sind die Ventile in der folgenden Reihenfolge einzustellen:

— Nr. 1 einstellen, wenn Nr. 8 geöffnet ist
— Nr. 3 einstellen, wenn Nr. 6 geöffnet ist
— Nr. 5 einstellen, wenn Nr. 4 geöffnet ist
— Nr. 2 einstellen, wenn Nr. 7 geöffnet ist
— Nr. 8 einstellen, wenn Nr. 1 geöffnet ist
— Nr. 6 einstellen, wenn Nr. 3 geöffnet ist
— Nr. 4 einstellen, wenn Nr. 5 geöffnet ist
— Nr. 7 einstellen, wenn Nr. 2 geöffnet ist

Hinweis: Zum Verstellen des Ventilspiels die Schraube nach rechts verdrehen, um das Spiel zu verringern oder nach links verdrehen, um das Spiel zu vergrössern.

Aus- und Einbau der Ventile

Auspuffkrümmer, Zündkerzen, Wasserauslassstutzen und Thermostatgehäuse sowie Thermostat und Wärmefühler des Fernthermometers sollten vom Zylinderkopf abgebaut werden. Bei einem Einspritzmotor ebenfalls andere im Wege sitzende Teile abmontieren.

Falls die ursprünglichen Ventile wieder verwendet werden sollen, müssen sie in ihrer Einbaureihenfolge zusammengehalten werden. Nach dem Ausbau der Ventile diese durch den Boden einer umgekehrten Pappschachtel stossen und die Nummer des betreffenden Ventils aufzeichnen, wie es in Bild 26 gezeigt ist. Ventil Nr. 1 befindet sich an der Riemenscheibenseite des Motors.

Zum Ausbau der Ventilspiele ist ein Ventilheber erforderlich. Diesen in der in Bild 27 gezeigten Weise (nächste Seite) am Zylinderkopf und am betreffenden Ventil ansetzen und die Feder zusammendrücken, bis die beiden Ventilkegelhälften aus der Oberseite des Ventilfedertellers heraustreten. Die Kegelhälften mit einer Spitzzange abnehmen. Falls kein Ventilheber zur Verfügung steht, ein Stück Rohr auf den Ventilfederteller aufsetzen

und mit einem kurzen Hammerschlag auf das Rohr die Feder nach unten schlagen. Die Kegelhälften kommen dabei heraus und werden im Rohr aufgefangen.
Den Ventilheber (falls verwendet) langsam zurücklassen und den Federteller, die Feder und das Ventil entfernen. Die Einlassventilführungen des 1275 cm^3-Motors sind mit Öldrichtringen versehen. Ventile eines Cooper S-Motors haben zwei Ventilfedern. Bild 28 zeigt die Teile eines ausgebauten Ventils.
Alle Ventile an den Sitzen auf Vernarbungen oder Brandstellen kontrollieren. Ventilsitze können mit den entsprechenden Fräsern nachgearbeitet werden. Dabei handelt es sich um Spezialfräser. Da die Ventilsitze eine bestimmte Breite haben müssen, stehen Korrekturfräser zur Verfügung, die ebenfalls gewährleisten, dass der Sitz in die Mitte kommt. Aus diesem Grund schlagen wir vor, dass man den Zylinderkopf in eine Werkstatt bringt, um Ventilsitze nachfräsen zu lassen.
Neue oder nachgearbeitete Ventilsitze oder Ventile sollten in herkömmlicher Weise mit feiner Schleifpaste eingeschliffen werden. Unbedingt die Ventile entsprechend der Sitze kennzeichnen, in welche sie eingeschliffen wurden. Wurden die Ventilsitze in einer Werkstatt nachgefräst, kommt der Kopf mit den fertig eingeschliffenen Ventilen zurück. Die Ventile unbedingt kennzeichnen, ehe sie aus den Führungen gezogen werden.

Ventilsitzringe

Falls die eingezogenen Ventilsitzringe nicht durch Fräsen oder Einschleifen der Ventile betriebsfähig gemacht werden können, ist es möglich, dass man neue Ventilsitzringe einziehen kann.
Zum Ausbau der alten Ventilsitzringe diese anbohren und danach spalten. Neue Ventilsitzringe müssen in neue aufgebohrte Sitzaufnahmebohrungen eingepresst werden. Die Bohrungen, deren Masse für die einzelnen Motorausführungen in der Mass- und Einstelltabelle angegeben sind, werden in Bild 29 mit Zahlen angegeben. Da alle Masse innerhalb einer Genauigkeit von 0,06 - 0,11 mm liegen müssen, schlagen wir vor, dass man neue Ventilsitzringe in einer Werkstatt einziehen lässt.

Ventilführungen

Ventile der Reihe nach in die betreffenden Führungen einsetzen und durch Hin- und Herbewegen auf Spiel in den Führungen kontrollieren. Falls das Spiel übermässig gross erscheint, müssen die Führungen erneuert werden.
Die alten Führungen durch die Verbrennungskammern aus dem Zylinderkopf herausschlagen oder herauspressen. Ein passender Dorn muss dazu verwendet werden.
Neue Führungen von der gleichen Seite aus in den Zylinderkopf einpressen, bis die Oberseite aller Führungen 13,72 mm oberhalb des Federsitzes heraussteht. Gemessen wird dabei das zwischen den Pfeilen in Bild 30 sitzende Stück der Ventilführung.
Falls ein Dorn zum Einpressen der Führung hergestellt werden soll, muss man sich an die in Bild 31 gezeigten Massangaben halten. Nach dem

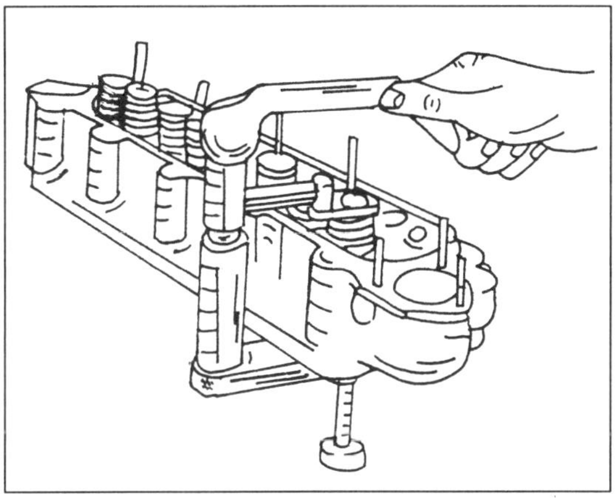

Bild 27
Ausbau der Ventile mit einem Ventilheber. Falls keiner vorhanden ist, ein Stück Rohr wie im Text beschrieben verwenden.

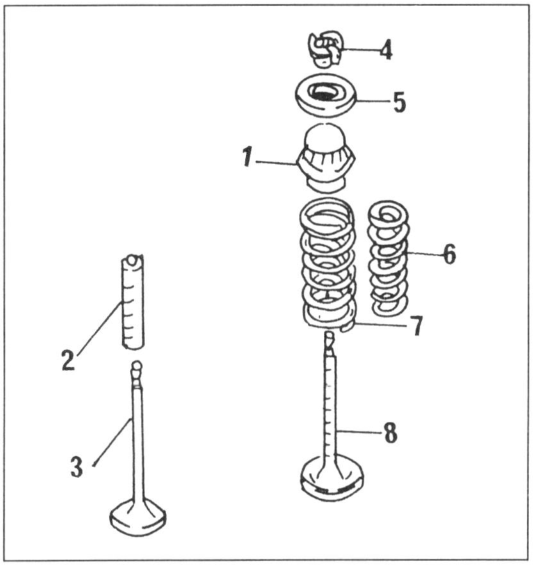

Bild 28
Die Teile eines Ventils.
1 Ventilschaftdichtring (falls eingebaut)
2 Ventilführung
3 Auslassventil
4 Ventilkegelhälften
5 Ventilfederteller
6 Innere Feder (falls eingebaut)
7 Ventilfeder
8 Einlassventil

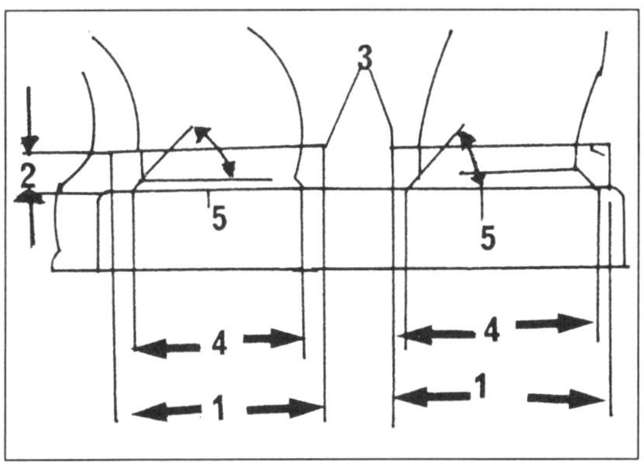

Bild 29
Angaben der Hauptabmessungen beim Einziehen von Ventilsitzringen. Die Zahlen geben die Masse an, die in der Mass- und Einstelltabelle angegeben sind.
1 Breite der Senkbohrung
2 Tiefe der Senkbohrung
3 Radius
4 Breite des Schrägwinkels
5 Ventilsitzwinkel

Einziehen der Einlassventilführungen eines 1275 cm³-Motors die Dichtringe der Ventilschäfte über den Führungen anbringen.
Nach Einpressen der Führungen kontrollieren, ob sie dem in der Mass- und Einstelltabelle angegebenen Innendurchmesser entsprechen. Andernfalls müssen die Führungen leicht aufgerieben werden (verstellbare Reibahle).

Hinweis: Nach Einziehen neuer Ventilführungen müssen die Ventilsitze immer nachgefräst werden, um die Konzentrizität zwischen der Führung und dem Ventilsitz herzustellen.

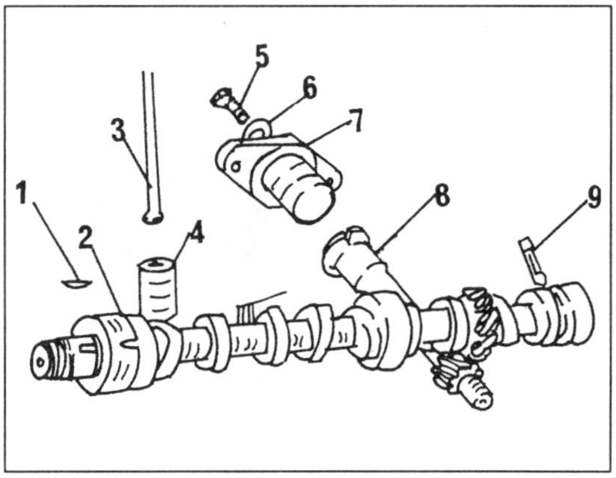

Bild 30
Ansicht der Nockenwelle mit Stösselstangen, Stössel und Verteilerantrieb.
1 Scheibenfeder
2 Nockenwelle
3 Stösselstange
4 Stössel
5 Schraube
6 Unterlegscheibe
7 Verteilergehäuse
8 Verteilerantriebswelle
9 Antriebsstift der Kraftstoffpumpe

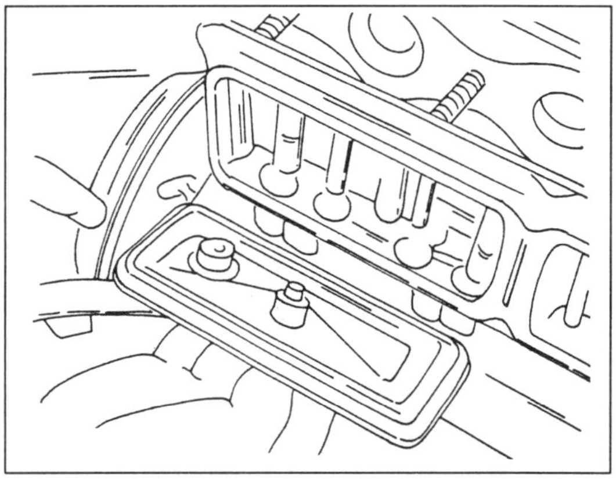

Bild 31
Zwei Seitendeckel, durch je eine Schraube gehalten, decken die Stösselkammer ab.

Ventilfedern
Alle Ventilfedern auf Verbiegung oder andere Schäden kontrollieren. Um zweifelhafte Federn zu kontrollieren, kann man eine ursprüngliche Feder und eine gute Feder zusammen auf eine lange Schrauben stecken und eine Mutter aufschrauben (Scheibe unter Schraubenkopf und Mutter). Schraubenkopf in einen Schraubstock einspannen und die Mutter anziehen. Dabei kontrollieren, wie sich die Wicklungen zusammenziehen. Ziehen sich die Wicklungen der ursprünglichen Feder mehr zusammen, als die der neuen Feder, ist die Feder ermüdet und ein neuer Satz Federn sollte eingebaut werden, da die anderen Federn sich im gleichen Zustand befinden werden.

2.2.3 Zusammenbau des Zylinderkopfes

Ventilführungen mit Motoröl einschmieren und die Ventile in die entsprechenden Bohrungen einschieben. Kontrollieren, dass die Öldichtringe an den Führungen der Einlassventile des 1275 cm³-Motors angebracht werden.

- Ventilfedern aufsetzen und der Reihe nach die Federn mit einem Ventilheber oder unter einer Presse zusammendrücken.
- Ventilkegelhälften in die aufgelegten Ventilfederteller und in die Rille der Ventilschäfte einlegen. Die Ventilkegelhälften dabei mit einer Spitzzange erfassen.
- Druck auf die Feder zurücklassen und kontrollieren, ob die Kegelhälften einwandfrei sitzen. Dazu kann man leicht mit einem Hammer auf die Enden der Ventilschäfte schlagen. Einen Lappen über die Ventilfedern legen, damit diese nicht davonfliegen, falls die Ventilkegelstücke doch noch lose sitzen sollten.
- Beim Zusammenbau der Kipphebelwelle auf die genaue Montageweise achten. Mit der Ausnahme des 1275 cm³-Motors sind Ausgleichsscheiben gegen beide Seiten des Kipphebels Nr. 1 und Nr. 8 angelegt. Ebenfalls kommt eine Scheibe hinter den Kipphebelbock Nr. 2 und eine Scheibe vor den Kipphebelbock Nr. 3. Bei der Welle des 1275 cm³-Motors doppeltgewickelte Federringe gegen die beiden Kipphebel an den Enden der Welle anlegen. Die Scheiben aufschieben und die Teile durch Einschieben neuer Splinte sichern.
- Auspuffkrümmer und Wasserauslassstutzen mit neuen Dichtungen anschrauben. Alle anderen Teile wieder in umgekehrter Reihenfolge montieren.

2.2.4 Aus- und Einbau von Ventilstösseln

Zu beachten ist, dass die Stössel mit Ausnahme des 1275 cm³-Motors bei eingebautem Motor erneuert werden können, falls man annimmt, dass neue Stössel eingebaut werden müssen. Der 1275 cm³-Motor hat keinen Deckel an der Seite, d.h. die Nockenwelle muss ausgebaut werden, um an die Stössel zu kommen. Folgendermassen vorgehen:

850-, 1000- und 1100 cm³-Motor

- Motorhaube nach Kennzeichnung der Scharniere abschrauben und, falls vorhanden, die Abschirmung für den Zündverteiler entfernen.
- Den Luftfilter ausbauen.
- Zylinderkopfhaube abnehmen und die Kipphebelwelle ausbauen, wie es bereits beschrieben

wurde. Ebenfalls die Muttern der Zylinderkopfbefestigung lockern, damit sich der Zylinderkopf nicht verziehen kann.

- Die Stösselstangen aus dem Zylinderblock herausziehen und in Einbaureihenfolge aufbewahren.
- Schraube der Stützstrebe an der Rückseite des Zylinderblocks entfernen und die Mutter und Schraube am anderen Ende der Strebe lockern, bis die Strebe zur Seite geschwungen werden kann.
- Zwei Muttern lösen und das Heissluftansauggehäuse vom Auspuffkrümmer abnehmen.
- Sicherungsspange entfernen und die Entlüftungsleitung des Ölabscheiders für das Kurbelgehäuse abziehen. Die beiden Deckel an der Seite des Motors abschrauben (je eine Schraube) und die Deckel sowie die Dichtungen abnehmen (Bild 31).
- Einen Finger in jeden Stössel einführen und den Stössel herausziehen (Bild 32). Falls der Stössel hängen sollte, kann man eine Spitzzange zum Herausziehen verwenden. Die Stössel in Einbaureihenfolge zusammenhalten, falls es nicht sicher ist, ob neue Stössel fällig sind.
- Stössel müssen erneuert werden, falls deren Gleitflächen vernarbt oder stark verschlissen sind.

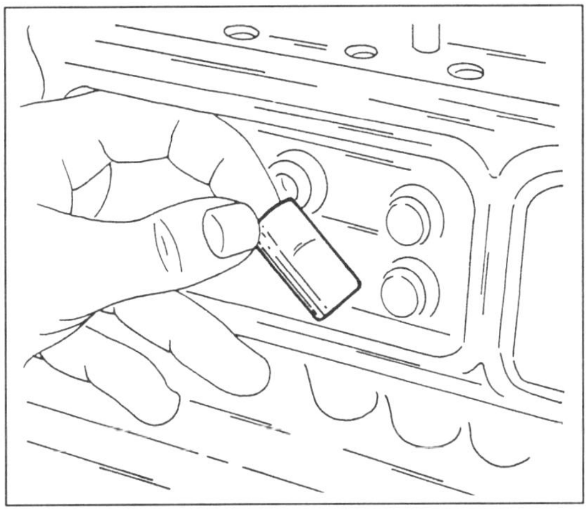

Bild 32
Die Stössel sitzen in der Seite des Motors. Beim Einsetzen in der gezeigten Schräglage halten.

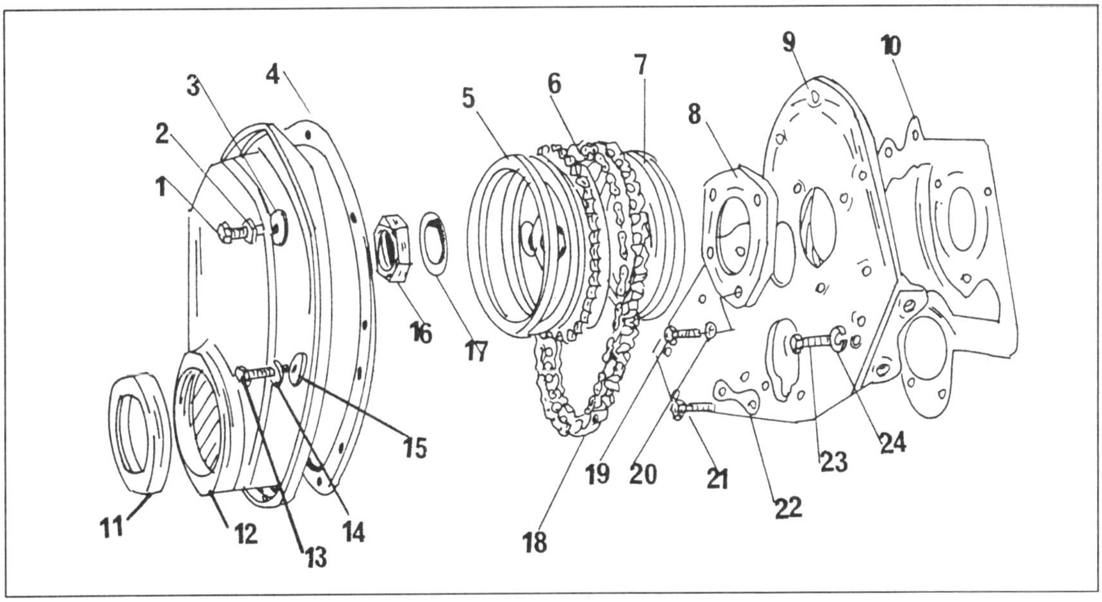

Bild 33
Die Teile an der Stirnseite des Motors.
1 Schraube
2 Schraube
3 Scheibe
4 Dichtung
5 Spannring
6 Nockenwellensteuerrad
7 Spannring
8 Nockenwellenhalteplatte
9 Motorzwischenplatte
10 Dichtung
11 Radialdichtring
12 Steuerkettendeckel
13 Schraube
14 Scheibe
15 Scheibe
16 Steuerradmutter
17 Sicherungsblech
18 Steuerkette
19 Schraube
20 Scheibe
21 Schraube
22 Sicherungsblech
23 Schraube
24 Scheibe

1275 cm³-Motor

- Nach Ausbau des Triebwerks das Getriebe vom Motor abflanschen und die Kipphebelwelle ausbauen, wie es bereits beschrieben wurde. Die Stösselstangen herausziehen und in Einbaulage zusammenhalten.
- Die Steuerkette und die Steuerräder ausbauen, wie es weiter hinten unter der betreffenden Überschrift beschrieben wird. Ebenfalls sind Zündverteiler, Verteilerantriebswelle, Kraftstoffpumpe und Nockenwelle auszubauen, wie es unter den betreffenden Überschriften beschrieben ist.
- Nach Durchführung dieser Arbeiten die Stössel nach unten durch ihre Bohrungen herausziehen und in Einbaureihenfolge zusammenhalten.

Der Einbau der Stössel geschieht bei allen Motoren in umgekehrter Reihenfolge wie der Ausbau. Die gut eingeölten Stössel bei der Ausführung mit Seitendeckel schräg ansetzen und in die jeweiligen Bohrungen einsetzen. Nach Einbau der Stössel, ganz gleich, ob die alten oder neue Stössel montiert werden, müssen die Ventilspiele eingestellt werden.

2.3 Kurbelwelle

Die Lagerung der Kurbelwelle ist in Bild 34 gezeigt. Wenn es zur Demontage der Lagerung

Hinweis: Die Kurbelwelle des 1275 cm³-Motors ist ab ca. 1990 mit selektiven Hauptlagerschalen für die Kurbelwelle versehen. Die Schalen sind mit Farbe gezeichnet. Die Bezeichnung "RGY" ist in den Hauptlagerdeckel und die entsprechende Kurbelwellenwange eingeschlagen. Die Lagerschalen haben eine ähnliche Kennzeichnung. Neue Zapfendurchmesser.

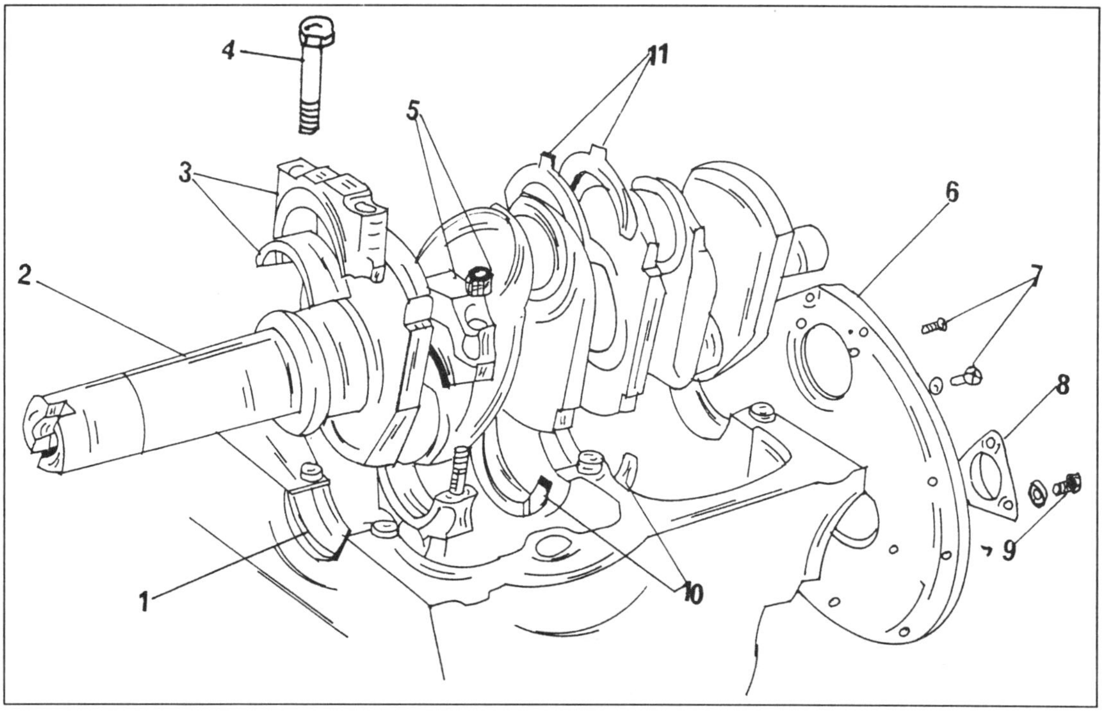

Bild 35
Ansicht des Kurbeltriebs (1275)
1 Eingelegte Lagerschale
2 Kurbelwelle
3 Hauptlagerdeckel und -schale
4 Hauptlagerdeckelschraube
5 Pleuellagermuttern
6 Motorzwischenplatte
7 Schrauben der Zwischenplatte
8 Nockenwellenhalteplatte
9 Schraube und Federring
10 Halbscheiben im Block
11 Halbscheiben im Lagerdeckel

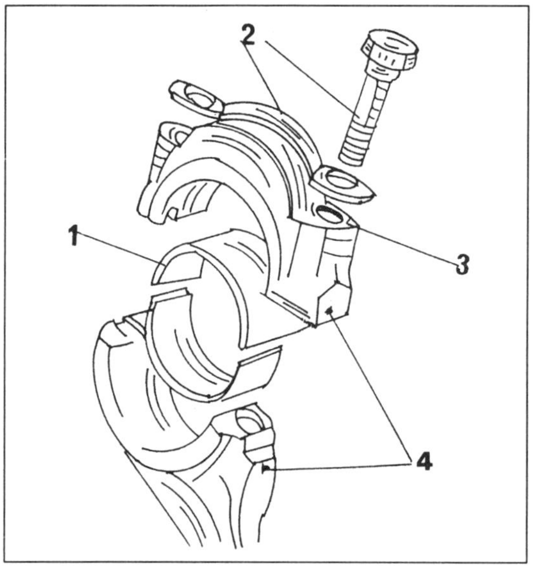

Bild 36
Ansicht eines Pleuelfusses beim 850-, 1000- und 1100-Motor
1 Lagerschale
2 Schraube und Sicherungsblech
3 Lagerdeckel
4 Lage der Pleuelkennzeichnung

Achtung: Falls Hauptlagerschalen erneuert werden sollen, muss man beim Kauf angeben, dass der Wagen nach 1985 gebaut wurde.

kommt, muss man sich an dieses Bild halten. Im gezeigten Bild handelt es sich um den Kurbeltrieb eines 1275 cm³-Motors.

2.3.1 Ausbau der Kurbelwelle

Obwohl der Ausbau der Kurbelwelle bei allen Motoren ungefähr in gleicher Weise vor sich geht, wird darauf hingewiesen, dass die Befestigung der Pleuellagerdeckel beim 1275 cm³-Motor unterschiedlich ist.

- Motor ausbauen, wie es bereits beschrieben wurde und das Getriebe oder automatische Getriebe vom Motor abflanschen. Diese Arbeiten werden im Getriebe-Abschnitt beschrieben.
- Steuerkette und Steuerräder ausbauen (siehe getrennte Beschreibung).
- Den Haltebügel der Spannstrebe für die Keilriemenspannung abschrauben. Die drei Befestigungsschrauben der Halteplatte für die Nockenwelle entfernen (8, Bild 33) und die Platte abnehmen. Die Schrauben lösen und die vordere Motorzwischenplatte (9) abnehmen. Die Dichtung (10) entfernen.
- Hintere Anlaufscheibe des Antriebsrades abnehmen, ebenfalls den Gegenring und das Antriebsrad sowie die vordere Anlaufscheibe herunterziehen.
- Pleuelstangen und Pleuellagerdeckel auf gute Sichtbarkeit der Kennzeichnungen überprüfen. Die Zylindernummer ist in Pleuel und Deckel eingeschlagen. Falls die Deckel nicht numeriert sind, müssen sie in Paaren gezeichnet werden (vorn beginnen), so dass sie wieder in die alte Lage kommen können.
- Mit Ausnahme des 1275 cm³-Motors die Sicherungsbleche der Pleuellagerschrauben zurückschlagen. Die Schrauben lösen und die Deckel der Pleuelstangen sowie die eingelegte Lagerschale abnehmen. Die Kurbelwelle entsprechend durchdrehen, so dass die Deckel nach oben kommen. Bei einem 1275 cm³-Motor werden Polygon-Muttern verwendet. Nach Lösen der Muttern die Deckel von den Pleuelschrauben herunternehmen. Falls erforderlich, mit einem Gummihammer nachhelfen.
- Pleuelstangen von den Lagerzapfen der Welle lösen und die zweite Lagerschale heraus-

nehmen. Beide Lagerschalen mit einem Stück Schnur am Pleuellagerdeckel festbinden.

- Lagerdeckelschrauben lösen und die Lagerdeckel der Kurbelwelle abnehmen.
- Am mittleren Lagerdeckel sind links und rechts Halbscheiben zur Regulierung des Axialspiels eingelegt, die ebenfalls herauszunehmen sind.
- Die Kurbelwelle vorsichtig herausheben.
- Die verbleibenden Halbscheiben am mittleren Lager entfernen.
- Alle Lagerschalen mit den Lagerdeckeln zusammenbinden.

2.3.2 Überprüfen der Kurbelwelle

Die Lagerflächen der Kurbelwelle auf Verschleiss kontrollieren und, falls erforderlich, die Welle zum Nachschleifen in eine Werkstatt bringen. Falls die folgenden Mindestdurchmesser vorgefunden werden, muss eine neue Kurbelwelle eingebaut werden. Beim Ausmessen der Lagerzapfendurchmesser mit einem Mikrometer darauf achten, dass die Wangen des Mikrometers nicht gegen die Ölbohrungen der Welle angesetzt werden.

	Hauptlager-zapfen	Pleuellager-zapfen
— 850, 1000 1100 cm³	43,45 mm	40,27 mm
— 1275 cm³	49,78 mm	43,44 mm

- Alle Ölkanäle, Lagerdeckel und Pleuelstangen gründlich reinigen, die Lagerschalen auf Verschleiss oder Fressstellen kontrollieren und in jedem Fall erneuern, falls Risse, Einlaufstellen oder Narben sichtbar sind.
- Die Anlaufscheiben erneuern, falls sie abgenutzt sind oder das Axialspiel der Kurbelwelle nicht innerhalb 0,025 bis 0,127 mm liegt. Das Axialspiel der Kurbelwelle muss in jedem Fall vor Wiedereinbau der Kurbelwelle ausgemessen werden, wie es auf der nächsten Seite beschrieben wird. Aus dem Ergebnis kann man über die Anlaufscheiben entscheiden.

2.3.3 Ausmessen des Axialspiels

Zum Ausmessen des Axialspiels muss die Kurbelwelle in den Block montiert werden.

- Eine Messuhr an einer Seite des Blocks befestigen und den Messfinger gegen das Ende der Welle ansetzen.
- Die Kurbelwelle mit einem Reifenhebel nach einer Seite drücken und die Messuhr auf Null stellen.
- Die Kurbelwelle nach der anderen Seite drücken und den Wert an der Messuhr ablesen. Der angezeigte Wert ist das Axialspiel.
- Falls das Spiel grösser als das angegebene Mass ist, müssen die Halbscheiben alle erneuert werden.

Da eine Messuhr jedoch nicht immer vorhanden ist, kann man die Kontrolle durchaus mit einer Fühlerlehre durchführen. Dazu die Kurbelwelle mit den Halbscheiben montieren und eine Fühlerlehre zwischen den Flansch der Kurbelwelle und der Anlaufscheibe einsetzen, wie es in Bild 37 gezeigt ist. Wird die Höchststärke von 0,127 mm überschritten, müssen alle Anlaufhalbscheiben erneuert werden.

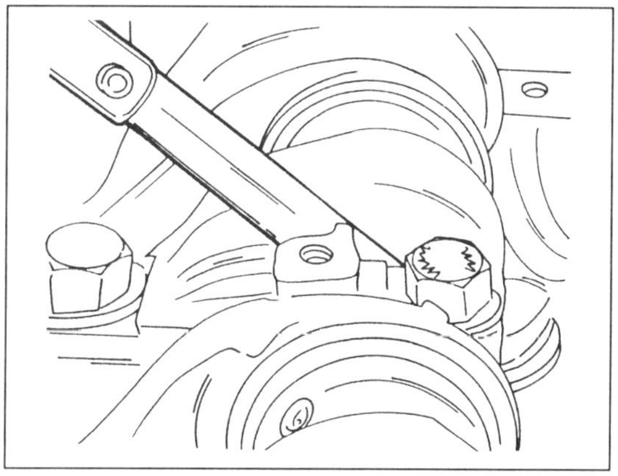

Bild 37
Ausmessen des Axialspiels mit einer Fühlerlehre.

2.3.4 Einbau der Kurbelwelle

- Die Lagerschalen in die entsprechenden Grundbohrungen einlegen und gut mit Motoröl einschmieren.
- Die Kurbelwelle vorsichtig in die Lager heben und die beiden Halbscheiben so einsetzen, dass die Schmierölnuten gegen die Wangen der Kurbelwelle anliegen, wie es aus Bild 38 ersichtlich ist.
- Die verbleibenden Halbscheiben an die Sei-

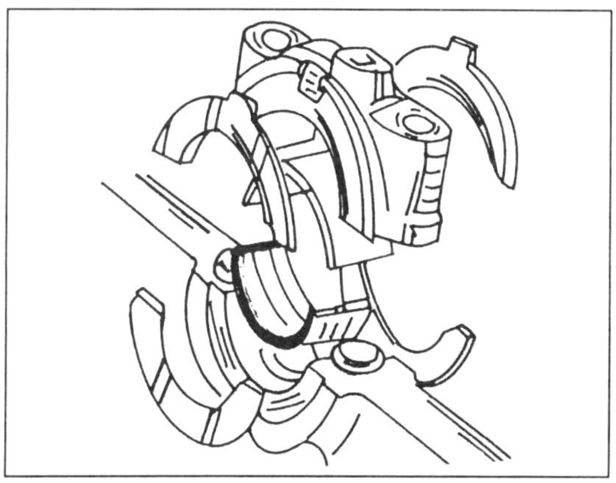

Bild 38
Einbau der Halbscheiben für das Axialspiel der Kurbelwelle.

ten des Lagerdeckels anlegen (die Zungen müssen in die Ausfräsung eingreifen, siehe Bild 39) und die Lagerschalen in alle Deckel einlegen. Die Schalen gut einölen und die Deckel aufsetzen. Die Deckel gut mit einem Gummihammer festschlagen.

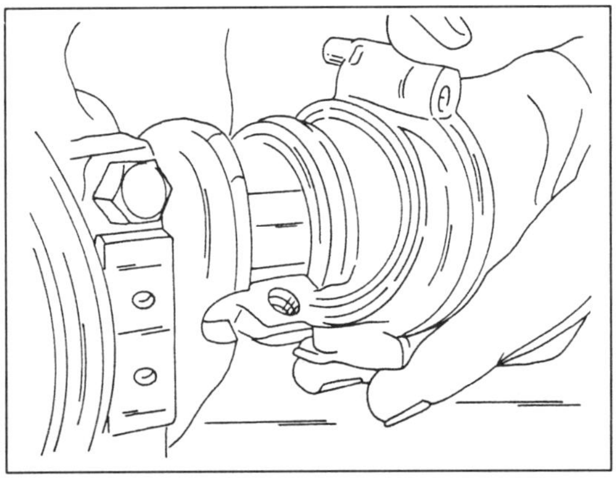

Bild 39
Aufsetzen eines Pleuellagerdeckels. Die Lagerschale sitzt bereits im Deckel.

Bild 40
Festschrauben der Halteplatte für die Nockenwelle.

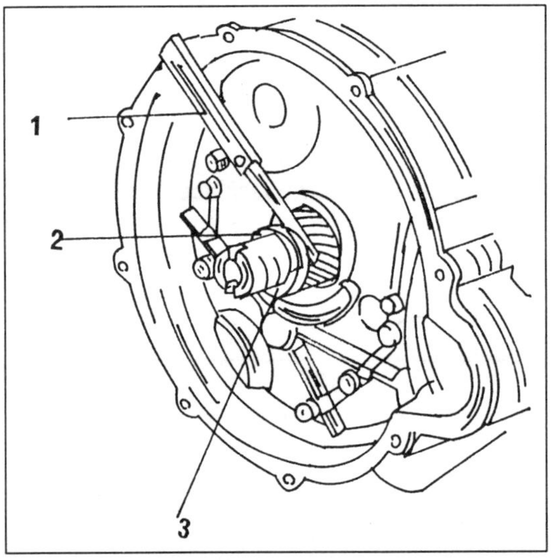

Bild 41
Ausmessen des Axialspiels des Kurbelwellenantriebsrades.
1 Fühlerlehre
2 Hintere Anlaufscheibe
3 Gegenring

- Das Kurbelwellenaxialspiel zur Sicherheit nochmals kontrollieren.
- Alle Schrauben der Hauptlagerdeckel gleichmässig auf ein Anzugsdrehmoment von 87 Nm anziehen. Dieser Wert gilt bei allen Motoren.
- Die Lagerschalen der Pleuel einölen und in die Pleuel einlegen.
- Die Pleuel gegen die Kurbelwellenzapfen ansetzen, die Pleuellagerdeckel mit den eingelegten Schalen aufsetzen und leicht mit einem Gummihammer anschlagen.
- Die Schrauben eines 1275 cm^3-Motors mit einem Anzugsdrehmoment von 51 Nm und die Muttern der anderen Motoren mit 46 Nm anziehen.
- Die Kurbelwelle einige Male durchdrehen, um Klemmstellen festzustellen.
- Eine neue Dichtung auf den Zylinderblock auflegen und die Zwischenplatte montieren.
- Die Halteplatte der Nockenwelle anschrauben (Bild 40).
- Das Antriebsrad der Kurbelwelle anbringen.
- Anlaufscheibe und Gegenring aufschieben.
- Axialspiel des Antriebsrades einstellen, wie es unter der nächsten Überschrift beschrieben ist.
- Alle anderen Arbeiten in umgekehrter Reihenfolge wie bei der Zerlegung durchführen.
- Abschliessend den Motor und das Getriebe mit dem vorgeschriebenen Öl füllen.

2.3.5 Einstellen des Axialspiels des Kurbelwellenantriebsrades

Falls das Axialspiel bei eingebautem Motor kontrolliert werden soll, so müssen Kupplung und Schwungrad ausgebaut werden, wie es im betreffenden Kapitel beschrieben ist.

- Eine Fühlerlehre, wie in Bild 41 gezeigt, zwischen den Gegenring und das Zahnrad einsetzen, um das Spiel auszumessen. Das Spiel muss zwischen 0,09 und 0,165 mm liegen.
- Falls das Spiel nicht stimmt, den Gegenring und die "C"-förmige Anlaufscheibe entfernen. Falls der Motor eingebaut ist, den Öldichtring für das Schwungradgehäuse abmontieren. Das Antriebsrad wieder abbauen und die vordere Anlaufscheibe herunternehmen. Die Stärke der Scheibe ausmessen.
- Eine Anlaufscheibe auswählen, die das angegebene Axialspiel herstellt. Scheiben stehen in fünf verschiedenen Stärke von 2,80 bis 3,05 mm zur Verfügung, mit Abstufungen von je 0,05 mm.
- Ausgewählte Scheibe mit Fett einschmieren und mit der angeschrägten Seite zur Kurbelwelle weisend aufstecken.
- Das Axialspiel erneut ausmessen, nachdem alle Teile wieder montiert wurden. Falls der Motor eingebaut ist, den Öldichtring für das Schwungradgehäuse wieder einsetzen und die Kupplung montieren.

Hinweis: Bei neuen Teilen der Steuerung müssen die Anweisungen in Kapitel 6.1 durchgelesen werden.

2.4 Kolben und Pleuelstangen

2.4.1 Ausbau

Wie bereits bei der Kurbelwelle erwähnt, erfolgt die Befestigung der Pleuellager beim 1275 cm³-Motor und den anderen Motoren unterschiedlich. Ein Pleuel eines 1275 cm³-Motors besitzt eine gerade Teilung am Pleuelfuss, wo der Lagerdeckel angeschraubt ist. Bei den anderen Motoren sind die Pleuel schräg geteilt. Unterschiede liegen ebenfalls in der Lagerung des Kolbenbolzens vor:

- Der Bolzen wird entweder durch eine Klemmschraube festgespannt und kann sich in den Kolbenaugen drehen (850 cm³-Motor).
- Der Bolzen ist schwimmend in Kolben und Pleuelstange gelagert und wird durch Sicherungsringe gehalten (1000 und 1100 cm³-Motor).
- Der Bolzen hat einen Pressitz (Schrumpfpassung) in der Pleuelstange (1275 cm³-Motor).

Pleuel und Kolben können nicht bei eingebautem Motor erneuert werden. Bei der Zerlegung folgendermassen vorgehen:

- Motor und Getriebe ausbauen und das entsprechende Getriebe vom Motor abflanschen.
- Kipphebelwelle und Zylinderkopf abmontieren, wie es bereits beschrieben wurde und den Ölmessstab herausziehen.
- Kennzeichnung der Pleuel und Pleuellagerdeckel kontrollieren und Teile entsprechend ihrer Zylindernummer kennzeichnen, falls die Kennzeichnungen nicht sichtbar sind. Die Zylindernummer 1 befindet sich an der Riemenscheibenseite.
- Beim 850-, 1000- und 1100 cm³-Motor die Sicherungsbleche der Pleuellager zurückschlagen und die Schrauben lösen. Die Deckel mit einem Gummihammer abschlagen und mit den Lagerschalen herausnehmen. Beim 1275 cm³-Motor die Polygon-Muttern lösen und die Deckel entfernen.
- Kolben und Pleuelstangen mit einem Hammerstiel nach oben schieben und aus den Bohrungen herausziehen. Falls sich ein Ölkohlering an der Oberkante der Bohrungen gebildet hat, diesen mit einem Schaber vorsichtig abkratzen.
- Die Lagerschalen aus den Pleueln herausnehmen und mit den anderen Schalen und entsprechenden Deckeln zusammenbinden.

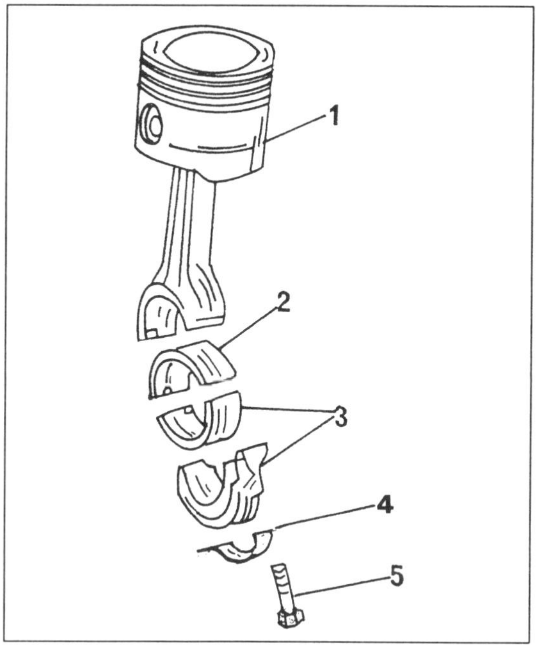

Bioild 42
Ansicht von Kolben und Pleuelstangen des "1000"- und "1100"-Motors.
1 Kolben mit Pleuelstange
2 Lagerschale
3 Lagerschale mit Deckel
4 Sicherungsblech
5 Pleuelschraube

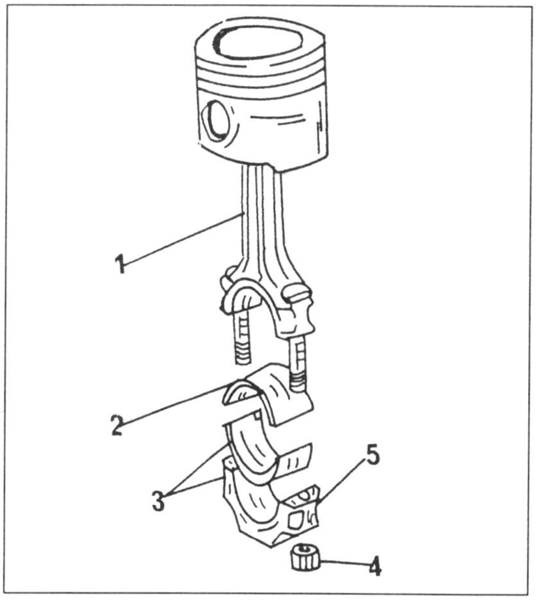

Bild 43
Ansicht von Kolben und Pleuelstange des "1275"-Motors.
1 Kolben und Pleuelstange
2 Lagerschale
3 Lagerdeckel und Lagerschale
4 Pleuellagermuttern
5 Pleuellagerdeckel

2.4.2 Überholung der Teile

Wie beim Ausbau sind Unterschiede zwischen den einzelnen Motoren vorhanden, denen zu folgen ist. Zu beachten ist, dass die Kolbenbolzen eines 1275 cm³-Motors mit einem Spezialwerkzeug aus- und einzupressen sind (bei den anderen Motoren eignet sich ein passender Dorn) und man sollte diese Arbeit nicht vornehmen. Wir raten, in diesem Fall die Pleuel und Kolben in eine Werkstatt zu bringen, da die Arbeit ausserdem noch kompliziert ist. Bei den anderen Motoren folgendermassen vorgehen:

- Kolbenringe der Reihe nach über den Kolbenboden abstreifen. Dazu eine Kolbenringzange, wie in Bild 44 gezeigt, verwenden.
- Bei einem 850 cm³-Motor die Klemmschraube des Kolbenbolzens in der Innenseite des Kolbens lösen und den Kolbenbolzen herausdrücken. Sollte der Bolzen sehr fest sitzen,

Hinweis: Beim 1000 cm³-Motor wurden die Sicherungsringe der Kolbenbolzen später weggelassen und die Bolzen sind in gleicher Weise wie beim 1275 cm³-Motor eingepresst. Ein solcher Motor ist in diesem Fall wie der 1275 cm³-Motor zu behandeln. Alte und neue Kolben dieses Motors nicht mischen.

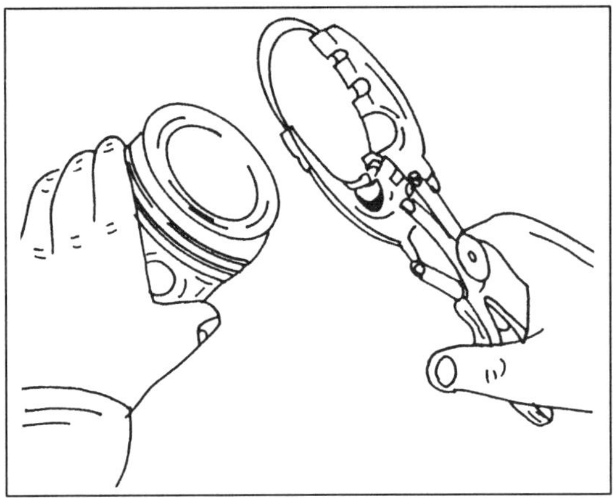

Bild 44
Entfernen oder Aufsetzen der Kolbenringe mit einer Kolbenringzange.

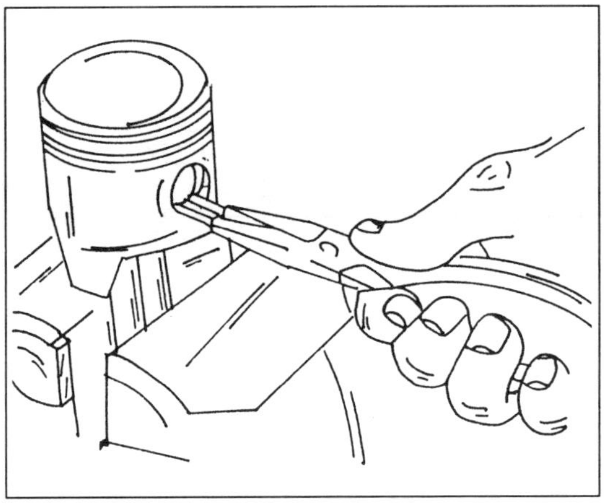

Bild 45
Entfernen der Sicherungsringe für den Kolbenring mit einer Sprengringzange.

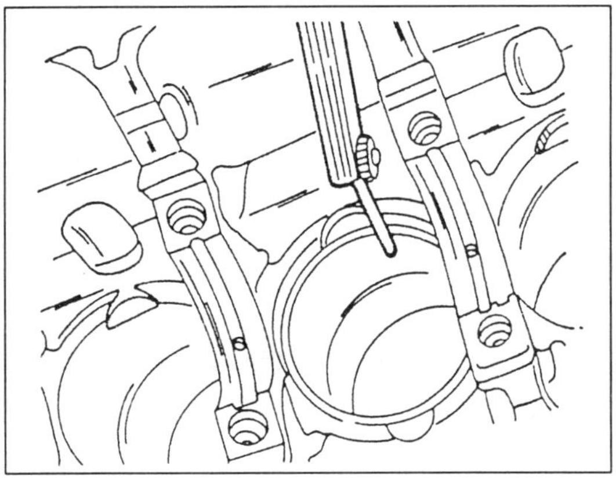

Bild 46
Ausmessen des Kolbenringstossspiels in den Bohrungen der Zylinder.

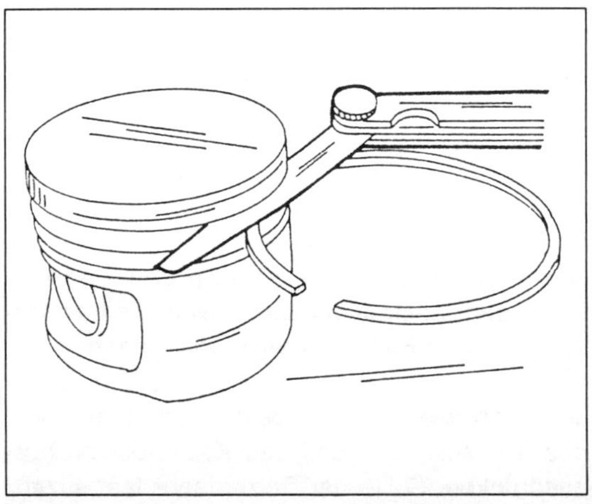

Bild 47
Kontrolle des Höhenspiels der Kolbenringe in den Nuten des Kolbens.

keinen Dorn zum Ausschlagen des Bolzens benutzen, um die Teile nicht zu beschädigen. Anstelle den Kolben mit dem Pleuelstangenende in kochendes Wasser einlegen. Durch das Erwärmen und Ausdehnung der Leichtmetallegierung des Kolbens wird sich der Bolzen leicht ausdrücken lassen.

- Bei einem 1000 cm³-Motor (falls eingebaut) und 1100 cm³-Motor die Sicherungsringe des Kolbenbolzens auf beiden Seiten mit einer Sprengringzange entfernen. Um die Arbeit zu erleichtern, kann man die Pleuelstange dazu in einen Schraubstock einspannen (siehe Bild 45).
- Mit einem geeigneten Dorn den Kolbenbolzen vorsichtig aus Kolben und Pleuelstange auspressen. Der Kolben muss dabei gut untergelegt werden. Falls ein Dorn mit einem Führungszapfen besorgt werden kann, den Zapfen in den Kolbenbolzen einsetzen, den Kolben in die hohle Hand legen und den Bolzen ausschlagen. Ein fest sitzender Bolzen kann gelockert werden, wenn man den Kolben in kochendes Wasser eintaucht. Natürlich darf man sich dann nicht am Kolben verbrennen.
- Falls die Büchse der Pleuelstange ausgeschlagen ist, kann sie aus dem Pleuelauge ausgepresst werden. Diese Arbeit sollte man vielleicht einer Werkstatt überlassen.

Die Teile können jetzt, je nach Erforderlichkeit, folgendermassen kontrolliert werden.

- Der Reihe nach alle Kolbenringe in die entsprechende Bohrung einsetzen und mit einem umgekehrten Kolben ca. 25 mm nach unten drücken. Mit einer Fühlerlehre wird jetzt das Kolbenringstossspiel in der in Bild 46 gezeigten Weise ausgemessen. Die Werte der Ringstösse sind unterschiedlich für die verschiedenen Ringe und Motoren und sind der Mass- und Einstelltabelle zu entnehmen.
- Die Kolbenringe der Reihe nach in die Nuten des jeweiligen Kolbens einsetzen. Die Nuten müssen vorher einwandfrei gereinigt werden. Dazu einen abgebrochenen Kolbenring besorgen (nicht unbedingt einen des Mini-Motors) und diesen am Ende gerade abschleifen. Mit dem scharfen Ende des Kolbenringes um die Nuten herausstossen, um alle Ölkohle zu entfernen. Material darf dabei nicht abgespant werden. Mit einer Fühlerlehre jetzt zwischen Kolbenring und Kolbenringnut messen, wie es Bild 47 zeigt. Die Werte sind der Mass- und Einstelltabelle zu entnehmen. Zu beachten ist, dass der zweiteilige Ölabstreifring des 1275 cm³-Motors und der Ölabstreifring des 1100 cm³-Motors nicht ausgemessen werden müssen.

Hinweis Die Ölabstreifringe des 1100- und 1275 cm³-Motors sind zweiteilig. Beim Ausmessen der Stossspiele beide Ringhälften ausmessen, da die Werte unterschiedlich sind.

2.4.3 Zusammenbau von Kolben und Pleuelstangen

Bei der folgenden Beschreibung wird angenommen, dass die Kolben und Pleuelstangen eines 1275 cm^3-Motors in einer Werkstatt zusammengebaut wurden, falls man Kolben oder Pleuelstangen erneuern musste.
Bei den anderen Motoren eine Pleuelaugenbüchse so einpressen, dass die Ölbohrungen übereinstimmen und die Büchse auf das vorgeschriebene Mass aufreiben. Der Schlitz in der Büchse muss sich auf der Nockenwellenseite des Motors befinden. Eine vorschriftsmässig aufgeriebene Büchse muss erlauben, dass man den Kolben bei Zimmertemperatur mit Daumendruck durchdrückt.
Da die Kolbenbolzenbohrung zur Nockenwellenseite zu versetzt ist, muss der Kolben so an der Plewuelstange montiert werden, dass das Wort "Front" im Kolbenbolden zur Vorderseite des Motors weist. Die Zahlen in Pleuelstange und Lagerdeckel müssen sich auf der Nockenwellenseite des Motors befinden.
Nach Einbau der Kolbenbolzen die beiden Sicherungsringe in die Kolbenbohrung einsetzen. Kontrollieren, dass sie ringsherum einwandfrei sitzen. Die Schraube bei einem 850 cm^3-Motor mit 32 Nm anziehen.
Kolbenringe der Reihe nach über den Kolbenboden streifen. Der Ölabstreifring ist der erste Ring. Bei geteilten Ölabstreifringen folgendermassen vorgehen:

1100 cm³-Motor

- Unter Bezug auf Bild 48 die Feder (4) in die untere Nut einsetzen, so dass die Nasen zusammenkommen (sich jedoch nicht kreuzen) und in eine der Bohrungen auf der druckfreien Seite des Kolbens kommen.
- Unteren Ring (6) in die untere Nut unter die Feder einsetzen. Den wellenförmigen Ring (4) anbringen.
- Den oberen Ring (3) in die Oberseite der unteren Nut einsetzen. Die Stossenden der beiden geraden Ringe (3) und (6) und des wellenförmigen Ringes (5) auf der druckfreien Seite des Kolbens versetzen, so dass sie nicht übereinander liegen.

1275 cm³-Motor

- Unter Bezug auf Bild 49 den Ring (4) über den Kolben streifen, aber unterhalb der unteren Nut auf dem Kolbenmantel lassen. Den Federring (3) in die untere Nut einsetzen und den Ring (4) in die Nut schnappen, so dass er unter dem

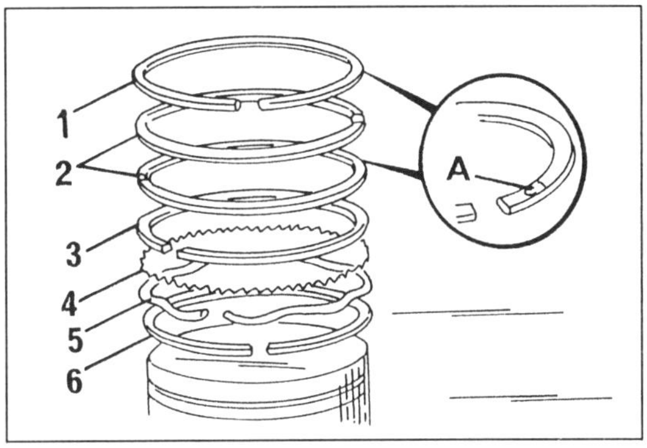

Bild 48
Die beim Kolben eines 850/1000/1100-Motor aufgesetzten Kolbenringe. An Stelle "A" ist das Wort "Top" eingezeichnet.
1 Oberer Verdichtungsring
2 Verdichtungsringe
3 Oberer Seitenring
4 Federring
5 Wellenring
6 Unterer Seitenring

Federring sitzt.

- Die Ringe (2) und (1) in die Nuten einsetzen und kontrollieren, ob die Enden zusammenstossen, ohne sich jedoch zu kreuzen, wenn beide Ringe (1) und (4) leicht zusammengedrückt werden.
- Die Ringstösse aller eingesetzten Ringe auf der druckfreien Seite des Kolbens verteilen, so dass sie soweit wie möglich auseinander stehen.

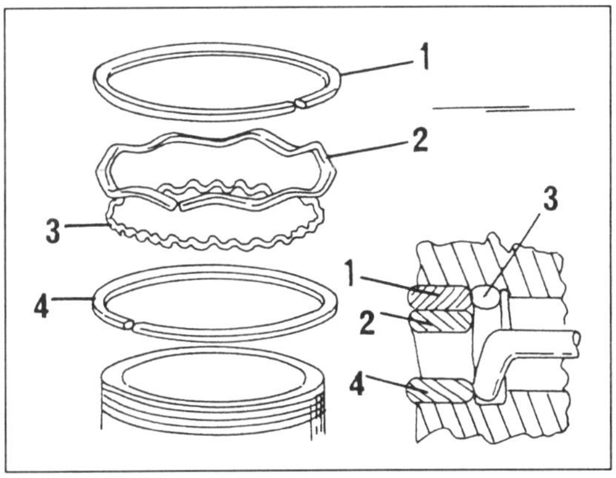

Bild 49
Die beim Kolben eines 1275-Motors aufgesetzten Kolbenringe. Rechts ein Schnitt durch den Kolben.
1 Gerader Ring
2 Wellenring
3 Federring
4 Gerader Ring

Bei allen Motoren den unteren Verdichtungsring und danach den oberen Verdichtungsring so anbringen, dass die Aufschrift "Top" (in Bild 48 an Stelle "A" gezeichnet) von oben lesbar ist. Abschliessend den ersten, verchromten Verdichtungsring anbringen, ebenfalls mit dem Wort "Top" von oben lesbar. Die Ringstösse der drei Verdichtungsringe in Abständen von je 90° auf der druckfreien Seite des Kolbens verteilen.

2.4.4 Einbau von Kolben und Pleuelstangen

- Die Lagerschalen in die Pleuelstangen einsetzen und die Kolben, falls möglich, mit graphithaltigem Öl einschmieren. Darauf achten, dass sich die Kolbenringe dabei nicht verdrehen können.
- Die Kolbenringe mit einem geeigneten Spannband in die Nuten eindrücken. Ein breiter Schlauchbinder sollte sich eignen.

Ehe Pleuelstangen und Kolben in die Zylinderbohrungen eingeschoben werden, sollte man folgende Hinweise beachten:

- Das Wort "Vorn" in den Kolbenböden muss zur Vorderseite des Motors weisen. Die Kolben eines 1275 cm³-Motors können ebenfalls mit einem Pfeil gezeichnet sein.

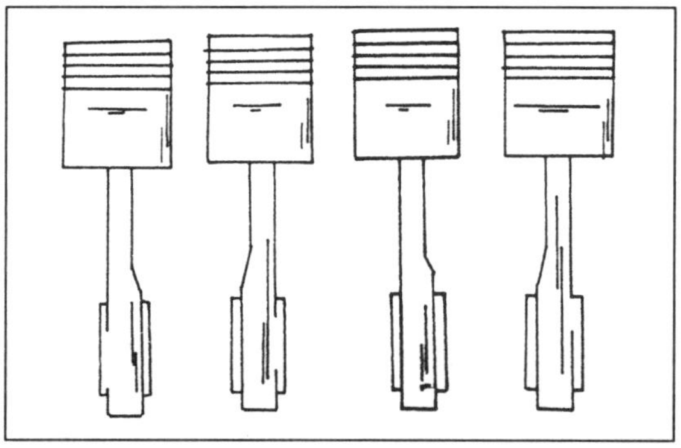

Bild 50
Vorschriftsmässiger Einbau der Pleuelstangen an die Kurbelwelle.

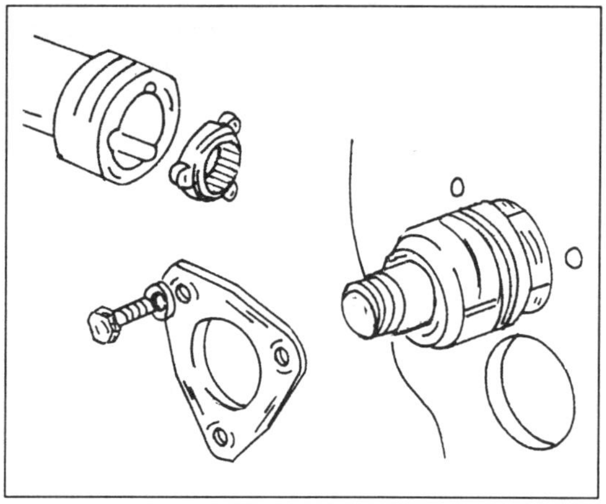

Bild 51
Ansicht des Endes der Nockenwelle. Die obere, linke Ansicht zeigt den Antrieb der Ölpumpe, auf welchem beim "1275"-Motor hingewiesen wird.

- Die Pleuelstangen sind auf einer Seite versetzt und müssen entsprechend des Diagramms in Bild 50 eingebaut werden. Am besten ist es, wenn man Kolben und Pleuelstangen entsprechend der Zeichnung auslegt und danach montiert.

Die Pleuel/Kolbeneinheiten jetzt folgendermassen montieren:

- Die Pleuelstangen in die Bohrungen einführen und Kolben und Kolbenringe vorsichtig einsetzen, während das Ringspannband vorsichtig abgeschoben wird.
- Die Pleuelstange mit der Lagerschale auf den Kurbelzapfen aufbringen. Die Kurbelwelle muss in geeigneter Weise durchgedreht werden, so dass man leicht von der anderen Seite arbeiten kann.
- Die Pleuellagerdeckel aufsetzen (auf Kennzeichnung und Gegenüberliegung der Zahlen achten) und die Schrauben oder Muttern auf das betreffende Anzugsdrehmoment anziehen. Zu beachten sind die unterschiedlichen Werte für die beiden Motorengruppen. Unbedingt unter dem richtigen Motor nachlesen (siehe unter "Anzugsdrehmomente" am Ende der Anleitung).

2.5 Nockenwelle

2.5.1 Ausbau der Nockenwelle

850-, 1000- und 1100 cm³-Motor

- Motor mit Getriebe ausbauen.
- Kipphebelwelle, Verteilerantriebswelle, Kraftstoffpumpe, Steuerkette und Kettenräder ausbauen, wie es unter den betreffenden Überschriften beschrieben ist.
- Stösselstangen aus dem Motor herausziehen und zusammenhalten.
- Die beiden Schrauben der seitlichen Deckel entfernen und die Deckel mit den Dichtungen abnehmen.
- Die Stössel aus den Kammern herausnehmen.
- Die drei Befestigungsschrauben der Nockenwellenhalteplatte an der Stirnseite lösen, wie es bereits weiter vorn gezeigt wurde, die Platte abnehmen uind die Nockenwelle vorsichtig herausziehen. Bild 51 zeigt eine Ansicht der Befestigungsteile.

1275 cm³-Motor

- Motor und Getriebe ausbauen.
- Kipphebelwelle, Verteilerantriebswelle, Kraftstoffpumpe, Steuerkette und Steuerräder ausbauen, wie es unter der betreffenden Überschrift beschrieben ist.
- Motor so auf die Seite legen, dass die Stössel nicht in das Getriebe fallen können, wenn die Nockenwelle herausgezogen ist.
- Die drei Schrauben der Nockenwellenhalteplatte lösen und die Platte abnehmen.
- Die Nockenwelle vorsichtig herausziehen. Die Antriebskupplung der Ölpumpe könnte am Ende der Nockenwelle festkleben und möglicherweise in das Getriebe fallen. Dies muss auf jeden Fall verhindert werden.

2.5.2 Überholungsarbeiten

Falls die Lager beschädigt sind, müssen sie erneuert werden. Da dies eine komplizierte Arbeit ist und umfangreiche Spezialwerkzeuge erfordert, sollte die Erneuerung in einer Werkstatt vorgenommen werden. In diesem Fall zur Vorbereitung der Arbeit das Schwungradgehäuse und Getriebegehäuse abflanschen. Ebenfalls wird geraten Zylinderkopf, Kurbelwelle und Pleuelstange/Kolben auszubauen, damit keine Späne in den Motor fallen können.

Kontrollieren, ob das Axialspiel der Nockenwelle innerhalb 0,07 - 0,18 mm liegt, indem man die Befestigungsplatte und das Kettenrad an der

Nockenwellenwelle anbringt und mit einer Fühlerlehre den Spalt zwischen der Platte und der Stirnfläche der Nockenwelle ausmisst, wie es in Bild 52 gezeigt ist. Die Befestigungsplatte erneuern, wenn der Spalt zu gross ist.
Alle Nocken auf einwandfreien Zustand kontrollieren. Um die Lagerlaufspiele auszumessen, den Durchmesser der Lagerzapfen mit einem Mikrometer ausmessen und den Innendurchmesser der Lagerbohrungen mit einer Innenmessuhr ausmessen. Der Unterschied zwischen den beiden Messungen ergibt das Lagerlaufspiel. Aus den erhaltenen Werten ist zu entscheiden, ob die Lager oder gar die Nockenwelle erneuert werden müssen. Alle drei Lager haben unterschiedliche Durchmesser.

2.5.3 Einbau der Nockenwelle

Der Einbau der Nockenwelle geschieht bei beiden Ausführungen in umgekehrter Reihenfolge wie der Ausbau. Beim 1275 cm³-Motor kontrollieren, ob der Antrieb für die Ölpumpe sich auf der verzahnten Ölpumpenwelle befindet. Nach Einbau der Welle bei diesem Motor das Triebwerk aufrecht hinstellen und kontrollieren, ob sich Stössel und Stösselstangen in ihrer Lage befinden.

2.6 Steuerkette und Steuerräder

2.6.1 Aus- und Einbau

Steuerkette und Steuerräder können bei eingebautem Motor erneuert werden. In diesem Fall die Motorhaube und den Kühler ausbauen. Die weiteren Arbeiten sind gleich, bei ausgebautem oder eingebautem Motor.

- Befestigungsschrauben der Drehstromlichtmaschine lockern und den Keilriemen abnehmen. Die Schrauben des Lüfterflügels lösen. Eine Stecknuss sollte dazu verwendet werden. Die Riemenscheibe mit zwei an gegenüberliegenden Stellen untergesetzten Reifenhebeln herunterdrücken.
- Sicherungsblech der Schraube für die Kurbelwellenriemenscheibe mit einem Meissel oder einem kräftigen Schraubenzieher zurückschlagen. Bei eingebautem Motor ist es natürlich schwerer an das Sicherungsblech zu kommen.
- Die Schraube der Kurbelwellenriemenscheibe lösen. Eine Stecknuss sollte dazu verwendet werden. Manchmal sitzt diese Schraube sehr fest und ein kurzer Schlag mit einem kräftigen Hammer auf das Ende des Knebels könnte die einzige Möglichkeit sein, die Schraube zu lockern. Bei eingebautem Motor einen Gang einlegen und die Handbremse anziehen, um die Kurbelwelle gegen Mitdrehen zu blockieren.

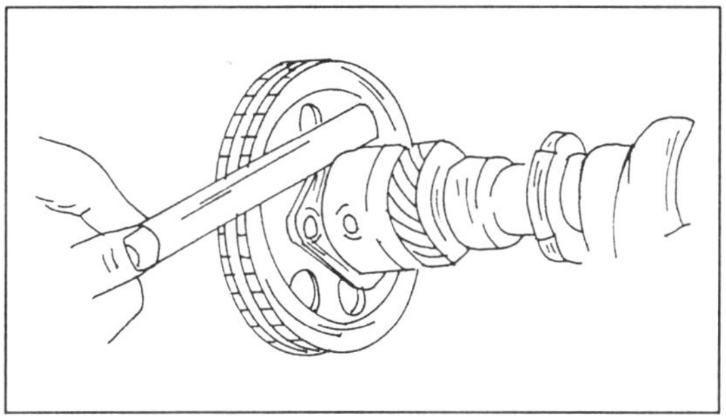

Bild 52
Ausmessen des Axialspiels der Nockenwelle.

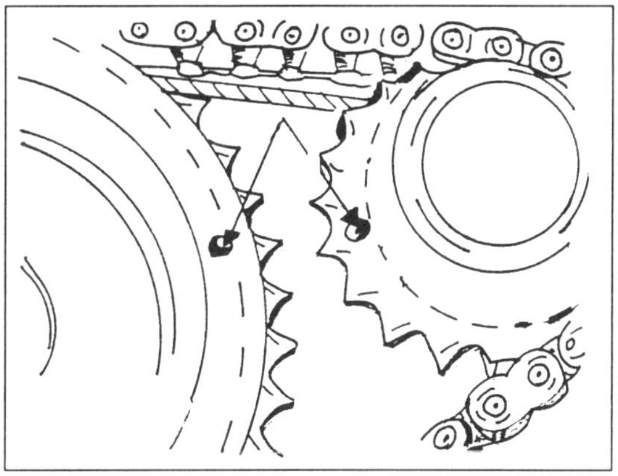

Bild 53
Kontrollieren, dass die beiden Steuerzeichen gegenüberliegen, ehe die Steuerkette und die Steuerräder ausgebaut werden.

- Die Riemenscheibe mit zwei an gegenüberliegenden Stellen untergesetzten Reifenhebeln abdrücken. Sitzt die Riemenscheibe sehr fest, muss man vielleicht einen Zwei- oder Dreiarmabzieher benutzen. Die Scheibenfeder mit einem Seitenschneider aus der Welle herausziehen.
- Beim 1275 cm³-Motor den Belüftungsschlauch von der Befestigung am Stirndeckel lösen und danach den Deckel abschrauben und mit Dichtung abnehmen. Den Sitz der Schrauben kennzeichnen, da sie nicht alle die gleiche Länge haben. Unterlegscheiben und Federringe mit den Schrauben zusammenlassen. Der Dichtring im Steuerdeckel kann sofort ausgeschlagen werden, da er erneuert werden muss.
- Von der Vorderseite der Kurbelwelle den Ölabweisring entfernen. Dieser ist mit einem "F" (Front) gezeichnet, welches später beim Zusammenbau nach aussen weisen muss.
- Sicherungsblech der Mutter für das Nockenwellenkettenrad zurückschlagen und die Mutter lösen. Das Nockenwellenrad muss in geeigneter Weise gegengehalten werden. Das Steuerrad noch nicht herunterziehen.
- Den Kettenspanner abschrauben (zwei Schrauben) und den Motor durchdrehen, bis die beiden Steuerzeichen in Nockenwellenrad und Kurbelwellenrad gegenüberstehen, wie man es in Bild 53 sehen kann.

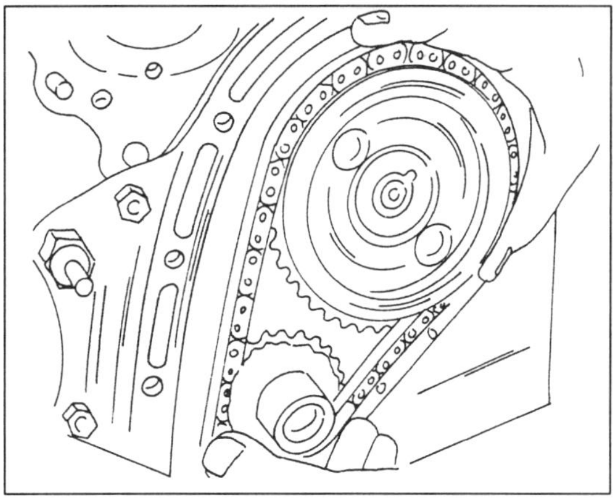

Bild 54
Die beiden Kettenräder zusammen mit der Steuerkette in der gezeigten Weise erfassen, wenn die Steuerung abgenommen oder aufgesteckt wird.

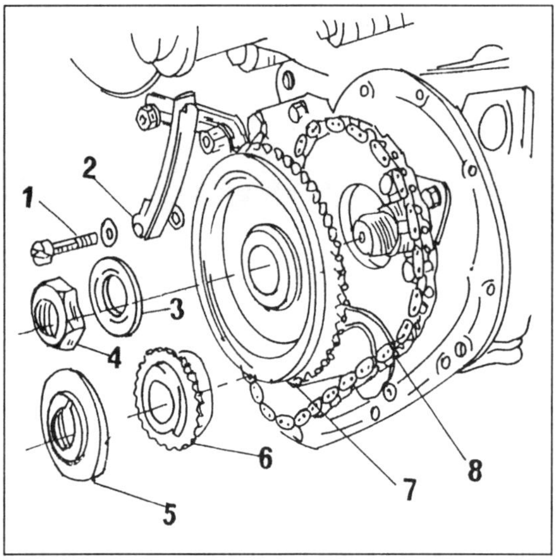

Bild 55
Die Teile an der Vorderseite des Motors.
1 Schraube des Kettenspanners
2 Kettenspanner
3 Sicherungsblech
4 Sechskantmutter
5 Ölabweisscheibe
6 Kurbelwellensteuerrad
7 Nockenwellensteuerrad
8 Steuerkette

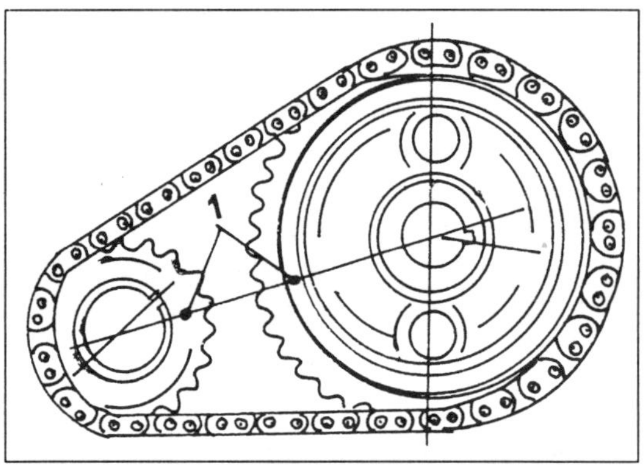

Bild 56
Vorschriftsmässige Ausrichtung der Steuerzeichen (1) der beiden Kettenräder.

- Zwei kräftige Schraubenzieher oder Reifenhebel unter dem Nockenwellenrad ansetzen und das Kettenrad von der Welle drücken. Nachdem sich das Steuerrad ein Stück bewegt hat, die Hebel hinter dem Steuerrad der Kurbelwelle ansetzen und dieses herunterdrücken. Diese Arbeit abwechselnd durchführen, bis man beide Kettenräder zusammen mit der Steuerkette in der in Bild 54 gezeigten Weise herunterziehen kann.

Bild 55 zeigt die an der Stirnseite des Motors montierten Teile bei einem Motor mit Simplex-Steuerkette (ein Reihe Zähne).

2.6.2 Einbau von Steuerkette und Steuerräder

Der Einbau geschieht in umgekehrter Reihenfolge wie der Ausbau. Falls der Motor jedoch vollkommen zerlegt oder in der Zwischenzeit durchgedreht wurde, sind die folgenden Arbeiten durchzuführen, um die Steuerung einzustellen:

- Die Kurbelwelle durchdrehen, bis die Scheibenfeder in der Welle sich an der Oberseite befindet.
- Die Nockenwelle verdrehen, bis die Scheibenfeder sich in der "2-Uhr"-Stellung befindet. Dies ist die Grundstellung der Steuerung.
- Als nächstes werden die beiden Steuerräder ohne Kette in die vorschriftsmässige Stellung auf die entsprechenden Wellen aufgeschoben (dabei nicht die Scheibenfedern verschieben).

Hinweis: Diese Arbeit ist auf jeden Fall bei Verwendung von Neuteilen durchzuführen. Bei Einbau der gleichen Teile kann man annehmen, dass die auszumessende Flucht der Kettenräder stimmt, wenn man die gleichen Scheiben wieder unterlegt.

- Ein Stahllineal so gegen das Kurbelwellenkettenrad anlegen, dass das andere Ende des Lineals gegen das Nockenwellenrad anliegt. ***Zu beachten:*** Bei Kettenrädern mit einer Zahnreihe wird das Lineal flach gegen die Seite der Zähne angelegt, bei Kettenrädern mit Duplexverzahnung (zwei Reihen Zähne) das Lineal auf die heraustehende Nabe der Kettenräder auflegen.
- Mit einer Fühlerlehre den Spalt zwischen dem Lineal und dem Kettenrad ausmessen.
- Vorhandene Spalte sind durch Einlegen von Ausgleichsscheiben unter dem Kurbelwellenrad auszugleichen. Die beiden Kettenräder müssen genau miteinander fluchten. Falls Scheiben einzulegen sind (erhältlich in einer Stärke von 0,15 mm) muss die Scheibenfeder der Kurbelwelle entfernt werden, um die Scheiben aufzuschieben.
- Die beiden Steuerräder so in die Kette einlegen, dass die Steuerzeichen wie in Bild 56 gezeigt gegenüberliegen und danach die beiden Räder gleichmässig auf die Wellen schieben, wie es beim Ausbau in Bild 54 gezeigt wurde. Falls ein Kettenrad mehr aufgeschoben wird als das andere, verkantet sich das Ganze und wird klemmen. Ebenfalls sind die beiden Scheibenfedern zu beobachten, damit diese bei der Montage der Kettenräder nicht herausgeschoben werden.

Hinweis: Manchmal haben die Scheibenfedern Grate an den Seiten. Falls man diese feststellen kann, sind sie flachzufeilen. Andernfalls Schwierigkeiten beim Aufschieben der Zahnräder.

● Das Ölabweisblech auf die Kurbelwelle aufschieben. Kontrollieren, dass man das eingeschlagene "F" von aussen sehen kann.
● Sicherungsblech über die Nockenwelle setzen. Die Sicherungszunge kommt dabei in die Keilnut.
● Die Mutter des Nockenwellensteuerrades aufschrauben, die Nockenwelle gegenhalten und die Mutter mit 90 Nm anziehen. Nach Festziehen das Sicherungsblech über eine Fläche der Mutter umschlagen.
● Steuerkette und Steuerräder gut einölen.
● Einen neuen Öldichtring von innen nach aussen in den Stirndeckel einschlagen. Die Dichtlippe mit Fett füllen.
● Eine neue Dichtung auf das Steuergehäuse auflegen.
● Der Öldichtring muss auf der Kurbelwelle zentriert werden. Dazu die Kurbelwellenriemenscheibe in den Öldichtring einschieben und Scheibe und Deckel zusammen am Motor anbringen. Den Deckel hin- und herwackeln und die Schrauben gleichmässig anziehen. Vor dem endgültigen Zusammenbau die Lauffläche der Riemenscheibe mit Öl einschmieren.
● Scheibenfeder in die Kurbelwelle einschlagen und die Riemenscheibe auf die Welle aufstecken. Falls erforderlich vollkommen aufschlagen. Die Schraube eindrehen, die Kurbelwelle gegen Mitdrehen gegenhalten und die Schraube mit 105 Nm anziehen.
● Je nach Umfang die verbleibenden Teile in umgekehrter Reihenfolge wieder montieren.

2.7 Schwungradgehäuse

Ein Spezialwerkzeug (18 G 1043) wird in der Werkstatt verwendet, um den Öldichtring im Gehäuse nicht zu beschädigen. Diese Hülse wird über die Verzahnung des Antriebsrades geschoben, ehe man das Schwungradgehäuse herunterzieht. Beim Ausbau folgendermassen vorgehen:
● Kupplung und Schwungrad ausbauen, wie es unter der betreffenden Überschrift beschrieben ist.
● Motor/Getriebeöl ablassen.
● Beim 1275 cm³-Motor die Befestigungsschrauben der Motorbelüftung vom Schwungradgehäuse lockern.
● Kupplungsnehmerzylinder vom Schwungradgehäuse abschrauben, aber am Schlauch hängen lassen.
● Das genannte Werkzeug über die Keilverzahnungen schieben, wenn man es sich ausborgen kann. Andernfalls muss das Gehäuse abgezogen werden, ohne dass man den Öldichtring dabei schützt.
● Sicherungsblech der Schrauben und Muttern in der Innenseite des Schwungradgehäuses zurückschlagen und das Gehäuse vorsichtig herunterziehen. Das Gehäuse sitzt mit zwei Passstiften am Getriebe, so dass man es hin- und herbewegen muss, um es zu lösen.
● Die Dichtung abnehmen und den Öldichtring herausschlagen.
Einen neuen Öldichtring mit Motoröl einschmieren und in das Gehäuse einschlagen. Die Unterseite des Gehäuses dabei gut unterlegen.
Vor der Montage des Gehäuses sollte das Axialspiel des Zwischenrades ausgemessen werden, wie es in Abschnitt "Getriebe" beschrieben ist. Ebenfalls das Axialspiel des Antriebsrades der Kurbelwelle ausmessen (siehe bereits gegebene Beschreibung).
Beim Einbau folgendermassen vorgehen:
● Eine neue Dichtung auflegen und beide Passhülsen vollkommen einschlagen.
● Die genannte Führungshülse über das Antriebsrad schieben und zwei Stiftschrauben in die beiden unteren Gewindebohrungen des Kurbelgehäuses einschrauben. Vielleicht kann man versuchen etwas Klebband um die Kerbverzahnungen zu wickeln, um den Öldichtring zu schützen.

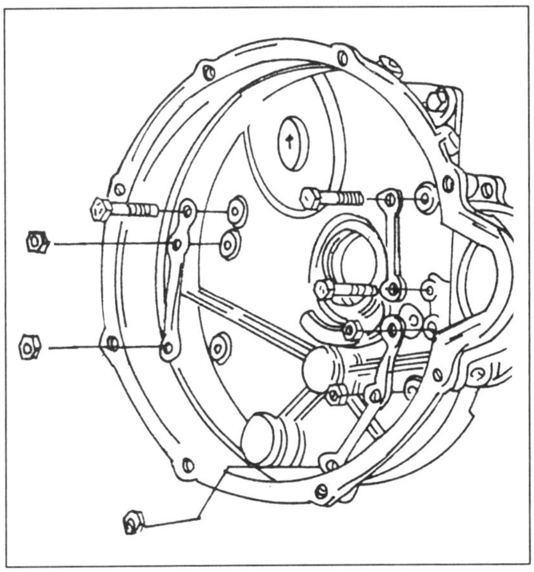

Bild 57
Befestigung des Schwungradgehäuses. Schrauben und Muttern, mit Sicherungsblechen, werden verwendet.

● Das Schwungradgehäuse ansetzen und die Hülse herausziehen, bzw. das benutzte Klebband entfernen.
● Neue Sicherungsbleche auflegen und das Gehäuse wieder anschrauben. Die Muttern und Schrauben gleichmässig ringsherum mit 25 Nm anziehen.
● Alle weiteren Arbeiten in umgekehrter Reihenfolge durchführen.

2.8 Schwungrad

Der Aus- und Einbau des Schwungrades ist im Abschnitt "Kupplung" beschrieben. Falls der Zahnkranz erneuert werden soll, folgende Arbeiten durchführen:

- Den alten Zahnkranz mit einem Meissel am Schwungrad abschlagen (aufspalten).
- Neuen Zahnkranz auf eine Temperatur von 300 - 400° erhitzen. Dazu entweder eine Schweissflamme oder, noch besser, einen Heizofen verwenden.
- Den Schwungradkranz mit einer Wasserpumpenzange auf den Bund des Schwungrades auflegen und mit einem Dorn aufschlagen. Darauf achten, dass die Zähne mit der Anfasung zur Kupplung weisen.

2.9 Zylinderlaufbüchsen

Falls die Zylinderbohrungen so weit angegriffen sind, dass sie sich nicht mehr zum Einbau von Übergrösse-Kolben eignen, kann man Laufbüchsen in das Kurbelgehäuse einziehen lassen, so dass man den Block nicht wegzuwerfen braucht.

Da die Bohrungen dazu genau aufgebohrt werden müssen, ist der Zylinderblock in eine Spezialwerkstatt zu bringen. Die entsprechenden Masse zur Bearbeitung sind in der Mass- und Einstelltabelle angegeben.

Falls eingezogene Laufbüchsen erneuert werden sollen, ist es ebenfalls besser, wenn man dies in einer Spezialwerkstatt durchführen lässt, da ein Pressdruck von 5 bis 8 Tonnen erforderlich ist.

Eingezogene Laufbüchsen werden immer auf den Nenndurchmesser der betreffenden Kolbengrösse aufgebohrt und gehont, so dass Nenngrösse-Kolben eingebaut werden können.

2.10 Erneuerung der Motoraufhängungen

Linke Seite

- Kühler ausbauen, wie es im Abschnitt "Kühlanlage" beschrieben ist.
- Motor mit einem Wagenheber von unten abstützen.
- Die beiden Schrauben der Aufhängungsbügel am Getriebe lösen.
- Die Schrauben und Muttern lösen, die die Motoraufhängung am Nebenrahmen halten.
- Beim 850-, 1000- und 1100 cm^3-Motor die Schrauben der Kühlerverkleidung lösen und die Verkleidung vom oberen Kühlerstützbügel abschrauben. Die Verkleidung herausziehen.
- Den Aufhängungsbügel herausnehmen und das Aufhängungslager vom Bügel abschrauben.

Der Einbau der Motoraufhängung geschieht in umgekehrter Reihenfolge wie der Ausbau.

Rechte Seite

- Den Kupplungsdeckel ausbauen, wie es im Abschnitt "Kupplung" beschrieben ist.
- Die Motoraufhängung vom Deckel abschrauben.

Der Einbau geschieht in umgekehrter Reihenfolge wie der Ausbau.

Obere Stützstrebe und Büchsen

- Die beiden Schrauben der Stützstrebe und der Aufhängungskonsole von der rechten Seite des Motors abschrauben. Die Stützstrebe zur Seite bewegen. Alle vorgefundenen Ausgleichsscheiben entfernen.
- Falls die Stützstrebe an der Konsole an der Stirnwand durch eine Schraube und eine Mutter befestigt ist, die Mutter lösen, die Schraube ausschlagen und die Stützstrebe herausnehmen.
- Falls die Stützstrebe an jedem Ende mit Stiftschrauben und Muttern befestigt ist, die Muttern und Federringe entfernen und danach den Kupplungs- und Bremszylinder von der Stirnwand abschrauben und herausnehmen. Sobald genügend Raum vorhanden ist, die obere Konsole der Stützstrebe von der Stiftschraube abziehen und herausnehmen.
- Die Gummibüchsen und die Distanzhülsen der Strebenlagerung können jetzt leicht ausgetauscht wrden.

Der Einbau geschieht in umgekehrter Reihenfolge wie der Ausbau.

Untere Stützstrebe und Büchsen

- Falls Motor und Getriebe eingebaut sind, das Fahrzeug vorn auf Böcke setzen.
- Die Stützstrebe von den Halterungen an Getriebe und Nebenrahmen abschrauben.
- Um die Büchsen zu erneuern, ist bei dieser Stützstrebe eine Presse erforderlich. Die neuen Büchsen müssen in die Stützstrebe eingepresst werden. Die Büchsen dabei mit Seifenwasserlösung einschmieren.

Der Motor hat eine Druckumlaufschmierung, d.h. das in der Ölwanne von Motor und Getriebe befindliche Öl wird unter Druck zu den einzelnen Lagerstellen geführt. Das in der Ölwanne befindliche Öl kann an dem in die rechte Seite des Motors eingesetzten Ölmessstab abgelesen werden. Zu beachten ist, dass das Öl jederzeit auf dem "Max"-Strich gehalten werden sollte. Motoröl wird durch die Einfüllverschraubung an der Vorderseite der Zylinderkopfhaube nachgefüllt. Wie bereits erwähnt, wird das in den Motor eingefüllte Öl ebenfalls zur Schmierung des Getriebes verwendet.

Die Ölpumpe ist am Ende des Kurbelgehäuses montiert und wird durch die Nockenwelle angetrieben. Obwohl die Arbeitsweise der eingebauten Ölpumpe bei allen Motoren gleich ist, ist der Aufbau der Pumpe beim 850-, 1000- und 1100 cm ^{3}-Motor und beim 1275 cm^3-Motor nicht gleich.

Das Öl in der Ölwanne wird durch einen Netzfilter durch das Ansaugrohr in die Ölpumpe gesaugt, wird unter Druck in den Hauptölkanal auf der rechten Seite des Motors geleitet und durch Bohrungen zu den Pleuellager, Hauptlagern und den Nockenwellenlagern geführt. Ein kleines Loch in jeder Pleuelstange spritzt bei jeder Umdrehung der Kurbelwelle Öl an die Zylinderwandungen zum Schmieren der Kolben. Das vordere Nockenwellenlager übernimmt ebenfalls eine Schmierfunktion. Durch gebohrte Kanäle im Zylinderblock und Zylinderkopf gelangt das Öl zum vorderen Kipphebellagerbock und gelangt von diesem in die hohle Kipphebelwelle. In die Welle gebohrte Schmierbohrungen erlauben die Schmierung der Kipphebel, Ventilschäfte und Stösselstangenenden. Das an das vordere Nockenwellenlager gelangende Öl schmiert ebenfalls die Steuerkette. Die Stössel werden durch das zurücklaufende Öl geschmiert.

Alle Motoren sind mit einem Vollstromfilter versehen, durch welchen das Öl durchläuft, ehe es in den Hauptölkanal gelangen kann. Schliesslich sollte noch erwähnt. werden, dass Cooper S-Modelle mit einem Ölkühler ausgerüstet sind.

3.1 Die Ölpumpe

3.1.1 Ausbau der Ölpumpe

Der Ausbau der Ölpumpe ist bei allen Motoren gleich, mit dem Unterschied, dass beim 1275 cm^3-Motor die Mitnehmerkupplung für den Antrieb der Ölpumpe von der Welle entfernt werden muss, nachdem die Pumpe ausgebaut wurde. Die Form der Ölpumpe ist allerdings unterschiedlich, wie es bereits weiter oben erwähnt wurde. Die Abbildungen auf den nächsten Seiten lassen die Unterschiede erkennen.

- Motor und Getriebe ausbauen.
- Schwungrad und Kupplung (oder den Wandler bei Fahrzeugen mit Getriebeautomatik) ausbauen.
- Schwungradgehäuse und Wandlergehäuse (Getriebeautomatik) ausbauen. Alle Arbeiten sind unter den betreffenden Überschriften beschrieben.
- Laschen des Sicherungsbleches zurückschlagen (beim 1275 cm^3-Motor zwei getrennte Sicherungsbleche) und drei oder vier Schrauben (beim 1275 cm^3) lösen.
- Ölpumpe herausziehen und die Dichtung abnehmen.
- Beim 1275 cm^3-Motor den Mitnehmer entfernen. Bild 58 zeigt die Pumpe des 1275 cm^3-Motors, wie sie aus dem Motor ausgebaut wird. Bilder 59 und 60 zeigen die Unterschiede bei beiden eingebauten Pumpenausführungen.

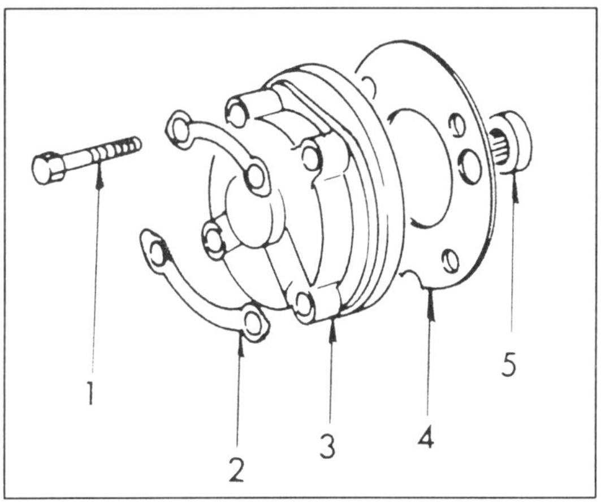

Bild 58
Ansicht der ausgebauten Ölpumpe eines "1275"-Motors.
1 Befestigungsschrauben
2 Sicherungsbleche
3 Ölpumpe
4 Dichtung
5 Mitnehmer (fehlt bei anderen Motoren)

3.1.2 Zerlegung der Ölpumpe

Die Zerlegung kann unter Bezug auf die Montagebilder durchgeführt werden.

- Die Befestigungsschraube des Pumpendeckels lösen und den Deckel von den beiden Passstiften abdrücken.
- Die beiden Läufer aus dem Pumpengehäuse nehmen und alle Teile gründlich in Waschbenzin reinigen.
- Zur Kontrolle die Teile der beiden Läufer so in die Pumpe einsetzen, dass der äussere Läufer

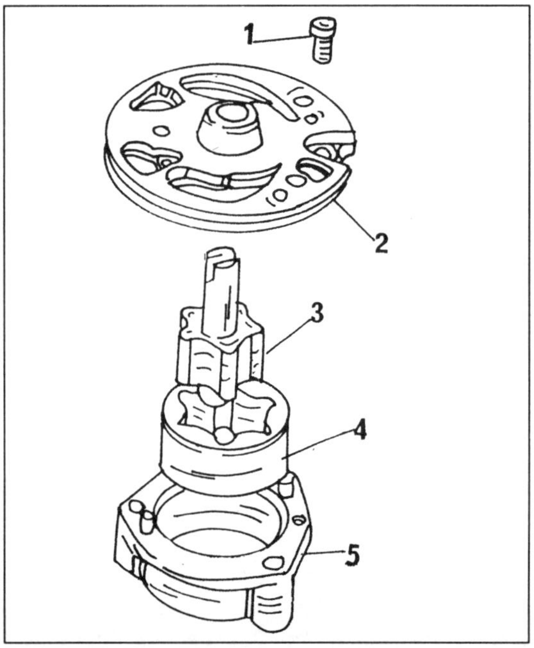

Bild 59
Montagebild der Ölpumpe (ausser 1275 ccm-Motor).
1 Schraube
2 Gehäusedeckel
3 Innerer Läufer und Welle
4 Äusserer Läufer
5 Pumpengehäuse

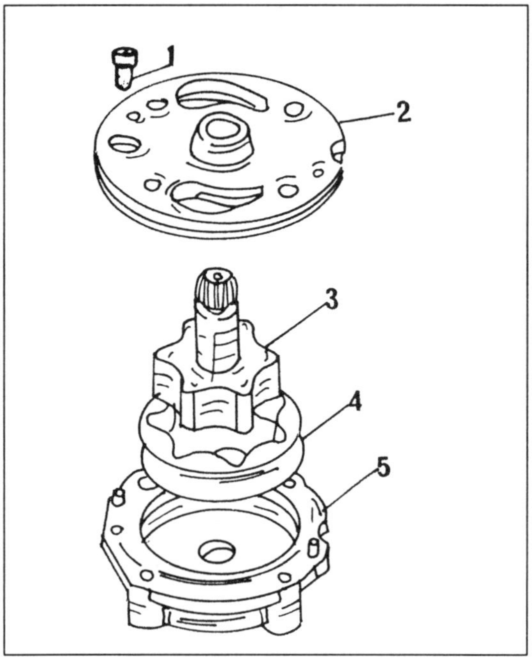

Bild 60
Montagebild der Ölpumpe (1275 ccm-Motor).
1 Schraube
2 Pumpengehäusedeckel
3 Innerer Läufer und Welle
4 Äusserer Läufer
5 Pumpengehäuse

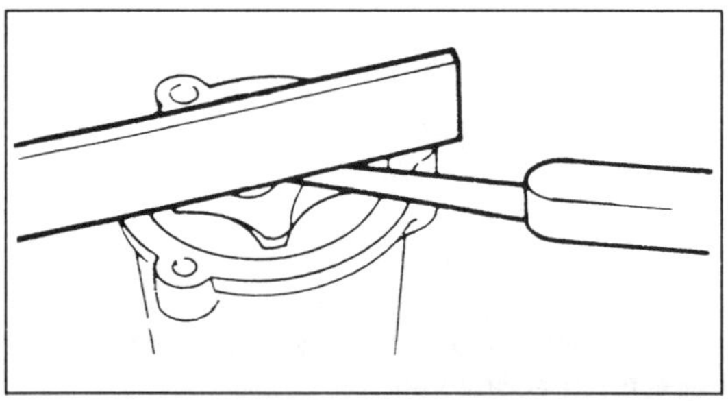

Bild 61
Zum Ausmessen des Axialspiels der Pumpenläufer.

mit der angeschrägten Aussenseite nach innen kommt. Ein Messlineal über die Pumpenfläche legen, wie es in Bild 61 gezeigt ist und den Spalt mit einer Fühlerlehre ausmessen. Falls das Spiel grösser als 0,127 mm ist, die Passstifte herausziehen und die Dichtungsfläche auf einer Richtplatte mit Schmirgelleinwand abziehen. Andernfalls die Pumpe erneuern.

- Als nächstes das Spiel zwischen dem äusseren Läufer und der Bohrung des Gehäuses ausmessen, wie es in Bild 62 gezeigt ist. Dieses Spiel darf nicht grösser als 0,25 mm sein.
- Als letzte Prüfung verbleibt das Ausmessen des Spiels zwischen den Spitzen des inneren Läufers und des äusseren Läufers, wenn beide Läufer, wie in Bild 63 gezeigt, gestellt werden. Das Höchstspiel an dieser Stelle beträgt 0,15 mm. Falls bei den beiden letzten Prüfungen grössere Werte erhalten werden, ist eine neue Pumpe einzubauen.

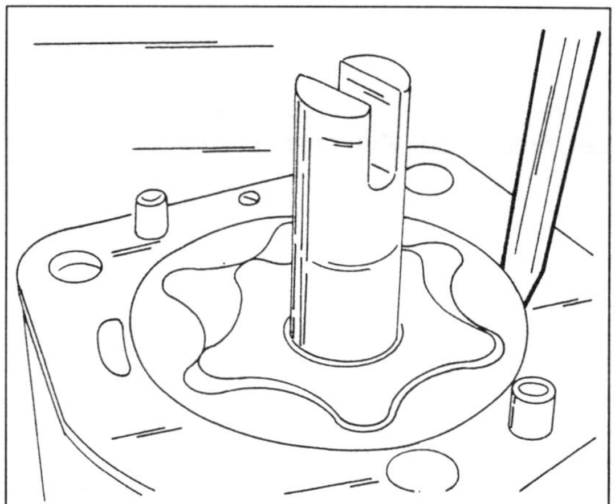

Bild 62

Bild 62 (rechts)
Ausmessen des Spalts zwischen der Aussenseite des äusseren Läufers und der Pumpengehäusebohrung.

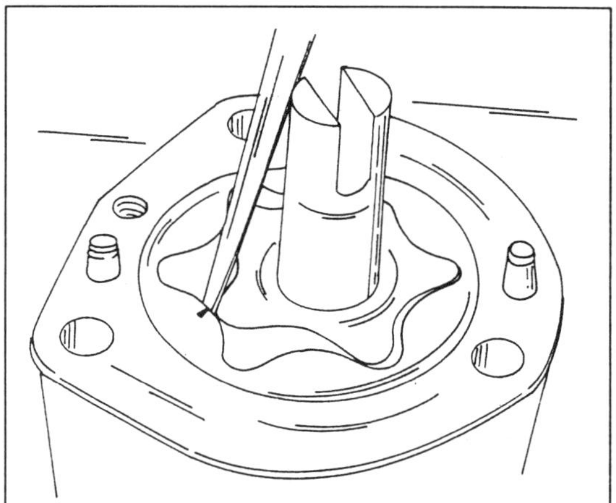

Bild 63

Bild 63 (rechts)
Ausmessen des Spalts zwischen den Spitzen des inneren und äusseren Läufers.

3.1.3 Zusammenbau und Einbau

- Alle Teile mit Motoröl einschmieren und die Läufer in die Pumpe einsetzen (Anschrägung an der Aussenkante des Aussenläufers nach innen).
- Den Deckel auf die Passstifte aufschlagen und die einzelne Schraube der Befestigung einsetzen.

● Die Pumpe einige Male durchdrehen, um sie auf Leichtgängigkeit zu kontrollieren. Bei der Pumpe der 850-, 1000- und 1100 cm³-Motoren kann man dazu einen Schraubenzieher in die Welle einsetzen.
Der Einbau der Ölpumpe geschieht in umgekehrter Reihenfolge wie der Ausbau. Beim 1275 cm³-Motor darauf achten, dass der Antriebsmitnehmer mit der Nockenwelle in Eingriff kommt. Bei den anderen Motoren den Antriebsschlitz mit dem Ende der Nockenwelle in Eingriff bringen. Eine neue Dichtung verwenden, aber gut mit den Löchern ausrichten. Immer neue Sicherungsbleche verwenden. Die Schrauben auf das vorgeschriebene Anzugsdrehmoment anziehen.

3.2 Ölfilterwechsel

Unterschiedliche Filterausführungen werden bei Fahrzeugen mit Schaltgetriebe und Getriebeautomatik verwenden. Bei eingebautem Schaltgetriebe wird eine herkömmliche Filterpatrone eingebaut, bei eingebauter Getriebeautomatik wird ein Filtereinsatz verwendet. Bei allen Motoren sitzt der Filter unter der Drehstromlichtmaschine an der Vorderseite des Motors.
Der Ölfilter sollte laut Vorschrift alle 20 000 km oder einmal im Jahr erneuert werden, öfters, falls das Fahrzeug häufig im Stadtverkehr oder in Staus gefahren wird.

3.2.1 Modelle mit Schaltgetriebe

Der bei diesen Modellen eingebaute Filter ist in Bild 64 gezeigt.
● Einen geeigneten Behälter unter den Filter setzen und die Filterpatrone vom Filtersockel abschrauben. Dazu verwendet man einen Spezialfilterschlüssel, welchen man von den meisten Autozubehörgeschäften beziehen kann. Da man den Schlüssel bei Selbstpflege des Fahrzeuges mehr als einmal verwenden muss, sollte man ihn als eine gute Anschaffung betrachten. Falls kein solcher Schlüssel vorhanden ist, kann man die Klinge eines Schraubenziehers durch den Filter schlagen und den Filter durch Verdrehen des Griffs abschrauben. Die Filterpatrone wegwerfen, da sie nicht gereinigt werden kann.

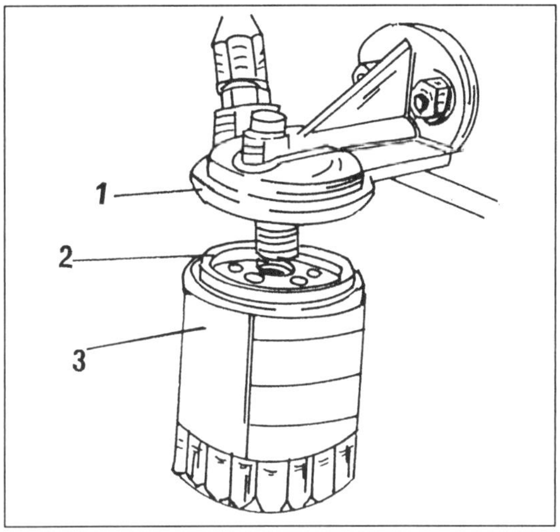

Bild 64
Der Ölfilter bei Fahrzeugen mit Schaltgetriebe.
1 Filtergehäuse
2 Dichtring
3 Filterpatrone

● Den Dichtring der neuen Filterpatrone mit Motoröl einschmieren und die Patrone am Sockel anschrauben. Die Patrone nur mit der Hand anschrauben, aber dabei darauf achten, dass eine gute Ölabdichtung zustande kommt. Auf keinen Fall die Filterpatrone übermässig fest anziehen.
● Den Ölstand kontrollieren und das aus dem Ölfilter ausgelaufene Öl ergänzen, falls das Motoröl nicht zusammen mit dem Filter gewechselt wurde.
● Den Motor anlassen und die Filterverbindung auf Leckstellen kontrollieren.

3.2.2 Modelle mit Getriebeautomatik

Der Ölfilter ist in der in Bild 65 gezeigten Weise aufgebaut, d.h. ein Filtereinsatz (Element) ist in

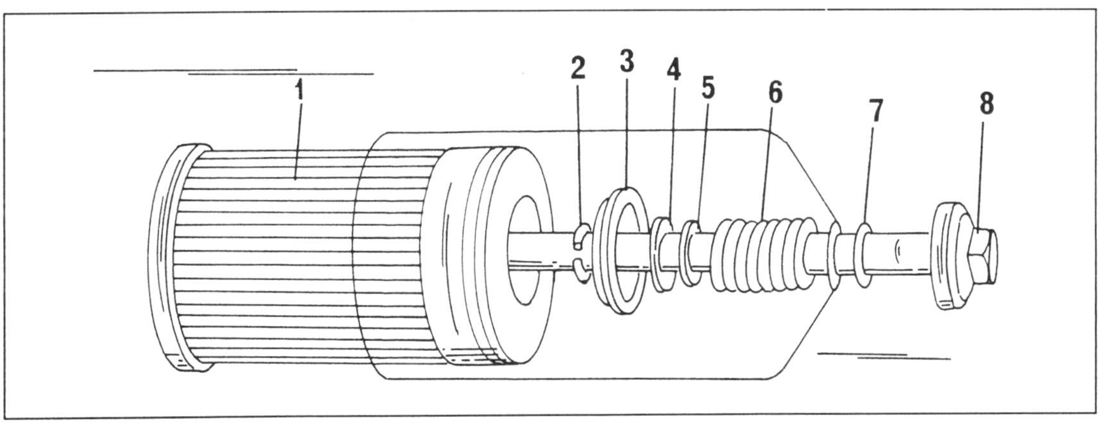

Bild 65
Die Einzelteile eines Ölfilters bei eingebauter Getriebeautomatik.
1 Filtereinsatz
2 Sprengring
3 Druckplatte
4 Dichtscheibe
5 Stahlscheibe
6 Druckfeder
7 Dichtscheibe
8 Mittelschraube

der Innenseite eines Aluminiumgehäuses untergebracht.

- Beim Mini 1000 das Kühlergitter ausbauen und einen Behälter unter den Filter setzen. Beim Clubman ist genügend Raum dazu vorhanden.
- Die Schraube (8) in Bild 65 herausdrehen und das Filtergehäuse vorsichtig abnehmen. Das Gehäuse enthält den Filtereinsatz und ist ausserdem mit Öl gefüllt. Den Filtereinsatz herausnehmen und wegwerfen.
- Den Sprengring (2) von der mittleren Schraube entfernen und die Schraube herausziehen.
- Die Druckplatte (3), Gummischeibe (4) und Stahlscheibe (5) sowie die Feder (6) entfernen.
- Alle Teile gründlich reinigen. Besonders das Ölfiltergehäuse gut von Ölschlamm reinigen.
- Den alten Öldichtring aus der Rille des Filtersockels herausnehmen und einen neuen Dichtring einsetzen. Aus Erfahrung gesprochen, muss man dabei mit Sorgfalt vorgehen. Der Dichtring wird in die Rille eingedrückt, jedoch schlagen wir vor, dass man den Ring an vier Stellen des Umfangs in seine Lage drückt und danach ringsherum eindrückt. Fängt man an einer Stelle an und drückt den Dichtring ringsherum ein, könnte es leicht vorkommen, dass man durch die Ausdehnung des Gummiringes eine Schlaufe ausserhalb des Filtersockels hat.
- Die Teile des Filters entsprechend Bild 65 zusammenbauen und das Filtergehäuse gegen den Sockel, d.h. gegen den Dichtring, ansetzen.
- Die Schraube eindrehen und mit einem Anzugsdrehmoment von 20 Nm anziehen.
- Den Ölstand im Motor berichtigen und den Motor anlassen. Die Filterverbindung oben und unten auf Leckstellen kontrollieren.

3.3 Ölüberdruckschalter

Falls der Öldruck nicht den normalen Wert halten kann, ist es schon mal möglich, dass die Störung im Ölüberdruckschalter ihren Ursprung hat. Vor allem im kalten Zustand könnte der Öldruck sehr hoch ansteigen, wenn der Schalter nicht öffnet. Das Überdruckventil sitzt unterhalb des Zündverteilers und kann an der grossen Hutmutter erkannt werden. Zum Ausbau die Mutter lösen und vorsichtig herausziehen. In der Innenseite befinden sich eine Feder und der Ventilkolben. Ein Überdruckventil kann zum Beispiel an der Spannung der Feder versagen. Diese muss im ungespannten Zustand eine Länge von 72,64 mm haben. Ist dies nicht der Fall und der Kolben sieht einwandfrei aus, kann man durch Erneuerung der Feder die Störung beheben.
Der Einbau geschieht in umgekehrter Reihenfolge. Die Hutmutter mit einem Anzugdrehmoment von 60 Nm anziehen.

3.4 Ölkühler

Im allgemeinen wurde ein Ölkühler in Fahrzeuge mit 1275 cm³-Motor ab Baujahr 1990 eingebaut. Auch der Cooper S hat einen Ölkühler. Um den Ölkühler aus- und einzubauen sind die folgenden Arbeiten durchzuführen:

- Massekabel der Batterie abklemmen.
- Das Kühlergitter ausbauen.
- Einen Behälter unter den Ölkühler untersetzen und die Hohlschrauben oder die Überwurfmuttern an der Oberseite des Filters lösen. Bei Hohlschrauben die beiden Dichtringe links und rechts abnehmen. Anschlüsse des Ölkühlers in geeigneter Weise verschliessen, um Eindringen von Schmutz zu vermeiden.
- Die Befestigungsschrauben des Ölkühlers entfernen und den Kühler herausnehmen. Ist ein Schlauchanschluss an der Unterseite angeschlossen (1275 cm³), den Kühler weit genug herausziehen, bis man die Hohlschraube an der Unterseite lösen kann. Wieder die Dichtringe auffangen.

Der Einbau des Ölkühlers geschieht in umgekehrter Reihenfolge wie der Ausbau. Abschliessend den Ölstand im Motor kontrollieren und ggf. berichtigen.

3.5 Motorölwechsel

Das Motoröl ist der Lebenssaft des Motors. Ausser der Schmierung von Kolben, Lagern und anderer beweglicher Teile hilft es ebenfalls die Zylinder gegen die auftretenden hohen Drücke abzudichten, entnimmt Wärme von heissen Stellen und verteilt sie innerhalb der Ölwanne und verringert auftretende Korrosion.
Nach einer gewissen Zeit wird das Motoröl durch Eintreten von Wasser, Benzin oder Fremdteilen verschmutzt und zu dünn, um die im Motor vorhandenen hohen Drücke und Temperaturen auszuhalten. Ihre Betriebsanleitung gibt an, wann ein Motorölwechsel stattfinden soll. Als Grundregel gilt, dass man das Öl mindestens alle 12 Monate wechseln sollte. Der Ölfilter kann dabei ebenfalls ausgewechselt werden.
Beim Ablassen des Motoröls das Fahrzeug auf sichere Unterstellböcke aufsetzen. Am besten ist es, wenn man die beiden Vorderräder auf Auffahrrampen fährt.
Die Handbremse anziehen. Niemals das Fahr-

zeug nur mit dem Bordwagenheber anheben, wenn man sich unter das Fahrzeug legen muss. Altes Motoröl lässt sich am besten ablassen, wenn das Öl warm ist. Einen flachen Behälter unter den Ablassstopfen des Motor/Getriebeöls unterstellen und die Umgebung des Stopfens einwandfrei reinigen. Den Stopfen ausschrauben. Das Öl in den Behälter laufen lassen. Falls das Öl sehr heiss ist, mit der notwendigen Vorsicht vorgehen. Man sollte genügend Zeit geben, damit alles Öl auslaufen kann. Durch Öffnen der Einfüllverschraubung kann man das Ablaufen des Öls verschnellern.

Die Vernichtung des Altöls muss entsprechend der geltenden Gesetze erfolgen. Altöl nicht in die Abwässerung giessen oder im Garten vergraben. Ihre Werkstatt wird Ihnen sicher das Altöl abnehmen. Andernfalls die Gemeinde.

Während das Öl abläuft, den Ablassstopfen gründlich reinigen und den Dichtring kontrollieren. Nachdem die Ölwanne leer ist, den Ablassstopfen wieder einschrauben.
Das abgelassene Motoröl kann man kurz kontrollieren. Falls es zwischen Daumen und Zeigefinger körnig erscheint oder silberne Teilchen können gesehen werden, könnte es sein, dass Lagerschäden vorhanden sind. Wasserperlen oder eine gelbliche Farbe deuten auf eine undichte Zylinderkopfdichtung. Sehr dunkelbraunes Öl bedeutet weiter nichts, als dass es Zeit ist, das Öl zu wechseln.
Frisches Motoröl mit einem Trichter durch die Einfüllöffnung einfüllen. Viele Ölkannen haben einen eingebauten Füllstutzen, so dass man sich den Trichter ersparen kann. Da es manchmal schwer ist die genaue Füllmenge zu dosieren, kann man das Öl langsam einfüllen und ständig am Ölmessstab kontrollieren, wann die Ölwanne vorschriftsmässig gefüllt ist. Dabei muss man aber immer eine gewisse Zeit warten, damit das Öl gut in die Ölwanne laufen kann.
Nachdem der Ölstand stimmt, den Einfüllverschluss aufschrauben und den Motor anlassen. Dadurch wird das Öl im Motor verteilt (der Filter füllt sich). Motor wieder abstellen und eine Weile warten, damit das Öl in die Ölwanne zurücklaufen kann.
Erneut am Ölmessstab den Ölstand kontrollieren. Das saubere Motoröl kann man manchmal nicht am Messstab sehen und mehrere Prüfungen sollten vorgenommen werden, damit man keinen Fehler macht. Eventuell Motoröl nachfüllen, um das fehlende Öl zu ergänzen.

Die Kühlanlage ist auf dem System der gut bekannten Thermosyhonanlage aufgebaut, wird durch eine Wasserpumpe unterstützt und arbeitet unter Druck. Der Druck ist erforderlich, um dem Motor den Betrieb bei einer über dem Siedepunkt des Kühlmittels liegenden Temperatur zu ermöglichen.
Der Druck in der Kühlanlage wird durch den federgespannten Verschlussdeckel des Kühlers, bzw. des Ausgleichsbehälters der Kühlanlage reguliert. Übersteigt der Druck den voreingestellten Wert der Feder im Deckel, öffnet sich ein Ventil und der Druck wird abgeblasen (durch einen Überlaufschlauch), um den Druck entsprechend zu entlasten. Sobald sich der Motor abgekühlt hat und der Druck abgefallen ist, entsteht ein Unterdruck in der Kühlanlage. Durch diesen wird ein Unterdruckventil im Verschlussdeckel geöffnet, so dass der Unterdruck in die Atmosphäre entweichen kann.
Die Kühlanlage setzt sich aus dem Kühler, der an der Stirnseite des Motors sitzenden Wasserpumpe, den durch den Keilriemen angetriebenen Lüfterflügel, dem Thermostat und den dazugehörigen Schläuchen der Anlage sowie der Heizung zusammen.
Beim 1275 cm^3-Motor ist ein elektrischer Zusatzventilator eingebaut, welcher sich unter dem linken, vorderen Radkasten befindet, welcher dem Kühler zusätzliche Kühlluft zuführt. Der Ventilator wird durch einen Thermoschalter aus- und eingeschaltet. Bei einem Cooper-Modell ist

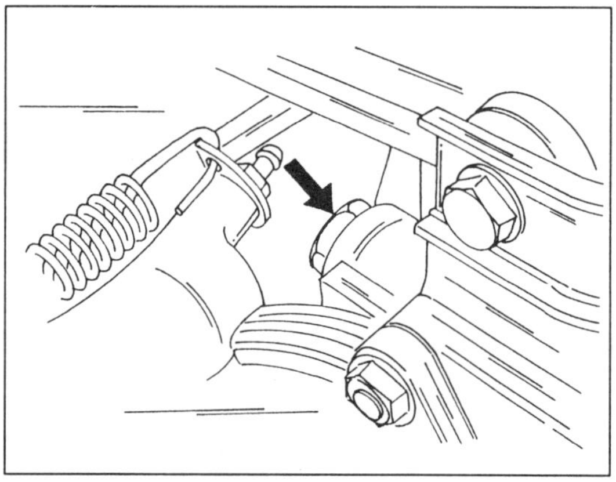

Bild 66
Der Pfeil weist auf den Wasserablassstopfen an der Rückseite des Zylinderblocks.

der Schalter in das Thermostatgehäuse am Zylinderkopf eingeschraubt, bei anderen Modellen sitzt er in der unteren Ecke des Kühlers.
Wenn der Motor kalt ist, reguliert der Thermostat, welcher ebenfalls als Kühlmitteltemperaturregler zu bezeichnen ist, die Strömung zwischen dem Zylinderkopf und dem Kühler. Nur wenn die Öffnungstemperatur des Thermostats erreicht ist, kann das Kühlmittel durch den Kühler fliessen.

4.1 Ablassen und Auffüllen der Kühlanlage

- Falls der Motor kalt ist, den Verschlussdeckel vom Kühler oder vom Ausgleichsbehälter abschrauben und den Deckel nach links herum abschrauben. Ist der Motor heiss, einen dicken Lappen benutzen und den Deckel auf die erste Raste verdrehen. Eine Weile warten, bis der Druck in der Anlage entwichen ist. Den Deckel danach abdrehen.
- Falls man annimmt, dass das in der Anlage befindliche Frostschutzmittel noch in gutem Zustand ist, einen Behälter an der Rückseite des Motors untersetzen (Fahrzeug dazu auf Böcke setzen). Der Stopfen sitzt an der in Bild 66 gezeigten Stelle (unterhalb der Stützstrebe).
- Die Kühlanlage jetzt ablassen, indem man den Ablassstopfen an der Rückseite des Zylinderblocks herausschraubt. Falls man das Kühlmittel weglaufen lassen will, kann man den unteren Kühlerschlauch abschliessen. Die Schlauchschelle ist jedoch ziemlich versteckt und ein langer, dünner Schraubenzieher eignet sich am besten zu dieser Arbeit. Im Radkasten ist eine Öffnung vorhanden, durch welche man den Schlauch abdrücken kann.

Falls das Kühlmittel bereits längere Zeit in der Anlage war, sollte man die Kühlanlage durchspülen. Dazu den Ablassstopfen im Zylinderblock ausgeschraubt lassen und einen Wasserschlauch in den Kühlereinfüllstutzen einsetzen. Das Wasser durch die Kühlanlage laufen lassen, bis es klar aus der Ablassbohrung herauskommt. Den Stopfen danach wieder einschrauben und festziehen.
Beim Auffüllen der Anlage folgendermassen vorgehen:

- Die Frostschutzmenge für die zu erwartenden Temperaturen zusammenmischen.
- Den Stopfen wieder in den Zylinderblock einschrauben und festziehen. Den unteren Wasserschlauch anschliessen und befestigen, falls er abgeschlossen wurde.
- Den Heizungsregelknopf in die "Heiss"-Stellung setzen und die Kühlanlage langsam füllen, um Luftpolster zu vermeiden.
- Den Kühler nur bis ca. 10 mm unter die Unterkante des Einfüllstopfens füllen. Falls er vollkommen gefüllt wird, kommt es sowieso wieder durch den Überlaufschlauch heraus.

● Motor anlassen und auf Betriebstemperatur bringen. Nachdem der Motor wieder kalt ist, den Kühlmittelstand nachprüfen und ggf. berichtigen.

4.1.1 Frostschutzmittel

Nur für die Mini-Motoren zugelassene Frostschutzmittel sollten verwendet werden. Die ungefähre Frostschutzmenge bei den verschiedenen Temperaturen ist der untenstehenden Tabelle zu entnehmen:

Gefrierschutz	Frostschutzmenge
—13° C	1,5 Liter
—19° C	2,0 Liter
—35° C	3,25 Liter

Die Mischung sollte man in einer Giesskanne oder ähnlichem Wasserbehälter zusammenmischen und bereits gemischt in die Kühlanlage einfüllen. Die oft angewandte Methode, dass man zuerst das Frostschutzmittel einkippt und danach das Wasser nachfüllt, bringt keine sofortige Vermischung des Frostschutzes, da dieses erst durch die Kühlmittelpumpe in Umlauf gebracht werden muss.

4.1.2 Kühlerverschlusskappe und Kühler prüfen

Die Kühlanlage arbeitet unter Druck. Der Kühlerverschlussdeckel ist mit einer Feder versehen, die so ausgewählt ist, dass eine Dichtung den Kühlungskreis abschliesst und ihn öffnet, wenn der Druck auf ca. 1,05 bar ansteigt. Aufgrund der Ausdehnung des Kühlmittels führt der zusätzliche Druck zur Erhöhung des Siedepunktes. Zum Prüfen der Verschlusskappe ist eine Kühlerprüfpumpe erforderlich. Die Pumpe auf die Kappe schrauben und sie betätigen, bis das Ventil öffnet. Dies sollte innerhalb des oben angegebenen Drucks stattfinden. Falls dies nicht der Fall ist, muss die Verschraubung erneuert werden.
Mit der gleichen Abdrückpumpe kann die Kühlanlage in gleicher Weise auf Leckstellen kontrolliert werden, indem man die Pumpe am Kühlereinfüllstutzen oder Dehngefäss anbringt.
Den Druck auf 1,0 atü bringen und kontrollieren, dass der Druckmesser diesen Druck mindestens 2 Minuten lang hält. Falls dies nicht der Fall ist, befindet sich eine Leckstelle in der Kühlanlage, welche durch den im Kühler befindlichen Druck leichter herauszufinden ist (Auslaufen von Kühlmittel an der Leckstelle auf trockenem Boden leicht zu sehen).

4.2 Kühler aus- und einbauen

● Die Kühlanlage ablassen (siehe Kapitel 4.1).
● Die Motorhaube zwecks Arbeitserleichterung abmontieren (Scharniere vorher mit einem Bleistift anzeichnen).

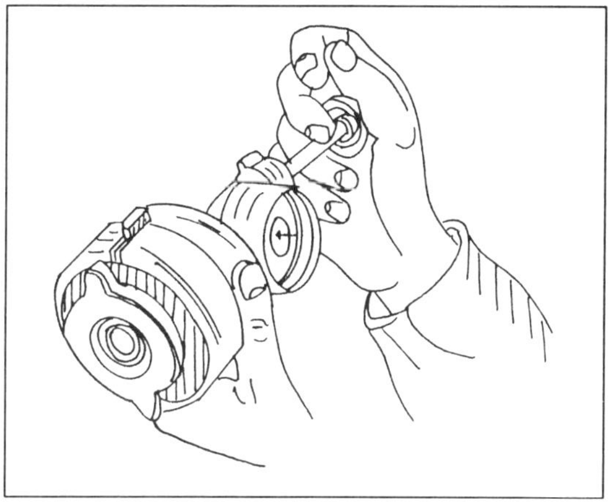

Bild 67
Abdrücken des Verschlussdeckels der Kühlanlage mit der Pumpe.

● Die Schlauchschellen des oberen und unteren Wasserschlauchs lockern und von den Stutzen abziehen. Einen langen, dünnen Schraubenzieher sollte man dazu benutzen.
● Die Versteifungsplatte zwischen Kühler und Thermostatgehäuse abschrauben.
● Bei Clubman- und 1275 GT-Ausführungen die Schraube der unteren Abstützung von der Motoraufhängung lösen.
● Die Überlaufleitung abziehen.
● Beim Clubman und 1275 GT die vier Schrauben der Kühlerverkleidung lösen und den Kühler herausheben.
● Bei den anderen Ausführungen den Kühler vom Blech abschrauben und herausheben. Falls man schlecht an die Befestigungen kommt, kann man das Kühlergitter ausbauen.
Falls man die Arbeit das erste Mal durchführt, würde man gut daran tun, dass man die Ventilatorverkleidung vom Kühler abschraubt und zum Motor drückt. Den Kühler danach vorsichtig herausheben.
Der Einbau des Kühlers geschieht in umgekehrter Reihenfolge wie der Ausbau. Nicht vergessen den Ablassstopfen wieder einzuschrauben. Die Kühlanlage abschliessend mit Frostschutzmittel füllen.

Hinweis: Falls ein neuer Kühlerverschlussdeckel fällig ist, nur einen mit "15" gezeichneten Deckel einbauen.

4.3 Thermostat

Ein Thermostat kann nicht repariert werden.

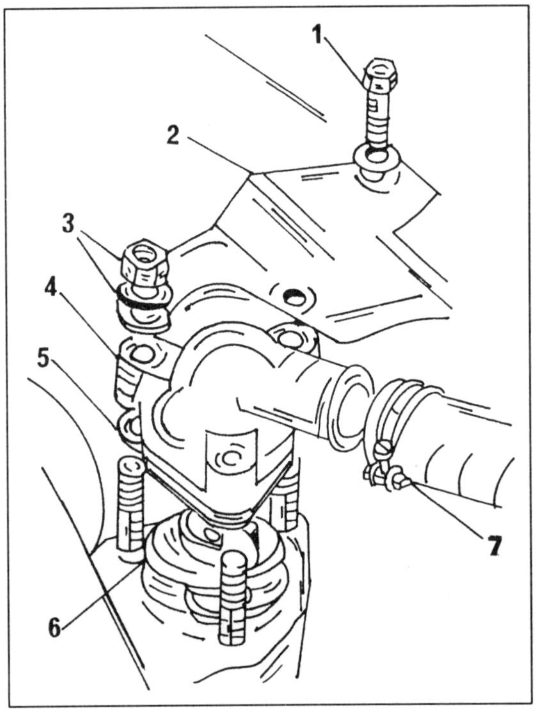

Bild 68
Die Teile der Befestigung des Thermostats.
1 Schraube
2 Versteifungsbügel
3 Mutter und Scheibe
4 Wasserauslassstutzen
5 Dichtung
6 Thermostat
7 Wasserschlauch

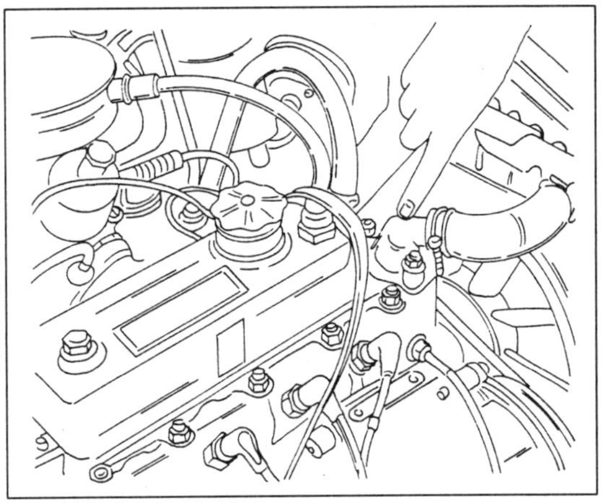

Bild 69
Der Thermostat liegt unter dem Wasserstutzen an der im Bild gezeigten Stelle.

Bild 70
Kontrolle eines Thermostats.

4.3.1 Aus- und Einbau

Der Thermostat befindet sich im Wasserauslassstutzen an der Oberseite des Zylinderkopfes an der in Bild 69 gezeigten Stelle.

- Kühlanlage teilweise ablassen. Dazu den Ablassstutzen an der Rückseite des Motors herausschrauben und wieder einsetzen, sobald der Wasserspiegel unterhalb des Auslassstutzens steht.
- Den oberen Schlauch lösen und vom Stutzen abziehen.
- Den Versteifungsbügel zwischen Kühlerverkleidung und Auslassstutzen abschrauben.
- Die Muttern und Scheiben des Gehäuses entfernen und das Gehäuse sowie den Versteifungsbügel abnehmen.
- Die Dichtung entfernen und die Dichtfläche sofort reinigen.
- Der Thermostat kann jetzt aus der Öffnung herausgehoben werden.

Ein Thermostat kann nicht repariert werden und ist im Schadensfalle zu erneuern. Eine einfache Prüfung lässt sich folgendermassen durchführen:

- Thermostat an einem Stück Draht in einen Behälter mit kaltem Wasser einhängen, wie es in Bild 70 gezeigt ist.
- Ein Thermometer in ähnlicher Weise einhängen.
- Das Wasser allmählich erhitzen und kontrollieren, ob sich der Thermostat bei ca. 88° C zu öffnen beginnt (die Öffnungstemperatur ist in den Thermostat eingezeichnet). Bei 105° C muss der Thermostat vollkommen geöffnet sein.
- Der Thermostatstift muss bei dieser Kontrolle mindestens 7 mm aus dem Thermostat heraustreten. Falls der Thermostat diese Prüfungen nicht besteht, muss er erneuert werden.

Der Einbau des Thermostats geschieht in umgekehrter Reihenfolge wie der Ausbau. Immer eine neue Dichtung verwenden und darauf achten, dass der Schauchbinder für den Wasserschlauch sich in gutem Zustand befindet. Abschliessend die Anlage mit Kühlmittel füllen. Vor Aufschrauben des Verschlussdeckels für den Kühler unbedingt die Gummidichtung (1, Bild 71, siehe nächste Seite) kontrollieren. Andernfalls den Deckel erneuern (Dichtung kann nicht erneuert werden).

4.4 Wasserpumpe

4.4.1 Aus- und Einbau

- Falls der Motor mit Abgasregulierung arbeitet, müssen die Lufteinspritzpumpe und deren Antriebsriemen ausgebaut werden.
- Kühler ausbauen, wie es bereits beschrieben wurde.

- Die Schrauben der Drehstromlichtmaschine lockern, die Lichtmaschine nach unten drücken und den Keilriemen abnehmen.
- Ventilatorflügel, Abstandsring und Wasserpumpenriemenscheibe ausbauen.
- Die beiden Schrauben an der Oberseite der Drehstromlichtmaschine von der Wasserpumpe und dem Haltebügel entfernen und die Lichtmaschine auf eine Seite legen.
- Den kleinen Schlauch an der Oberseite der Pumpe abschliessen.
- Unteren Wasserschlauch von der Pumpe abschliessen.
- Die Schrauben der Pumpe am Zylinderblock lösen und die Pumpe an der in Bild 72 gezeigten Stelle vom Block abnehmen. Die Dichtung entfernen und die Dichtfläche am Zylinderblock sofort reinigen.

Der Einbau der Wasserpumpe geschieht in umgekehrter Reihenfolge wie der Ausbau. Die Schrauben mit 22 Nm anziehen. Kühlanlage füllen und Keilriemenspannung einstellen (siehe Kapitel 4.5). Falls ausgebaut, die Lufteinspritzpumpe wieder montieren und den Keilriemen auflegen und einstellen.

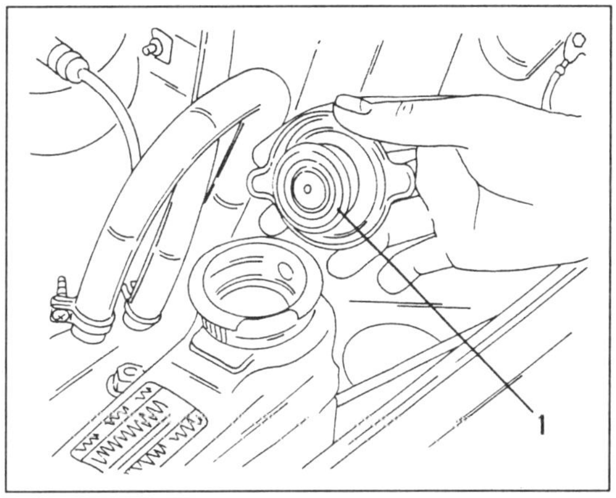

Bild 71
Der Dichtring (1) des Kühlerverschlussdeckels muss in gutem Zustand sein, um den Kühler einwandfrei abzudichten.

Bild 72
Die Wasserpumpe sitzt an der gezeigten Stelle am Zylinderblock.

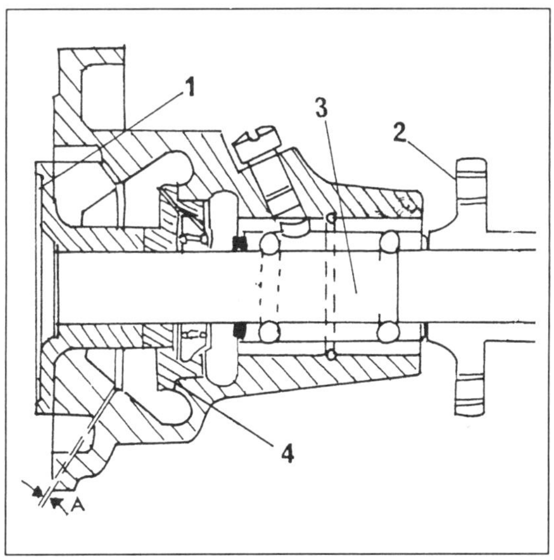

Bild 73
Schnitt durch die Wasserpumpe. Der Spalt "A" ist auf 0,5 - 0,75 mm zu bringen.
1 Flügelrad
2 Nabe
3 Wasserpumpenwelle
4 Dichtring

4.4.2 Wasserpumpe überholen

Obwohl Wasserpumpen im heutigen Automobilbau fast nicht mehr überholt werden, kann man die Pumpe eines Minis ziemlich einfach revidieren, da nur ein Abzieher zum Abziehen der Riemenscheibennabe erforderlich ist. Die auf die Nabe aufgepresste Riemenscheibe kann mit einem Zwei- oder Dreiarmabzieher heruntergezogen werden.

- Pumpe auf einen Pressentisch auflegen und von der Aussenseite die Welle, das Flügelrad und den Dichtring zusammen aus dem Gehäuse herauspressen.
- Die Welle jetzt zusammen mit dem Lager aus dem Flügelrad pressen.
- Neue Teile wie erforderlich verwenden. Falls die alte Welle mit dem Lager wieder verwendet werden soll, ist es wichtig, dass der Sitz der Nabe und des Flügelrades auf der Welle nicht gestört wurde.
- Das Lager und die Welle in das Gehäuse einpressen, bis ein Mass von 13,54 bis 13,79 zwischen dem äusseren Lagerring und der Sitzfläche des Dichtringes im Gehäuse hergestellt ist.
- Die Dichtfläche des Flügelrades mit Silikon-Fett einschmieren und danach auf die Welle pressen. Dabei ist ein bestimmtes Mass zu beachten, welches in Bild 73 mit "A" angegeben ist. Das Mass muss auf 0,5 bis 0,75 mm gebracht werden und wird zwischen der Unterseite der Flügelblätter und dem Pumpengehäuse gemessen. Am besten ist es eine Fühlerlehre der genannten Stärke (z.B. 0,6 mm) zwischen Pumpe und Flügelrad einzulegen und das Flügelrad aufzupressen, bis das Flügelrad die Lehre soeben berührt.
- Von der anderen Seite der Welle die Nabe aufpressen. Auch diese Pressarbeiten langsam durchführen, um ein Mass von 94,3 bis 94,8 mm zwischen der Fläche der Nabe und der Dichtflä-

che des Pumpengehäuses zu erhalten. Ehe die Pumpe wieder eingebaut wird, sollte man die Pumpenwelle einige Male an der Nabe durchdrehen, damit man versichert ist, dass sie nicht klemmt.

4.5 Keilriemen

Die Spannung des Keilriemens sollte regelmässig kontrolliert werden. Im allgemeinen rechnet man damit, dass man die Spannung alle 5000 km kontrollieren sollte. Ein loser Keilriemen nützt sich schnell ab und beeinträchtigt durch Durchrutschen die Arbeitsweise von Drehstromlichtmaschine und Wasserpumpe. Falls man beim schnellen Gasgeben ein Quietschgeräusch aus dem Motorraum hört, ist dies meistens eine Anzeige für einen durchrutschenden Keilriemen.

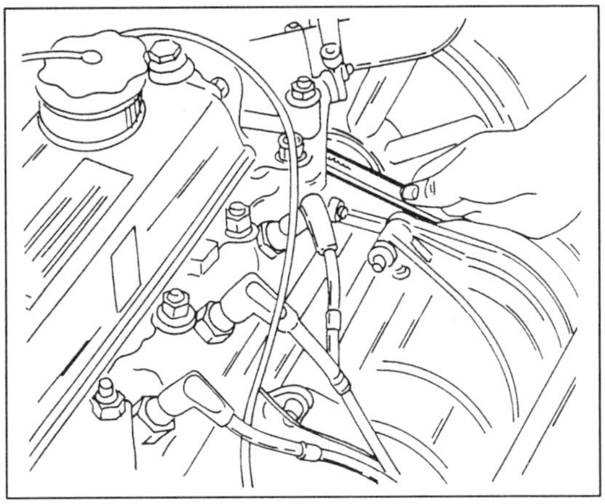

Bild 74
Der Ausschlag des Keilriemens wird an der gezeigten Stelle gemessen. Der Riemen sollte sich ca. 13 mm auf- und abbewegen lassen.

Der Riemen ist ebenfalls beim Aus- und Einbau von Wasserpumpe, Lichtmaschine, Steuerung, usw. einzustellen, oder natürlich, wenn man den Keilriemen erneuern muss.
Bei der Erneuerung die Abschirmung des Zündverteilers entfernen, falls eine vorhanden ist. Die Lichtmaschine lockern und nach innen drükken. Den Keilriemen von den Riemenscheiben entfernen, indem man ihn zwischen dem Spalt an der Kühlerverkleidung der Aussenkante der Lüfterflügelblätter führt.
Beim Einbau des neuen Keilriemens in umgekehrter Reihenfolge vorgehen. Die Lichtmaschine fingerfest anziehen und danach einen Schraubenzieher einsetzen und die Lichtmaschine nach aussen drücken, bis sich der Keilriemen an seiner längsten Laufstrecke ca. 13 mm durchdrücken lässt. Gemessen wird an der in Bild 74 gezeigten Stelle. Den Schraubenzieher nur am Antriebslagerschild ansetzen, nicht auf der anderen Seite.
Die Mutter in der Mitte des Stellbügels an der Unterseite festziehen und danach die anderen Schrauben festziehen.

Hinweis: *Keilriemen dehnen sich während der ersten Fahrkilometer aus. Wir schlagen vor, dass man die Spannung des Keilriemens in der in Bild 74 gezeigten Weise nach einer Fahrstrecke von 500 km nachkontrolliert.*

4.6 Kühlmittelschläuche

Die Schläuche der Kühlanlage sollten bei jeder allgemeinen Inspektion kontrolliert werden. Schläuche mit sichtbaren Rissen, Abblätterungen, usw. sollten bei der nächsten Gelegenheit erneuert werden. Besonders der untere Kühlmittelschlauch wird, aus Erfahrung gesprochen, sehr oft übersehen, da er schlecht erreichbar ist. Wir möchten besonders auf diesen Schlauch verweisen.
Der Aus- und Einbau der Schläuche bringt keine Probleme, abgesehen von der Befestigung des unteren Schlauchs am Kühler, da man schlecht an den Schlauch kommt. Gebraucht wird auf jeden Fall ein Schraubenzieher mit einer langen Klinge. Auch das Abziehen des Schlauchs ist mit einigen Schwierigkeiten verbunden. Versuchen kann man es mit einem durch die Öffnungen im Radkasten eingesetzten Reifenhebel, welcher gegen das Schlauchende angesetzt wird, um den Schlauch abzudrücken.
Beim Einbau der neuen Schläuche diese gut aufschieben. Die Schlauchschellen erneuern, falls die Schrauben sicht nicht leicht drehen lassen. Die eingebauten Drahtschellen können durch normale Schlauchbinder ersetzt werden.
Nach Aufüllen der Kühlanlage die Schlauchverbindung auf Leckstellen kontrollieren.

Bei allen in dieser Ausgabe behandelten Fahrzeugen ist ein von S.U. hergestellter Vergaser eingebaut. Fahrzeuge ohne Katalysator haben einen HS4-Vergaser, Fahrzeuge mit Katalysator haben einen HIF-Vergaser. Da verschiedene Motoren jedoch bestimmte Vergaserspezifikationen haben, ist in der Mass- und Einstelltabelle betreffs des eingebauten Vergasers nachzulesen.
Eine mechanische Kraftstoffpumpe wird bei allen in dieser Ausgabe behandelten Mini-Ausführungen verwendet.

5.1 Kraftstoffpumpe

Die Kraftstoffpumpe ist an der Rückseite des Motors angebracht und wird durch einen Exzenter von der Nockenwelle angetrieben.

5.1.1 Aus- und Einbau

- Massekabel der Batterie abklemmen.
- Die Schraube des Seitendeckels an der Vorderseite des Zylinderblocks lösen und den Deckel sowie die Dichtung abnehmen.
- Beim 850-, 1000- und 1100 cm^3-Motor die Tachometerspirale am Antriebsgehäuse abschliessen.
- Die Schläuche von den Anschlussstücken der Pumpe abschliessen.
- Muttern der Pumpenbefestigung lösen und die Pumpe herunterziehen. Unter der Pumpe sitzen ein Isolierflansch und zwei Dichtungen. Diese abnehmen. Falls Dichtung/Isolierflansch festkleben, können sie mit einem Messer gelöst werden.

Der Einbau der Pumpe geschieht in umgekehrter Reihenfolge wie der Ausbau. Neue Dichtungen auf beiden Seiten des Isolierflansches auflegen. Ebenfalls eine neue Dichtung für den Seitendeckel verwenden. Bild 75 zeigt die Pumpe im eingebauten Zustand.

5.1.2 Reparatur der Kraftstoffpumpe

Die Kraftstoffpumpe (Typ AUF 800) ist ein verschlossenes Teil und kann nicht, wie dies beim Mini älterer Baujahre der Fall war, zerlegt werden. Falls die Pumpe Schaden erlitten hat, muss man eine neue oder eine Austauschpumpe einbauen.

5.2 Der Vergaser

5.2.1 Aus- und Einbau

Auf die Unterschiede bei eingebautem SU HIF-Vergaser sind am Ende dieses Kapitels beschrieben.

- Luftfilter ausbauen, wie es weiter hinten beschrieben ist.
- Die Klemmschraube der Schlauchschelle für den Kraftstoffschlauch lockern und den Schlauch von der Schwimmerkammer abziehen. Eine Schraube des passenden Durchmessers in das Ende des Schlauchs einschieben, um ein Auslaufen von Kraftstoff zu vermeiden.
- Den Belüftungsschlauch des Motors vom Vergaser abschliessen.

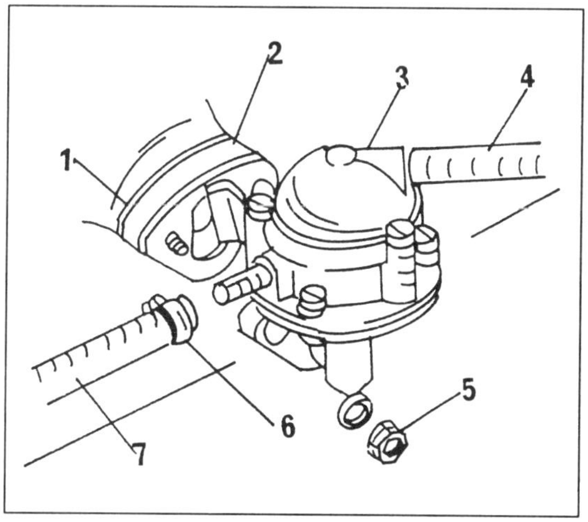

Bild 75
Einzelheiten zum Aus- und Einbau der Kraftstoffpumpe.
1 Flanschdichtungen
2 Isolierflansch
3 Kraftstoffpumpe
4 Kraftstoffschlauch
5 Muttern und Federringe
6 Schlauchschelle
7 Kraftstoffschlauch

- Die Rückzugfeder der Drosselklappe aushängen. Bei einem Cooper S die eingehängten Rückzugfedern des Drosselklappengestänges aushängen.
- Den Gaszug nach Lösen der Klemmschraube aus dem Drosselklappenhebel herausziehen.
- Klemmschraube des Starterzuges lockern und den Zug aus der Lagerung und dem Widerlager herausziehen.
- Muttern und Federringe des Vergasers am Flansch entfernen und den Vergaser vorsichtig herunterheben. Falls Zwillingsvergaser eingebaut sind, müssen diese gleichzeitig abgehoben werden, um das Verbindungsgestänge nicht zu verbiegen. Die Vergaser können nach Ausbau dann vom Gestänge getrennt werden.
- Sofort einen sauberen Lappen auf die Ansaugöffnung des Motors auflegen, um zu verhindern, dass Fremdkörper in den Motor fallen können, während der Vergaser ausgebaut ist.

Der Einbau des Vergasers geschieht in umgekehrter Reihenfolge wie der Ausbau. Bei Zwillings-Vergasern beide Vergaser zusammen ansetzen. Neue Dichtungen für den Ansaugkrümmer, das Anbaustück des Luftfilters, den Anschlagbügel und den Vergaser verwenden. Nach dem Einbau folgende Einstellungen kontrollieren:

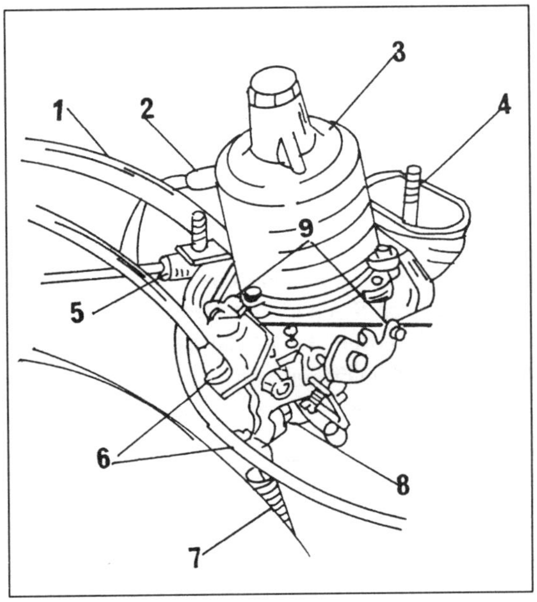

Bild 76
Ansicht des eingebauten Vergasers.
1 Motorbelüftungsschlauch
2 Kraftstoffschlauch
3 Vergaser
4 Anbauflansch für Luftfilter
5 Unterdruckschlauch
6 Gaszug und Widerlager
7 Rückzugfeder und Gaszug
8 Vergasermuttern
9 Starterzug und Widerlager

- Starterzug vollkommen in das Armaturenbrett einschieben und danach um 2 mm herausziehen. Den Starterzug jetzt in die Klemmöse einschieben, strammziehen und die Klemmschraube festziehen.
- Beim Anschliessen die Klemmschraube anziehen, so dass man das Gaspedal um 4 mm durchdrücken kann, ehe der Drosselklappenhebel bewegt wird. Die Klemmschraube in dieser Stellung anziehen.
- Leerlaufeinstellung und Leerlaufgemischeinstellung nach dem Einbau kontrollieren und gegebenenfalls einstellen.

Unterschiede bei eingebautem HIF-Vergaser

- Beim Ausbau des Luftfilters bei einem Cooper S ebenfalls den Ansaugschlauch und das Wärmeschutzblech des Vergasers abschrauben.
- Bei eingebautem Katalysator den zum Aktivkohlebehälter führenden Schlauch vom Vergaser abschliessen (Schlauchschelle lockern).
- Die Unterdruckleitung von der Oberseite des Vergaserflansches abschliessen.
- Den Belüftungsschlauch von der Schwimmerkammer abschliessen.

Beim Einbau sind der Starterzug und das Gaszugseil in gleicher Weise einzustellen, wie es beim HS4-Vergaser beschrieben wurde. Alle ausgebauten Dichtungen erneuern.

5.2.2 Überholung des Vergasers HS4

Ein Montagebild des Vergasers ist in Bild 77 gezeigt und alle beschriebenen Anweisungen sind entsprechend diesem Bild durchzuführen. Vor dem Zerlegen des Vergasers die Aussenseite gründlich reinigen (in Benzin), so dass kein Schmutz in die Innenseite gelangen kann.

- Kolbendämpfer (15) herausschrauben.
- Die Schrauben (8) lösen und die Kolbenkammer (7) abheben.
- Die Kolbenfeder (10) herunterheben.
- Den Kolben (9) vorsichtig herausziehen.
- Das Öl aus der Kolbenstange entleeren.
- Die Madenschraube (14) herausdrehen.
- Die Düsennadel (11) herausziehen.
- Nadel von der Führung (13) entfernen.
- Die Feder (12) abnehmen.
- Den Kolbenhebestift nach oben schieben, den Sprengring entfernen und den Stift und die Feder (3) nach unten herausziehen.
- Die Feder (57) von der Verankerung aushängen.
- Den Kunststoffunterteil der Düse (39) halten und den Sprengring (51) des Gestänges (49) entfernen. Die Hülsenmutter (40) von der Schwimmerkammer lösen und die Düseneinheit herausziehen. Auf die Teile am Ende achten (Nr. 40, 41, 42 und 43).
- Die Düseneinstellmutter (47) herausschrauben und die Feder (46) abnehmen. Danach die Düsenführungsmutter (45) herausschrauben und mit dem Düsenlager herausnehmen. Das Lager aus der Mutter herausziehen.
- An den Hebeln die Schraube (52) lösen und die Abstandsscheibe (53) entfernen. Den Hebel und die Rückzugsfedern entfernen, jedoch auf die Lage der Hülsen (54 und 55), des Stufennockens (56) und der Feder (57) achten.
- Die Befestigungschraube (28) der Schwimmerkammer (18) lösen und die Schwimmerkammer mit den Abstandsstücken abnehmen. Die Lage des Schwimmerkammerdeckels an der Schwimmerkammer markieren. Die Schrauben (25) herausdrehen und den Deckel (23) mit der Dichtung (19) herunternehmen. Darauf achten, dass der Kennanhänger (24) nicht verlorengeht.
- Den Schwimmerstift (21) herausziehen und den Schwimmer (20) abnehmen. Das Schwimmernadelventil (22) aus der Führung ziehen und den Schwimmernadelventilsitz aus dem Deckel herausschrauben.
- Falls die Drosselklappe ausgebaut werden soll, die Klappe schliessen und die Stellung der Klappe zur Vergaserbohrung mit einer Reissnadel anzeichnen. Das Sicherungsblech (37) zurückbiegen und die Mutter (38) sowie das Si-

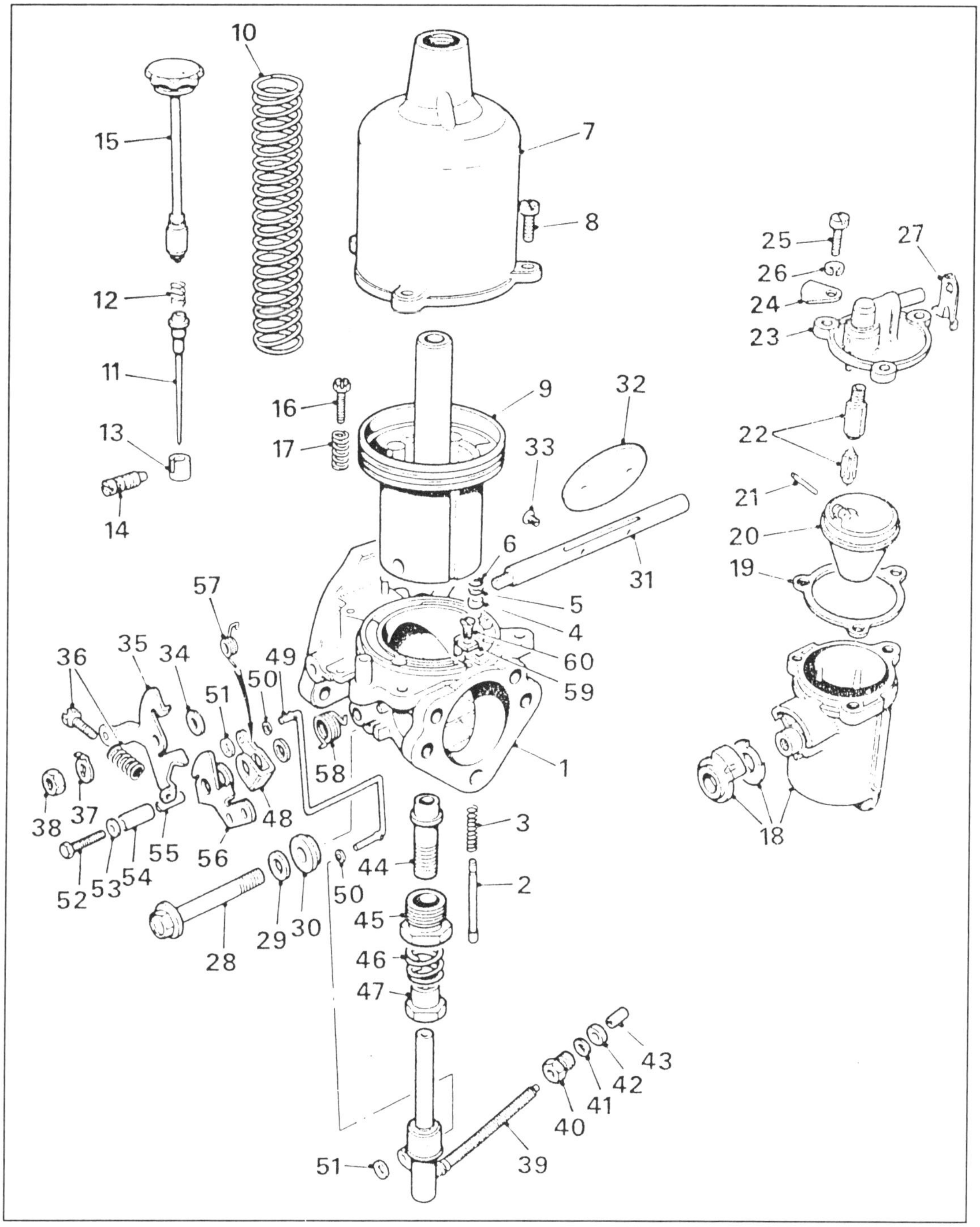

Bild 77
Montagebild des HS4-Vergasers.
1 Vergasergehäuse
2 Kolbenhebestift
3 Feder für 2
4 Dichtscheibe
5 Unterlegscheibe
6 Sprengring
7 Kolbenkammer
8 Schraube für 7
9 Kolben
10 Feder
11 Düsennadel
12 Feder für 11
13 Führung für 11
14 Madenschraube für 13
15 Kolbendämpfer
16 Drosselklappeneinstellschraube
17 Feder für Schraube
18 Schwimmerkammerteile
19 Dichtung für Schwimmerkammer
20 Schwimmer
21 Schwimmerwelle
22 Schwimmernadelventil und Sitz
23 Schwimmerkammerdeckel
24 Kennanhänger
25 Schraube für 23
26 Federring
27 Blechwinkel
28 Schraube für Schwimmerkammer
29 Unterlegscheibe
30 Büchse für Schwimmerkammerschraube
31 Drosselklappenwelle
32 Drosselklappe
33 Schraube für 32
34 Schraube für 31
35 Drosselklappenrückzugfeder
36 Schnelleerlaufschraube und Feder
37 Sicherungsblech für 38
38 Mutter für Drosselklappenwelle
39 Düse
40 Hülsenmutter
41 Scheibe
42 Führungsbüchse
43 Anschluss
44 Düsenlagerung
45 Düsenführungsmutter
46 Feder
47 Düseneinstellmutter
48 Mitnehmerhebel
49 Gestänge für 48
50 Scheibe für 49
51 Sprengring für 49
52 Lagerbolzen
53 Abstandsscheibe
54 Äussere Hülse
55 Innere Hülse
56 Stufennocken
57 Feder für 56
58 Feder für Mitnehmerhebel
59 Führung für Saugkammerkolben
60 Schraube

cherungsblech abnehmen. Die Lage des Hebels (35) im Verhältnis zur Drosselklappenwelle (31) und zum Vergasergehäuse zeichnen und den Arm und die Scheibe abnehmen.

- Die geteilten Enden der Schrauben (33) mit einer Zange zusammendrücken und die Schrauben herausdrehen. Die Drosselklappe öffnen und die Klappe aus der Rille in der Welle herausnehmen. Die Welle herausziehen.

Alle Teile gründlich reinigen und wie erforderlich erneuern. Besonders ist auf übermässiges Spiel der Drosselklappe in der Bohrung zu achten. Das Schwimmernadelventil muss einwandfrei abdichten und ist, falls erforderlich, zusammen mit dem Sitz zu erneuern.

Der Zusammenbau des Vergasers erfolgt in umgekehrter Reihenfolge wie das Zerlegen, jedoch sind die folgenden Punkte zu beachten:

- Beim Einsetzen der Drosselklappe auf die Makierungen achten. Die Klappe versetzen, bis sie geschlossen werden kann und danach einige Male öffnen und schliessen, so dass sie sich zentriert. Die Schrauben einsetzen, aber noch nicht anziehen. Die Klappe noch einige Male öffnen und schliessen und bei einwandfreien Ergebnissen die Schrauben anziehen und die Enden der Schrauben auseinanderbiegen, um sie zu sichern.

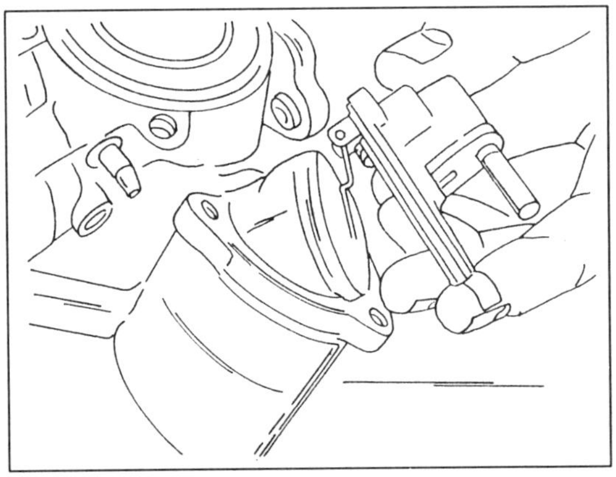

Bild 78
Aufsetzen des Schwimmerkammerdeckels. Den Schwimmer dabei vorsichtig einführen.

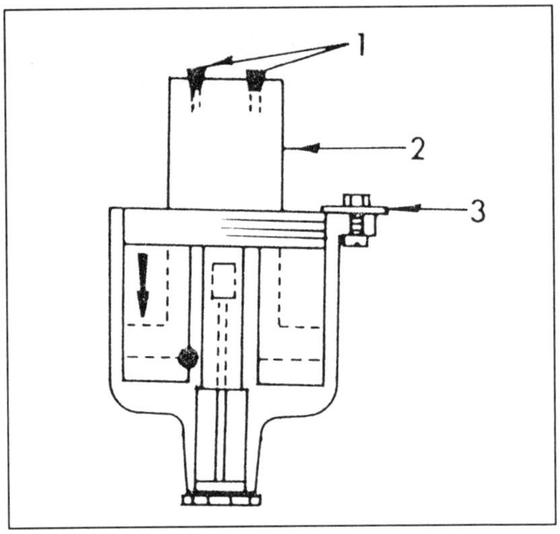

Bild 79
Einzelheiten zur Kontrolle der Saugkammer und des Kolbens.
1 Kaugummi oder Knetmasse
2 Kolben
3 Schraube und Scheibe

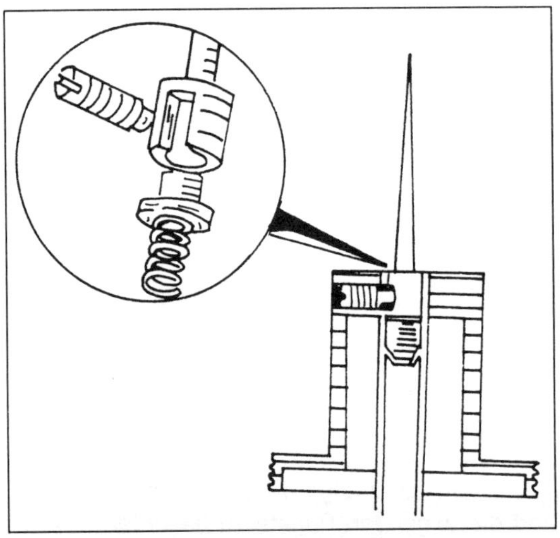

Bild 80
Zum Einbau der Düsennadel. Der Nadelbund muss an der Pfeilstelle mit dem Kolben abschliessen.

● Eine neue Dichtung für den Schwimmerkammerdeckel verwenden und den Deckel entsprechend den Kennzeichnungen an der Schwimmerkammer anschrauben. Den Schwimmer dabei in der in Bild 78 gezeigten Weise einführen, ohne den Schwimmer zu verbiegen. Die Schrauben gleichmässig anziehen. Die Schwimmerkammer danach am Vergaser anschrauben.

● Die Saugkammer und den Kolben ohne Feder montieren und die Arbeitsweise folgendermassen überprüfen:

— Den Dämpfer und die Scheibe in die Saugkammer schrauben und die Bohrungen in der Unterseite vorübergehend mit Kaugummi abdecken. Den Kolben vollkommen in die Saugkammer einschieben.
— Eine grosse Scheibe mit einer Schraube an einer der Befestigungsbohrungen anbringen, so dass sie über der Saugkammerbohrung heraussteht, wie es in Bild 79 gezeigt ist. Dies verhindert, dass der Kolben bei der folgenden Prüfung herausfallen kann.
— Die Teile wie im Bild gezeigt halten und mit einer Stoppuhr die Zeit nehmen, die gebraucht wird, bis die Saugkammer anschlägt, wenn man den Kolben hält. Diese Zeit sollte zwischen 5 bis 7 Sekunden liegen. Falls dies nicht der Fall ist, alle Teile noch einmal einwandfrei reinigen, oder andernfalls erneuern.

● Falls eine neue Düsennadel verwendet wird, muss eine Nadel für den entsprechenden Motor eingebaut werden (siehe Mass- und Einstelltabelle). Beim Einbau der Nadel unter Bezug auf Bild 80 die Feder und die Führung an der Nadel anbringen und die Teile so in den Kolben einführen, dass die Führung bündig mit der Fläche des Kolbens abschneidet. Die Markierung der Führung muss mit den Löchern im Kolben ausgerichtet sein.

● Düsenlager einsetzen und die Düsenmutter einschrauben und anziehen. Feder und Düseneinstellmutter einschrauben und die Mutter so weit wie möglich nach oben schrauben. Die Düse in das Lager einsetzen, die Hülsenmutter und die anderen Teile auf das Ende des Rohrstückes schieben und kontrollieren, dass das Rohr mindestens 5 mm hinter der Führungsbüchse ("42" in Bild 77) heraussteht. Die Hülsenmutter anziehen, bis die Führungsbüchse zusammengedrückt ist, aber nicht überziehen.

● Nach dem Zusammenbau die Düseneinstellmutter auf die Grundstellung bringen. Bei einer verplombten Ausführung die Mutter um drei komplette Umdrehungen nach unten drehen, bei einer nicht verplombten Ausführung die Mutter um zwei komplette Umdrehungen nach unten drehen. Einen "verplombten" Vergaser kann man daran erkennen, dass die Einstellschraube für die Drosselklappe in einer Aussparung im Vergasergehäuse sitzt.

● Den Vergaserdämpfer mit Motoröl füllen (wie es in Motor/Getriebe eingefüllt ist), bis das Öl ungefähr 13 mm oberhalb der Oberseite der hohlen Kolbenstange steht. Die Verschraubung eindrehen.

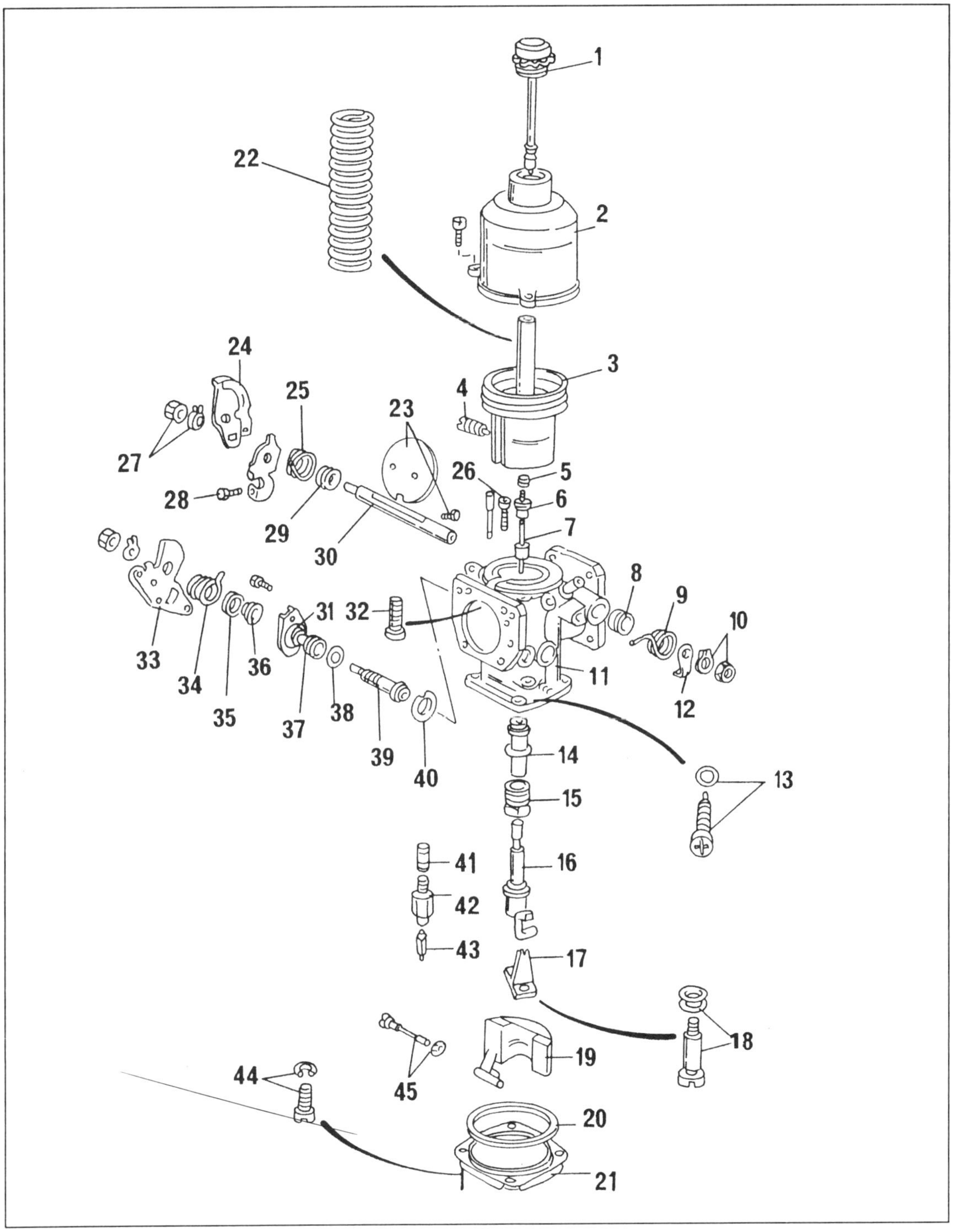

Bild 81
Montagebild eines HIF-Vergasers.
1 Kolbendämpfer
2 Saugkammer
3 Kolben
4 Madenschraube
5 Feder
6 Düsennadel
7 Führungsbüchse
8 Dichtring der Drosselklappenwelle
9 Rückzugfeder
10 Mutter und Kleinteile der Klappenwelle
11 Vergasergehäuse
12 Mitnehmerhebel
13 Düseneinstellschraube und Dichtring
14 Düsenlagermutter
15 Düsenlager
16 Düsenstock
17 Bimetall-Düsenhebel
18 Düsenbefestigungsschraube und Feder
19 Schwimmer
20 Dichtring
21 Schwimmerkammerdeckel
22 Feder
23 Drosselklappe und Schraube
24 Drosselklappenhebel
25 Rückzugfeder
26 Drosselklappeneinstellschraube
27 Muttern und Sicherungsbleche
28 Einstellschraube, beschleunigter Leerlauf
29 Dichtring der Drosselklappe
30 Drosselklappenwelle
31 Befestigungsplatte
32 Kolbenhebestift
33 Gemischregulierhebel und Stufennocken
34 Rückzugfeder
35 Staubschutzkappe
36 Abdichtung
37 Kaltstarteinrichtung
38 "O"-Dichtring
39 Betätigungswelle
40 Dichtring
41 Feinfilter
42 Schwimmernadelventilsitz
43 Schwimmernadel
44 Schraube und Federring
45 Schwimmerlagerungswelle

5.2.3 Überholen des Vergasers HIF

Der Vergaser ist in ähnlicher Weise wie der HS4-Vergaser aufgebaut, mit dem Unterschied, dass die Schwimmerkammer in das Vergasergehäuse eingebaut ist, also nicht abgeschraubt werden kann.
Bild 81 zeigt ein Montagebild dieses Vergasers. Bei der Zerlegung folgendermassen vorgehen:

- Den Vergaser aussen gründlich mit Waschbenzin reinigen.
- Die Einbaulage des Vergaserdeckels mit einer Reissnadel im Verhältnis zum Vergasergehäuse kennzeichnen und den Deckel (21) mit dem Dichtring (20) abnehmen.
- Die Schraube der Düsenhalterung (18) herausdrehen und die Feder abnehmen.
- Teile (16) und (17) aus der Unterseite des Vergasergehäuses ausbauen.
- Den Lagerstift des Schwimmers (45) ausschrauben und mit dem Dichtring herausziehen.

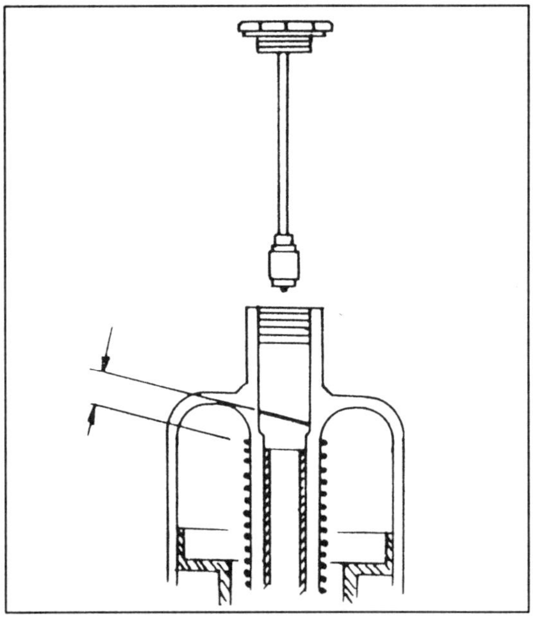

Bild 82
Auffüllen des Vergaserdämpfers. Der Ölstand wird durch den Pfeil angezeigt.

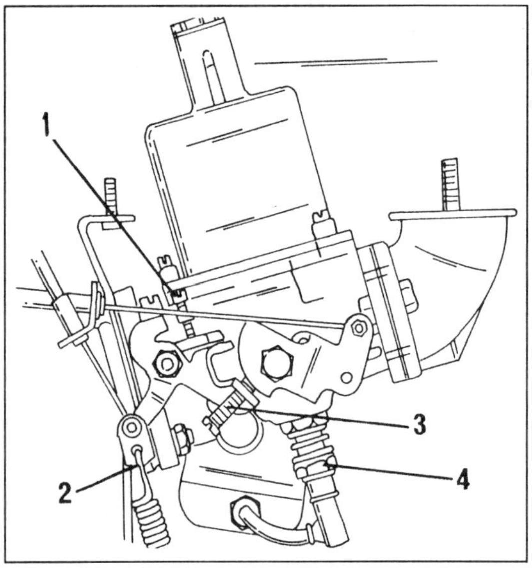

Bild 83
Einzelheiten zum Einstellen des HS4-Vergasers.
1 Drosselklappeneinstellschraube
2 Verbindungsgestänge zum automatischen Getriebe
3 Schnelleerlauf-Einstellschraube
4 Düseneinstellmutter

Der Schwimmer (19) und der Schwimmernadelsitz können danach ausgeschraubt werden. Unter dem Sitz befindet sich der Siebfilter (41).

● Aus der Oberseite des Vergasers den Kolbendämpfer (1) ausschrauben und den Vergaser umkehren, um das Öl auszuschütten.

● Die Saugkammer (2) mit einer Reissnadel am Vergasergehäuse kennzeichnen, die Schrauben der Glocke lösen und zusammen mit dem Kolben (3) vom Gehäuse abziehen.

● Falls die Düsennadel (6) ausgebaut werden soll, die Madenschraube (4) in der Seite des Kolbens herausdrehen und die Nadel, die Führung und die Feder herausziehen. Die Teile sehen wie in Bild 80 gezeigt aus.

● Von der Unterseite des Vergasergehäuses die Düsenlagermutter (14) ausschrauben und das Lager (15) herausnehmen.

● Alle weiteren Zerlegungsarbeiten, die in den meisten Fällen nicht notwendig sein werden, können unter Bezug auf das Montagebild durchgeführt werden. Falls die einzelnen Betätigungshebel abmontiert werden sollen, muss man sich vermerken, wie die Rückzugfedern eingehängt sind. Die Erneuerung der Drosselklappe findet in gleicher Weise wie beim HS4-Vergaser statt.
Der Zusammenbau des Vergasers geschieht in umgekehrter Reihenfolge wie die Zerlegung. Der Schwimmerstand muss während des Zusammenbaus eingestellt werden. Einzelheiten sind im nächsten Kapitel gegeben.

Hinweis: HIF-Vergaser haben nicht bei allen Modellen den gleichen Ansaugbohrungsdurchmesser. Falls man die Absicht hat den Vergaser zu erneuern, muss man immer das Baujahr angeben. Gesagt werden kann, dass der Vergaser ab ca. Baujahr 1992 einen kleineren Ansaugbohrungsdurchmesser hat.

5.2.4 Vergasereinstellungen

Ehe irgendwelche Einstellungen am Vergaser durchgeführt werden, muss die Voraussetzung bestehen, dass Zündung, Ventileinstellung, Unterbrecherabstand und Zündkerzen sich in einwandfreiem Zustand befinden. Die Einstellungen am Vergaser beschränken sich auf die Einstellung des Leerlaufs, beschleunigten Leerlaufs und des Leerlaufgemischs. Ein Drehzahlmesser und ein CO-Anteilmesser müssen zur Einstellung vorhanden sein. Fehlen diese Instrumente, sollte man sich an eine Werkstatt wenden.
Bei Fahrzeugen mit automatischem Getriebe den Wählhebel in Stellung "N" schalten und die Handbremse anziehen. Folgendermassen vorgehen:

Fahrzeuge ohne Katalysator
Bild 83 zeigt die Einstellschrauben des eingebauten Vergasers.

● Vergaserdämpfer mit Öl füllen (siehe Bild 82) und kontrollieren, dass sich die Drosselklappe einwandfrei öffnen und schliessen kann. Den Starterzug vollkommen in das Armaturenbrett hineinschieben. Unter Bezug auf Bild 83 kontrollieren, dass ein kleiner Spalt zwischen dem Ende der Einstellschraube (3) für den beschleunigten Leerlauf und dem Stufennocken vorhanden ist.

● Den Luftfilter ausbauen, mit einem Finger in die Öffnung greifen und den Kolben einige Male anheben und zurücklassen. Der Kolben darf nicht hängen. Den Luftfilter danach wieder montieren.

- Den Drehzahlmesser anschliessen, den Motor anlassen und auf Betriebstemperatur bringen. Den Motor danach weitere 5 Minuten im Leerlauf laufen lassen. Nach Ablauf dieser Zeitspanne den Motor 30 Sekunden lang auf 2500/min beschleunigen. Dies muss alle 3 Minuten durchgeführt werden, um übermässigen Kraftstoff aus dem Ansaugkrümmer zu verbrennen.
- Die Leerlaufdrehzahl am Drehzahlmesser ablesen und durch Verstellen der Schraube (1) in Bild 83 auf den richtigen Wert bringen (Mass- und Einstelltabelle). Falls der Motor nicht einwandfrei läuft, muss das Gemisch eingestellt werden.
- Die Gemischeinstellmutter (4) an der Unterseite des Vergasers pro Einstellvorgang um eine Sechskantfläche verstellen. Die Mutter nach oben schrauben, um das Gemisch abzumagern oder nach unten, um das Gemisch anzureichern, bis ein weicher Leerlauf hergestellt wird. Aus dieser Stellung die Mutter langsam nach oben drehen, bis der Leerlauf soeben abfällt. Weitere Einstellungen an der Schraube (1) vornehmen, bis der Leerlauf stimmt.
- Mit dem CO-Anteilmesser kontrollieren, ob die Werte innerhalb der Angaben in der Mass- und Einstelltabelle liegen.
- Bei der Einstellung des beschleunigten Leerlaufs den Starterzug herausziehen, bis der Seilzug die Düse soeben bewegt. Den Knopf in dieser Stellung sperren.
- Die Einstellschraube (3) verstellen, bis die in der Mass- und Einstelltabelle angegebene Drehzahl für den beschleunigten Leerlauf erhalten wird.
- Den Starterzug wieder vollkommen hineinschieben und kontrollieren, ob ein Spalt zwischen dem Ende der Schraube (3) und dem Anschlag auf dem Stufennocken vorhanden ist.
- Den Motor abstellen und alle Instrumente abschliessen und abnehmen.

Fahrzeuge mit Katalysator

Um den CO-Anteil des Kraftstoffgemischs auszumessen, braucht man ein Anschlussstück, welches entweder in die CO-Abnahmestelle im vorderen Auspuffrohr oder in der Nähe der Zündspule einzuschrauben ist. Man sollte in der Lage sein, dass man dieses im Ersatzteillager beziehen kann, wenn man die Selbstpflege des Fahrzeuges regelmässig durchführen will.

- Den Motor vorbereiten, wie es bei Fahrzeugen ohne Katalysator beschrieben wurde. Wenn der Motor seine Betriebstemperatur erhalten hat, müssen die Einstellungen innerhalb 2 Minuten durchgeführt werden, ehe der elektrische Ventilator wieder einschaltet. Falls der Ventilator einschaltet, abwarten, bis er wieder ausschaltet, den Motor auf 2000/min beschleunigen und danach die Einstellung fortsetzen.
- Kontrollieren, dass alle Stromabnehmer ausgeschaltet sind.
- Einen Drehzahlmesser am Motor anschliessen.
- Den Motor anlassen und die Drehzahl des Motors ablesen und mit den Angaben in der Mass- und Einstelltabelle vergleichen. Falls Einstellungen erforderlich sind, die Einstellschraube (1) am Fuss der Ansaugkammer verstellen.

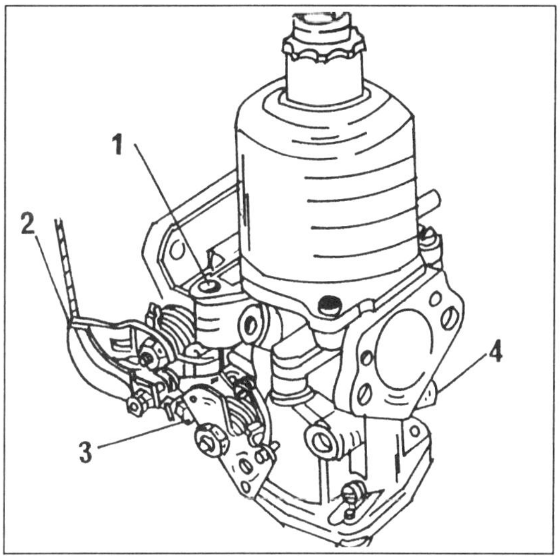

Bild 83a
Einzelheiten zum Einstellen des Vergasers bei eingebautem Katalysator.
1 Leerlaufeinstellschraube
2 Drosselklappenseil
3 Einstellschraube für beschleunigten Leerlauf
4 Gemischeinstellschraube

- Der CO-Anteilprüfer ist jetzt anzuschliessen. Sitzt das Abnahmerohr am Auspuffrohr, muss man die Vorderseite des Fahrzeuges auf Böcke setzen. Danach den Stopfen aus dem Auspuffrohr ausschrauben, das Anschlussstück in die Gewindebohrung einschrauben und den CO-Prüfer am Anschlussstück anschliessen und laut Anweisung des Herstellers betreiben. Wird der CO-Anteil am Anschluss am Zylinderkopf abgenommen, schraubt man den Stopfen aus und schliesst den CO-Prüfer an.
- Motor anlassen und die CO-Anzeige ablesen. Liegt der CO-Anteil ausserhalb der angegebenen Werte, verstellt man die Schraube (4) in Bild 83a. Die Schraube aber nur stückweise verstellen und den Motor immer eine Weile laufen lassen, ehe man die Messung erneut durchführt.
- Falls erforderlich die Leerlaufdrehzahl mit der Schraube (1) nachregulieren.
- Die Einstellung des beschleunigten Leerlaufs kontrollieren, indem man den Starterzug herauszieht, bis der Pfeil am Stufennocken des Vergasers gegenüber der Spitze der Einstellschraube (3) in Bild 83a steht. Falls erforderlich die Einstellschraube entsprechend verstellen.
- Die Prüfinstrumente wieder abmontieren und den Stopfen wieder an der ausgeschraubten Stelle einschrauben.

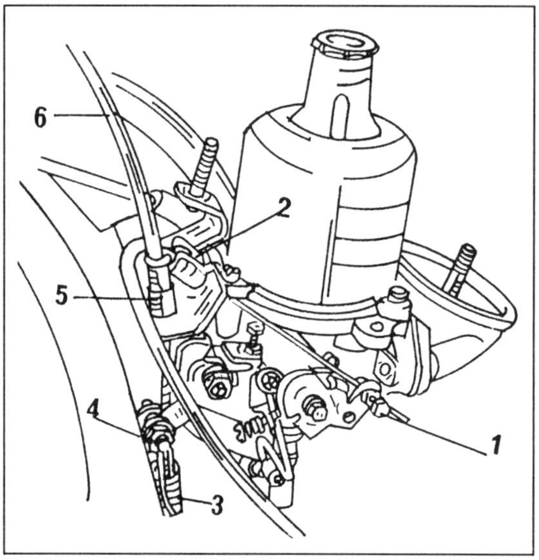

Bild 84
Einzelheiten zum Aus- und Einbau von Starterzug und Gaszugseil.
1 Klemmnippel
2 Klemmblech der Aussenhülle
3 Rückzugfeder
4 Gaszugklemmnippel
5 Gaszugaussenhülle
6 Gaszugseil

5.3 Erneuerung des Starterzuges

Einzelheiten der Befestigung des Starterzuges sind in Bild 84 gezeigt.

- Massekabel der Batterie abklemmen und den Luftfilter ausbauen, wie es weiter hinten beschrieben ist.
- Die Spange der Aussenhülle des Starterzuges (2) vom Widerlager entfernen.
- Die Klemmschraube (1) am Ende des Starterzuges lockern und den Zug aus dem Vergaserhebel herausziehen.
- Die Befestigungsschrauben der Heizung lösen und die Heizung nach unten senken.
- Die Kabel vom Heizungsschalter abklemmen.
- Die Muttern der kleinen Schalttafel lösen (aus welcher der Starterzug heraussteht) und die Tafel aus dem Armaturenbrett herausziehen. Die Tafel wird von der Rückseite mit Muttern gehalten.
- Der Starterzug ist auf der Rückseite der Tafel mit einer Mutter und einer Scheibe befestigt. Die Mutter lösen und den Seilzug durch das Armaturenbrett herausziehen. Nicht die Scheibe verlieren.
- Den neuen Starterzug in umgekehrter Reihenfolge wieder einbauen. Vor dem Anschliessen des Innenseiles den Starterzugknopf ca. 2 mm aus der Tafel herausziehen, so dass etwas Spiel vorhanden ist. Vor dem Aufsetzen des Luftfilters die Arbeitsweise des Starterzuges kontrollieren.
- Den Luftfilter wieder montieren, wie es in Kapitel 5.5 beschrieben ist. Darauf achten, dass der Dichtring den Luftfilter einwandfrei am Vergaser abdichtet.

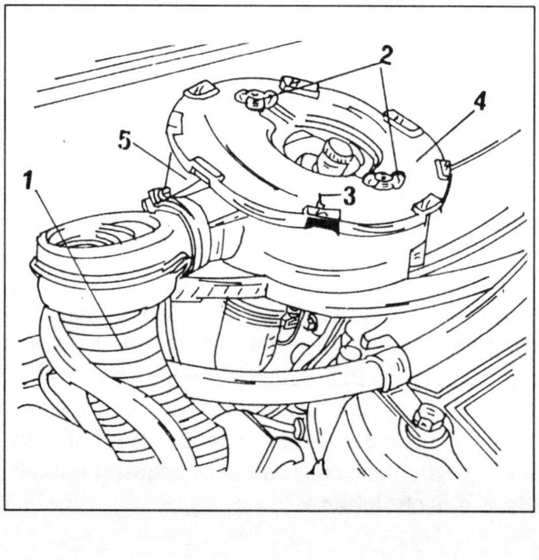

Bild 85
Der eingebaute Luftfilter.
1 Ansaugschlauch
2 Luftfilterdeckel
3 Pfeilkennzeichnung im Deckel
4 Luftfilterdeckel
5 Luftfiltergehäuse

5.4 Erneuerung des Gaszuges

Einzelheiten der Gaszugbefestigung am Vergaser sind Bild 84 zu entnehmen.

- Die Rückzugfeder der Drosselklappe (3) an der Unterseite aushängen.
- Die Klemmschraube/Mutter (4) des Seilendes lockern.
- Die Aussenhülle (5) aus dem Widerlager herausziehen.
- Den Gaszug in der Innenseite des Fahrzeuges am Gaspedal aushängen. Das Seilende ist mit einem Anschlussnippel versehen, welches in einem Schlitz des Gaspedalhebels eingehängt ist.
- Die Gummibefestigung des Seils vom Heizungsschlauch lösen.
- Den Gaszug durch die Stirnwand in den Motorraum ziehen.

Der Einbau geschieht in umgekehrter Reihenfolge wie der Ausbau. Den Gaszug einstellen, so dass man das Gaspedal ca. 4 mm durchtreten kann, ehe die Drosselklappe sich bewegt.

5.5 Der Luftfilter

Obwohl die Funktion des Luftfilters bei allen Motoren gleich ist, liegen Unterschiede innerhalb verschiedener Mini-Ausführungen vor. Der am meisten vorgefundene Luftfilter ist im eingebauten Zustand in Bild 85 gezeigt. Einzelheiten über den Aus- und Einbau sind Bild 86 zu entnehmen.

- Die beiden Flügelmuttern (1) in Bild 86 lösen, um den Luftfilter vom Vergaser zu lösen.
- Den grossen Schlauch an der Unterseite des Luftfilters abziehen und den Luftfilter heraus-

heben, nachdem der kleine Schlauch abgezogen wurde.

- Den Luftfilterdeckel entfernen, indem man einen Schraubenzieher unter die Schlitze (4) an der Unterseite des Deckels einsetzt und den Deckel abdrückt. Der Filtereinsatz kann jetzt herausgehoben werden. Bild 87 zeigt wie der ausgebaute Filtereinsatz im Gehäuse sitzt.
- Den Filtereinsatz wegwerfen, wenn er erneuert werden soll. Er kann nicht gereinigt werden.
- Den neuen Filtereinsatz einsetzen. Darauf achten, dass der Dichtring sich einwandfrei in der Rille an der Unterseite des Deckels befindet. Beim Aufsetzen des Deckels muss der Pfeil (5) im Deckel mit der Führung (4) am Filtergehäuse in einer Linie liegen.
- Den Filter in umgekehrter Reihenfolge wieder einbauen.

Cooper S-Modelle

Beim Cooper S wird der Deckel des Luftfiltergehäuses mit zwei Flügelmuttern gehalten. Nach Abnehmen des Deckels wird man zwei Luftfiltereinsätze sehen. Auch diese Filterelemente können nicht ausgewaschen oder anderweitig gereinigt werden.

Ab ca. Baujahr 1990 wird ein Luftfilter mit einem einzelnen Filterelement eingebaut. Der Deckel wird ebenfalls mit zwei Flügelmuttern gehalten, jedoch ist der Luftansaugkanal in unterschiedlicher Weise befestigt. Dieser muss beim Ausbau des Luftfilters oder Elements abgeschraubt werden.

5.6 Kraftstofftank

Der Aus- und Einbau geschieht bei Limousinen und Kombiwagen in unterschiedlicher Weise. Beim Kombi kann man den Ablassstopfen aus der Unterseite des Tanks schrauben, um das Benzin abzulassen. Bei anderen Ausführungen muss das Benzin herausgesaugt werden. Folgendermassen vorgehen:

Limousine

- Die Matte aus dem Kofferraum entfernen und die Batterie abklemmen.
- Das Ersatzrad herausnehmen.
- Beim 1275 GT die Filzunterlage um den Tank herum entfernen.
- Die Schlauchschelle lockern und den Kraftstoffschlauch vom Tank abziehen.
- Die Kabel des Tankgebers abklemmen.
- Die Belüftungsleitung abziehen.
- Die Schraube des Tankbandes an der Unterseite entfernen und den Tank herausheben. Der Tankgeber kann jetzt ausgebaut werden.

Kombiwagen

- Die Kraftstoffleitung vom Tank abschliessen.
- Die Leitung von den Schellen lösen.
- Den Tankverschlussdeckel entfernen.
- Die Tankbefestigungsschrauben lösen. Auf die Kunststoffunterlagen achten und den Tank absenken.
- Den Tankgeber, falls erforderlich, ausbauen.

Der Einbau des Tanks geschieht in umgekehrter Reihenfolge wie der Ausbau.

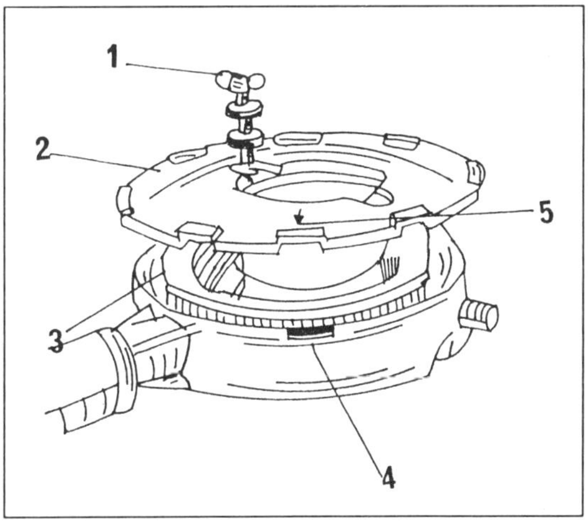

Bild 86
Einzelteile eines ausgebauten Luftfilters.
1 Flügelmuttern
2 Filterdeckel
3 Filtereinsatz
4 Führung für Filterdeckel
5 Pfeil im Filterdeckel

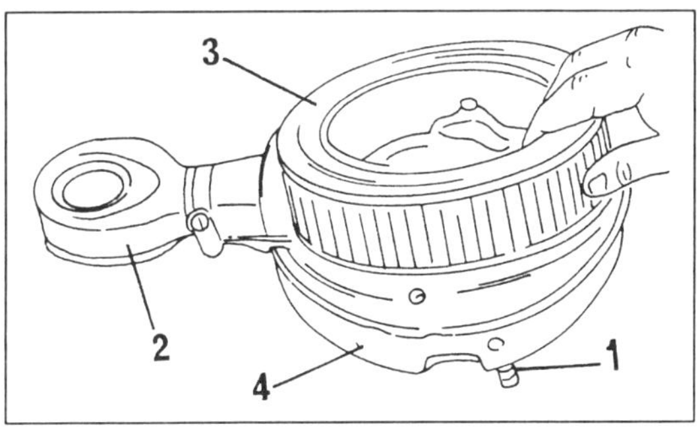

Bild 87
Ausbau des Filterelements.
1 Schlauchanschluss
2 Ansaugschlauchanschluss
3 Filterelement
4 Luftfiltergehäuse

Cooper S mit Zwillingtanks

- Batterie abklemmen und das Ersatzrad ausbauen.
- Den Tankdeckel abschrauben.
- Den Ablassstopfen des linken Tanks einige Umdrehungen ausschrauben und den Kraftstoff in einem untergestellten Behälter auffangen.
- *Beim Ausbau des linken Tanks* die elektrischen Anschlüsse vom Tankgeber abschliessen und die Schraube des Tankbandes lösen. Den Schlauch und den Belüftungsschlauch vom Tank abziehen, den Tank vorsichtig zur Mitte des Kofferraums ziehen und danach von der Rückseite des Fahrzeuges herausnehmen.

● *Beim Ausbau des rechten Tanks* die Batterie vollkommen ausbauen und die Schraube des Tankbandes entfernen. Den Schlauch vom linken Tank abschliessen. Den Tank etwas von der Befestigung heben, ohne dabei die Schläuche zu beschädigen. Den Schlauch jetzt abschliessen. Da der Tank noch etwas Kraftstoff enthält, muss man einen kleinen Behälter unterhalten, um diesen aufzufangen.

● Die Belüftungsleitung vom Tank abziehen und den Tank herausheben.

Der Einbau geschieht in umgekehrter Reihenfolge wie der Ausbau. Darauf achten, dass eine wasserdichte Verbindung zustandekommt, wo der Ablassstopfen aus der Karosserie heraussteht.

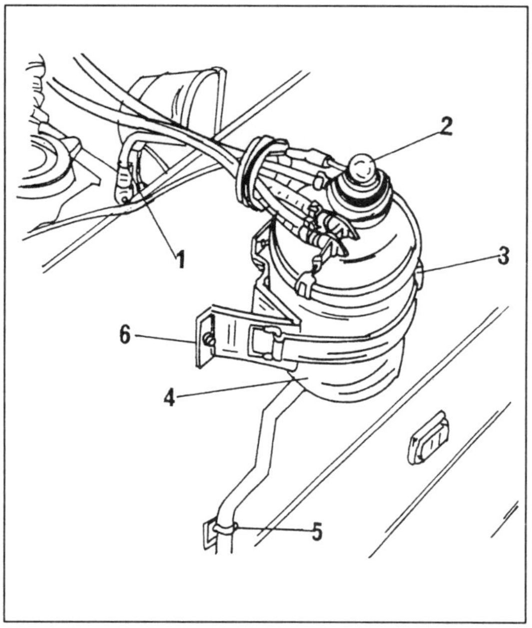

Bild 88
Eingebauter Aktivkohlebehälter bei Modellen mit Katalysator.
1 Anschluss der Kraftstoffleitungen
2 Unterdruckschaltventil
3 Gummibefestigungsband
4 Aktivkohlebehälter
5 Belüftungsschlauch
6 Befestigungsbügel

5.6.1 Tankgeber erneuern

Limousine

● Massekabel der Batterie abklemmen und die elektrischen Kabel von dem in der Seite des Tanks eingesetzten Tankgeber abklemmen.

● Den Befestigungsring des Tankgebers um 30° verdrehen und abnehmen. Der Tankgeber kann jetzt herausgenommen werden. Dabei nicht mit dem Schwimmer an der Seite der Öffnung hängenbleiben.

Der Einbau geschieht in umgekehrter Reihenfolge.

Kombiwagen

Der Tankgeber wird in der oben beschriebenen Weise ausgebaut, mit dem Unterschied, dass man zuerst den Tank ausbauen muss, wie es bereits oben beschrieben wurde.

5.7 Abgasregulierung

Aktivkohlefiltersystem

In den letzten Jahren wurden Modelle mit dem 1275 cm³-Motor mit einem Katalysator ausgerüstet und wurden ebenfalls mit einem Aktivkohlefiltersystem versehen. Dieses verringert das Ausströmen von unverbranntem Kraftstoff in die Atmosphäre. Der Aktivkohlebehälter befindet sich unter dem linken Radkasten und nimmt die beim Stillstand des Motors im Tank entwickelten Kraftstoffdämpfe auf. Die Dämpfe werden im Filter gespeichert und beim erneuten Lauf des Motors über ein Schaltventil dem Ansaugsystem des Motors zugeführt, sobald der Motor wieder in der Lage ist die Dämpfe zusammen mit dem angesaugten Benzin zu verbrennen. Dies geschieht im allgemeinen, wenn die Betriebstemperatur des Motors 70° C erreicht hat. Bild 86 zeigt die Zusammensetzung des Aktievkohlebehälters. Falls der Aktivkohlebehälter ausgebaut werden soll, muss man besonders auf die verschiedenen Schlauchanschlüsse achten, da Kraftstoffschläuche und Unterdruckschläuche angeschlossen sind. Die Schläuche in geeigneter Weise kennzeichnen, ehe sie abgezogen werden. Der Ausbau kann unter Bezug auf das Bild erfolgen. Der Behälter wird durch ein Gummiband gehalten.

Lufteinspritzsystem

Mini-Modelle ohne Katalysator können ausser einem Aktivkohlefiltersystem ausserdem mit einem Lufteinspritzsystem ausgerüstet sein. In diesem System wird eine Luftpumpe verwendet, welcher unter Druck stehende Luft in den Zylinderkopf-Auslasskanal jedes Zylinders über einen getrennten Krümmer einspritzt. Die von der Pumpe kommende Luft wird ebenfalls über ein Ventil dem Ansaugkrümmer zugeführt, um das Kraftstoff/Luftgemisch abzumagern, während sich die Motordrehzahl verringert (Fuss wird vom Gaspedal gehoben) oder der Motor wird durch das Fahrzeug geschoben (Fuss vollkommen vom Gaspedal gehoben).

Die Luftpumpe ist an der Vorderseite des Zylinderkopfes montiert. Der Antrieb erfolgt durch einen Keilriemen von der Riemenscheibe der Wasserpumpe. Ein Überdruckventil ermöglicht das Abblasen eines überhöhten Luftdrucks, ein Rückschlagventil ist in die Luftzufuhrleitung eingesetzt, um ein Zurückblasen der Luft in die Pumpe zu vermeiden.

Ein Umleitventil ist in die Luftzufuhrleitung zwischen der Luftpumpe und dem Rückschlagventil eingesetzt. Das Ventil wird beim Ziehen des Starterzuges durch einen Unterdruckschalter in Betrieb gebracht und erzielt, dass die von der

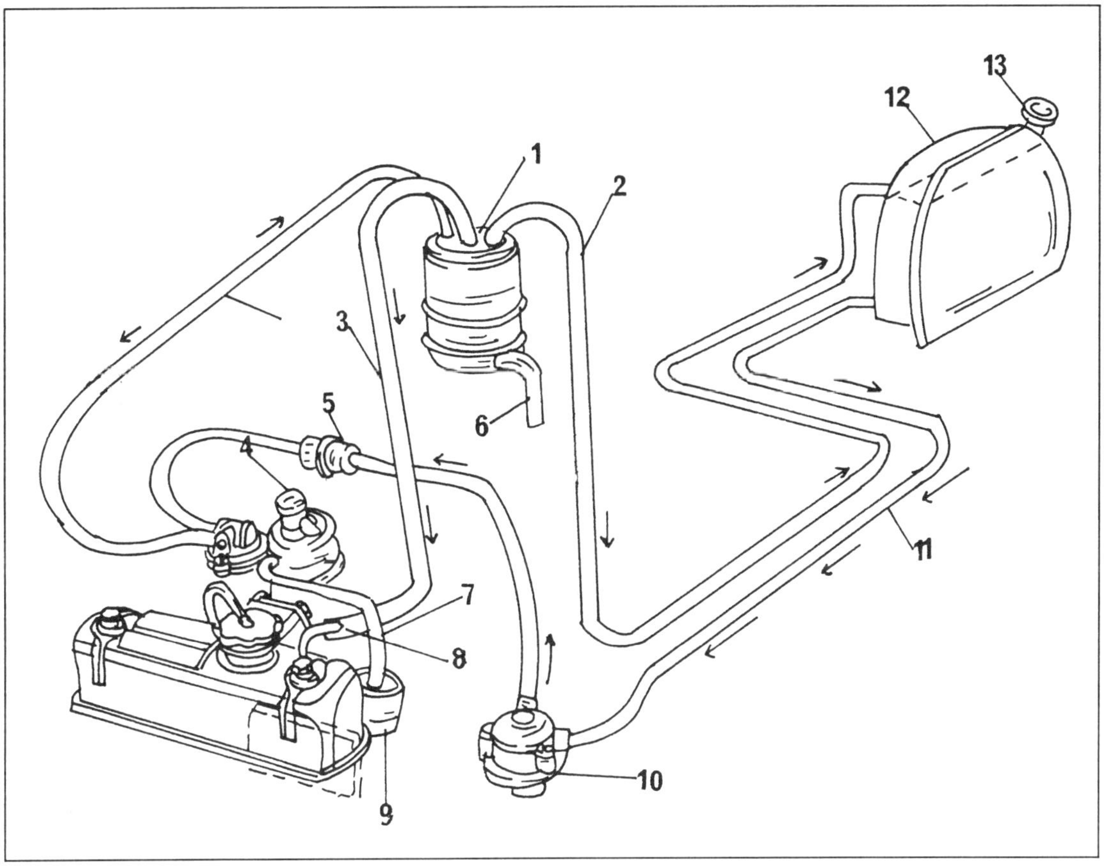

Bild 89
Auslegung der Abgasregulierung.
1 Aktivkohlebehälter
2 Unterdruckschläuche
3 Belüftungsschlauch
4 Vergaser
5 Kraftstoffilter
6 Entlüftungschlauch
7 Belüftungsschlauch des Kurbelgehäuses
8 Drosselstelle
9 Abgasregelventil
10 Kraftstoffpumpe
11 Kraftstoffleitung
12 Kraftstofftank
13 Tankverschlussdeckel

Pumpe kommende Luft während dem Betrieb der Kaltstartvorrichtung abgeschaltet wird und in die Atmosphäre entweichen kann.
Während sich die Drosselklappe beim Verlangsamen der Motordrehzahl schliesst oder beim Schubbetrieb vollkommen geschlossen ist, entsteht ein fettes Kraftstoff/Luftgemisch im Ansaugkrümmer. Das zwischen der Luftpumpe und dem Ansaugkrümmer eingesetzte Schaltventil wird durch den im Ansaugkrümmer erhöhten Unterdruck geöffnet und erlaubt den Eintritt der Luft von der Pumpe. Das Kraftstoff/Luftgemisch wird dadurch abgemagert und verhindert, dass fette Abgasdämpfe in die Atmosphäre entweichen können.
Zur weiteren Abgasregulierung gehören ein Belüftungssystem für das Kurbelgehäuse sowie ein Aktivkohlefiltersystem. Aus dem Kurbelgehäuse kommende Dämpfe gelangen in ein Belüftungsventil am linken Deckel des Zylinderblocks, welches durch einen Schlauch mit dem Vergaser verbunden ist und wieder verbrannt werden.
Das Aktivkohlefiltersystem, welches die bereits oben beschriebene Aufgabe hat, erhält die Kraftstoffdämpfe aus dem Tank und ausserdem aus der Schwimmerkammer des Vergasers. Wird der Motor wieder angelassen, gelangen die im Aktivkohlebehälter gespeicherten Dämpfe über einen an der Zylinderkopfhaube angeschlossenen

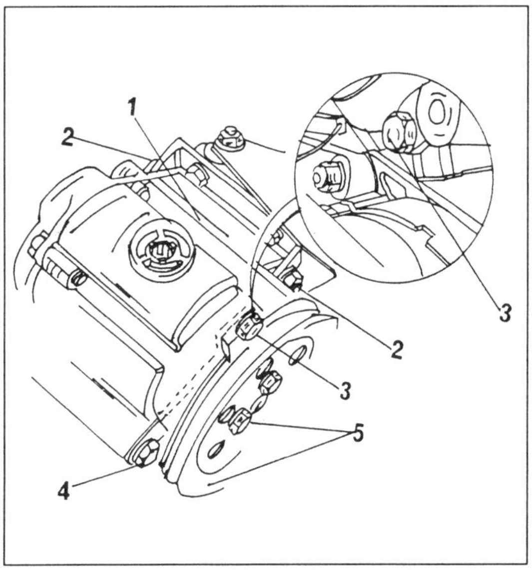

Bild 90
Befestigung der Luftpumpe mit Einzelheiten zur Einstellung der Keilriemenspannung.
1 Luftpumpe
2 Befestigungsschraube
3 Schraube des Einstellbügels
4 Schraube des Einstellbügels
5 Schrauben der Riemenscheibe

Schlauch wieder in den Motor zurück und werden erneut verbrannt. Bild 89 zeigt ein Diagramm der Zusammengehörigkeit der einzelnen Teile.

5.7.1 Arbeiten an der Lufteinspritzanlage

Erneuerung des Keilriemens

Bild 90 zeigt die Befestigungsweise der Luftpumpe mit Einzelheiten der Einstellung.

● Die drei Spangen lösen und die Abschmierung des Zündverteilers ausbauen.
● Die beiden Befestigungsschrauben der oberen Kühlerhalterungen am Kühler lösen.
● Den Kühlerverschlussdeckel öffnen und die Schlauchschellen des oberen Wasserschlauchs lösen. Die Kühlanlage muss natürlich entsprechend entleert werden. Den Kühler soweit wie möglich zum Kotflügelseitenteil schieben, um so viel wie möglich Raum zu schaffen.
● Die in Bild 90 gezeigten Schrauben (2), (3) und (4) lockern und die Pumpe zum Motor drücken, bis der Keilriemen von den beiden Riemenscheiben abgehoben werden kann.

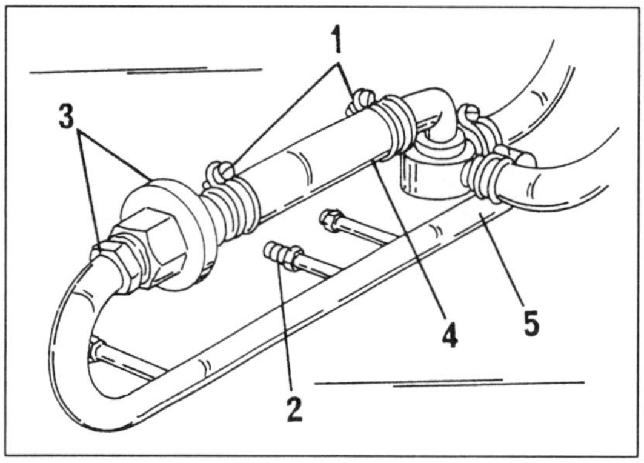

Bild 91
Einbauweise von Lufteinspritzkrümmer und Rückschlagventil.
1 Schlauchschelle
2 Überwurfmuttern
3 Rückschlagventil und Überwurfmutter
4 Verbindungsschlauch
5 Lufteinspritzkrümmer

● Den Keilriemen zwischen der Ventilatorverkleidung und den Flügeln des Ventilators herausziehen. Der Ventilator muss dazu entsprechend durchgedreht werden, bis der Riemen frei ist.
● Der Einbau des Keilriemens geschieht in umgekehrter Weise. Die Spannung des Keilriemens durch Nachaussenschieben der Luftpumpe einstellen, bis er sich in der Mitte der Riemenlaufstrecke ca. 13 mm hin- und herbewegen lässt. Danach die Schrauben an allen Befestigungsstellen anziehen, ohne dass sich die Spannung dabei verändern kann.
● Abschliessend den Kühler wieder befestigen und die Kühlanlage auffüllen (Kapitel 4.1).

Aus- und Einbau der Luftpumpe
● Den Keilriemen ausbauen, wie es oben beschrieben wurde.
● Die Schlauchschellen lockern und die Luftschläuche von den Anschlüssen an der Pumpe abziehen.
● Zündkerzenkabel abziehen und die Kerze des ersten Zylinders ausschrauben.
● Die Befestigungsschraube des Einstellbügels für den Pumpenriemen an der Lichtmaschine lockern.
● Den Einstellbügel von der Pumpe abschrauben.
● Die Befestigungsschrauben in Bild 90 lösen und die Pumpe herausheben.
● Die Pumpe in umgekehrter Reihenfolge wieder einbauen. Den Riemen in der oben beschriebenen Weise spannen.

Aus- und Einbau des Lufteinspritzkrümmers
Der Krümmer wird zusammen mit dem Rückschlagventil ausgebaut.
● Die drei Spangen lösen und die Abschirmung des Zündverteilers ausbauen.
● Das Kerzenkabel von der Kerze des ersten Zylinders abziehen.
● Die Überwurfmuttern der vier Leitungen des Krümmers am Zylinderkopf lösen und die Leitungen herausziehen.
● Die Schlauchschelle am Rückschlagventil lockern und das Rückschlagventil aus dem Schlauch herausziehen. Den Krümmer gleichzeitig herausnehmen.
● Das Rückschlagventil kann vom Krümmer abgeschraubt werden. Dabei aber das Sechskant am Krümmer mit einem Gabelschlüssel gegenhalten.
Der Einbau geschieht in umgekehrter Reihenfolge. Bild 91 zeigt wie der Krümmer befestigt ist.

Rückschlagventil aus- und einbauen
● Die Schlauchschelle lösen und das Rückschlagventil aus dem Schlauch herausziehen.
● Das Sechskant am Lufteinspritzkrümmer mit einem Gabelschlüssel gegenhalten und das Rückschlagventil abschrauben.
● Das ausgebaute Ventil auf Durchströmung kontrollieren. Wenn man mit dem Mund durch das Ventil bläst, darf diese nur vom Anschlussende des Schlauchs durchkommen. Kann man von beiden Seiten durchblasen, muss das Ventil erneuert werden.
Der Einbau geschieht in umgekehrter Reihenfolge wie der Ausbau.

6 Die Kraftstoffeinspritzanlage

In den letzten Jahren verkaufte Mini-Ausführungen wurden nur noch mit einer elektrischen Zentralpunkt-Einspritzung ausgeliefert. Die Anlage wurde in Zusammenarbeit von Rover und Motorola entwickelt.
Die Kraftstoffanlage setzt sich aus dem im Wagenheck untergebrachten Tank, mit der darin eingebauten, elektrischen Kraftstoffpumpe, einem Kraftstoffilter, den Kraftstoffvorlauf- und Rücklaufleitungen und der Drosselklappeneinheit (mit dem Einspritzer und dem Kraftstoffdruckregler), dem elektronischen Steuergerät der Einspritzanlage (und ebenfalls der Zündanlage) sowie den verschiedenen Sensoren (Fühler oder Geber) und den dazugehörigen elektrischen Bauteilen und Leitungen zusammen.
Um die Abgasemission so niedrig wie möglich zu halten, wird der Ansaugkrümmer, auch als Ansaugsammelrohr bezeichnet, durch das Kühlmittel des Motors vorgewärmt und hat ebenfalls ein elektrisch betriebenes Vorwärmsystem. Die Gemischanreicherung beim Anlassen eines kalten Motors wird im Steuergerät vorprogrammiert.
Aufgrund des Aufbaus der Anlage kann diese, wie alle Zentralpunkteinspritzanlagen, in drei Hauptabschnitte unterteilt werden:

- Die Kraftstoffaufbereitung
- Die Ansaugluftansaugung und die Verarbeitung der Ansaugluft
- Die elektronischen und elektrischen Funktionen der Anlage

Kraftstoffaufbereitung

Die Förderung und Zufuhr des Kraftstoffs kann am besten mit Zuhilfenahme von Bild 92 erklärt werden. Wenn die Zündung eingeschaltet wird, erhält die Pumpe über Signale vom Steuergerät und dem Kraftstoffpumpenrelais Strom und fördert Kraftstoff durch den Kraftstoffilter und von da zum Einspritzer. Ein Zurücklaufen des Kraftstoffs in den Tank wird durch ein eingesetztes Rückschlagventil verhindert. Der Kraftstoffdruck wird dabei durch einen Druckregler reguliert, d.h. Kraftstoff unter übermässig hohem Druck wird wieder dem Tank zurückgeführt. Eine Sicherheitseinrichtung bewirkt, dass die Kraftstoffpumpe beim einem Unfall sofort abschaltet, so dass kein Benzin durch abgerissene oder anderweitig beschädigte Leitungen unter Druck herausspitzen kann.

Luftansaugsystem

Der mit einer Temperaturregulierung der Ansaugluft versehene Luftfilter saugt die Luft an und bringt sie in das Drosselklappenteil. In diesem sind verschiedene Funktionsteile untergebracht. Als erstes soll der Einspritzer genannt werden, durch welchen der Kraftstoff gegen die Rückseite der Drosselklappe gesprüht wird. Ebenfalls mit dem Drosselklappenteil verbunden

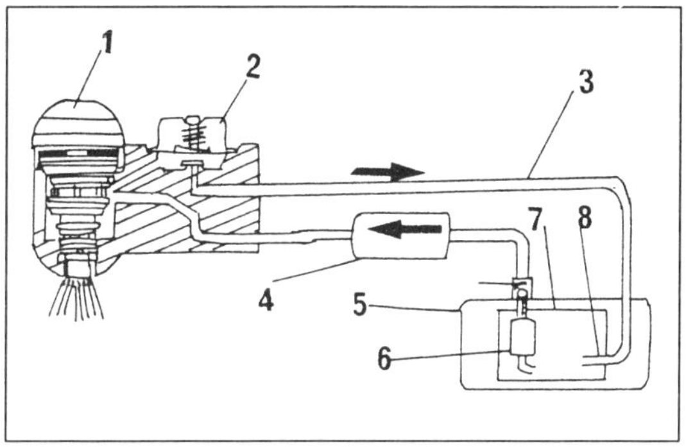

Bild 92
Auslegung der Kraftstoffversorgung.
1 Einspritzer
2 Kraftstoffdruckregler
3 Kraftstoffrücklauf
4 Kraftstoffilter
5 Kraftstofftank
6 Kraftstoffpumpe
7 Wirbelkammer
8 Ansaugstelle

ist ein sogenannter Drosselklappen-Potentiometer. Dieser ist mit der Drosselklappenwelle verbunden und informiert das elektronische Steuergerät über den augenblicklichen Öffnungswinkel der Drosselklappe (durch Veränderung der elektrischen Spannungszufuhr). Ebenfalls durch das elektronische Steuergerät wird ein sogenannter Stufenmotor zur Regulierung des Leerlaufs gesteuert, d.h. der Leerlauf wird vollkommen elektronisch entsprechend den momentanen Betriebsbedingungen des Motors reguliert. Wird der Leerlauf z.B. mit einem Drehzahlmesser kontrolliert, kann es also ohne weiteres vorkommen, dass man ständig unterschiedliche Werte erhält.

Elektrisches Funktionssystem

Unter dieses System fällt das elektronische Steuergerät mit den dazugehörigen Sensoren.

- Als erstes soll der Sensor für den Absolutdruck genannt werden. Dieser ist mit dem Ansaugkrümmer verbunden. Schwankungen im Ansaugkrümmerdruck werden in elektrische Signale umgewandelt, welche dem Steuergerät zugeschickt werden, welches dadurch in der Lage ist den Belastungszustand des Motors zu erkennen.
- Ein Geber für die Temperatur der Ansaugluft und für die Temperatur des Kühlmittels bedürfen keiner weiteren Beschreibung. Wiederum verarbeitet das Steuergerät die erhaltenen Daten entsprechend.
- Ein Gaspedalschalter teilt dem Steuergerät mit, wenn die Drosselklappe geschlossen ist.
- Alle erhaltenen Signale werden durch das

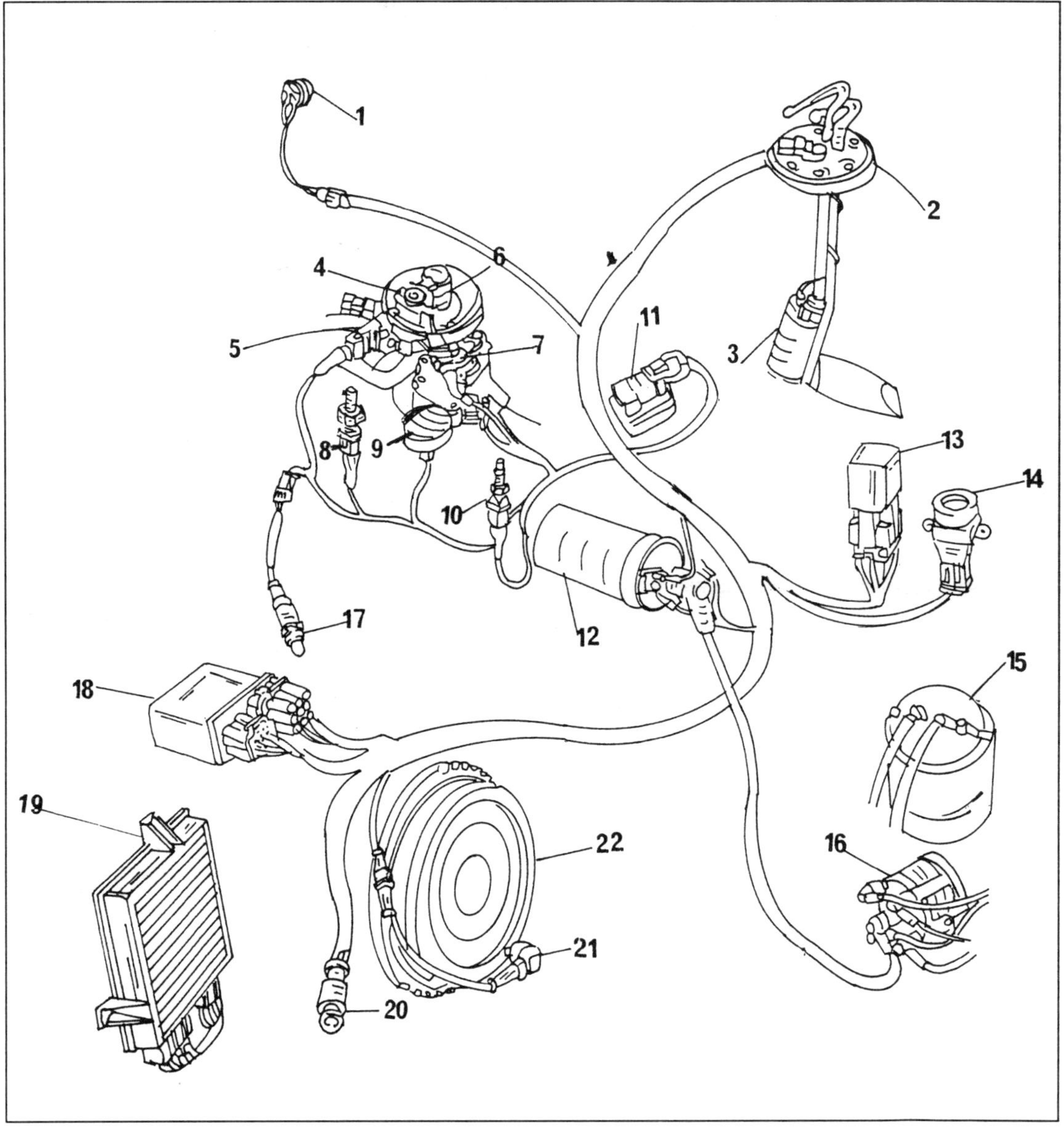

Bild 93
Die Auslegung der Kraftstoffeinspritzanlage.
1 Schalter am Gaspedal
2 Flansch im Tank
3 Kraftstoffpumpe
4 Kraftstoffdruckregler
5 Drosselklappen-Potentiometer
6 Einspritzeinheit
7 Stufenmotor für Leerlaufregulierung
8 Ansauglufttemperatur-Sensor
9 Vorwärmelement für Ansaugkrümmer
10 Kühlmitteltemperatur-Sensor
11 Schaltventil für Aktivkohlebehälter
12 Zündspule
13 Relais, Lambda-Sonde
14 Kraftstoff-Absperrschalter
15 Aktivkohlebehälter
16 Zündverteiler
17 Lambda-Sonde
18 Schaltmodul
19 Elektronisches Steuergerät
20 Zur Diagnose-Steckdose
21 Zum Kurbelwellen- und O.T.-Positions-Sensor
22 Schwungrad

elektronische Steuergerät ausgewertet und mit den vorprogrammierten Werten verglichen. Mit Hilfe dieser Informationen wählt das Steuergerät die richtige Einspritzmenge und den besten Zündzeitpunkt aus, d.h. die Länge der Einspritzzeit, den Betrieb des Stufenmotors zur Regulierung des Leerlaufs und beschleunigten Leerlaufs, steuert das Kraftstoffpumpenrelais zur Regulierung der Fördermenge, steuert das Relais der Krümmervorheizung und das Hauptrelais, das Schaltventil für das Aktivkohlefiltersystem und die Lambda-Sonde und deren Funktion.

● Das Kraftstoffgemisch, der Leerlauf und der Zündzeitpunkt werden ständig verändert, um die besten Verhältnisse beim Anlassen, Warmlauf, im Leerlauf und beim Beschleunigen herzustellen, um nur einige Faktoren zu nennen. Ein Drehzahlbegrenzer ist in das Steuergerät eingebaut, welcher die Kraftstoffzufuhr unterbricht, wenn die Motordrehzahl den vorbestimmten Wert überschreitet. Die Einspritzung wird ebenfalls beim Schubbetrieb des Motors ausgeschaltet, um den Kraftstoffverbrauch sowie die Abgasemission zu verringern. Bild 92 zeigt die zur Einspritzanlage und der Zündanlage gehörenden Teile und deren Verbindung zueinander.

6.1 Sicherheitsvorschriften bei Arbeiten an der Anlage

Um Verletzungen und Beschädigungen der Anlage zu vermeiden, müssen die angeführten Vorsichtsmassnahmen beachtet werden, ehe man irgendwelche Arbeiten an der Anlage oder in diesem Zusammenhang an Teilen im Motorraum durchführt:

- Niemals die Zündleitungen berühren, wenn der Motor läuft oder mit dem Anlasser durchgedreht wird.
- Elektrische Leitungen der Kraftstoff- oder Zündanlage nur abklemmen und wieder anklemmen, wenn die Zündung ausgeschaltet ist.
- Beim Durchdrehen des Motors mit dem Anlasser, ohne dass man den Motor anlassen will, nicht das mittlere Kabel aus dem Zünverteiler herausziehen und mit einem Verbindungsdraht auf Masse schliessen.
- Ein Anlassen des Motors mit einem Hilfsstarter darf nur höchstens eine Minute lang mit einer Höchststromstärke von 16,5 Volt durchgeführt werden.
- Die Zündung muss ausgeschaltet sein, wenn der Motor gewaschen wird.
- Batterie abklemmen, wenn elektrische Schweissungen durchgeführt werden.

Achtung: Personen mit einem eingesetzten Herzschrittmacher sollten sich von Arbeiten an der Kraftstoffanlage und der damit verbundenen Zündanlage fernhalten. Immer daran denken, dass die Spannung in der Anlage sehr hoch ist.

- Bei vielen der Arbeiten an der Anlage müssen Kraftstoffleitungen abgeschlossen werden. Da der Kraftstoff ständig unter Druck steht, muss der Druck vor Abschliessen von Leitungen entlastet werden, wie es anschliessend beschrieben wird.
- Beim Abschleppen eines Fahrzeuges aufgrund von Zündungsschäden, immer die elektrischen Kabel des elektronischen Steuergeräts abklemmen.

6.2 Sauberkeit bei Arbeiten an der Einspritzanlage

Obwohl wir nicht unbedingt raten irgendwelche Arbeiten an der Einspritzanlage und der damit verbundenen Zündanlage durchzuführen, sollte man bei jeglichen Arbeiten am Motor, bei denen man Anschlüsse der Kraftstoffeinspritzanlage lösen muss, die folgenden Vorsichtsmassnahmen beachten:

- Vor Abschrauben von Überwurfmuttern diese und die umliegende Gegend einwandfrei reinigen.
- Ausgebaute Teile auf eine saubere Fläche ablegen und gut mit Papier oder Kunststoffmaterial abdecken. Keine flusenden Lappen dazu verwenden. Auch darf man mit fettigen Händen die Teile nicht an den Anschlüssen anfassen, um zu verhindern, dass Fremdkörper in die Anlage gelangen.
- Ausgebaute Teile, welche nicht wieder umgehend eingebaut werden, sollten in einer Schachtel oder einem anderen Behälter abgelegt und entsprechend aufbewahrt werden.
- Neuteile sollten nur kurz vor dem Einbau aus der Verpackung herausgenommen werden.
- Falls Anschlüsse der Anlage geöffnet wurden, keine Pressluft zum Ausblasen von anderen Teilen benutzen. Das Fahrzeug sollte nicht verschoben werden, wenn es irgendwie möglich ist. Geöffnete Anschlüsse immer gut abdecken, um vor allem Staub oder andere feinkörnige Fremdkörper fernzuhalten.

6.3 Arbeiten an der Einspritzanlage

Obwohl man wenig Arbeiten an der Einspritzanlage durchführen kann, soll kurz auf einige Arbeiten eingegangen werden, die man mit einigen Erfahrungen durchführen kann.

Druck in der Anlage entlasten

Ehe die Kraftstoffanschlüsse in der Anlage geöffnet werden, muss man den Druck in folgender Weise entweichen lassen:

- Massekabel der Batterie abklemmen.
- Einen dicken Lappen bereithalten, welchen man entweder unter die zu lösende Anschlussstelle hält oder um den Anschluss wickelt.
- Die Verbindung bzw. die Überwurfmutter langsam lösen und den Kraftstoff in den Lappen spritzen lassen. Die Verbindung erst trennen, nachdem kein Benzin mehr ausspritzt. Abgeschlossene Leitungen und Anschlüsse in geeigneter Weise gegen Eindringen von Schmutz schützen.

Kraftstofftank/Kraftstoffpumpe

Da der Kraftstofftank keinen Ablassstopfen mehr besitzt, muss man den Tank leerfahren, ehe Tank oder Pumpe ausgebaut werden. Falls die Pumpe jedoch Schaden erlitten hat, besteht diese Möglichkeit nicht. In diesem Fall den verbleibenden Kraftstoff mit einer Handpumpe auspumpen. *Absaugen mit einem Schlauch und dem Mund können wir nicht empfehlen.*

- Bodenteppich und Ersatzrad aus dem Kofferraum ausbauen.
- Zwei Haltestifte entfernen und die Verkleidung von der Seite des Tanks entfernen.
- Den Kabelstecker vom Tankgeber an der Oberseite des Tanks abziehen.
- Die Schelle lösen und den Belüftungs-

schlauch vom Kraftstofftank abziehen.

- Nochmals überzeugen, dass die Anlage druckfrei ist und den Vorlaufschlauch sowie den Rücklaufschlauch des Kraftstoffs nach Lösen der Befestigungsschellen vom Tank abziehen. Der Vorlaufschlauch ist zur Kennzeichnung mit einem gelben Farbband gezeichnet.
- Die Schraube des Tankbandes lösen, die Verstärkungsplatte abnehmen und das Tankband zur Seite schieben.
- Den Tankeinfüllstutzen aus der Gummieinfassung herausdrücken und die Einfassung aus der Karosserie herausdrücken. Dabei nicht den Lack zerkratzen.
- Die Gummiabdeckung zurückziehen, den daruntersitzenden Stecker der Pumpe abziehen und den Tank aus dem Fahrzeug herausheben.

Der Einbau des Tanks geschieht in umgekehrter Reihenfolge wie der Ausbau. Unbedingt darauf achten, dass die Schläuche sicher am Tank angeschlossen werden.

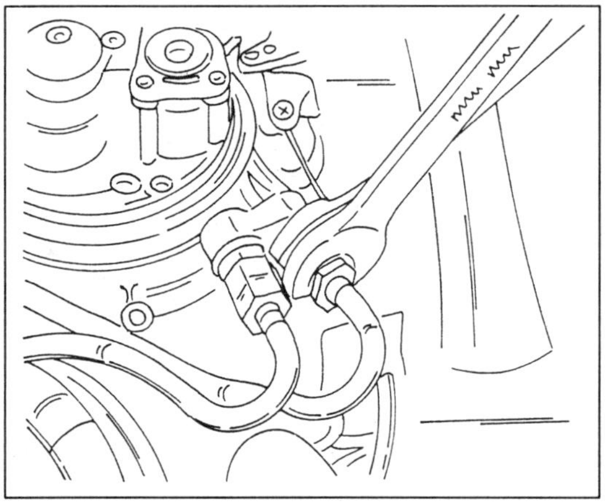

Bild 94
Beim Lösen von Überwurfmuttern, ganz gleich an welcher Stelle, müssen immer zwei Gabelschlüssel benutzt werden, um nicht das Anschlussstück selbst herauszudrehen. Beim Festziehen reicht ein Schlüssel aus.

Die Pumpe kann nach Ausbau des Tanks folgendermassen ausgebaut werden:

- Die Schelle entfernen und den Schlauch des Belüftungsventils vom Tank abziehen. Das Ventil mit dem Schlauch vom Tank lösen.
- Die sechs Muttern der Kraftstoffpumpe abschrauben und die Pumpe vorsichtig aus dem Tank herausziehen. Den Dichtring unter der Pumpe entfernen.

Der Einbau der Pumpe geschieht in umgekehrter Reihenfolge. Die Dichtflächen von Pumpe und Tank gut reinigen, ehe der Dichtring aufgelegt wird. Die Muttern ringsherum gleichmässig anziehen.

Erneuerung des Kraftstoffilters

Der Kraftstoffilter sitzt an der Unterseite des Fahrzeuges hinter einem Blech und kann an den beiden herauskommenden Leitungen erkannt werden. Die Anlage muss druckfrei sein, ehe man den Filter erneuert. Im allgemeinen rechnet man damit, dass der Filter alle 24 Monate oder alle 40 000 km erneuert werden sollte, auch wenn er keine Störungen verursacht hat.

- Rückseite des Fahrzeuges auf Böcke setzen und die Batterie abklemmen.
- Das Sechskant am Filter mit einem Gabelschlüssel gegenhalten, während die Überwurfmuttern beider Leitungen gelöst werden. Auf auslaufenden Kraftstoff achten.
- Zwei Muttern des Filterhalteblechs lösen und den Filter herausnehmen.
- Die Klemmschraube des Filterhalteblechs lösen und den Filter herausziehen. Dabei den in den Filter eingestanzten Pfeil beachten, da der Pfeil des neuen Filters in die gleiche Richtung weisen muss.

Der Einbau des Filters geschieht in umgekehrter Reihenfolge. Beim Anziehen der Überwurfmuttern braucht man nur einen Gabelschlüssel, da das Anschlussstück beim Festziehen der Muttern mit angezogen wird.

Drosselklappenteil aus- und einbauen

- Luftfilter ausbauen, wie es später beschrieben ist.
- An der Stirnwand des Motorraums die Schraube und Schelle der Kraftstoffleitungen lösen und abnehmen.
- Die Einspritzanlage vom Druck entlasten (Seite 59) und die Überwurfmuttern der beiden Kraftstoffleitungen an der Seite der Einspritzeinheit lösen. Das Sechskant der Anschlüsse am Einspritzer dabei mit einem Gabelschlüssel gegenhalten (siehe Bild 94). Die Enden der Leitungen in geeigneter Weise gegen Eindringen von Schmutz schützen.
- Die Kabelschellen lösen und die Kabelstecker am Einspritzer, Drosselklappen-Potentiometer und Stufenmotor abziehen.
- Kontermuttern des Drosselklappenseils lockern, das Aussenseil aus dem Widerlager heben und das Innenseil vom Drosselklappensegmenthebel aushängen.
- Am Drosselklappenteil angeschlossene Schläuche abziehen.
- Bei eingebauter Getriebeautomatik ein Verbindungsgestänge vom Drosselklappengestänge abschliessen.
- Vier Befestigungsmuttern des Drosselklappenteils vom Ansaugkrümmer lösen und die Einheit abheben. Ein Isolierstück ist zwischen Drosselklappenteil und Krümmer eingesetzt.

Der Einbau geschieht in umgekehrter Reihenfolge wie der Ausbau.

Einspritzgehäuse aus- und einbauen

- Die beim Ausbau des Drosselklappenteils

beschriebenen Arbeiten durchführen, bis die Kraftstoffleitungen abgeschlossen wurden.

- Die Haltespange lösen und den Stecker von der Seite des Einspritzgehäuses abziehen.
- Die vier in Bild 95 gezeigten Schrauben des Einspritzgehäuses vom Drosselklappenteil lösen und das Gehäuse sowie die Dichtung herunterheben.

Der Einbau geschieht in umgekehrter Reihenfolge wie der Ausbau. Die Schrauben des Einspritzgehäuses vor dem Einschrauben mit "Loctite"-Gewindesicherung einschmieren. Immer eine neue Dichtung unter dem Einspritzgehäuse verwenden.

Einspritzer aus- und einbauen

Der Einspritzer ist in der in Bild 96 gezeigten Weise befestigt. Nach Freilegung des Einspritzgehäuses die Schraube (1) lösen und die Kappe abnehmen. Der Einspritzer kann danach herausgehoben werden. Im allgemeinen wird der Einspritzer zusammen mit dem Einspritzgehäuse erneuert. Erkundigen Sie sich in der Werkstatt.

Stufenmotor der Leerlaufregulierung

Ein schlechter Leerlauf kann auf einen schadhaften Stufenmotor zurückgeführt werden. Zur Erneuerung des Stufenmotors muss das Einspritzgehäuse ausgebaut werden. Nach Abziehen des Kabelsteckers die vier Schrauben lösen und den kleinen Motor vom Einspritzgehäuse abnehmen.

Der Einbau erfolgt in umgekehrter Reihenfolge.

Ansauglufttemperatur-Sensor erneuern

Der Luftfilter muss ausgebaut werden, um an den Sensor zu kommen. Das Luftfiltergehäuse umkehren und den Sensor aus der Unterseite ausschrauben.

Kühlmitteltemperatur-Sensor erneuern

Der Sensor sitzt an der Unterseite des Ansaugkrümmers. Zur Erneuerung des Sensors muss der Ansaugkrümmer ausgebaut werden.

Luftfiltereinsatz/Luftfilter aus- und einbauen

- Die vier Federspangen zurückschnappen, drei Schrauben in der Oberseite des Filtergehäuses entfernen und den Deckel abnehmen.
- Das Filterlement aus dem Gehäuse nehmen.
- Vor Ausbau des Elements das Filtergehäuse gut reinigen. Das Filterelement muss immer erneuert werden. Dies sollte unter normalen Betriebsbedingungen alle 24 Montate oder alle 40 000 km durchgeführt werden.
- Beim Einbau die vier Spangen wieder einschnappen und die drei Schrauben in der Oberseite gut anziehen.

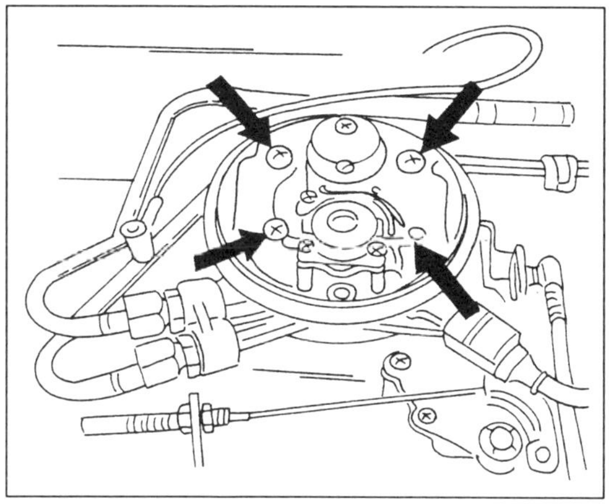

Bild 95
Die Pfeile weisen auf die Befestigungsschrauben des Einspritzgehäuses.

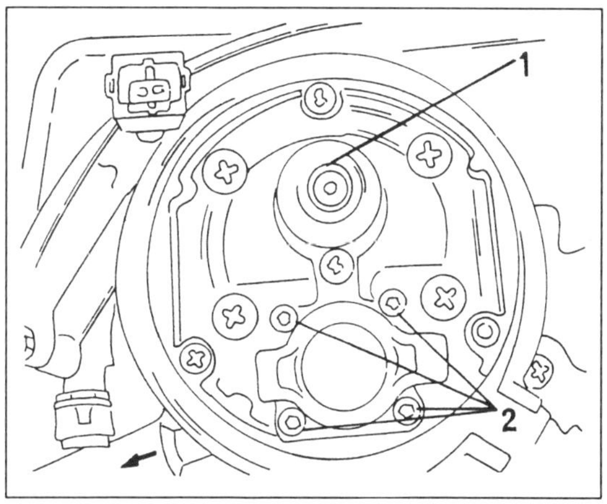

Bild 96
Ansicht des Einspritzgehäuses. Die Schraube (1) hält den Einspritzer, die Schrauben (2) halten den Kraftstoff-Druckregler. Der letztgenannte wird zusammen mit dem Einspritzgehäuse erneuert.

Beim Aus- und Einbau des gesamten Luftfilters folgendermassen vorgehen:

- Den Luftfilterdeckel vom Gehäuse abmontieren (siehe oben). Der Deckel kann aufgesetzt bleiben.
- Den Filter langsam abheben, bis man den Kabelstecker vom Ansaugtemperatur-Sensor und den Unterdruckschlauch vom Thermoventil abziehen kann.
- Den gesamten Luftfilter jetzt herausnehmen und die Dichtung von der Öffnung des Drosselklappenflansches entfernen.

Hinweis: Der Ansauglufttemperaturgeber kann jetzt aus dem Luftfiltergehäuse ausgeschraubt werden.

Der Einbau geschieht in umgekehrter Weise wie der Ausbau. Der Kabelstecker sowie der Unterdruckschlauch müssen vor Aufsetzen des Luftfilters angeschlossen werden, da man andernfalls nicht an die Anschlüsse heran kann.

7 Die Zündanlage

7.1 Allgemeine Beschreibung

Bei der Zündanlage muss man zwischen der ursprünglichen Anlage mit Unterbrecherkontakten, der elektronischen Zündung des 1,3 Liter-Motors und der zusammen mit der Einspritzanlage arbeitenden Zündanlage unterscheiden. Aufgrund der Konstruktionsweise werden die Anlagen getrennt behandelt. Viele der Teile verrichten natürlich bei allen Ausführungen die gleiche Funktion.

7.1.1 Zündung mit Unterbrecherkontakten

Die Zündanlage besteht aus dem Primär- und dem Sekundärstromkreis. Im Primärstromkreis sind Batterie, der Zündschalter, der Primärstromkreis der Zündspule, die Unterbrecherkontakte und der Kondensator eingeschlossen. Der Sekundärstromkreis schliesst die Senkundärwicklung der Spule, den Verteilerläufer und die Verteilerkappensegmente, die Zündkabel sowie die Zündkerzen ein.

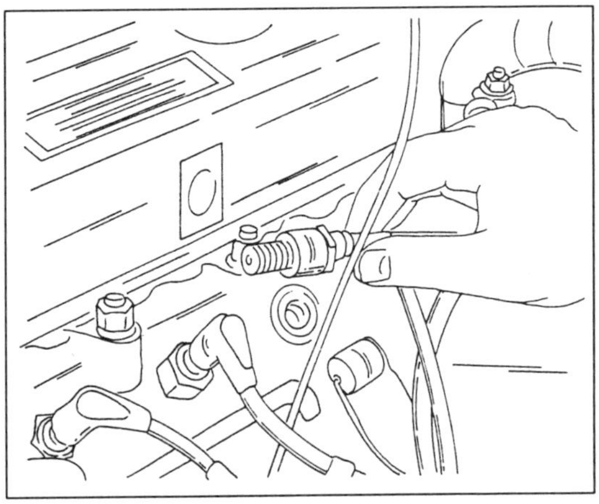

Bild 97
Eine Zündkerze in geeigneter Weise gegen den Zylinderkopf halten. Beim Lauf des Motors muss man das Überspringen eines Funkens sehen.

Die Zündspule befindet sich auf der Oberseite der Lichtmaschine und trägt an einem Ende den Hochspannungsanschluss und die zwei Primärstromanschlüsse zum Zündschalter und zu den Unterbrechern.
Der Verteiler ist am vorderen Ende des Motors montiert und wird über eine Welle und ein Schraubenrad von der Nockenwelle angetrieben. Eine automatische Zündverstellung, die durch Fliehgewichte und Unterdruckverstellung eingeleitet wird, verrichtet die folgenden Funktionen: Die Fliehkraftverstellung reguliert die Zündverstellung im Einklang mit der Motordrehzahl, während die Unterdruckzündverstellung auf Belastung reagiert. Die beiden kombinierten Einrichtungen geben über den gesamten Drehzahlbereich eine zufriedenstellende Wirkungsweise. Eine Feineinstellmutter ermöglicht es, die Zündung entsprechend den Betriebsbedingungen und der Kraftstoffgüte einzustellen.
Auf der Oberseite des Nockens ist ein Verteilerläufer mit einer Messingelektrode eingesetzt.
Die Unterbrecherkontaktplatte trägt ausser den Unterbrechern einen Kondensator. Der ganze Mechanismus wird durch einen mit zwei Federspangen gehaltenen Deckel eingeschlossen.
Innen in der Verteilerkappe befindet sich die Kohleschleifbürste, die mit der Elektrode mit dem Verteilerläufer in Kontakt steht. Diese Kohle ist aus zweierlei Material hergestellt und darf nicht durch eine Bürste anderer Ausführung ersetzt werden. Der Verteiler wird durch eine Klemmplatte am Zylinderblock gehalten.
Wenn die Zündung eingeschaltet ist, fliesst der Strom von der Batterie durch den Primärstromkreis und um den Spulenkern bildet sich ein magnetisches Feld. Wenn sich die Unterbrecherkontakte durch die Drehung des Nockens öffnen, wird der Stromkreis unterbrochen, wodurch das magnetische Feld in der Spule zusammenbricht und dabei eine Hochspannung erzeugt. Diese in der Sekundärwicklung der Spule entstandene Hochspannung verlässt die Spule durch das Hochspannungskabel und fliesst in den Verteiler, von wo der Strom über die einzelnen Zündkabel zu den Zündkerzen fliesst.

Erkennung von Fehlzündungen

- Den Motor anlassen und bei ziemlich schnellem Leerlauf drehen lassen.
- Jede Kerze der Reihe nach kurzschliessen, indem der Isolierüberzug nach oben gezogen und ein Hammerkopf zwischen Kerze und den Zylinderblock gehalten wird. Wenn die defekte Zündkerze erreicht wird, verändert sich der Lauf des Motors nicht.
- Nachdem der schadhafte Zylinder gefunden wurde, den Motor abstellen und die Kerze nach Abziehen des Zündkabels ausschrauben. Den Stecker wieder aufstecken und die Kerze in der in Bild 97 gezeigten Weise gegen den Zylinderkopf halten. Die Kerze unbedingt nur am Kerzenstecker halten. Falls der Funke stark und gleichmässig ist, kann der Fehler nicht in der Zündkerze liegen. Ist kein Funke zu sehen, kann man noch das Zündkabel überprüfen.
- Die Kerze wieder einschrauben und den Motor anlassen. Den Stecker vom Kabel abziehen und das blanke Kabelende ca. 5 mm vom Zylin-

derkopf entfernt halten. Falls der Funke stark und gleichmässig ist, liegt der Fehler in der Zündkerze. Ist der Funke schwach und unregelmässig, liegt der Fehler im Zündkerzenkabel.

- Abschliessend die Verteilerkappe innen und aussen mit einem sauberen, trockenen Lappen auswischen und kontrollieren, ob sich die Kohlebürste frei in ihrer Halterung bewegen kann. Nach längerer Betriebszeit ist es möglich, dass sich zwischen den einzelnen Segmenten Kriechspuren bilden. In diesem Fall muss die Verteilerkappe erneuert werden.

Überprüfung des Primärstromkreises

- Verteilerkappe abnehmen und den Läufer herunterziehen und mit einem Schraubenzieher abdrücken.
- Kontrollieren, dass die Unterbrecher sauber und nicht verbrannt sind. Die Kurbelwelle durchdrehen und das Öffnen der Kontakte beobachten. Der richtige Kontaktabstand sollte 0,4 mm betragen. Falls dies nicht der Fall ist, den Abstand neu einstellen, wie es später beschrieben ist.
- Die Leitung am Unterbrecheranschluss der Zündspule und am Verteiler abklemmen und eine Prüflampe zwischen diese Anschlüsse anlegen. Wenn die Lampe aufleuchtet, sobald die Kontakte schliessen und erlöscht, wenn sich die Kontakte wieder öffnen, so ist der Primärstromkreis in Ordnung. Falls die Lampe nicht aufleuchtet, sind höchstwahrscheinlich die Unterbrecher schmutzig oder ein Anschluss ist gebrochen.

Zündkabel

Alle Zündkabel sind immer genau zu kontrollieren und müssen bei Zeichen von Porösität oder Brüchen gleich erneuert werden.
Um die Kabel in die Anschlüsse der Zündspule einzusetzen, zuerst die Überwurfmutter der Spule über das Kabel stecken und dann die Isolierungen ungefähr 6 mm vom Ende des Kabels abziehen. Den freigelegten Draht durch die vom alten Kabel abgemachte Messingscheibe und die Drahtspitzen um die Scheibe legen, wie es in Bild 98 zu sehen ist. Abschliessend die Überwurfmutter auf die Spule schrauben.
Wenn die Kabel von der Verteilerkappe entfernt worden sind, die Löcher immer mit Silikon-Fett füllen. Die neuen Kabel auf die gleiche Länge zurechtschneiden, wenn man Kabel "am Meter" kauft. Die Kabel in die Löcher stecken und mit der Klemmschraube sichern, wie es in Bild 99 gezeigt ist. Überschüssiges Fett abwischen.
Abschliessend die Verteilerkappe auswischen, aber nicht das zum Abdichten nötige Fett aus den Löchern der Zündkabel herauswischen.

7.2 Der Zündverteiler

7.2.1 Aus- und Einbau

- Vor dem Ausbau des Verteilers den Kolben des ersten Zylinders auf den oberen Totpunkt bringen, um den Einbau zu erleichtern. Der Verteiler kann ausgebaut werden, ohne dass man die Zündung verstellt, vorausgesetzt, dass die Klemmschraube nicht gelockert wird.

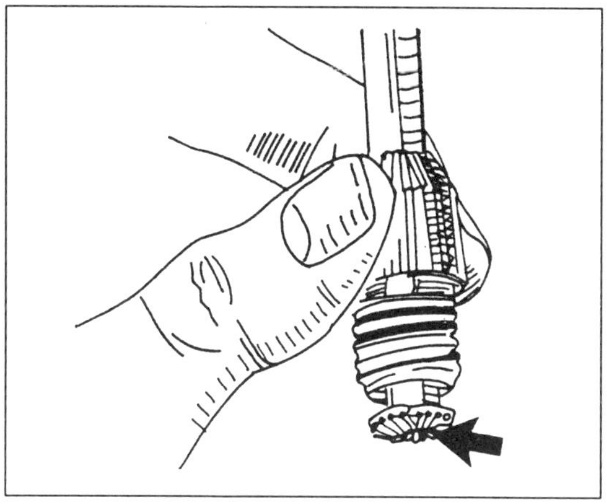

Bild 98
Richtige Methode zum Anschliessen eines Zündkerzenkabels an die Überwurfmutter.

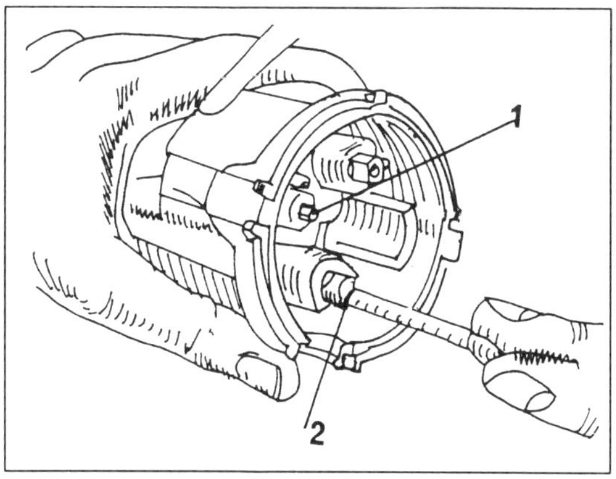

Bild 99
Methode zum Anschliessen der Zündkerzenkabel.
1 Kohlebürste
2 Befestigungsschraube

- Beim 850-, 1000/1100 cm^3-Motor die Abschirmung des Verteilers von der Motorhaubenauflage entfernen und beim Clubman und 1275 GT die drei Spangen lösen und die Abschirmung entfernen.
- Die Verteilerkappe abnehmen und an den Kabeln hängen lassen oder die Kabel herausziehen und die Kappe abnehmen.
- Die dünne Leitung an der Seite des Verteilers abklemmen.
- Den Unterdruckschlauch abziehen.
- Die Schrauben der Klemmplatte lösen.
- Den Verteiler herausziehen oder die Schraube der Schelle lockern, bis der Verteiler herausgezogen werden kann.

Bild 100 zeigt den Verteiler in eingebautem Zustand.
Falls der Motor nicht verdreht wurde, den Läufer

durchdrehen, bis die Spitze auf die Stellung für den ersten Zylinder weist und den Verteiler wieder einsetzen. Falls der Motor durchgedreht wurde, ihn folgendermassen auf den oberen Totpunkt stellen:

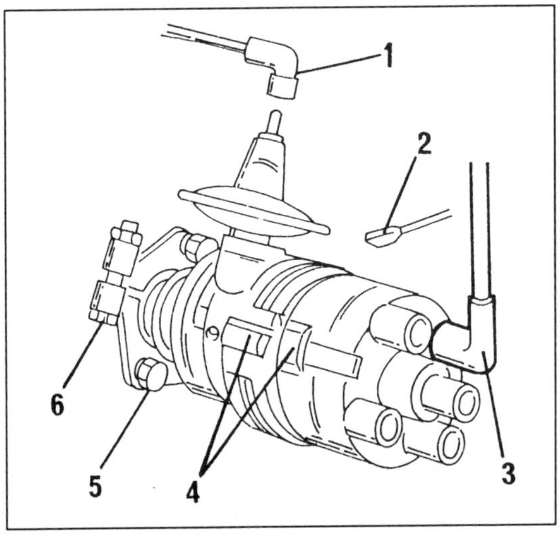

Bild 100
Ansicht des eingebauten Zündverteilers.
1 Unterdruckschlauch
2 Steckzunge für Kabel
3 Kerzenkabel
4 Federspange der Verteilerkappe
5 Schraube
6 Klemmschraube

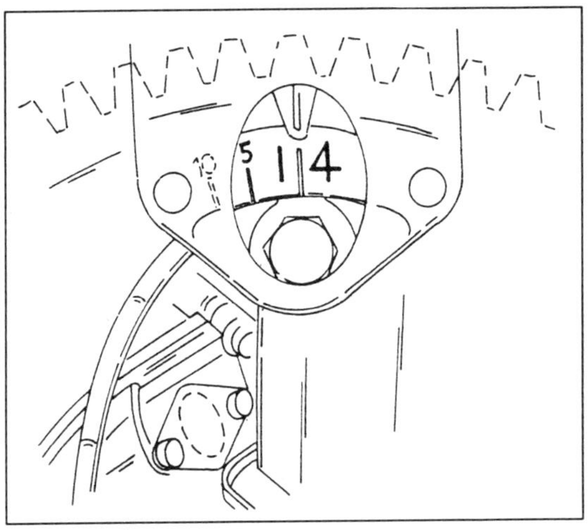

Bild 101
Nach Entfernen der Abdeckplatte am Schwungradgehäuse (Schaltgetriebe) die Kurbelwelle durchdrehen, bis die Zündeinstellmarkierung im oberen Bild sichtbar wird.

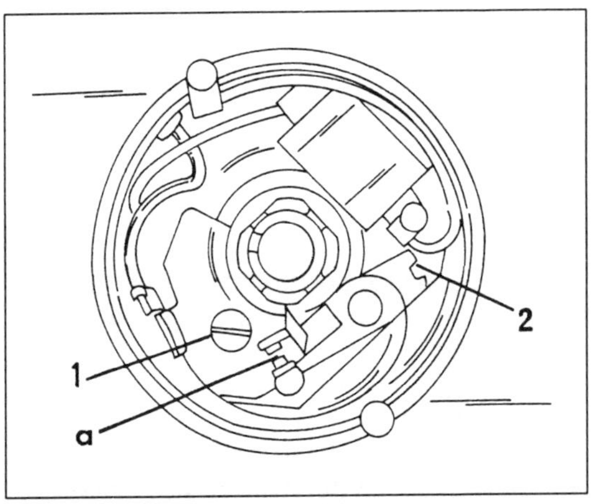

Bild 102
Zur Einstellung des Abstandes der Unterbrecher.
1 Kontaktschraube
2 Kerbe zum Einsetzen des Schraubenziehers
a Kontaktabstand

● Den Kolben des ersten Zylinders kontrollieren, indem man die Zylinderkopfhaube abmontiert und überprüft, ob das Auslassventil des vierten Zylinders soeben schliesst und das Einlassventil soeben öffnet, d.h. die Ventile müssen sich schneiden. Zum Durchdrehen des Motors die Zündkerzen auschrauben und den vierten Gang einlegen. Den Wagen danach vorwärts schieben, bis die o.T.-Stellung hergestellt ist oder ein Vorderrad anheben und am Rad drehen.

● Zur Kontrolle bei Fahrzeugen mit Schaltgetriebe den Deckel vom Schwungradgehäuse abschrauben und kontrollieren, ob die in Bild 101 gezeigte Einstellnase in einer Linie mit der 1/4-Markierung steht. Bei Ausführungen mit Getriebeautomatik den Gummistopfen aus dem Wandlerdeckel herausnehmen und den Zahnkranz des Wandlers mit einem durch die Öffnung eingesetzten Schraubenzieher verdrehen, bis die "0"-Markierung am Wandler in einer Linie mit der Nase steht.

Die weiteren Einbauarbeiten des Verteilers sind in umgekehrter Reihenfolge durchzuführen. Abschliessend die Zündung einstellen, wie es weiter hinten beschrieben wird.

7.2.2 Unterbrecherkontakte — Einstellen des Abstandes

Schmutzige oder leicht verbrannte Kontakte können mit einer Kontaktfeile gereinigt werden. Keine Schmirgelleinwand dazu verwenden. Falls die Kontaktflächen sehr abgebrannt sind, ist es besser, wenn man die Kontakte gleich erneuert, weil die Kontakte sehr hart sind und das Feilen sehr lange dauert und nicht immer erfolgreich ist. Den Unterbrecherabstand folgendermassen auf einen Spalt von 0,35 - 0,40 mm einstellen:

● Die Verteilerkappe abmontieren und zur Seite legen.

● Ein Vorderrad anheben, den vierten Gang einlegen und das Rad durchdrehen, bis sich das Fiberklötzchen des Unterbrecherhebels auf der höchsten Stelle eines Nockens befindet (Zündkerzen sollten ausgeschraubt sein). In dieser Stellung sind die Kontakte vollkommen geöffnet.

● Die Befestigungsschraube (1) in Bild 102 lockern.

● Einen Schraubenzieher in die Kerbe (2) einsetzen und den Kontakt verstellen, bis man eine Fühlerlehre der angegebenen Stärke an der Stelle "a" zwischen die Kontakte einsetzen kann. Darauf achten, dass die Fühlerlehre sauber ist, damit kein Fett oder Öl an die Kontaktflächen kommen kann.

● Die Schraube (1) wieder festziehen und den Abstand erneut kontrollieren.

Hinweis: Drehen des Schraubenziehers nach links verkleinert den Abstand, Drehen nach rechts vergrössert ihn.

7.2.3 Erneuerung der Unterbrecherkontakte

Der Verteiler sollte zu dieser Arbeit ausgebaut werden, um die Arbeit zu erleichtern:

- Unter Bezug auf Bild 103 die Schraube (1) mit Federring und Scheibe entfernen, die Kontaktfeder vom isolierten Drehstift heben und die Klemmplatte entfernen.
- Den Unterbrechersatz herunterheben.
- Die Kontaktflächen der neuen Kontakte mit einem in Benzin getauchten Lappen sauberwischen.
- Die neuen Kontakte in umgekehrter Reihenfolge wie beim Ausbau wieder einbauen. Die Feder zwischen die zwei Führungsbunde am isolierten Drehstift aufstecken.
- Den Kontaktabstand einstellen, wie es bereits beschrieben wurde. Der Unterbrecherabstand sollte nach 800 km nachkontrolliert werden, da er sich anfänglich immer leicht verstellt.
- Vor Aufsetzen der Verteilerkappe den Nokken an den Flächen leicht mit Fett einschmieren. Einen Tropfen Öl in den Schmierfilz in der Oberseite des Nockens spritzen und ebenfalls mit einer Ölkanne zwischen Unterbrecherplatte und Verteilerwelle spritzen, um die Fliehgewichte zu ölen. Bild 104 zeigt die zu schmierenden Stellen eines Verteilers.

7.2.4 Überholung des Zündverteilers

Bild 105 zeigt ein Montagebild des Zündverteilers und kann bei der Überholung hinzugezogen werden.

- Verteilerkappe (1) und den Läufer (2) abnehmen.
- Den Schmierfilz (8) mit einem kleinen Schraubenzieher aus der Oberseite des Nokkens herausdrücken.
- Die beiden Schrauben (11) der Unterdruckdose entfernen und die Unterdruckdose ankippen, um den Betätigungsarm aus dem Eingriff zu bringen.
- Das Niederspannungskabel mit der Gummitülle (14) in die Innenseite des Verteilergehäuses schieben.
- Die Schrauben der Unterbrecherplatte (7) entfernen und die Platte aus dem Verteilergehäuse herausheben.
- Vom Ende der Verteilerwelle den Sicherungsstift (17) auf einem Schraubstock herauschlagen.
- Die Antriebsklaue (16) zusammen mit der Anlaufscheibe von der Welle ziehen. Eventuell das Ende der Welle entgraten, falls die Mitnehmerklaue nicht sofort herunterkommt.
- Die Verteilerwelle (9) zusammen mit den Fliehgewichten aus dem Gehäuse ziehen. Auf die beiden Scheiben (10) achten, damit diese nicht verloren gehen.

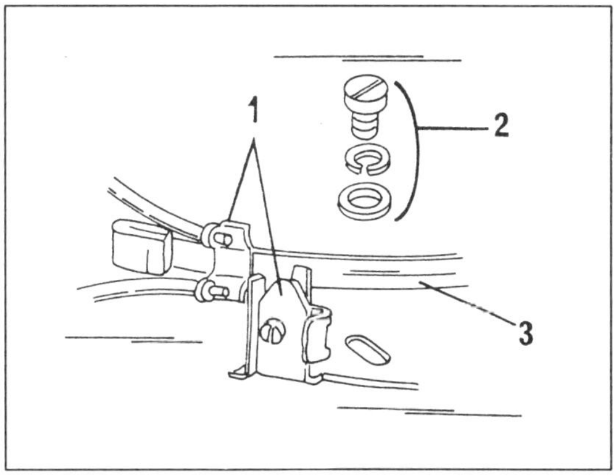

Bild 103
Einzelheiten zum Auswechseln der Unterbrecherkontakte.
1 Klemmplatte und Unterbrecherfeder
2 Befestigungsstelle
3 Kontakfeder

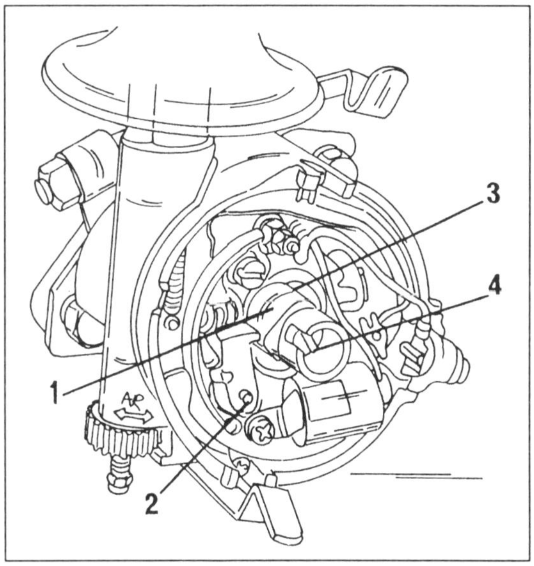

Bild 104
Die Schmierstellen am Zündverteiler.
1 An dieser Stelle etwas Fett aufschmieren
2 An dieser Stelle einen Tropfen Öl aufschmieren
3 Mit einer Ölkanne durch diese Öffnung spritzen
4 Einen Tropfen Öl in den eingesetzten Schmierfilz spritzen

- Die Kontaktfeder nach innen drücken und die Niederspannungsklemme von der Kontaktfeder trennen.
- Die Schraube (4) lösen und den Kondensator abnehmen. Abschliessend die Schraube des Unterbrechersatzes entfernen und diesen abheben.

Alle Teile des Verteilers gründlich reinigen, überprüfen und alle schadhaften oder verschlissenen Teile erneuern. Der Nocken muss sich leicht auf die Verteilerwelle schieben lassen. Falls die Welle im Gehäuse zu viel Spiel hat, muss der Zündverteiler erneuert werden, da neue Büchsen nicht länger eingezogen werden können.
Die beiden Unterbrecherplatten gegeneinander verdrehen, um sie auf Bewegungsfreiheit zu kontrollieren. Falls sie sich nicht leicht bewegen lassen, neue Teile verwenden.

- Teile der automatischen Zündverstellung, die Verteilerwelle und den Nockensitz mit Motoröl einschmieren.

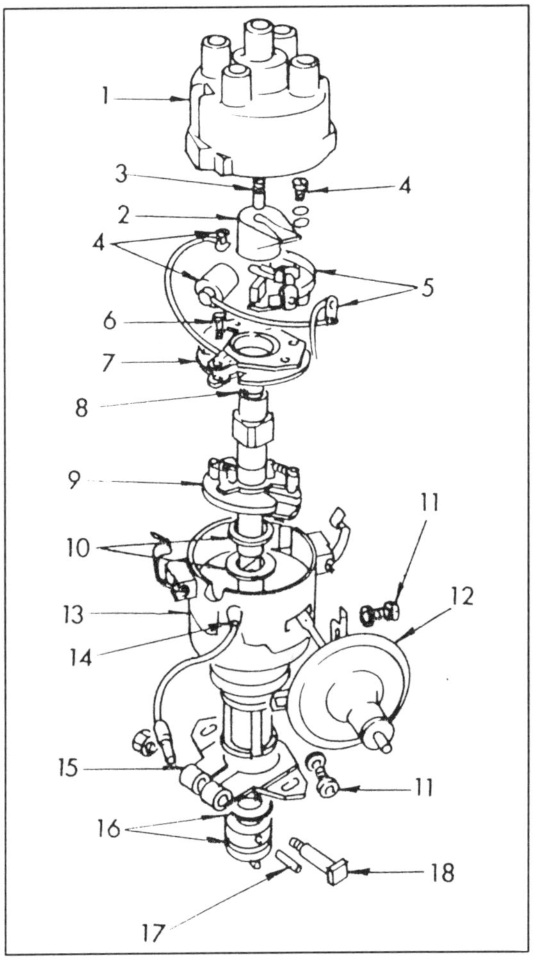

Bild 105
Montagebild des Zündverteilers.
1 Verteilerkappe
2 Verteilerläufer
3 Schleifkohle
4 Kondensator mit Schraube
5 Unterbrechersatz
6 Schraube
7 Unterbrecherplatte
8 Schmierfilz
9 Verteilerwelle mit Fliehgewichten
10 Ausgleichsscheiben
11 Schraube für Unterdruckdose
12 Unterdruckdose mit Gestänge
13 Verteilergehäuse
14 Niederspannungskabel
15 Klemmplatte
16 Mitnehmer und Anlaufscheibe
17 Sicherungsstift
18 Klemmschraube

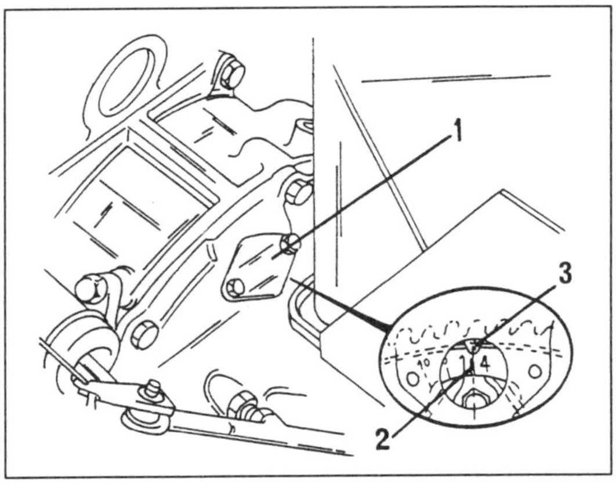

Bild 106
Ansicht der Zündzeitpunktmarkierung bei eingebautem Schaltgetriebe. Nach Lösen des Deckels (1) muss die Gradanzeige (2) gegenüber der Bezugsspitze (3) stehen. Im Bild ist die o.T.-Stellung des ersten und vierten Zylinders gezeigt.

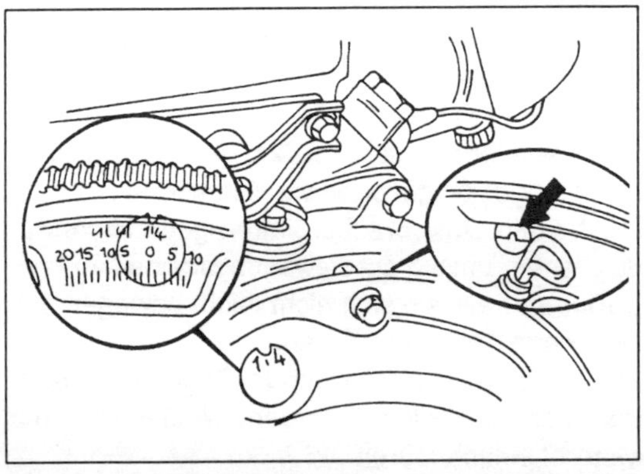

Bild 107
Lage der Zündzeitpunktmarkierung bei eingebauter Getriebeautomatik. Links eine Grossansicht der Skala, rechts wird der Schraubenzieher eingesetzt.

● Darauf achten, dass die beiden Scheiben (10) auf die Welle geschoben werden. Beim Aufschieben der Anlaufscheibe (16) die Seite mit den Höckern gegen die Mitnehmerklaue anlegen.

● Die Mitnehmerklaue so aufstecken, dass die Mitnehmerzungen in einer Linie mit dem Verteilerläufer verlaufen und dass sich die aus der Mitte versetzten Zungen auf der linken Seite befinden. Falls eine neue Welle eingebaut wird, den Mitnehmer aufstecken und mit einem 4,75 mm-Bohrer durch den Mitnehmer und die Welle bohren. Während des Bohrens die Welle vom Nockenende aus gegen das Gehäuse drücken und den Mitnehmer fest gegen die Unterseite des Gehäuses drücken.

● Nach dem Einschlagen des Sicherungsstiftes die Enden auf der Welle verstemmen. Falls eine neue Welle eingebaut wurde, mit einem Hammer gegen das Antriebsende schlagen. Dabei werden die Höcker der Anlaufscheibe (16) flach geschlagen und stellt dabei das vorgeschriebene Axialspiel her.

7.3 Einstellen des Zündzeitpunktes

● Die Kurbelwelle so durchdrehen, dass der erste Zylinder auf o.T.-Zündzeitpunkt kommt.

● Den Schauchlochdeckel am Kupplungsgehäuse abschrauben (oder den Gummistopfen herausnehmen — mit Getriebeautomatik) und den Einstellzapfen genau mit der 1/4-Markierung ausrichten, wie es bereits in Bild 101 gezeigt wurde. Am Fahrzeug gesehen, sitzen die Teile an der in Bild 106 gezeigten Stellen.

Achtung: Zum Drehen der Kurbelwelle mit automatischem Getriebe einen Schraubenzieher durch die Öffnung neben dem Ölmessstab einführen und den Anlasserzahnkranz in der normalen Drehrichtung durchdrehen. Bild 107 zeigt die umliegenden Teile bei einer solchen Ausführung.

● Den Verteiler in dieser Stellung feststellen.

● Eine Lichtblitzlampe entsprechend den Anweisungen des Herstellers anschliessen.

● Den Strahl der Lichtblitzlampe auf die Öffnung im Kupplungsgehäuse oder Wandlergehäuse richten.

Hinweis: Bei verschiedenen Motoren kann die Zündzeitpunktmarkierung ebenfalls in die Kurbelwellenriemenscheibe eingezeichnet sein. Falls dies der Fall ist, kann man den Zündzeitpunkt mit der Lichtblitzlampe an dieser Stelle kontrollieren. Da die Arbeit leichter ist, sollte man immer kontrollieren, ob ein Skalenblech über der Riemenscheibe angeschraubt ist.

● Einen Drehzahlmesser entsprechend den Anweisungen des Herstellers anschliessen. Der Motor muss mit 1000/min laufen, damit der angezeigte Zündzeitpunkt seine Richtigkeit hat.
● Entsprechend dem eingebauten Motor (siehe Mass- und Einstelltabelle) den Zündverteiler verstellen, bis der gültige Wert in der Schaulochöffnung oder an der Zündeinstellskala angezeigt wird. Im letzteren Fall ist eine Kerbe in die Riemenscheibe eingezeichnet, die gegenüber die betreffende Gradanzeige kommen muss. Eine schlecht sichtbare Kerbe kann man vor der Kontrolle mit etwas weisser Farbe anstreichen.
● Zum Verstellen des Zündverteilers die Klemmschraube der Schelle lockern und den Verteiler stückweise verdrehen. Im Schein des Lampenblitzes wird man schnell sehen, in welche Richtung der Einstellwerte bzw. die Kerbe "wandert".
● Die Verteilerklemmschraube wieder anziehen und die Zündung nachkontrollieren.

7.4 Elektronische Zündanlage

Eine von Lucas hergestellte, elektronische Zündanlage wurde in bestimmte 1,3 Liter-Modelle eingebaut. Diese Anlage arbeitet mit einem kontaktlosen Zündverteiler, einem Zündfunkenverstärker und einer Zündspule. Von aussen gesehen sieht der Verteiler wie ein gewöhnlicher Verteiler aus, nur dass man beim Öffnen keine Unterbrecherkontakte vorfindet.

Achtung: Die Spannung von elektronischen Zündanlagen ist höher als bei herkömmlichen Anlagen mit Unterbrecherkontakten. Unter allen Umständen muss vermieden werden, dass man blanke Kabel mit den blossen Fingern anfasst.

7.4.1 Aus- und Einbau des Zündverteilers

Der Aus- und Einbau des Zündverteilers geschieht in gleicher Weise wie es in Kapitel 7.2.1 bei einem herkömmlichen Verteiler beschrieben wurde, mit dem Unterschied, dass anstelle des kleinen an der Seite angeschlossenen Kabels der Mehrfachstecker vom Zündfunkenverstärker an der Seite des Zündverteilers abgezogen werden muss. Die Verteilerkappe ist anstelle der beim herkömmlichen Verteiler verwendeten Federspangen mit zwei Schrauben am Verteiler befestigt.
Nach dem Einbau muss der Zündzeitpunkt kontrolliert und ggf. berichtigt werden, oder man ersucht die Hilfe einer Werkstatt.

7.4.2 Verteilerreparaturen

Obwohl man den Zündverteiler technisch gesehen zerlegen und wieder zusammenbauen kann, empfehlen wir, dass man bei vermutetem Ausfall des Zündverteilers einen neuen Verteiler einbaut oder zumindestens eine Werkstatt hinzuzieht. Störungen im Verteiler können an verschiedenen Stellen auftreten, so dass es möglich ist, dass man Teile erneuert die eigentlich noch in Ordnung waren und der Verteiler am Ende doch noch fehlerhaft ist.
Der Zündfunkenverstärker an der Seite des Verteilers kann schon mal ausfallen. In diesem Fall den Verteiler ausbauen und den Verstärker erneuern. Dieser wird mit den beiden in Bild 108 gezeigten Schrauben gehalten.

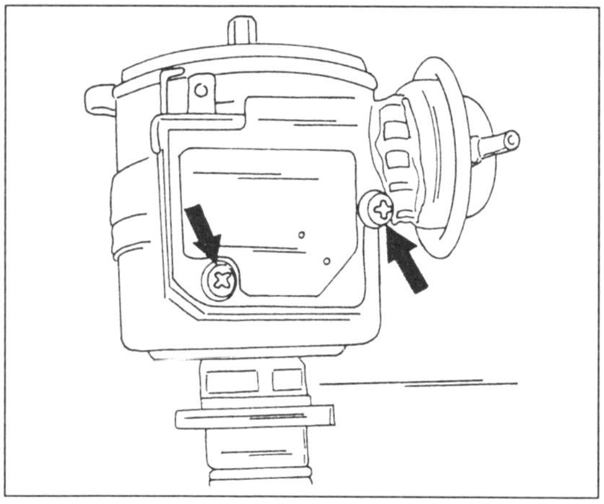

Bild 108
Die beiden Pfeile zeigen wo die Befestigungsschrauben des Zündfunkenverstärkers sitzen.

7.4.3 Zündzeitpunkteinstellung

Die Einstellung des Zündzeitpunktes erfolgt in der in Kapitel 7.3 auf der letzten Seite beschriebenen Weise. Die Zündung kann nur mit einer Lichtblitzlampe eingestellt werden.
Falls man den Zündverteiler ausgebaut hat und eine Lichtblitzlampe nicht zur sofortigen Einstellung der Zündung zur Hand ist, kann man den Motor auf o.T.-Zündzeitpunkt stellen, um ein Anspringen des Motors zu ermöglichen. Dabei unbedingt gewährleisten, dass der an der Kurbelwellenriemenscheibe sitzende Zylinder auf o.T. kommt. Feststellen kann man dies leicht nach Ausschrauben der besagten Kerze. Wenn man einen Finger auf die Kerzenbohrung hält, wird man den Kompressionsdruck gegen den Finger spüren, wenn der Kolben auf o.T. kommt.
Zur Sicherheit den Verteilerdeckel abschrauben und kontrollieren, dass die Spitze des Verteilerläufers auf das für den ersten Zylinder bestimmte Segment in der Verteilerkappe weist. Falls dies nicht der Fall ist, den Verteiler lockern und verdrehen, bis dies der Fall ist.

7.5 Zündanlage mit Kraftstoffeinspritzung

Die Zündanlage arbeitet zusammen mit der Kraftstoffanlage und wird durch das elektronische Steuergerät reguliert. Der Verteiler wird durch ein Schraubenrad von der Nockenwelle des Motors angetrieben. An der Rückseite, d.h. auf der Schwungradseite, ist ein Sensor eingesetzt, welcher im Zusammenhang mit einem am Schwungrad oder am Drehmomentwandler angebrachten Zahnkranz arbeitet, und die Drehzahl des Motors laufend überwacht und dem Steuergerät mitteilt. Im Zahnkranz sind in Abständen von 180° zwei Zähne weggelassen, die den oberen Totpunkt darstellen. Dies bedeutet, dass das Steuergerät ausser der Drehzahlanzeige ebenfalls die zur Zündung wichtige, obere Totpunktstellung erhält.
Weitere Faktoren zum Einfluss des Zündzeitpunktes sind die Temperatur des Kühlmittels (eingeschraubter Sensor), die Stellung des Gaspedal (Schalter am Pedal, Anzeige der Drosselklappenstellung) und der Unterdruck im Ansaugkrümmer (eingeschraubter Sensor, Angabe der Motorbelastung).

7.5.1 Aus- und Einbau des Zündverteilers

Vorerst soll gesagt werden, dass der Zündverteiler wirklich ein Verteiler des Zündstroms ist, d.h. er hat keinerlei Einfluss auf die Verstellung des Zündzeitpunktes, sondern er verteilt den Zündstrom mit Hilfe der Segmente in der Innenseite der Verteilerkappe auf den zündenden Zylinder.

- Massekabel der Batterie abklemmen, die Spangen lösen und die Abschirmung des Zündverteilers ausbauen.
- Den Motor auf die o.T.-Stellung bringen, wie es in Kapitel 7.2.1 beschrieben wurde.
- Mit einer Reissnadel die Einbaustellung des Zündverteilers in geeigneter Weise durch Einritzen einer Linie am Fusse des Zündverteilers und am Zylinderblock kennzeichnen.
- Die Schrauben der Verteilerkappenbefestigung lösen und die Kappe abnehmen. Die Kappe an den Leitungen hängend zur Seite legen.
- Die Stellung der Verteilerläuferspitze kontrollieren. Diese muss auf das Segment für den ersten Zylinder weisen. Zur Kontrolle die Verteilerkappe gegen den Verteiler halten. Das von der ersten Kerze zum Anschluss an der Verteilerkappe führende Kabel verfolgen und kontrollieren, dass das Segment in der Innenseite sich mit der Spitze des Läufers deckt. Ist dies nicht der Fall, die Kurbelwelle um eine komplette Umdrehung durchdrehen. Die Ausrichtung wird jetzt stimmen (vorher hat nämlich der Kolben des vierten Zylinders auf dem oberen Totpunkt gestanden). Erneut die Reissnadel benutzen und dieses Mal einen Strich in die Aussenkante des Verteilergehäuses, genau gegenüber der Mitte der Läuferspitze einritzen. Falls möglich den Motor jetzt nicht mehr durchdrehen, bis der Verteiler wieder eingebaut ist.
- Die Schraube der Befestigungsplatte des Verteilers lösen, die Platte abnehmen und den Verteiler aus dem Motor ziehen.

Der Einbau des Verteilers geschieht in umgekehrter Reihenfolge wie der Ausbau. Wichtig ist, dass die beiden eingeritzten Fluchtlinien wieder genau gegenüber kommen, ehe man die Befestigungsplatte anzieht. Kontrollieren, dass die Läuferspitze wieder gegenüber die Reissnadellinie in der Verteilerkante steht. Ist dies nicht der Fall, den Verteiler wieder herausziehen und erneut montieren, bis die Fluchtzeichen stimmen.
Alle anderen Arbeiten in umgekehrter Reihenfolge wie beim Ausbau durchführen. Abschliessend die Batterie wieder anschliessen.

7.5.2 Zündungseinstellung

Der Zündzeitpunkt kann zwar in der bereits beschriebenen Weise kontrolliert werden, lässt sich aber nicht einstellen. Durch die verschiedenen auf die Zündung einwirkenden Faktoren ist es jedoch leicht möglich, dass der Zündzeitpunkt von dem vorgeschriebenen Wert abweicht, je nachdem in welchem Betriebszustand die Messung gerade durchgeführt wird.
Als Schlussfolgerung möchten wir hinzufügen, dass man im Falle von Zündungsschwierigkeiten immer eine Werkstatt aufsuchen sollte, da diese durch Verwendung der Spezialinstrumente und der Diagnosesteckdose einen Fehler schnell erkennen und beheben kann.

7.5.3 Arbeiten an der Anlage

Kurbelwellen-Positions-Sensor

- Bei eingebautem Schaltgetriebe die Abschirmung an der Vorderseite des Motors ausbauen.
- Das Massekabel der Batterie abklemmen.
- Handbremse anziehen und die Vorderseite des Motors auf Böcke setzen.
- Den Kabelbinder der Leitung des Sensors von der Befestigung am Sensor lösen und den Kabelstecker von der Befestigung an der Halterung abschrauben (1 Schraube).
- Den Stecker von Sensor abziehen und die zwei Schrauben des Sensors lösen. Den Sensor herausziehen.

● Bei eingebauter Getriebeautomatik muss man zuerst Platz schaffen, indem man das elektronische Steuergerät abschraubt (2 Schrauben der Halterung lösen) und zur Seite legt. Die Batterie vorher abklemmen. Der weitere Ausbau geschieht in der oben beschriebenen Weise.
Der Einbau geschieht in umgekehrter Reihenfolge wie der Ausbau.

Zahnkranz für Kurbelwellen-Positions-Sensor

Bei eingebauter Getriebeautomatik kann der Zahnkranz nicht erneuert werden, da er einen Teil des Drehmomentwandlers bildet.
Bei eingebautem Schaltgetriebe das Schwungrad ausbauen, wie es im Abschnitt "Kupplung" beschrieben ist und den Zahnkranz von der Rückseite des Schwungrades abschrauben (2 Schrauben).
Der Einbau erfolgt in umgekehrter Reihenfolge wie der Ausbau.

Zündspule
Die Zündspule ist auf einer Stiftschraube am Zylinderkopf befestigt. Angeschraubt ist die Klemmschelle, jedoch kann die Spule nach Abschliessen der Leitungen (Anschlussweise kennzeichnen) und Lösen der Klemmschraube aus der Halteschelle herausgezogen werden.

7.6 Zündkerzen

Die Zündkerzen alle 10 000 km ausschrauben, reinigen und überprüfen. Bei Verwendung von Kraftstoff minderer Qualität und ausgedehntem Stadtverkehr sollten die Kerzen in noch kürzeren Zeitabständen kontrolliert werden.
Die Zündkerzenkabel abziehen (Aufsteckweise kennzeichnen, wenn man nicht damit vertraut ist) und mit einem Kerzenschlüssel alle Kerzen zwei oder drei Umdrehungen lösen. Kontrollieren, dass die Gegend um die Kerzen herum sauber ist und die Kerzen vollkommen herausschrauben. Falls sie fest sitzen, kann man wieder den Kerzenschlüssel benutzen.
Die Kerzendichtringe kontrollieren. Falls diese übermässig zusammengepresst waren oder verzogen sind, könnten sich Undichtheiten gebildet haben, was zur Überhitzung der Kerze führen kann. Richtig eingelegte Dichtringe müssen eine glatte, saubere Fläche aufweisen und ungefähr die Hälfte der Originalstärke haben.
Alle Zündkerzenelektroden kontrollieren und den Elektrodenabstand einstellen. Zum Einstellen werden von den meisten Kerzenherstellern spezielle Mess- und Biegewerkzeuge angeboten, wie eines in Bild 109 gezeigt ist. Falls man das Auto unter Selbstpflege hat, sollte man sich ein derartiges Werkzeug besorgen.
Aus dem Kerzengesicht lassen sich Schlüsse auf die Arbeitsweise der Zündkerzen ziehen. Untenstehend sind einige der am häufigsten vorkommenden Kerzenbilder beschrieben:

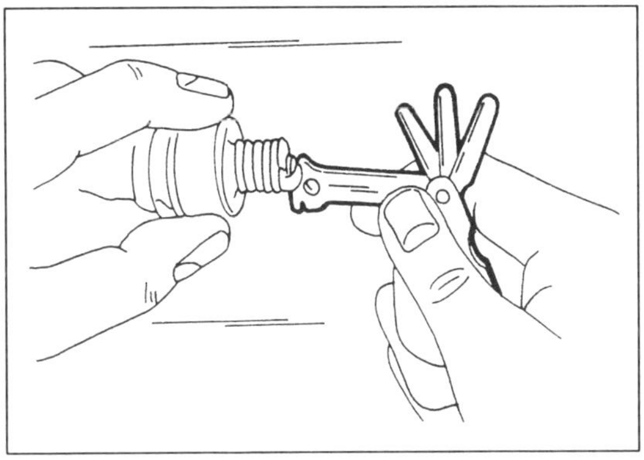

Bild 109
Einstellen des Elektrodenabstandes an der Zündkerze.

Kerzen einwandfrei
Isolatorfuss mit schwachem, graugelben bis braunen, meist pulverförmigen Niederschlag bedeckt. Die Elektroden weisen, abgesehen von der Abbrandfläche, graugelben bis braunen pulverförmigen Belag auf. Das Gehäuseinnere hat hellbraunen oder gelblichen bis schwarzbraunen Belag. Der Motor ist in Ordnung. Der Wärmewert der Kerze ist richtig gewählt.

Kerze verrusst
Isolatorfuss, Elektroden und Gehäuseinneres mit meist dickerem, pulvrigen, schwarzgrauen, samtartigen Belag bedeckt. Die Ursache dafür liegt an zu fettem Gemisch, zu wenig Luft, zu grosser Elektrodenabstand, Kerze hat zu hohen Wärmewert und bleibt im Betrieb zu kalt. Zur Abhilfe eine Kerze mit unterschiedlichem Wärmewert einbauen.

Kerze verölt
Isolatorfuss, Elektroden und Kerzengehäuse mit fettem, ölglänzendem Russ bedeckt. Ölkohlebildung. Die Ursache dafür kann im Eindringen von Motoröl in den Verbrennungsraum oder an verschlissenen Zylindern und Kolben liegen.

Kerze überhitzt
Isolatorfuss mit dunkelbraunem bis grau-schwarzem, gläsigem oder rauhem festgebackenen Niederschlag bedeckt, meist starke Krusten und

Perlenbildung am Isolatorfussende. Elektroden, besonders Mittelelektrode, angegriffen. Oberfläche meist aufgerauht, aufgequollen oder zerfressen. Als Ursache kann man ein zu mageres Gemisch, eine lose Kerze, schlecht schliessende Ventile oder eine Kerze mit zu niedrigem Wärmewert verantwortlich machen, die dadurch zu heiss wird.

Ablagerungen zwischen dem Porzellanisolator der mittleren Elektrode und dem Kerzengehäuse sind möglichst durch Sandstrahl des Kerzenprüfgeräts zu reinigen. Beim Einschrauben der Kerzen ist unbedingt darauf zu achten, dass das Kerzengewinde vorher gründlich gereinigt wird. Unbedingt auf das Anzugsdrehmoment achten.

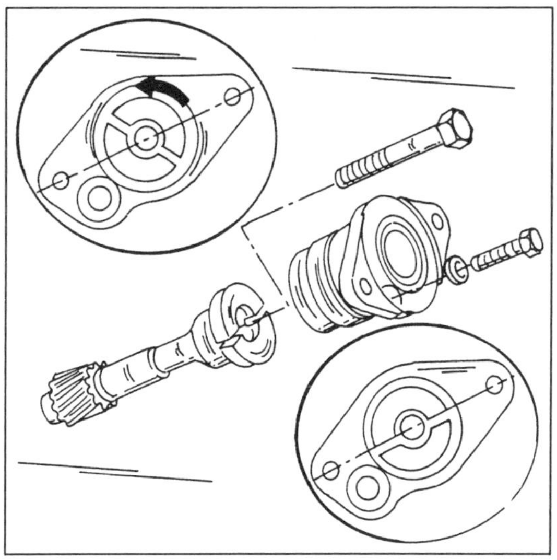

Bild 110
Einzelheiten zum Einbau der Verteilerantriebswelle bei einem Vergasermotor. Links oben steht der Antriebsschlitz wie er vor dem Einschieben der Welle stehen muss. Nach dem Einbau muss der Schlitz die rechts unten gezeigte Lage einnehmen.

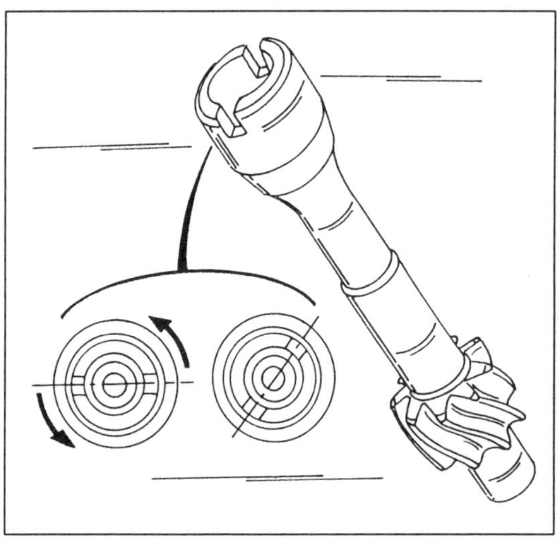

Bild 111
Einzelheiten zum Einbau der Verteilerantriebswelle bei einem Einspritzmotor. Links unten zeigt wie der Antriebsschlitz vor dem Einbau stehen muss, rechts unten zeigt die Lage des Schlitzes nach dem Einbau.

7.7 Verteilerantriebswelle

Da die Einbaustellung nicht bei allen Motoren gleich ist, soll der Aus- und Einbau der Verteilerantriebswelle getrennt beschrieben werden. Der Zündverteiler muss ausgebaut sein, um die Welle auszubauen. Eine Schraube des angegebenen Gewindedurchmessers muss vorhanden sein, um die Welle herauszuziehen. Die zur Befestigung der Stösselkammerdeckel benutzten Schrauben eignen sich, d.h. man kann einen Deckel abschrauben, falls einer vorhanden ist, jedoch ist es vorteilhafter, wenn die Schraube länger ist. Bei der folgenden Beschreibung wird angenommen, dass der Motor eingebaut ist. Der Ausbau erfolgt bei allen Motoren in gleicher Weise.

- Den Motor durchdrehen, bis der Kolben des ersten Zylinders auf dem oberen Totpunkt steht. Unbedingt überzeugen, dass beide Ventile dieses Zylinders geschlossen sind.
- Die Schraube in das Ende der Antriebswelle hineindrehen und die Welle unter leichter Verdrehung herausziehen. Das Verdrehen ist erforderlich, damit sich die Welle von dem Schraubenrad des Antriebs "abschrauben" kann.

Der Einbau ist unterschiedlich für Motoren mit Vergaser und Einspritzung:

Mit Vergaser

- Falls der Motor durchgedreht wurde, muss man ihn wieder auf die o.T.-Stellung bringen.
- Die Schraube in die Welle einschrauben und die Verteilerantriebswelle so halten, dass der Schlitz die in Bild 110 gezeigte Lage eingenommen hat. Die Welle mit der Schraube in dieser Stellung in den Zylinderblock einschieben. Sobald sie in Eingriff mit dem Schraubenrad gekommen ist, beginnt sie sich nach links zu verdrehen und der Antriebsschlitz sollte die rechts unten in Bild 110 gezeigte Stellung einnehmen. Falls dies nicht der Fall ist, einen zweiten Versuch durchführen.
- Die Schraube aus der Welle ausschrauben und den Verteiler wieder einbauen.

Einspritzmotor

Der Einbau erfolgt in der oben beschriebenen Weise, jedoch muss man sich an Bild 111 halten, da der Antriebsschlitz eine unterschiedliche Stellung einnehmen muss. Beim Einschieben die Welle entsprechend der Ansicht links unten halten. Nach dem Einschieben muss der Schlitz in die rechts unten gezeigte Lage kommen. Andernfalls einen zweiten Versuch vornehmen.

Nach dem Einschieben der Welle die Schraube herausdrehen und den Zündverteiler wieder montieren, wie es beim Einspritzmotor auf Seite 68 beschrieben wurde.

Alle anderen Arbeiten in umgekehrter Reihenfolge wie beim Ausbau durchführen.

Eine Tellerfederkupplung ist bei allen Fahrzeugen eingebaut, jedoch muss man darauf achten, dass die Tellerfedern verschiedene Farbkennzeichnungen haben und dass sich eine Kupplung des 1,1 Liter- und 1,3 Liter-Motors nicht bei den anderen Motoren einbauen lässt. Die Kupplung der beiden anderen Motoren ist gleich. Die Mass- und Einstelltaeblle enthält die Kabelfarben, soweit sie vorhanden sind.
Eine wichtige Änderung wurde bei den in den letzten Jahren gebauten Modellen mit Vergaser als auch mit Kraftstoffeinspritzung durchgeführt. Bei dieser Kupplung sitzen die Kupplung sowie die Mitnehmerscheibe an der Aussenseite des Schwungrades, d.h. das Schwungrad ist an der Kurbelwelle angebracht. Dadurch ändern sich auch der Aus- und Einbau.
Die Kupplung wird hydraulisch durch einen Geberzylinder und einen Nehmerzylinder am Kupplungsgehäuse betätigt.

8.1 Aus- und Einbau der Kupplung

8.1.1 Ursprüngliche Kupplung

Die folgende Beschreibung setzt voraus, dass sich Motor und Getriebe im Fahrzeug befinden, wie dies z.B. beim Erneuern der Kupplung der Fall ist.

- Batterie an der Masseklemme abschliessen, um Kurzschlüsse zu vermeiden.
- Vorderseite des Fahrzeuges aufbocken und Böcke unter den Nebenrahmen oder die Aufhängungsträger untersetzen.
- Das Kühlergitter kann wahlweise ausgebaut werden, um besser an einige der Befestigungen zu kommen.
- Das Auspuffrohr vom Auspuffkrümmer abschrauben (Klemmschelle lockern).
- Von der Unterseite die Schelle des Auspuffrohres vom Getriebegehäuse lösen. Das Auspuffrohr herunterhängen lassen, aber darauf achten, dass es nicht unter Spannung kommt.
- Einen Wagenheber unter das Getriebe untersetzen, um das Triebwerk anzuheben und abzustützen.
- Die Muttern und Schrauben der rechten Motoraufhängung vom Nebenrahmwn abschrauben.
- Beim Clubman und 1275 GT sowie anderen Modellen die Abschirmung des Zündverteilers ausbauen.
- Die Anlasserkabel abklemmen und den Anlasser ausbauen.
- Den Einrückmagnetschalter abklemmen und vom Kotflügelseitenteil abschrauben.
- Beim Clubman und 1275 GT die beiden Muttern und Schrauben lösen und die Stütze der Kühlerverkleidung lösen.
- Bei anderen Modellen (im allgemeinen 850 und 1000) die Hupe abschrauben und auf eine Seite legen. Ebenfalls die Zylinderkopfmutter für den Zündspulenbügel lösen, den Bügel mit der Spule abnehmen und zur Seite legen.
- Von der Unterseite des rechten Kotflügels den Schlauch vom Lufteinlass abziehen und danach den Einlass in den Motorraum hineinziehen.
- Die Rückzugfeder des Kupplungsausrückhebels aushängen.
- Den Wagenheber anheben, bis die Schrauben des Kupplungsdeckels gelöst werden können und den Deckel abnehmen.
- Langsam und über Kreuz die drei Passschrauben der Kupplung lösen und die Kupplung abnehmen.

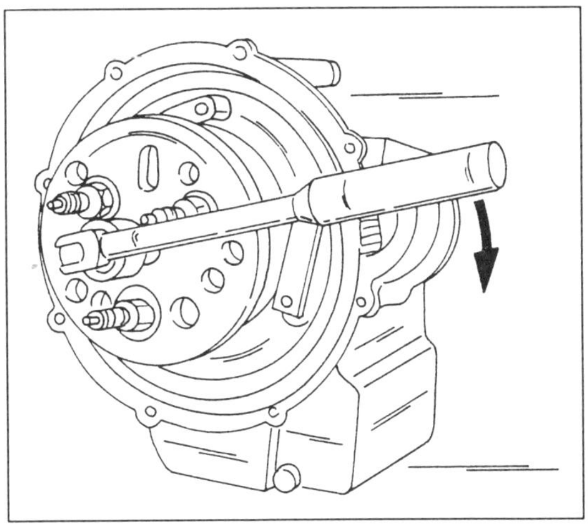

Bild 112
Zum Ausbau der Kupplung. Zur besseren Veranschaulichung ist der Motor im Bild ausgebaut.

- Das Sicherungsblech der Befestigungsschraube für das Schwungrad zurückschlagen und die Kurbelwelle durchdrehen, bis der Schlitz in der Kurbelwelle und der im Schwungrad waagerecht ausgerichtet sind. Dies ist äussert wichtig, das es andernfalls vorkommen kann, dass die "C"-förmige Anlaufscheibe herausfallen und Schäden anrichten kann.
- Das Schwungrad gegen Mitdrehen sichern und die Schwungradschraube lösen. Die Keilplatte des Schwungrades von der Kurbelwelle abnehmen. Zum Abziehen des Schwungrades ist jetzt ein Spezialwerkzeug erforderlich, welches die in Bild 112 gezeigte Form hat. Die Abziehplatte wie gezeigt anschrauben (das

Druckstück wird in das Ende der Kurbelwelle eingesetzt) und die Mittelschraube des Abziehers anziehen, bis das Schwungrad vom Konussitz der Kurbelwelle herunterkommt. Das Schwungrad sitzt sehr fest und könnte beim Brechen des Konussitzes einen Knall erzeugen, welcher den Anschein gibt, dass irgendetwas abgebrochen ist. Dies ist jedoch vollkommen normal. Das Werkzeug trägt die Nummer 18G 304.

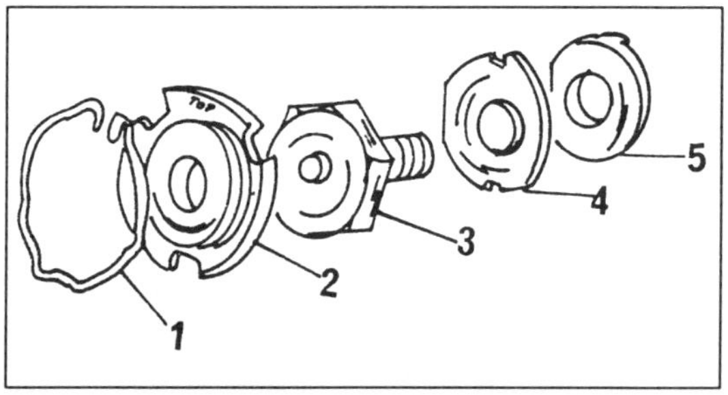

Bild 113
Die Teile der Schwungradbefestigung.
1 Sicherungsring
2 Ausrückplatte
3 Schwungradschraube
4 Sicherungsblech
5 Führungsscheibe

● Schwungrad, Mitnehmerscheibe und Kupplungsdruckplatte aus dem Schwungradgehäuse herausnehmen.

Der Einbau der Kurbelwelle geschieht in umgekehrter Reihenfolge wie der Ausbau, jedoch sind die folgenden Punkte vorher zu beachten:

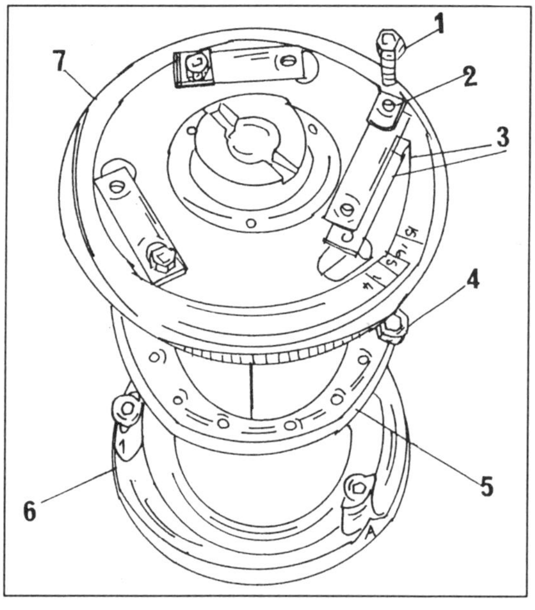

Bild 114
Ansicht der Kupplungsteile und des Schwungrades.
1 Schraube für Mitnehmerlaschen
2 Sicherungsblech
3 Mitnehmerlaschen
4 Distanzscheibe
5 Mitnehmerscheibe
6 Druckplatte
7 Schwungrad

● Den Konus am Ende der Kurbelwelle einwandfrei säubern, da andernfalls keine gute Haftung zustande kommt.

● Die Kupplungsdruckplatte und der Tellerfederdeckel sind mit einem Auswuchtzeichen markiert. Beim Zusammenbau müssen die beiden "A"-Zeichen und die Zündzeitpunktmarkierungen am Schwungrad alle in einer Linie liegen. Beim Einbau zuerst die Druckplatte in das Schwungradgehäuse einlegen und auf das Auswuchtzeichen achten.

● Die Mitnehmerscheibe mit der längeren Seite der Nabe nach innen weisend auf die Verzahnungen des Antriebsrades aufstecken und die Druckplatte auf der Mitnehmerscheibe zentrieren.

● Das Schwungrad so auf den Konus der Kurbelwelle aufstecken, dass die 1/4-Markierung in eine Linie mit dem "A" an der Kupplungsdruckplatte kommt. Die drei Passschrauben leicht in die Druckplatte schrauben, um die Teile zusammenzuhalten.

● Den Schlitz im Ende der Kurbelwelle und im Schwungrad ausrichten und die Führungsplatte aufstecken. Die Schwungradschraube mit einem neuen Sicherungsblech einsetzen, das Schwungrad gegen Mitdrehen halten und die Schraube mit einem Anzugsdrehmoment von 155 Nm anziehen. Da das Anzugsdrehmoment sehr hoch ist, muss das Schwungrad gut gegengehalten werden. Die Lasche des Sicherungsbleches über eine der Sechskantflächen umschlagen. Die drei Passschrauben wieder herausdrehen. Bild 113 zeigt die in das Ende der Kurbelwelle einzusetzenden und zu befestigen Teile.

● Den Kupplungsdeckel so aufsetzen, dass das eingezeichnete "A" mit den anderen Zeichen fluchtet und die Passschrauben langsam anziehen. Die Schäfte der Passschrauben müssen einwandfrei durch die Mitnehmerlaschen kommen, d.h. man muss gut darauf achten. Die Schrauben auf ein Anzugsdrehmoment von 22 Nm anziehen.

● Alle anderen Arbeiten in umgekehrter Reihenfolge wie beim Ausbau durchführen und die Kupplung abschliessend einstellen (siehe Abschnitt "Kupplung").

8.1.2 Abgeänderte Kupplung

Obwohl die Kupplung bei Motoren mit Vergaser und Einspritzanlage gleich ist, liegen Unterschiede vor. Die Arbeiten sind getrennt beschrieben.

Mit Vergaser

● Massekabel der Batterie abklemmen.

● Das Fahrzeug entsprechend aufbocken, um an die unten erwähnten Teile heranzukommen.

● Die Motorhaube ausbauen, falls man die Arbeit das erste Mal durchführt.

● Die elektrischen Kabel vom Einrückmagnetschalter des Anlassers abklemmen und den Schalter vom Kotflügelseitenteil abschrauben.

● Die Kabel des Anlassers abklemmen und den Anlasser ausbauen.

● Das Auspuffrohr vom Auspuffkrümmer abschrauben (Klemmschelle lockern).

● Den Kupplungsnehmerzylinder am Getriebe abschrauben. Den Zylinder mit der Halteplatte auf eine Seite legen. Auf die unterlegte Abstandsscheibe achten.

- Einen Wagenheber unter das Getriebe untersetzen und Motor/Getriebe anheben, bis das Aggregat leicht unter Spannung steht. Ein Stück Holz zwischen Wagenheberteller und Getriebe einsetzen, um keinen Schaden mit dem Wagenheber anzurichten.
- Die Schrauben der rechten Motoraufhängung vom Nebenrahmen lösen.
- Den Wagenheber anheben, so dass die rechte Seite des Motors höher kommt, bis man an die Befestigungsschrauben des Kupplungsverschlussdeckels kommt. Die Schrauben lösen. Unter einer der Schrauben ist der vom Vergaser kommende Schlauch untergelegt.
- Kontrollieren, dass die Schlitze im Ende der Kurbelwellennabe waagerecht stehen und danach das Schwungrad in geeigneter Weise gegen Mitdrehen blockieren. Dazu kann man einen kräftigen Schraubenzieher zwischen den Zähnen des Schwungrades und dem Schwungradgehäuse einsetzen.
- Die Lasche des Sicherungsbleches aus der Nut ausschlagen und die Schraube des Schwungrades lösen. In der Werkstatt wird ein Spezialschlüssel zum Lösen benutzt. Falls man einen anderen, passenden Schlüssel benutzt, muss dieser gut auf die Schraube passen, da das Anzugsdrehmoment sehr hoch ist.
- Die Schraube und die Führungsplatte aus der Kurbelwelle ausschrauben. Ein Spezialwerkzeug ist jetzt zum Abziehen des Schwungrades erforderlich, welches ähnlich wie in Bild 112 gezeigt arbeitet, aber unter der Nummer 18 G 1381 läuft. Die Abziehplatte anschrauben und die mittlere Schraube anziehen, bis die Verbindung getrennt wird. Ein kurzer Schlag gegen die Abziehschraube hilft beim Trennen des Schwungrades.
- Kupplung/Schwungradeinheit herausziehen.
- Die Schrauben der Kupplung über Kreuz in mehreren Durchgängen lockern, bis sie frei ist und abgenommen werden kann. Die Mitnehmerscheibe aus dem Schwungrad herausnehmen. Bild 115 zeigt die Zusammensetzung der Kupplung.

Der Einbau der Kupplung wird am Ende der Ausbaubeschreibung für einen eingebauten Einspritzmotor zusammengefasst.

Einspritzmotor

- Motorhaube ausbauen.
- Die Vorderseite des Fahrzeuges auf Böcke setzen und die beiden Vorderräder abschrauben.
- Massekabel der Batterie abklemmen.
- Die drei Verschlüsse lösen und die Abschirmung des Zündverteilers an der Vorderseite des Motors entfernen.
- Den kompletten Luftfilter ausbauen.
- Das elektronische Steuergerät abschrauben und zur Seite legen.
- Den Kabelstecker von der Hupe abziehen, die Schrauben der Hupe entfernen und die Hupe herausnehmen.

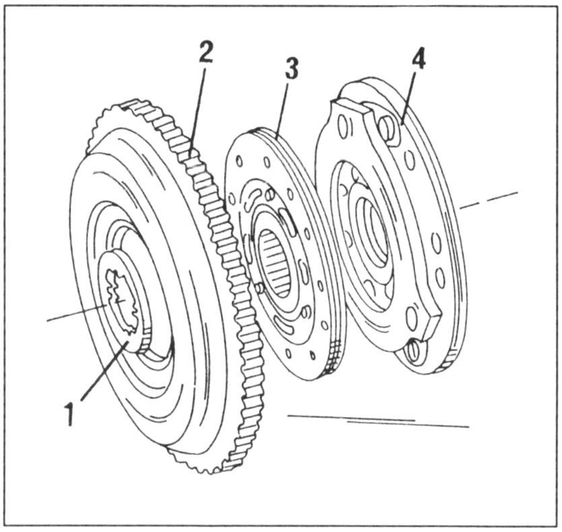

Bild 115
Ansicht der Kupplung der in den letzten Jahren gebauten Fahrzeuge.
1 Staubschutzring
2 Schwungrad
3 Mitnehmerscheibe
4 Kupplungsdruckplatte

- Die Mutter der Zündspulenbefestigung an der Vorderseite des Zylinderkopfes abschrauben, herunterheben und auf einer Seite ablegen.
- Den Kabelbinder zur Befestigung der Kabel für den Einrückmagnetschalter entfernen und den Kabelstecker vom Schalter abziehen. Ebenfalls die Kabel vom Anlasser abklemmen. Den Anlasser jetzt ausbauen.
- Den Sensor für die Kurbelwelle auf der Seite des Schwungradgehäuses ausbauen (siehe bereits gegebene Beschreibung).
- Von der Unterseite des rechten Radkastens den Luftansaugschlauch aus dem Anlasskabel herausziehen und danach den Schlauch zur Innenseite des Motorraums zu herausziehen.
- Den Belüftungsschlauch des Ölabscheiders von der rechten Seite des Zylinderkopfes abziehen und den Ölabsscheider vom Zylinderkopf abschrauben. Den Abscheider zusammen mit dem Schlauch und der Dichtung abnehmen.
- Massekabel des Motors verfolgen und an der Motorraumstirnwand abschrauben.
- Die Kabelschelle des Kabelstrangs und der Halterung für die Kabel des Anlassers vom Schwungradgehäuse abschrauben und auf eine Seite schieben.
- Die drei Schrauben der oberen Kühlerstütze entfernen und die Stütze vom Motor abschrauben.
- Die Schrauben des Kupplungsnehmerzylinders vom Schwungradgehäuse entfernen und den Zylinder vom Betätigungsstössel abziehen. Den Halter des Nehmerzylinders abschrauben.

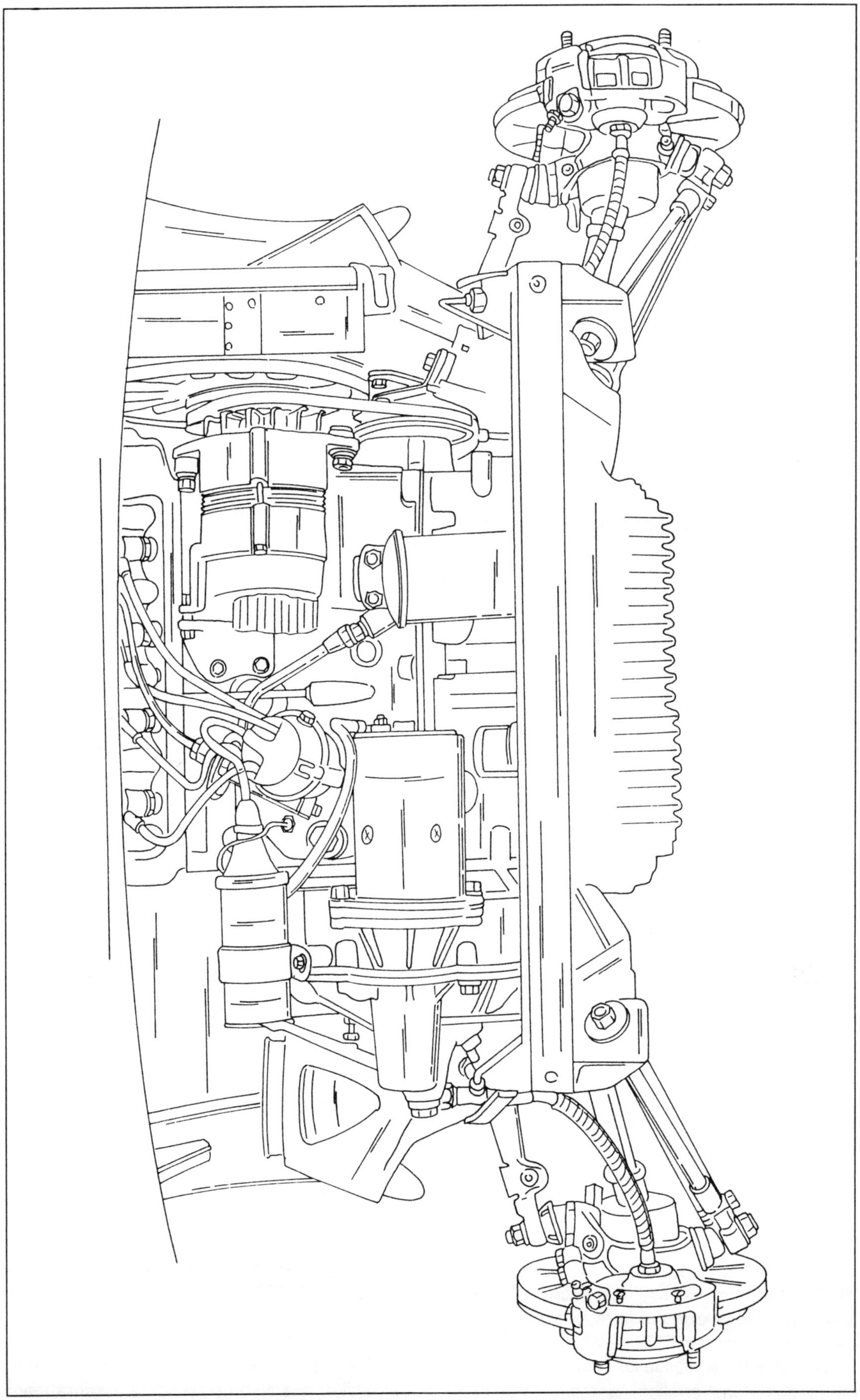

Ansicht des eingebauten Motors und Getriebes von vorn bei einem Fahrzeug mit Scheibenbremsen an der Vorderseite.

● Die drei Schrauben des oberen Kühlerstützbügels lösen und den Bügel vom Zylinderkopf abnehmen.
● Die untere Stützstrebe von der Halterung am Getriebe abschrauben und die Halterung vom Getriebe abmontieren.
● Die Kupplung jetzt ausbauen, wie es beim Vergasermotor beschrieben wurde.

Einbau — Alle Ausführungen
Vor dem Einbau der Kupplung die einzelnen Teile überprüfen, wie es im nächsten Kapitel beschrieben wird.
● Die Mitnehmerscheibe in das Schwungrad einlegen. Die längere Seite der Nabe muss zum Schwungrad weisen. Manchmal ist die Mitnehmerscheibe mit der Bezeichnung "FLYWHEEL SIDE" (Schwungradseite) gezeichnet.
● Die Kupplungsdruckplatte am Schwungrad anbringen und die Schrauben fingerfest anziehen.
● Die Mitnehmerscheibe muss zentriert werden. In der Werkstatt steht dazu ein Spezialdorn zur Verfügung. Da man diesen höchstwahrscheinlich nicht zur Verfügung hat, wurden die Schrauben locker gelassen. Die Schwungrad/Kupplungseinheit kann über die Keilverzahnungen des Antriebsrades der Kurbelwelle geführt werden. Die lose Mitnehmerscheibe zentriert sich dabei in der Innenseite des Schwungrades. Ist dies nicht sofort der Fall, überprüft man zuerst, ob die Kupplungsschrauben locker genug sind, um der Mitnehmerscheibe seitliche Bewegung zu erlauben. Nach vorschriftsmässigem Eingriff die Schrauben über Kreuz mit einem Anzugsdrehmoment von 25 Nm anziehen. Bei eingebautem Motor ist diese Arbeit aufgrund des Platzmangels leichter beschrieben, als durchgeführt, um an alle Schrauben zu kommen.
● Die Führungsplatte und die Mittelschraube des Schwungrades anbringen. Das Schwungrad in geeigneter Weise gegenhalten und die Schraube mit 155 Nm anziehen. Das Sicherungsblech in die Nut der Kupplungsnabe einschlagen. Die Drucklagerhülse aufstecken.
● Alle weiteren Arbeiten in umgekehrter Reihenfolge wie beim Ausbau durchführen.

8.2 Überholen der Kupplung

● Unter Bezug auf Bild 114 die Sicherungsbleche der Schrauben für die Mitnehmerlaschen zurückschlagen und die Schrauben lösen. Die Mitnehmerlaschen abnehmen, aber darauf achten, dass eine Distanzscheibe zwischen den Laschen und dem Schwungrad eingelegt ist. Die Teile trennen.
● Die Reibfläche der Druckplatte auf Riefenbildung oder andere Schäden kontrollieren.
● Die Tellerfeder auf Verschleiss oder Rissbildung überprüfen.
● Die Löcher der Mitnehmerlaschen dürfen nicht oval ausgelaufen sein und die Schrauben dürfen keine Verschleisserscheinungen an den Schäften aufweisen.
● Die Beläge der Mitnehmerscheibe dürfen nicht verölt oder bis auf die Niete abgeschliffen sein. Brandstellen an den Belägen erfordern ebenfalls die Erneuerung der Mitnehmerscheibe. Beide Belagseiten der Scheibe kontrollieren. Die Keilverzahnungen in der Innenseite der Scheibe überprüfen.
● Ehe die Kupplung wieder zusammengebaut und eingebaut wird, sollte man das Axialspiel des Antriebsrades der Kurbelwelle kontrollieren. Diese Arbeit wurde bereits im Abschnitt "Motor" beschrieben.
● Ursprüngliche oder neue Mitnehmerlaschen auf das Schwungrad auflegen und die Distanzscheiben zwischen Laschen und Schwungrad unterlegen. Neue Sicherungsbleche auf die Schrauben stecken und die Schrauben hineindrehen, aber noch nicht anziehen.
● Kupplung und Schwungrad am Motor montieren, wie es bereits beschrieben wurde, aber auf die Auswuchtzeichen achten. Die Schrauben der Mitnehmerlaschen und Kupplungsschrauben auf 25 Nm anziehen.

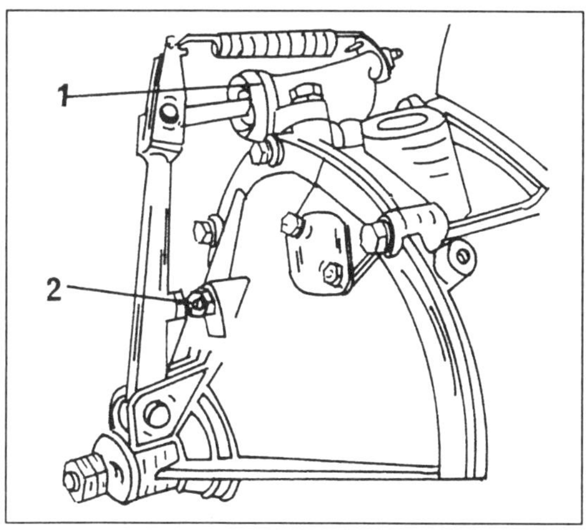

Bild 116
Zur Einstellung des Kupplungsausrückhebels.
1 Nehmerzylinder
2 Einstellschraube und Kontermutter

8.3 Einstellen des Kupplungsausrückhebels

Diesel Spiel sollte beim Austausch der Kupplung oder bei zu grossem Pedalspiel kontrolliert werden.
● Den Kupplungsausrückhebel vom Nehmer-

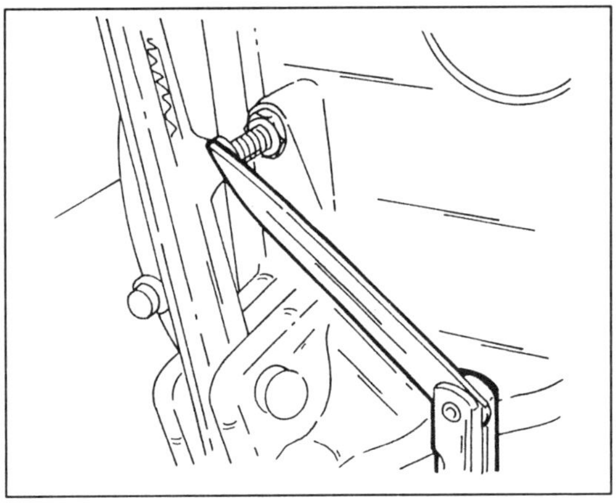

Bild 117
Der Spalt am Ausrückhebel wird zwischen dem Schraubenkopf und Hebel gemessen.

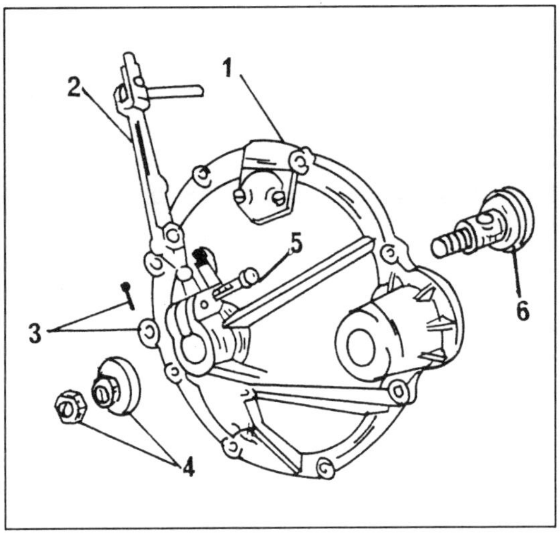

Bild 118
Einzelheiten zum Aus- und Einbau des Kupplungsausrücklagers der älteren Ausführung.
1 Kupplungsdeckel
2 Ausrückhebel
3 Splint und Scheibe
4 Ausrückanschlag und Kontermutter
5 Splintbolzen
6 Ausrücklager und Führungshülse

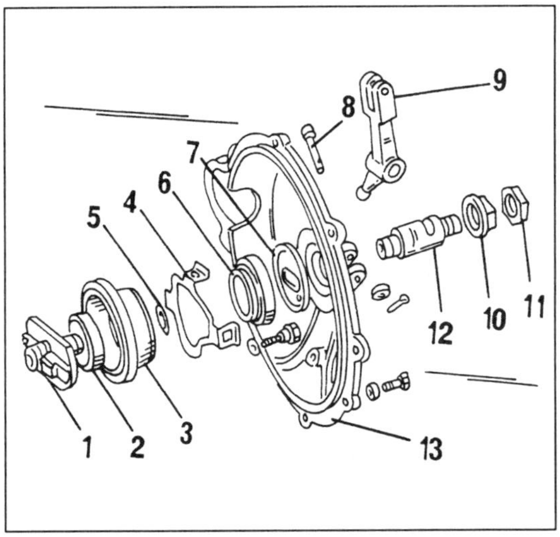

Bild 119
Die Einzelteile der Kupplungsausrückung bei der neuen Kupplungsausführung.
1 Führungsplatte für Schwungradbefestigung
2 Schraube der Schwungradbefestigung
3 Druckstück für Ausrückung
4 Sicherungsspange
5 "O"-Dichtring
6 Ausrücklager
7 Haltering
8 Gelenkbolzen
9 Ausrückhebel
10 Ausrückanschlag
11 Kontermutter
12 Ausrückstössel
13 Kupplungsgehäuse

zylinder (1) in Bild 116 wegziehen und eine Fühlerlehre zwischen dem Anschlag und der Einstellschraube an Stelle (2) einschieben, wie man es in Bild 117 sehen kann. Falls sich eine Lehre von mehr als 0,5 mm Stärke einschieben lässt, die Kontermutter lockern und die Schraube (2) verstellen, bis man das Spiel hergestellt hat.
Beim Anziehen der Kontermutter nicht die Schraube wieder verstellen.

8.4 Kupplungausrücklager

8.4.1 Aus- und Einbau

Die Anordnung des Ausrücklagers wurde mit der Änderung der Kupplung ebenfalls abgeändert. Die ältere Ausführung ist in Bild 118 gezeigt, die neue Ausführung in Bild 119.

Ältere Ausführung

- Den Kupplungsdeckel ausbauen, wie es beim Ausbau der Kupplung beschrieben wurde.
- Die Kontermutter des Ausrückanschlags am Ende des Kupplungsdeckels entfernen (siehe Bild 118).
- Den Splint und die Scheibe aus dem Bolzen (5) entfernen und den Bolzen herausziehen.
- Den Ausrückhebel (2) aus dem Schlitz des Kupplungsdeckels (1) und gleichzeitig aus der Bohrung des Ausrücklagers (6) herausziehen.
- Das Ausrücklager aus der Innenseite des Kupplungsdeckels herausziehen. Zum Erneuern des Lagers dieses von der Führung abpressen. Neues Lager in umgekehrter Reihenfolge montieren. Die Gleitflächen der Führungshülse und das Kugelende des Ausrückhebels mit Graphit einschmieren. Nach dem Einbau des Lagers und der übrigen Teile die untenstehende Einstellung durchführen (Kapitel 8.4.2).

Neue Ausführung

- In der oben beschriebenen Weise vorgehen, bis der Kupplungsdeckel ausgebaut ist.
- Die Teile des Ausrücklagers unter Bezug auf Bild 119 ausbauen. Die Sicherungszungen der Federspange müssen gelöst werden, um das Lager abzustreifen.

Ausrücklager müssen erneuert werden. Ein Auswaschen des Lagers führt zum Entfernen des Schmiermittels.

8.4.2 Einstellen des Ausrückanschlags

Ältere Kupplung

- Bei gelockerter Kontermutter den Anschlag verstellen, bis alles Spiel beseitig ist (Bild 120).
- Das Kupplungspedal von einem Helfer durchtreten lassen und den Anschlag gegen den Kupplungsdeckel drehen, bis er soeben gegen die Fläche anliegt.
- Aus dieser Stellung den Anschlag um eine weitere Sechskantfläche anziehen (nach Zurücklassen des Pedals) und die Kontermutter anziehen, ohne den Anschlag dabei wieder zu verstellen.

Neuere Kupplung

- Den Ausrückanschlag und die Kontermutter bis zum Ende des Gewindes abschrauben.
- Den Ausrückhebel mit der Hand vom Kupplungsdeckel wegziehen, bis man fühlen kann, dass das Ausrücklager innen anliegt.
- Den Ausrückanschlag einschrauben, bis ein Spalt von 6,5 mm zwischen dem Ende des Anschlages und der Fläche des Kupplungsdeckels vorhanden ist. Gemessen wird dabei ähnlich wie in Bild 117.
- Die Kontermutter anziehen, ohne dass sich der Ausrückanschlag dabei verstellen kann.

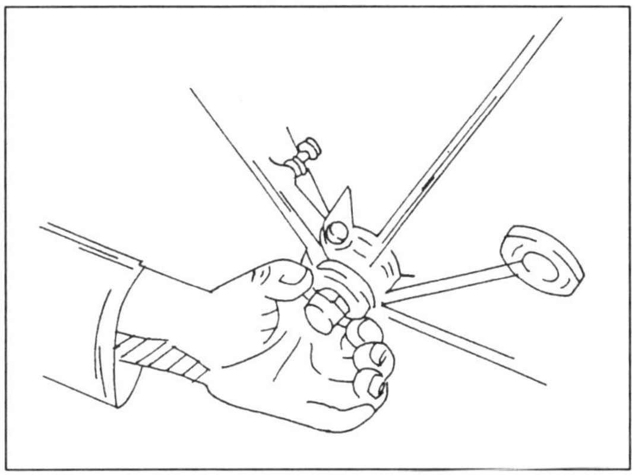

Bild 120
Der Ausrückanschlag wird in der gezeigten Weise bewegt, um das Spiel festzustellen.

8.5 Kupplungsgeberzylinder

8.5.1 Aus- und Einbau

Die folgende Beschreibung bezieht sich auf einen Vergasermotor. Bei einem Einspritzmotor muss man die im Wege liegenden Teile lösen, bzw. ausbauen, um an die zu lösenden Teile zu kommen.

- Einen Schlauch auf die Entlüftungsschraube des Nehmerzylinders stecken, die Schraube öffnen und das Kupplungspedal durchtreten, bis alle Flüssigkeit aus der Anlage ausgepumpt ist. Den Schlauch natürlich in ein Gefäss halten, um den Arbeitsplatz nicht zu verschmutzen.
- In der Innenseite des Fahreuges den Heizungsschlauch von der Heizung entfernen und vom Radkasten lösen.
- Den Splintbolzen von der Oberseite des Kupplungspedals entfernen (in der Innenseite des Fahrzeuges).
- Im Motorraum die Flüssigkeitsleitung von der Oberseite des Zylinders abschrauben.
- Die Muttern und Federringe des Zylinders entfernen und den Zylinder vorsichtig abheben, ohne dabei Flüssigkeit auf Lackstellen zu tropfen.

Der Einbau des Zylinders geschieht in umgekehrter Reihenfolge wie der Ausbau. Die Anlage abschliessend entlüften, wie es später beschrieben wird.

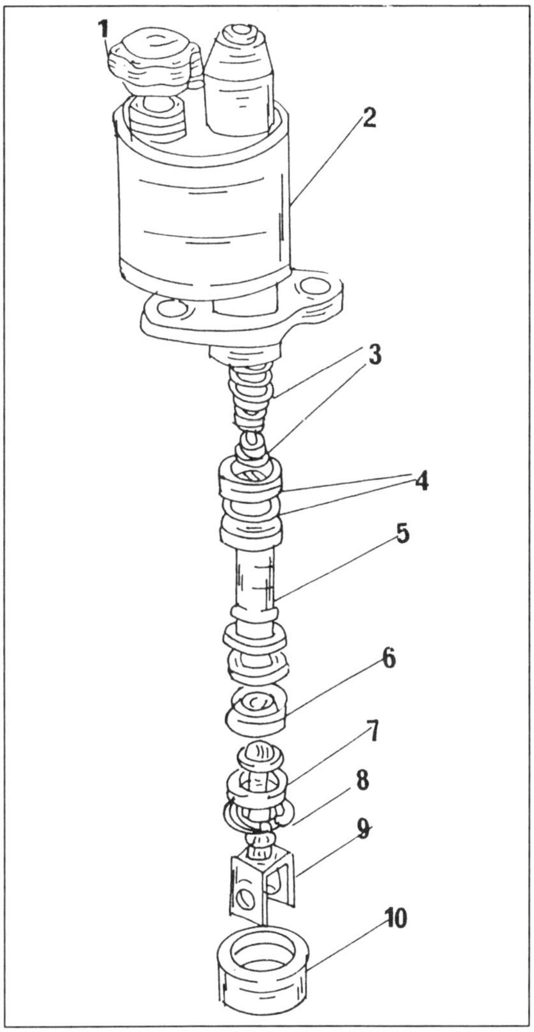

Bild 121
Montagebild des Kupplungsgeberzylinders.
1 Verschraubung
2 Zylindergehäuse
3 Feder und Federsitz
4 Manschette und Füllscheibe
5 Kolben
6 Kolbenmanschette
7 Anschlagscheibe
8 Sprengring
9 Gabelkopf
10 Gummikappe

8.5.2 Überholen des Geberzylinders

Ein Montagebild des Zylinders ist in Bild 121 gezeigt und sollte bei Reparaturen hinzugezogen werden.

- Verschlussdeckel (1) abschrauben und die Flüssigkeit ausgiessen.
- Vom Ende des Zylinders die Gummikappe (10) herunterziehen.
- Die Stösselstange (9) nach innen drücken und den Sprengring (8) entfernen.
- Stösselstange und Scheibe (7) herausnehmen.
- Den Kolben (5) zusammen mit der Kolbenmanschette (6), der Füllscheibe und Hauptmanschette (4) und der Feder mit dem Federsitz (3) herausziehen.
- Manschette (6) mit den Fingern vom Kolben entfernen. Nicht den Kolben beschädigen.

Bei der Überprüfung der Teile folgendes beachten:

- Zylindergehäuse in Spiritus oder Bremsflüssigkeit reinigen. Alle Innenteile sollten nur in Bremsflüssigkeit gereinigt werden.
- Falls die Zylinderbohrung oder der Kolben verschlissen sind, muss ein neuer Zylinder eingebaut werden.

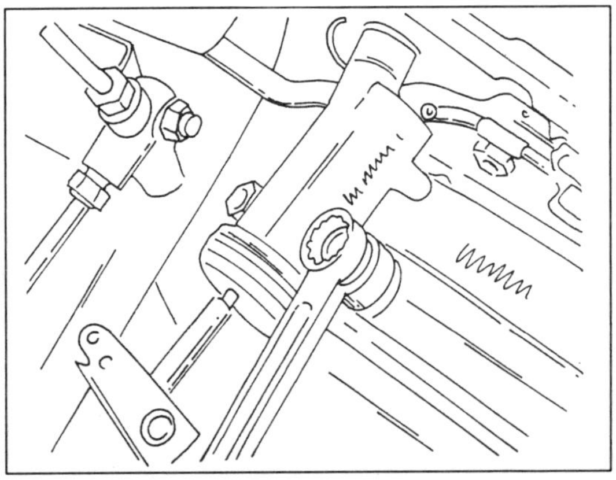

Bild 122
Abschrauben des Kupplungsnehmerzylinders vom Getriebe.

- Alle Gummimanschetten bei der Überholung immer erneuern. Die Einlass- und Auslasskanäle müssen frei von Verstopfung sein.

Beim Zusammenbau alle Teile in saubere Bremsflüssigkeit eintauchen. Die Kolbemanschette (6) mit den Fingern über den Kolben ziehen, so dass die Lippe der Manschette zum gebohrten Ende des

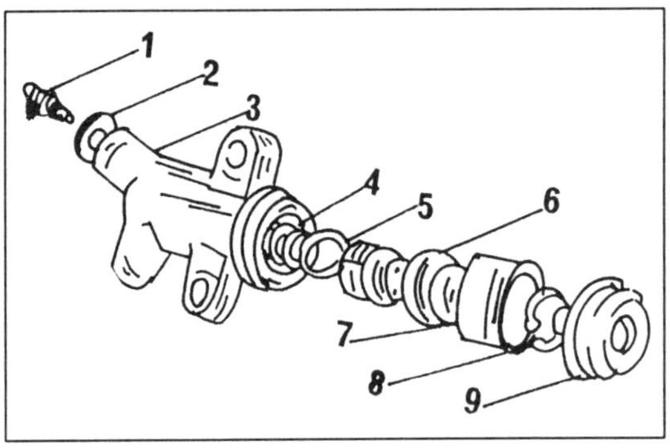

Bild 123
Montagebild des Kupplungsnehmerzylinders.
1 Entlüftungsschraube
2 Ankerblech und Rückzugfeder
3 Zylinder
4 Rückholfeder
5 Füllstück
6 Manschette
7 Kolben
8 Sprengring
9 Gummikappe

Kolbens weist. Den Federsitz in den kleineren Durchmesser der Feder einsetzen und die Feder mit dem grösseren Ende in die Bohrung schieben. Die Hauptmanschette und Füllscheibe einsetzen, die Manschette mit der Lippe zuerst und danach den Kolben in die Bohrung stossen. Anschlagscheibe, Stösselstange und Sprengring anbringen. Abschliessend die Gummikappe anbringen.

8.6 Kupplungsnehmerzylinder

8.6.1 Aus- und Einbau

- Einen Schlauch über die Entlüftungschraube stecken, die Schraube um eine Umdrehung öffnen und alle Flüssigkeit aus der Anlage auspumpen. Die Flüssigkeit natürlich in ein Gefäss leiten.
- Die Rückzugfeder des Ausrückhebels aushängen.
- Den Schlauchanschluss vom Zylinder lösen. Dazu die Überwurfmutter am Halteblech abschrauben und den Schlauch nach Lösen der Kontermutter am Blech entfernen.
- Die beiden Schrauben des Zylinders am Schwungradgehäuse lösen (Bild 122) und den Zylinder abnehmen. Die Stösselstange kann, falls erwünscht, am Ausrückhebel verbleiben.

Der Einbau des Zylinders geschieht in umgekehrter Reihenfolge wie der Ausbau. Den Schlauch am Zylinder erst anziehen, wenn dieser festgeschraubt ist. Abschliessend die hydraulische Anlage entlüften.

8.6.2 Überholung

Bild 123 zeigt den Zylinder in zerlegtem Zustand.

- Staubschutzkappe vom Zylinder entfernen und den Sprengring lösen.
- Den Kolben mit einer am Flüssigkeitsanschluss angesetzten Druckluftleitung herausblasen oder herausschütteln. Die Manschette sowie die Feder und der Federsitz kommen ebenfalls heraus.
- Die Kontrolle der Zylinderteile findet in ähnlicher Weise statt. Alle Innenteile mit Bremsflüssigkeit einschmieren, ehe sie zusammengebaut werden.

8.7 Entlüften der Kupplungsanlage

Die Kupplungsanlage muss entlüftet werden, falls irgendwelche Teile der hydraulischen Lage abgeschlossen wurden oder Luft aufgrund von Flüssigkeitsmangel in die Anlage geraten ist.

- Vorratsbehälter mit Bremsflüssigkeit füllen. Dies ist der Vorratsbehälter (2) in Bild 124.
- Das Ende eines durchsichtigen Schlauchs über die Entlüftungsschraube am Nehmerzylinder stecken. Das andere Ende des Schlauches in ein mit Bremsflüssigkeit gefülltes Glasgefäss einhängen.
- Entlüftungsschraube um eine Umdrehung öffnen.
- Das Kupplungspedal von einem Helfer durchtreten lassen. Das Pedal auf den Boden halten lassen und die Schraube wieder festziehen. Diesen Arbeitsgang wiederholen, bis alle aus dem Schlauch laufende Flüssigkeit frei von

Luftblasen ist. Der Vorratsbehälter muss laufend mit Flüssigkeit gefüllt werden, damit keine frische Luft angsaugt wird.

8.8 Störungen an der Kupplung

Eine Kupplung kann durchrutschen. Ausserdem kann eine Kupplung rupfen. Bei einer rupfenden Kupplung setzt sich das Fahrzeug ruckweise in Bewegung, d.h. die Übertragung der Motordrehzahl auf die Antriebsräder erfolgt nicht gleichmässig. Verschiedene Ursachen können für diese Störung verantwortlich sein.

- Die Motor- oder Getriebeaufhängung ist defekt oder die Befestigungsschrauben sind locker. Dies bedeutet, dass das Triebwerk beim Einkuppeln ins Schwingen kommt.
- Der Kupplungsbelag auf der Mitnehmerscheibe ist verbrannt oder verhärtet, d.h. keine gleichmässige Reibwirkung zwischen Kupplung und Schwungrad ist möglich. Falls man z.B. ein anderes Fahrzeug über eine längere Strecke abgeschleppt hat, kann dies passieren, ohne dass man es merkt.
- Die Druckplatte hat sich aufgrund von starker Wärmebildung verzogen, d.h. die Reibfläche ist nicht mehr einwandfrei glatt.

In allen Fällen müssen die Kupplung und Mitnehmerscheibe ausgebaut werden, um die Störungsquelle herauszufinden.

Sollte die Kupplungsanlage unterwegs ausfallen oder die Kupplung nicht mehr aus- oder einkuppeln, kann man die Reise zumindest in die nächste Werkstatt oder zu einem nahen Endziel fortsetzen. Es ist sogar möglich, dass man das Getriebe mit etwas Gefühl hoch- und runterschaltet. Falls die Kupplung ausfällt, während der Wagen rollt und der Gang eingeschaltet ist, und der Gang soll ausgeschaltet werden, das Gas wegnehmen und den Schalthebel in die Leergangstellung schalten. Klemmt der Gang, kann man ein wenig Gas geben, bis der Schalthebel frei wird.

Um ohne Kupplung anzufahren, folgendermassen vorgehen:

- Motor ausschalten und den ersten Gang einlegen.
- Den Anlasser betätigen. Ihr Wagen wird sich stotternd in Bewegung setzen, bis die Motordrehzahl sich dem Antrieb angeglichen hat. Falls der Motor kalt ist, sollte man ihn vorher warmlaufen lassen, damit er nicht sofort wieder stehenbleibt.

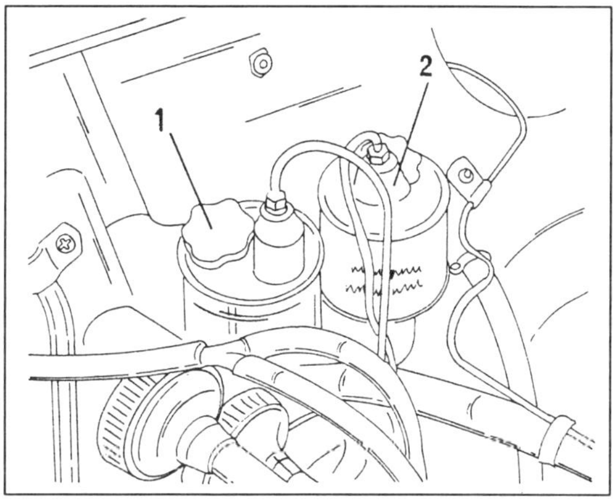

Bild 124
Ansicht der Vorratsbehälter im Motorraum.
1 Für Bremsanlage
2 Für Kupplungsanlage

Fährt man auf ebener Strasse im zweiten Gang an, kann man auf diese Weise bis zur nächsten Werkstatt weiterkommen.

- Will man das Hochschalten versuchen, wie oben beschrieben im ersten Gang anfahren und den Motor bis auf ca. 1000/min. beschleunigen. Das Gas etwas zurücknehmen und den Schalthebel in die Leergangstellung ziehen. Das Gaspedal jetzt vollkommen zurücklassen und den Schalthebel in Richtung der Stellung für den zweiten Gang drücken. Bei angeglichener Motor- und Getriebedrehzahl wird der Gang einspringen. Ist die Zwischenzeit der Schaltung zu lange, muss man wieder etwas Gas geben, damit sich der Gang einlegen lässt. Das Hochschalten nur bei niedrigen Geschwindigkeiten vornehmen, so etwa in den zweiten Gang bei ca. 20 km/h, in den dritten Gang bei ca. 25 km/h und in den 4. Gang bei etwa 35 km/h schalten.

- Beim Zurückschalten muss die Motordrehzahl beschleunigt werden, damit sich der nächste Gang einlegen lässt. Gas etwas zurücklassen, den Gang herausnehmen und mit Gefühl auf den Gashebel treten. Im gleichen Augenblick den Schalthebel in die Stellung des nächstniedrigeren Ganges drücken. Bei richtiger Motordrehzahl wird der Gang ohne Zögern einspringen. Auch beim Zurückschalten sollte man die Fahrgeschwindigkeit entsprechend abbremsen, um die Schaltung unter Kontrolle zu halten. Bei kratzenden Gängen muss man das Schalten erneut kontrollieren. Durch die Synchronisierung wird das Schalten mit etwas Gefühl leicht gemacht und sollte keine Schwierigkeiten bereiten.

Man wird feststellen, dass man etwas Übung haben muss, um den Anweisungen zu folgen.

Ein vollsynchronisiertes Vierganggetriebe ist in alle Fahrzeuge eingebaut. Das Getriebe ist in einem Aluminumgehäuse untergebracht, welches an der Unterseite des Motors angeflanscht ist. Wie wir bereits wissen, teilen sich Motor und Getriebe das Schmieröl.
Die Bewegungen des Schalthebels werden durch eine aussen angebrachte Schaltstange, eine Schaltwelle und einen Hebel auf die Schaltgabeln der einzelnen Gänge übertragen. Der Schalthebel ist in einem gummigelagerten, getrennten Gehäuse am Wagenboden verschraubt.

9.1 Aus- und Einbau des Getriebes

Getriebe und Motor müssen ausgebaut werden, wie es im betreffenden Kapitel von Abschnitt

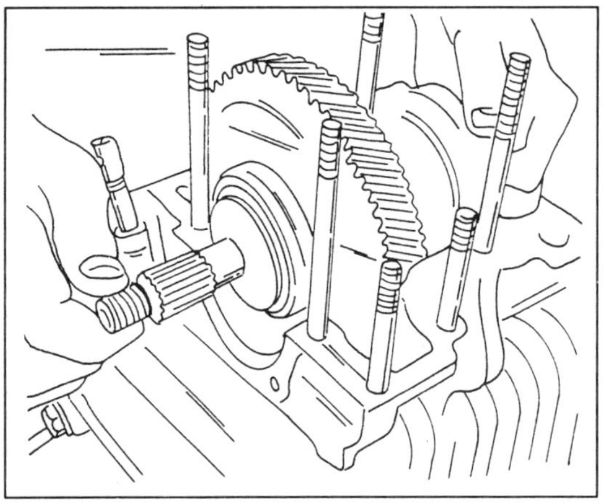

Bild 125
Herausheben des Differentials.

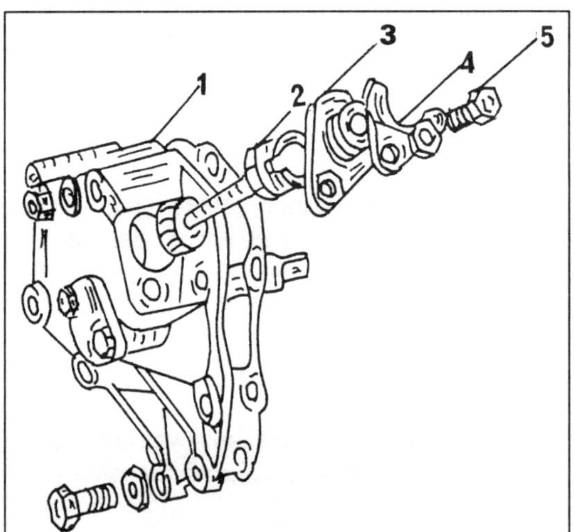

Bild 126
Einzelheiten zum Ausbau des Tachometerantriebs.
1 Tachometerantriebsgehäuse
2 Tachometerritzel
3 Ritzelführung
4 Sicherungsplatte
5 Befestigungsschraube

"Motor" beschrieben wurde. Das Getriebe jetzt folgendermassen vom Motor abflanschen:

- Öl aus dem Triebwerk ablassen.
- Den Kupplungsdeckel abschrauben und die Kupplung sowie das Schwungrad abmontieren (siehe Abschnitt "Kupplung").
- Anlasser ausbauen.
- Die Sicherungsbleche der Schrauben für das Schwungradgehäuse zurückschlagen, die Muttern und Schrauben lösen und das Schwungradgehäuse herunterziehen.
- Die Ölfilterpatrone abschrauben.
- Die Muttern und Schrauben lösen, die das Getriebe am Motor halten.
- Ein geeignetes Hebezeug am Motor anhängen.
- Den Motor vorsichtig vom Getriebe herunterheben.
- Die Dichtungen entfernen und die Dichtflächen sofort reinigen.
- Den Öldichtring des vorderen Hauptlagers entfernen.

Beim Anflanschen des Getriebes den "O"-Dichtring für die Ölbohrung kontrollieren und falls erforderlich erneuern. Einen neuen Öldichtring für das vordere Hauptlager einölen und einsetzen.
Den Motor vorsichtig auf das Getriebe senken und alle Schrauben und Muttern auf das vorgeschriebene Anzugsdrehmoment anziehen. Alle anderen Arbeiten in umgekehrter Reihenfolge wie beim Ausbau durchführen. Die Montage des Schwungradgehäuses (Abschnitt "Motor"), der Kupplung und des Schwungrades (Abschnitt "Kupplung") und der Einbau des Triebwerks (Abschnitt "Motor") wurden bereits beschrieben. Abschliessend den Motor und das Getriebe mit der vorgeschriebenen Menge des empfohlenen Motoröls füllen.

9.2 Zerlegung des Getriebes

Verschiedene Spezialwerkzeuge sind zum Zerlegen und Zusammenbau des Getriebes erforderlich und obwohl einige Spezialabzieher durch Universal-Abzieher ersetzt werden können, sollte man den folgenden Abschnitt zuerst durchlesen, um sich zu vergewissern, dass die Arbeiten im Rahmen des Möglichen sind. Erst dann mit der Zerlegung beginnen. Das Getriebe muss vom Motor abgeflanscht sein.

- Die Deckel des Achsantriebs abschrauben und herunternehmen. Feder, Hülse und Sperrkugel der Schaltsperre für die Gangwählwelle ausbauen. Die beiden Sicherungsbleche der

Muttern für das Antriebsgehäuse zurückschlagen und die Muttern lösen. Mit einem Gummihammer nachhelfen und das Antriebsgehäuse herunterheben. Das Getriebe hat jetzt das auf der letzten Seite in Bild 125 gezeigte Aussehen und das Differential kann herausgehoben werden.

- Schraube, Federring und Halteplatte des Tachometerritzels entfernen und das Ritzel vollständig aus dem Getriebe ziehen. Das Ritzel aus dem Gehäuse nehmen.
- Das Anbauteil für die Motoraufhängung abschrauben und das Tachometerantriebsgehäuse (1, Bild 126) abschrauben. Das Sicherungsblech der beiden Schrauben für die Ölsaugleitung zurückschlagen und die Leitung vom Gehäuse abschrauben und herausziehen. Die Leitung wird auf beiden Seiten gehalten.
- Den Sprengring des Rollenlagers der Hauptwelle entfernen und das Rollenlager mit einem geeigneten Abzieher herunterziehen. Zwei untergesetzte Schraubenzieher könnten ebenfalls zum Abdrücken des Lagers ausreichen. Die Teile sind in Bild 127 gezeigt.
- Das Sicherungsblech (4) in Bild 127 der Mutter (3) für das Zahnrad (5) zurückschlagen und ebenfalls das Sicherungsblech der Mutter für das Abtriebsrad zurückschlagen. Die Muttern sind ziemlich fest angezogen und ein Helfer muss das Getriebegehäuse gut halten, während die Muttern gelöst werden.
- Die Gangwählwelle nach links verdrehen, um den Schaltfinger aus dem Eingriff mit den Schalthebeln zu bringen.
- Den ersten und vierten Gang gleichzeitig einschalten, um das Getriebe zu blockieren und die Mutter des Antriebsrades lösen. Das Sicherungsblech und das Antriebsrad herunterziehen. Ebenfalls die Mutter des Hauptwellenrades lösen und Sicherungsblech sowie Zahnrad herunterziehen. Wiederum muss das Getriebegehäuse beim Lösen der Muttern von einem Helfer gehalten werden.
- Das Getriebe wieder in den Leergang schalten. Die Sicherungsbleche der Schrauben des Lagergehäuses für die Antriebswelle zurückschlagen und die Schrauben lösen. Das Lagergehäuse zusammen mit den Ausgleichsscheiben herausziehen.
- Das Sicherungsblech der Vorgelege- und Rücklaufwelle zurückschlagen. Die Vorgelegewelle mit einem Messingdorn zur Schwungradgehäuseseite zu ausschlagen und die Vorgelegeräder und die Anlaufscheiben entfernen.
- Den Sprengring vor dem Lager der Hauptwelle entfernen und danach das Lager mit einem geeigneten Abzieher aus dem Gehäuse und von der Welle ziehen.
- Um das Lager der verbleibenden Welle

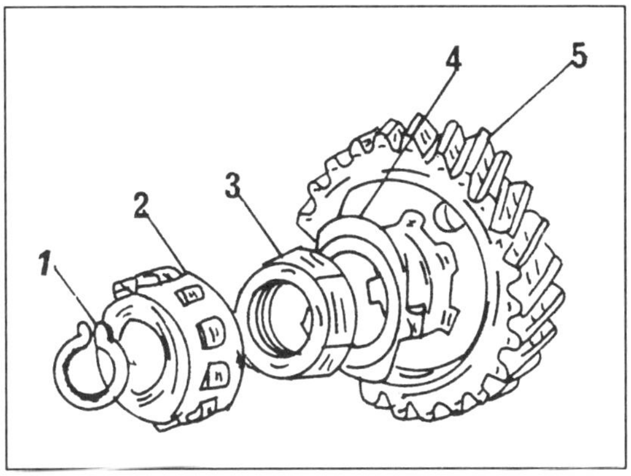

Bild 127
Ansicht des Hauptwelleantriebsrades und die Befestigungsteile.
1 Sprengring
2 Rollenlager
3 Mutter
4 Sicherungsblech
5 Zahnrad

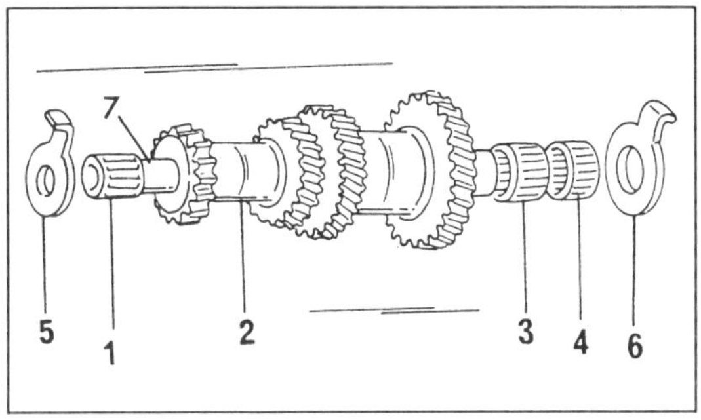

Bild 128
Ansicht der Vorgelegewelle und Teile.
1 Nadelrollenlager
2 Vorgelegeradsatz
3 Nadelrollenlager
4 Nadelrollenlager
5 Anlaufscheibe
6 Auslaufscheibe
7 Vorgelegewelle

(Hauptwelle) auszuziehen, ist normalerweise das vorschriftsmässige Werkzeug erforderlich (18G 1127). Versuchen kann man es aber ebenfalls, wie es unten beschrieben ist. Wird das Werkzeug benutzt, die Hauptwelle nach dem Schwungradgehäuseende des Getriebes zu schlagen, bis der Abzieher zwischen die Nabe des ersten Gangrades und dem Lager eingesetzt werden kann. Vorsichtig die Welle nach vorn schlagen, bis das Lager aus seiner Führung herauskommt. Beim Herausschlagen der Hauptwelle muss darauf geachtet werden, dass die Schaltgabeln nicht beschädigt werden und dass die Schiebemuffe des Synchronisierkörpers nicht von der Schaltnabe herunterkommen kann, da andernfalls Federn, Kugeln, usw. herausfallen. Nach Entfernen des Lagers die Hauptwelle entfernen. Das Ölsieb abschrauben und das Rückwärtsgangrad mit seiner Welle und die Schaltgabel ausbauen.

Falls der Abzieher nicht zur Verfügung steht:

- Mit einem Messingdorn die Hauptwelle gegen das Schwungradende des Getriebes schlagen, bis ein Abstand von ca. 25 mm zwischen dem Lager und dem Gangrad für den ersten Gang vorhanden ist. Dabei aufpassen, dass die Schiebemuffe nicht von der Schaltnabe des Synchronisierkörpers rutschen kann.
- Den Aussenring des Lagers von der Schwungradseite her aus der Mittelwand des Getriebegehäuses herausschlagen. Dabei gegen beide Seiten des Lagers schlagen, um ein Verkanten zu vermeiden. Sobald das Lager weit ge-

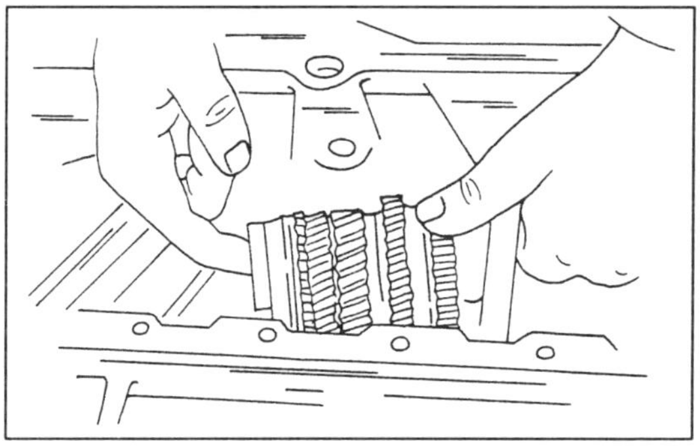

Bild 129
Die Hauptwelle wird beim Aus- und Einbau in der gezeigten Weise gehalten.

nug herausgetreten ist, kann man einen Schraubenzieher zwischen dem Gehäuse und dem Sprengring ansetzen (an verschiedenen Stellen) und das Lager vollkommen herausdrücken.

- Sobald das Lager aus der Mittelwand frei ist, es vom Ende der Hauptwelle abziehen und aus dem Gehäuse nehmen.
- Die Hauptwelle jetzt im Winkel aus dem Gehäuse heben, wie es in Bild 129 zu sehen ist.
- Die Schaltgabeln, Schaltschienen und die Rückwärtsgangschaltung brauchen nur bei Erneuerung des Getriebegehäuses ausgebaut werden.

Die Gangräder sind in den beiden Bildern gezeigt.

9.3 Zusammenbau des Getriebes

Die ausgebauten Getriebewellen sind in die in Bildern 130 und 131 gezeigten Teile zu zerlegen und danach einwandfrei zu reinigen und zu kontrollieren:

- Das Rücklaufrad und den Schaltarm in die richtige Lage setzen und die Rücklaufwelle so einführen, dass das glatte Ende nach vorn weist.
- Das Ölsieb montieren. Um das Einsetzen des Saugrohres zu erleichtern, kann der Dichtring eingefettet werden, damit das Rohr hineinrutschen kann.
- Die Hauptwelle in das Gehäuse einsetzen und mit den Schaltgabeln in Eingriff bringen. Mit einem geeigneten Dorn die Hauptwelle und das Lager in das Gehäuse einschlagen und einen Sprengring der passenden Stärke anbringen. Zur vorschriftsmässigen Ermittlung der Sprengringstärke steht die Speziallehre 18G 569 zur Verfügung, deren Benutzung in Bild 132 gezeigt ist, jedoch kann man durchaus eine Blattfühlerlehre benutzen, um den Spalt auszumessen. Der Spalt wird durch Einsetzen wahlweiser Sprengringstärken berichtig (siehe umseitig).

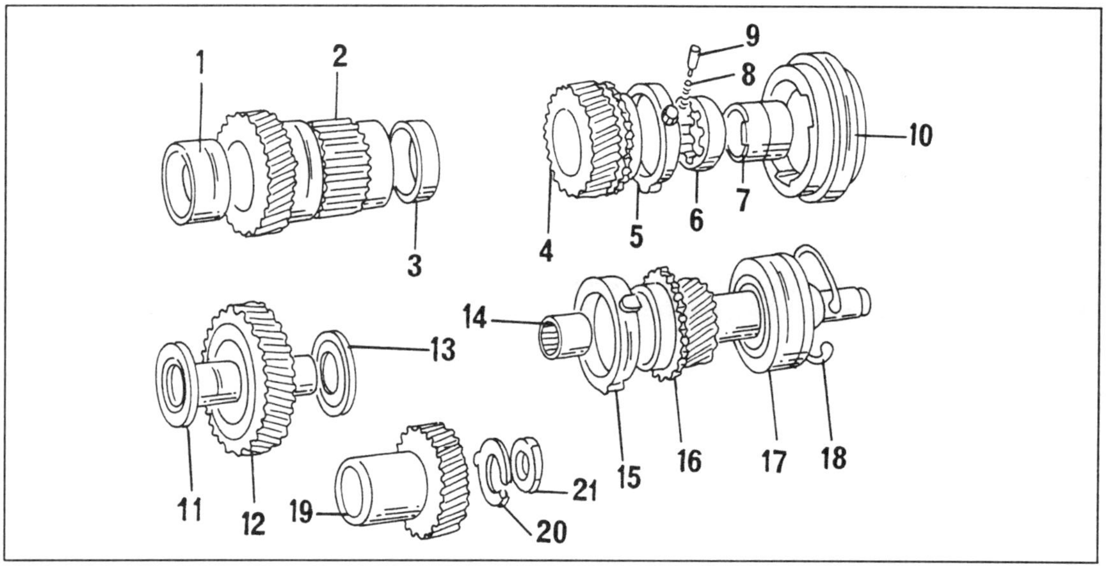

Bild 130
Montagebild der Gangräder.
1 Büchse des Antriebsrades
2 Antriebsrad
3 Büchse des Antriebsrades
4 Gangrad, 3. Gang
5 Synchronisierring
6 Anlaufscheibe
7 Büchse für Gangrad, 3. Gang
8 Feder
9 Stift für Anlaufscheibe
10 Synchronisierkörper, 3./4. Gang
11 Anlaufscheibe
12 Zwischenrad
13 Anlaufscheibe
14 Nadelrollenlager
15 Synchronisierring
16 Antriebswelle
17 Kugellager
18 Sprengring
19 Antriebsrad
20 Sicherungsblech
21 Mutter

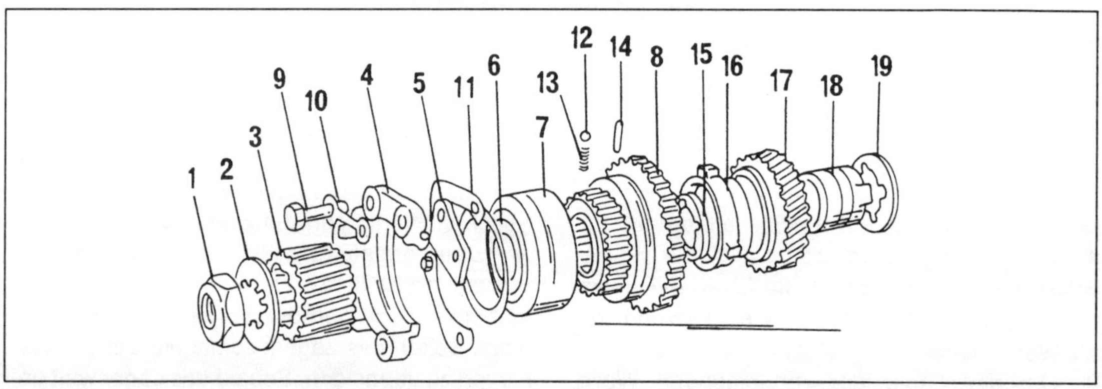

Bild 131
Montagebild einiger Getriebeteile (siehe ebenfalls Bild 130).
1 Mutter für Antriebsrad
2 Scheibe
3 Endantriebsrad
4 Lagerhalterung
5 Führungsplatte
6 Sprengring
7 Kugellager
8 Gangrad, 1. Gang
9 Befestigungsschraube
10 Sicherungsblech
11 Lagerausgleichsscheibe
12 Synchronisierkugel
13 Feder für 12
14 Synchronisierriegel
15 Anlaufscheibe
16 Synchronisierring
17 Gangrad, 2. Gang
18 Büchse für 17
19 Sicherungsring

Hinweis: Falls der Spalt zwischen 2,43 und 2,48 mm liegt, einen Sprengring mit Teil Nr. 2A 3710 verwenden, ist der Spalt grösser, einen Sprengring mit der Nummer 2A 3711 verwenden.

- Nadelrollenlager in das Vorgelege einsetzen (Lager einfetten) und das Vorgelege und die Welle mit den Anlaufscheiben in das Gehäuse einsetzen (siehe Bild 133).
- Mit einer Fühlerlehre, wie in Bild 63 gezeigt, das Axialspiel des Vorgeleges ausmessen. Das Spiel sollte zwischen 0,05 und 0,15 mm liegen. Eine der Anlaufscheiben ist in unterschiedlichen Stärken erhältlich (vier verschiedene) und ist entsprechend auszuwählen, um das angegebene Spiel herzustellen.
- Die Sicherungsplatte für die Vorgelegewelle und die Rücklaufwelle einsetzen. Die Wellen sind entsprechend zu verdrehen, bis die Schlitze zum Einsetzen der Platte ausgerichtet sind.
- Das Gehäuse des Hauptwellenlagers ohne Ausgleichsscheiben anbringen und die Schrauben anziehen, ohne sie zu überziehen.
- Den Spalt zwischen Lagergehäuse und Getriebegehäuse ausmessen, wie es in Bild 134 gezeigt ist und aus dem gefundenen Mass die folgenden Ausgleichsscheiben auswählen, die unter die Sicherungsplatte für die Vorgelege- und Rücklaufwelle unterzulegen ist:

Grösse des gemessenen Spaltes	*Ausgleichsscheibenstärke*
0,13 - 0,15 mm	0,13 mm
0,15 - 0,20 mm	0,18 mm
0,20 - 0,25 mm	0,23 mm
0,25 - 0,30 mm	0,28 mm
0,30 - 0,35 mm	0,33 mm
0,35 - 0,38 mm	0,38 mm

- Das Lagergehäuse mit neuen Sicherungsblechen montieren, die Schrauben auf ein Anzugsdrehmoment von 18 Nm anziehen und die Sicherungsbleche umschlagen.
- Den ersten und vierten Gang einschalten, um das Getriebe zu blockieren, das Antriebsrad mit einer neuen Sicherungsscheibe aufstecken und die Mutter aufschrauben. Die Mutter mit einem Anzugsdrehmoment von 207 Nm anziehen. Das Sicherungsblech über die Mutter umschlagen. Ebenfalls die Mutter der anderen Welle mit einem neuen Sicherungsblech anschrauben und die Mutter auf das gleiche Anzugsdrehmoment anziehen.
- Das Rollenlager auf die Welle aufschlagen und mit dem Sprengring befestigen.
- Das Getriebe wieder in den Leergang schalten und die Gangwählwelle verdrehen, um sie in Eingriff mit den Schaltgabeln zu bekommen.
- Die Ölleitung in das Ölsieb einsetzen.
- Eine neue Dichtung auflegen und die Sicherungsbleche erneuern. Zuerst die Schrauben des äusseren Flansches festziehen und danach die Schrauben des Rohrhalters. Die Sicherungsbleche umschlagen.

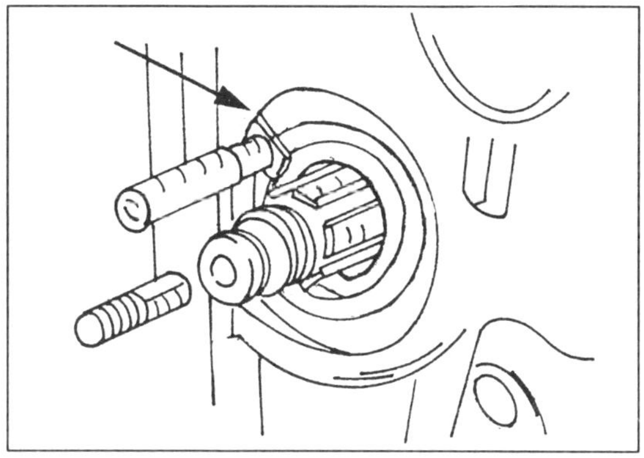

Bild 132
Die Lehre zum Ausmessen der Sprengringstärke unter dem Sprengring eingesetzt (Pfeilstelle).

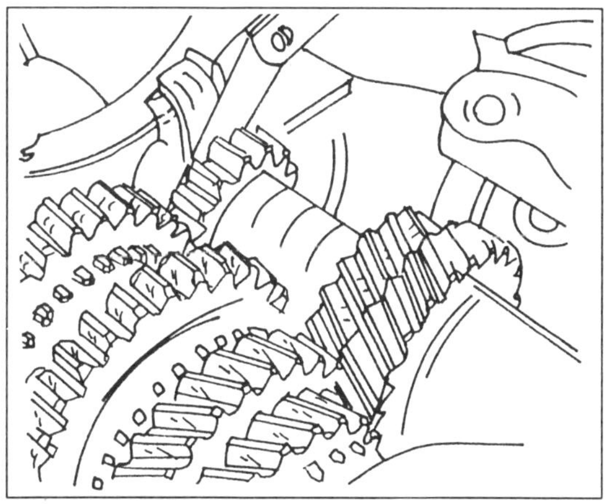

Bild 133
Ausmessen des Axialspiels des Vorgelegeradsatzes mit einer Fühlerlehre.

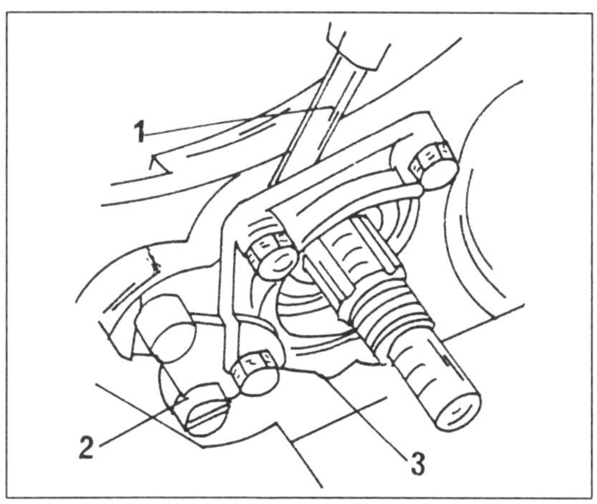

Bild 134
Ausmessen des Spaltes zwischen dem Lagergehäuse des Hauptwellenlagers und dem Getriebegehäuse.
1 Fühlerlehre
2 Sicherungsplatte
3 Lagergehäuse

- Das Tachometerantriebsgehäuse mit neuer Dichtung anbringen und das Ritzel mit einer neuen Dichtung montieren.
- Alle nicht genannten, anderen Zusammenbauarbeiten in umgekehrter Reihenfolge wie beim Ausbau durchführen. Das Differential wird im nächsten Abschnitt behandelt.

9.4 Der Hauptantriebssatz

Da die Zahnräder des Hauptantriebssatzes ohne vollkommene Zerlegung des Getriebes erneuert werden können, soll diese Arbeit getrennt beschrieben werden. Dazu die folgenden Vorarbeiten treffen:

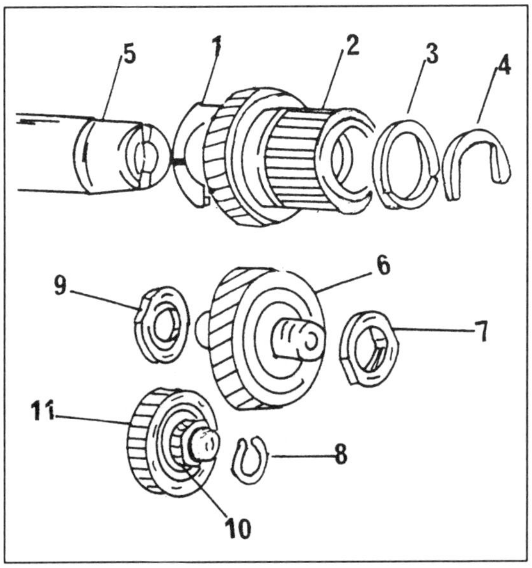

Bild 135
Ansicht der Teile des Hauptantriebssatzes.
1 Hintere Anlaufscheibe
2 Hauptantriebsrad
3 Gegenring
4 "C"-förmige Scheibe
5 Führungshülse für Dichtring
6 Zwischenrad
7 Anlaufscheibe
8 Spengring
9 Anlaufscheibe
10 Rollenlager
11 Antriebswellenrad

- Bei ausgebautem Motor das Schwungrad und die Kupplung abmontieren und das Schwungradgehäuse abbauen.
- Unter Bezug auf Bild 135 die "C"-förmige Scheibe und den dahinterliegenden Ring vom Antriebsrad entfernen und das Hauptantriebsrad herunterziehen.
- Anlaufscheibe hinter dem Zahnrad herunternehmen.
- Den Sprengring des unteren Zahnrades entfernen und das Rollenlager mit einem geeigneten Abzieher (18G 705 und 18G 705C) herunterziehen. Das Zwischenrad mit der Anlaufscheibe herausnehmen.
- Das Zahnrad in geeigneter Weise gegenhalten, das Sicherungsblech der Mutter zurückschlagen und die Mutter lösen. Das Zahnrad herunterziehen. Falls eines der Zahnräder beschädigt ist, muss der gesamte Satz erneuert werden. Der Einbau der Teile geschieht in umgekehrter Reihenfolge wie der Ausbau, jedoch sind die folgenden Arbeiten besonders zu beachten:
- Die Mutter des Antriebsrades mit dem vorgeschriebenen Drehmoment anziehen. Das Zahnrad dabei gegenhalten.
- Die Scheibe 61) auf die Welle stecken und das Zahnrad (2) aufschieben. Die angeschrägte Seite der Scheibe kommt zur Kurbelwelle. Die Scheibe (3) aufschieben und die "C"-Scheibe (4) anbringen.
- Mit einer Fühlerlehre den Spalt zwischen der Anlaufscheibe und dem Zahnrad ausmessen. Falls das Spiel nicht innerhalb 0,09 bis 0,16 mm liegt, ist eine Anlaufscheibe unterschiedlicher Stärke einzubauen (vier Scheiben erhältlich). Das Antriebsrad abschliessend wieder ausbauen.
- Das Zwischenrad (6) mit dem längeren Lagerzapfen in das Gehäuse einsetzen und einen Scheibe auf der Getriebeseite des Zahnrades auflegen. Zum Einstellen des Axialspiels des Zwischenrades ist jetzt Spezialwerkzeug 18G 1089 erforderlich. Dies besteht aus zwei Scheiben, zwischen die eine Wachsscheibe eingesetzt wird. Die Scheiben auf das Zwischenrad aufstecken und das Schwungradgehäuse mit einer neuen Dichtung anschrauben und auf das Anzugsdrehmoment festziehen.
- Das Schwungradgehäuse wieder anschrauben. Die Dichtung wegwerfen und die Stärke der zusammengepressten Scheiben mit einem Mikrometer ausmessen. Von der gefundenen Stärke einen Wert von 0,10 bis 0,18 mm abziehen und eine Anlaufscheibe der betreffenden Stärke auswählen (vier Scheiben erhältlich).

Hinweis: Wenn die Messung bei zerlegtem Getriebe durchgeführt wird, kann man mit einer Fühlerlehre von der Innenseite bei angeschraubtem Schwungradgehäuse messen wie gross das Axialspiel ist.

9.5 Die Hauptwelle

9.5.1 Zerlegung der Hauptwelle

Die Hauptwelle unter Bezug auf Bild 136 folgendermassen zerlegen:

- Den Synchronisierkörper für den 3. und 4. Gang (3) und die beiden Synchronringe (2) abnehmen.
- Den Sicherungsstift der vorderen Anlaufscheibe (4) nach innen drücken und die Scheibe verdrehen, bis sie über die Keilverzahnung geschoben werden kann. Den Stift und die Feder herausnehmen. Das Gangrad des dritten Ganges (6) jetzt zusammen mit dem Nadelrollenlager herunterschieben.
- Gangrad des ersten Ganges (10) zusammen mit dem Nadelrollenlager und dem Synchronring vom anderen Ende der Welle ziehen. Der Laufring (9) für das Nadelrollenlager ist mit einem geeigneten Abzieher herunterzuziehen, muss aber vorher mit einem Hebel etwas nach hinten gedrückt werden, so dass man den Abzieher ansetzen kann. Der Synchronkörper für den 1. und 2. Gang und der Synchronring (8) sind jetzt

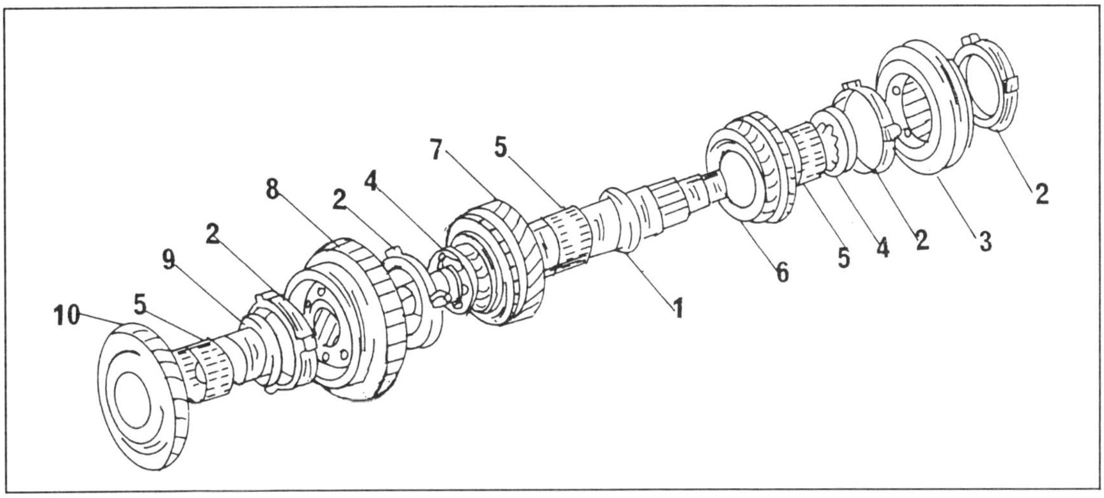

Bild 136
Die Bestandteile der Hauptwelle.
1 Hauptwelle
2 Synchronisierringe
3 Synchronisierkörper, 3./4. Gang
4 Sicherungsringe
5 Nadelrollenlager
6 Gangrad, 3. Gang
7 Gangrad, 2. Gang
8 Synchronisierkörper, 1./2. Gang
9 Laufring für Nadelrollen
10 Antriebsrad

frei zum Abnehmen.

● Die Anlaufscheibe (4) wie vorher nach Hineindrücken der Federstifte vom Ende der Welle ziehen und danach das zweite Gangrad mit dem Nadelrollenlager abstreifen.

● Falls die Synchronkörper zerlegt werden sollen, ist ein Lappen um diesen zu wickeln, damit die Federn und Kugeln nicht davonfliegen können. Danach die Naben aus den Schiebemuffen drücken.

9.5.2 Zusammenbau der Hauptwelle

Der Zusammenbau der Hauptwelle geschieht in umgekehrter Reihenfolge wie das Zerlegen, jedoch sind die folgenden Punkte zu beachten:

● Falls die Synchronkörper zerlegt wurden, ist beim Zusammenbau darauf zu achten, dass die längere Seite der Nabe und Schiebemuffe auf die gleiche Seite kommen. Die längeren Ansätze der Synchronkörper müssen nach Aufbringen der Welle gegen die folgenden Teile stehen:

— 3./4. Gang	Lager der Hauptwelle
— 1./2. Gang	Erstes Gangrad

● Laufring des Nadelrollenlagers für das Gangrad des ersten Ganges mit einem geeigneten Dorn aufschlagen.

10.1 Ausbau des Achsantriebs

● Motor und Getriebe ausbauen, aber das Getriebe nur vom Motor trennen, wenn Arbeiten am Getriebe durchzuführen sind.

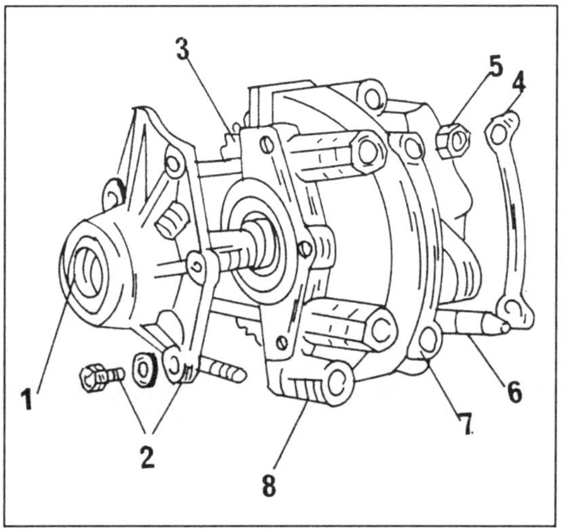

Bild 137
Zum Ausbau des Achsantriebs.
1 Öldichtring
2 Deckel und Mutter
3 Differential mit Antriebsrad
4 Sicherungsblech
5 Mutter
6 Spezialhülse und Dichtringschutz
7 Sicherungsbleche
8 Achsantriebsgehäuse

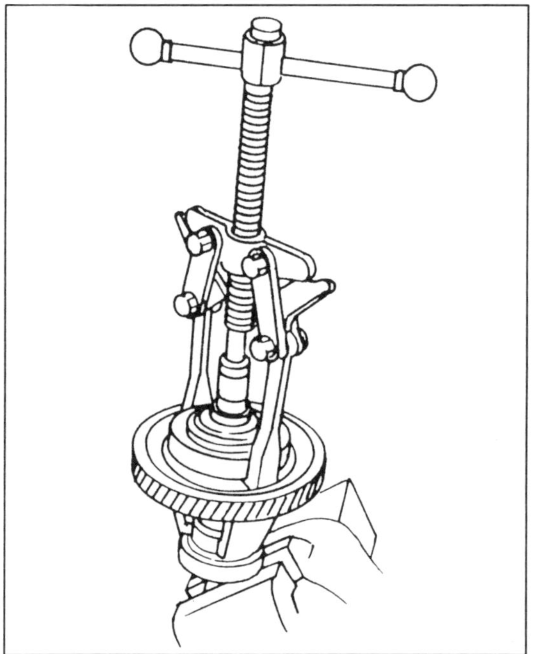

Bild 138
Abziehen eines Differentiallagers mit einem Zweiarmabzieher. Andere Seite mit Blechbacken in einen Schraubstock einspannen.

● Schrauben der Differentialdeckel lösen und die Deckel abnehmen. Auf der Tellerradseite sind die Ausgleichsscheiben untergelegt. Die Öldichtringe sind sofort aus den Deckeln zu entfernen, da sie erneuert werden müssen.
● Feder, Hülse und Kugel der Schaltsperre entfernen.
● Die Sicherungsbleche der Muttern des Achsantriebsgehäuses zurückschlagen, die Muttern lösen und die Sicherungsbleche abnehmen.
● Mit einem Gummihammer das Achsantriebsgehäuse vom Getriebe abschlagen.
● Das Differential herausheben.
● Mit einem geeigneten Abzieher die Differentiallager herunterziehen, wie es Bild 138 zeigt. Die Lager sind mit "Thrust" (Druckseite) an der Aussenseite gezeichnet, um keine Einbaufehler zu machen.
● Tellerrad und Differentialkorb im Verhältnis zueinander zeichnen, Sicherungsbleche zurückschlagen und die Tellerradschrauben lösen. Das Tellerrad komplett mit dem in der Innenseite befindlichen Differerentialseitenrad mit einem Gummihammer abschlagen. Das Seitenrad aus dem Tellerrad herausziehen.
● Sicherungsstift der Differentialachse herausschlagen, die Achse herausschlagen und den Anlaufblock entfernen. Die Ausgleichskegelräder und Anlaufscheiben sowie das zweite Differentialseitenrad und die Anlaufscheibe entfernen.
Da bei Erneuerung des Tellerrades ebenfalls das Antriebsrad erneuert werden muss, ist dieses folgendermassen auszubauen:
● Tachometerritzel und Tachometerantriebsgehäuse ausbauen, wie es beim Zerlegen des Getriebes beschrieben wurde.
● Sicherungsblech der Mutter des Antriebsrades zurückschlagen.
● Die Gangwählwelle nach links verdrehen, um sie aus dem Schalteingriff zu bringen und den Schaltmitnehmer für den 1./2. Gang nach innen drücken und mit einem Schraubenzieher den 4. Gang einschalten, um das Getriebe zu blockieren.
● Die Mutter des Zahnrades lockern und das Zahnrad mit dem Sicherungsblech abnehmen.

10.2 Einbau des Achsantriebs

Der Zusammenbau des Differentials geschieht in umgekehrter Reihenfolge wie das Zerlegen und keinerlei Einstellungen sind erforderlich. Beim weiteren Zusammenbau folgendermassen vorgehen:
● Differentiallager mit einem passenden Dorn aufschlagen ("Thrust"-Seite nach aussen).
● Das Differential so in das Gehäuse einsetzen, dass dieses leicht zum Schwungradende des Motors geschoben ist.
● Die Schaltwelle mit Klebband umwickeln, um den Dichtring zu schützen und das Achsantriebsgehäuse wieder vorsichtig aufsetzen.
● Neues Sicherungsblech verwenden und die

Muttern ausreichend anziehen, um den Achsantrieb festzuhalten, so dass er sich aber bewegen kann, wenn der Deckel am Schwungradgehäuse angeschraubt wird.

- Den Deckel so auf der Schwungradseite anschrauben (neue Dichtung), dass die Ölbohrung mit der Bohrung im Gehäuse in eine Linie kommt.
- Die Schrauben des Deckels gleichmässig über Kreuz anziehen, so dass der Deckel gut gegen die Aussenfläche des äusseren Lagerringes anliegt. Während die Schrauben angezogen werden, wird der Achsantrieb vom Schwungradende des Motors weggedrückt, so dass die Lagervorspannung eingestellt werden kann.
- Den anderen Deckel ohne Dichtung und Ausgleichsscheiben anschrauben und die Schrauben über Kreuz anziehen, bis der Deckel soeben gegen den Aussenring des Lagers ansitzt.
- Mit Fühlerlehren an verschiedenen Stellen des Deckelumfanges den Spalt zwischen Deckelfäche und Achsantriebsgehäuse ausmessen. Falls kein Spalt vorhanden ist, den Deckel wieder abschrauben und eine Ausgleichsscheibe bekannter Stärke einlegen. Den Deckel wieder anschrauben und den Spalt erneut ausmessen. Die Stärke dieser Ausgleichsscheibe muss berücksichtigt werden. Den Spalt zwischen dem Deckel und dem Gehäuse wird durch die Stärke der neuen Dichtung (0,18 mm) und die erforderlichen Ausgleichsscheiben ausgeglichen, um die erforderliche Vorspannung zu geben, die in allen Fällen 0,10 mm beträgt. Folgendes Beispiel verwenden:

Stärke der Dichtung	0,10 mm
— Gemessener Spalt	0,13 mm
Axialspiel	0,05 mm
+ Erforderliche Vorspannung	0,10 mm
Sich ergebende Scheibenstärke	0,15 mm

- Ausgleichsscheiben mit Fett einschmieren und gegen die Druckfläche des Lagers anlegen.
- Neue Dichtung auflegen und den Deckel wieder anschrauben. Auf das Anzugsdrehmoment achten. Die Öldichtringe der Deckel müssen immer erneuert werden.

10.3 Erneuerung der Differential-öldichtringe

Falls Leckstellen um die Ausgänge der Antriebswellen festgestellt werden können, lassen sich die Öldichtringe erneuern, ohne dass man den Motor ausbaut. Ein Spezialwerkzeug, Nr. 18G 240, sollte man zur Verfügung haben, um die Achswelle aus dem Differential herauszuziehen. Andernfalls kann man sich vielleicht mit einem Reifenhebel helfen, wie es untenstehend beschrieben ist.

- Vorderseite des Fahrzeuges anheben und auf Böcke setzen.
- Motor/Getriebeöl ablassen.
- Das Rad auf der betreffenden Seite abschrauben.
- Mit dem genannten Werkzeug die Achswelle herausdrücken. Das Werkzeug wie in Bild 139 gezeigt, ansetzen. Aus dem Bild kann man die Methode des Ausbaus sehen. Eventuell lässt sich ein geeignetes Hilfswerkzeug benutzen. Man kann z.B. einen Reifenhebel zwischen den Differentialdeckel und das Gelenk einschieben. Den Hebel gegen einen Schraubenkopf anlegen und mit einem Hammer kurz auf das Ende des Hebels schlagen. Das Gelenk sollte dabei herausspringen.

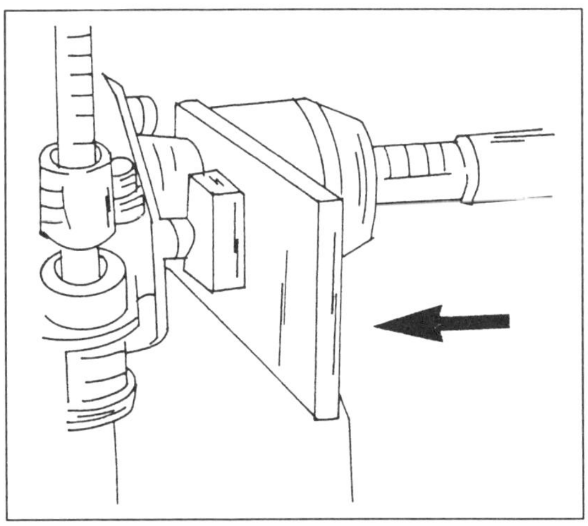

Bild 139
Ausbau der Achswellen zusammen mit dem inneren Gelenk unter Verwendung des genannten Spezialwerkzeuges.

- Den oberen und unteren Querlenker von den Kugelgelenken trennen (Abschnitt "Vorderradaufhängung") und die Antriebswelle aus dem Differential ziehen.
- Den Achskopf in geeigneter Weise festbinden, um den Bremsschlauch nicht unter Spannung zu setzen.
- Den Differentialdeckel abschrauben. Beim linken Deckel auf die untergelegte Scheibe achten. Diese auf keinen Fall verlieren. Beim rechten Deckel auf die eingesetzte Sperrfeder der Schaltsperre achten.
- Den Deckel mit der Innenseite flach auflegen und den Öldichtring durch Ansetzen eines Reifenhebels heraushebeln.
- Den neuen Öldichtring mit der offenen Seite nach innen weisend einschlagen. Dazu den Dichtring mittig ansetzen und dann mit einem aufgelegten Hartholzstück und einem Hammer einschlagen, bis die Aussenfläche des Dichtrin-

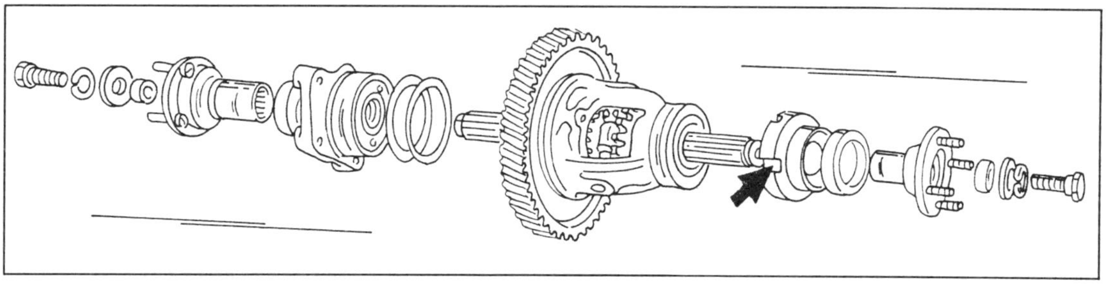

Bild 140
Ansicht des Differentials bei einem automatischen Getriebe. Der Pfeil zeigt die Nut im Zwischenstück, welche über einen Passstift eingreift.

ges aussen bündig abschneidet.

- Der weitere Zusammenbau/Einbau geschieht in umgekehrter Reihenfolge. Nicht die oben angegebenen Teile auf der zuständigen Seite vergessen.

10.4 Differential des automatischen Getriebes

Aufgrund der unterschiedlichen Befestigung der Antriebswellen ändert sich auch der Aus- und Einbau des Differentials.

- Motor/Getriebe ausbauen.
- Die Aussenseite des Getriebes in der Gegend des Differentials gut reinigen, damit kein Schmutz in die Innenseite kommen kann.
- Die beiden Befestigungsschrauben der Antriebsflansche lösen und die untergelegten Teile entfernen. Zum Gegenhalten der Flansche kann man einen Hebel in die Stiftschrauben einsetzen. Dabei aber nicht das Gewinde beschädigen.
- Beide Antriebswellen aus dem Differential herausziehen.
- Sicherungsbleche zurückschlagen und die Muttern des Differentialgehäuses lösen.
- Das Kick-down-Gestänge vom Getriebe abschrauben (2 Schrauben).
- Die vier Schrauben lösen und den Deckel mit der Dichtung von der linken Seite des Getriebegehäuses abnehmen. Die darunter eingelegten Ausgleichsscheiben herausnehmen und mit dem Deckel zusammenhalten.
- Das Differentialgehäuse und das Differential aus dem Gehäuse herausheben.
- Sofort alle Reste der Dichtflächen von alten Dichtungsresten reinigen. Alle Dichtflächen müssen sauber und trocken sein, ehe das Differential wieder eingebaut wird.

Beim Einbau des Differential folgendermassen vorgehen:

- Das Differential in das Getriebegehäuse einsetzen und seitlich gegen die Wandlerseite drücken. Zu beachten ist, dass die Nut im Zwischenstück mit dem Passstift im Getriebegehäuse in Eingriff kommt.
- Beide Seiten einer neuen Differentialgehäusedichtung mit Dichtungsmasse einschmieren und über die Stiftschrauben im Gehäuse setzen.
- Differentialgehäuse aufsetzen. Darauf achten, dass der Öldichtring im Winkel gegen das Zwischenstück anliegt, während das Gehäuse gesenkt wird. Die Muttern und Sicherungsbleche auflegen und die Muttern soeben genug anziehen, dass sich das Differential noch seitlich verschieben kann.
- Den Deckel ohne Ausgleichsscheiben und Dichtung montieren. Die Schrauben über Kreuz anziehen, bis der Deckel soeben gegen den Aussenring des Lagers ansitzt. Ein zu festes Anziehen kann zur Verformung des Deckels führen.
- Die Vorspannung des Differentials jetzt einstellen, wie es beim Differential für ein Schaltgetriebe auf der letzten Seite beschrieben ist.

11 Das automatische Getriebe

Da das automatische Getriebe ein kompliziertes Aggregat ist, soll in diesem Abschnitt nicht auf irgendwelche Zerlegungsarbeiten eingegangen werden. Im folgenden Text beschränken wir uns aus diesem Grund nur auf Arbeiten, die im Zusammenhang mit dem Abflanschen des Getriebes nach Ausbau des Motors stehen und auf einige Wartungs- und Pflegearbeiten.
Wir müssen darauf hinweisen, dass ein Abzieher zum Abziehen des Wandlers erforderlich ist, da der Wandler einen Kegelsitz auf der Kurbelwelle hat.

11.1 Aus- und Einbau des automatischen Getriebes

- Bei ausgebautem Triebwerk das Getriebeöl ablassen und den Ölfilter ausbauen.
- Den Anlasser ausbauen.
- Die Schrauben und Muttern des Wandlerdeckels lösen und den Deckel abnehmen.
- Das Sicherungsblech der Schraube für den Wandler zurückschlagen. Den Wandler in geeigneter Weise gegenhalten (Schraubenzieher durch das Loch in der Oberseite des Wandlergehäuses einsetzen und den Zahnkranz des Wandlers gegenhalten) und die Schraube mit einer Stecknuss und einem Knebel lösen.
- Die Keilplatte entfernen, die den Wandler auf der Kurbelwelle führt.
- Den Wandler durchdrehen, bis der Schlitz im Wandler waagerecht ausgerichtet ist.
- Die Sicherungsbleche zurückschlagen und drei der Schrauben in der Mitte des Wandlers lösen (im Dreieck angeordnete Schrauben). ***Nicht alle sechs Schrauben auf einmal lösen.***
- Um den Wandler abzuziehen, ist das bereits erwähnte Spezialwerkzeug (18G 1086) zu verwenden. Das Druckstück in das Ende der Kurbelwelle einsetzen. Den Abzieher anbringen und die Mittelschraube anziehen, bis der Kegelsitz des Wandlers gebrochen ist.
- Den Wandler abnehmen und das Werkzeug abschrauben. Im Wanlder verbleibt eine gewisse Ölmenge, d.h. aufpassen!
- Unter Bezug auf Bild 141 das Niederdruckventil abschrauben und mit der Dichtung abnehmen.
- Das darunterliegende Antriebsrad des Wandlers in geeigneter Weise gegenhalten und die Mutter und Scheibe des Antriebsrades lösen.
- Die beiden Schrauben des Winkelhebels vom Wandlergehäuse lösen und den Gummistopfen aus dem Wandler herausziehen.
- Muttern, Schrauben und Federringe entfernen und das Wandlergehäuse vom Motor abschrauben.

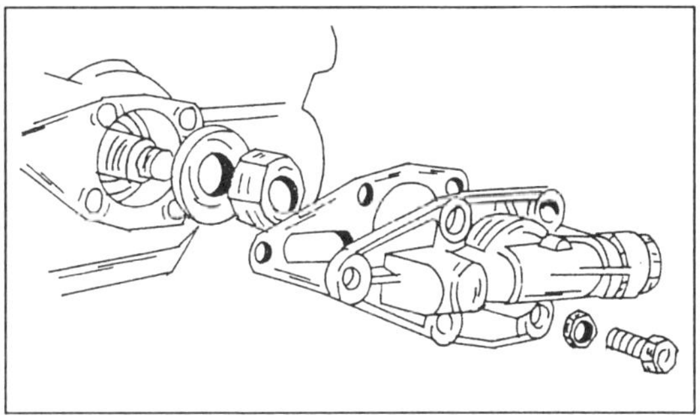

Bild 141
Das Niederduckventil des automatischen Getriebes und die Mutter und Scheibe des Wandlerabtriebsrades.

- Das Wandlergehäuse vorsichtig vom Motor abziehen. Die äussere Motorölleitung vom Anschluss am Getriebegehäuse abschliessen und die Muttern und Schrauben des Getriebes vom Motor lösen. Das Getriebe hat jetzt das in Bild 142 gezeigte Aussehen.

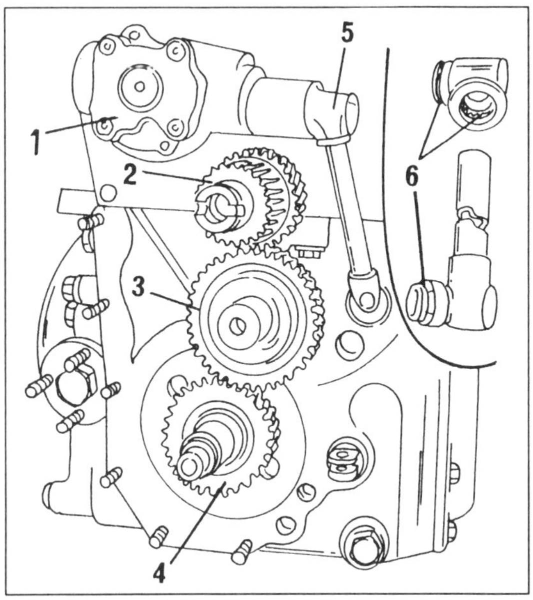

Bild 142
Ansicht der Antriebsräder bei abgenommenem Wandlergehäuse.
1 Hauptölpumpe
2 Abtriebsrad des Wandlers
3 Zwischenrad
4 Antriebsrad
5 Ölleitung
6 Dichtringe

- Eine Seilschlinge um den Motor legen und den Motor mit einem Hebezeug oder mit Hilfe einiger Personen vom Motor abheben.

Beim Einbau folgendermassen vorgehen:

- Die Dichtflächen des Motors mit Fett einschmieren und eine neue Dichtung auflegen.
- Den Dichtring des vorderen Lagerdeckels in das Getriebegehäuse einsetzen.
- Den Motor auf das Getriebe senken, aber die Muttern auf die Stiftschrauben anfädeln, ehe der Motor vollkommen gesenkt wird. Nach richtigem Sitz alle Muttern anziehen und überste-

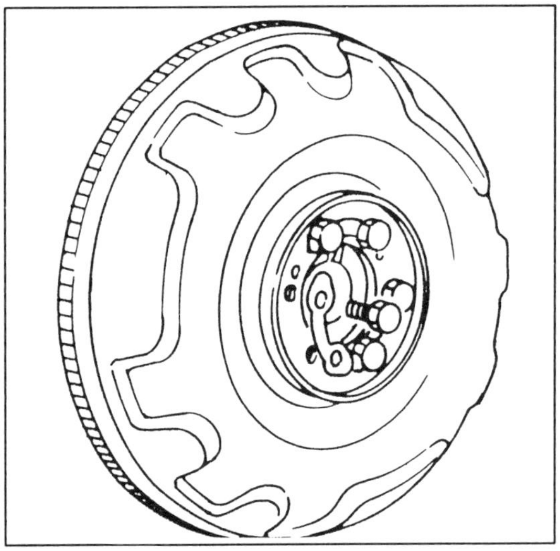

Bild 143
Wenn ein neues Sicherungsblech unter zwei der Schrauben festgelegt wird, müssen sich die anderen vier Schrauben in ihrer Lage befinden.

hendes Dichtungsmaterial auf der Rückseite abschneiden.

- Die Ölleitung wieder anschliessen. Die Innenölleitung in ihre Lage in die Ölpumpe bringen und in den Zylinderblock einsetzen.
- Eine Wandlergehäusedichtung am Motor anbringen und das Wandlergehäuse montieren. Eine Schutzhülse sollte über das Abtriebsrad des Wandlers gesetzt werden. Kontrollieren, dass die Auslassleitung des Wandlers in einer Flucht mit der Nylonführung liegt, damit die Leitung in den Schaltschieber eingreift.
- Die Wandlerschrauben auf das vorgeschriebene Anzugsdrehmoment anziehen.

Hinweis: Die Schrauben mit dem Grob-Gewinde kommen in das Getriebe. Die Schraube mit der Kupferscheibe kommen neben die Schaltstange.

- Die Scheibe und Mutter des Antriebsrades auf das vorgeschriebene Anzugsdrehmoment anziehen.
- Beim Montieren des Wandlers jedes Schraubenpaar der Reihe nach vom Wandler entfernen und ein neues Sicherungsblech unterlegen. Unbedingt darauf, dass niemals alle sechs Schrauben auf einmal entfernt sein dürfen. Bild 143 zeigt den Wandler und die gemeinten Schrauben.
- Den Wandler aufschieben und den versetzten Schlitz mit dem Schlitz in der Kurbelwelle ausrichten.
- Den Wandler gegenhalten (Schraubenzieher einsetzen) und die mittlere Schraube auf das vorgeschriebene Anzugsdrehmoment anziehen. Das Sicherungsblech umschlagen.
- Alle weiteren Arbeiten in umgekehrter Reihenfolge wie beim Ausbau durchführen. Nicht das Öl vergessen.
- Nach dem Einbau eine Probefahrt durchführen, um die Funktion aller Gänge zu kontrollieren.

11.2 Einstellen des Anlasssperrschalters

Dieser Schalter verhindert eine Betätigung des Anlassers, wenn der Gangwählhebel nicht in "Neutral" steht.

- Hebel in die Neutralstellung schalten.
- Die Leitungen des Sperrschalters an der Rückseite des Schaltergehäuses abziehen.
- Eine Prüflampe an den beiden Leitungsklemmen anschliessen.
- Den Schalter herausdrehen, bis die Lampe erlischt.
- Den Schalter jetzt wieder hineinschrauben, bis die Lampe soeben aufleuchtet und aus dieser Stellung um eine weitere halbe Umdrehung einschrauben.
- Die Kontermutter anziehen.
- Den Schalthebel durchschalten und kontrollieren, dass die Lampe nur in Stellung "N" aufleuchtet.
- Die Lampe abklemmen und die beiden Leitungen anklemmen.
- Kontrollieren, dass sich der Motor nur anlassen lässt, wenn der Hebel in "N" steht.

Der Antrieb vom Differential auf die Vorderräder erfolgt über zwei Antriebswellen von gleicher Länge. Ein Gleichlaufgelenk ist an den äusseren Wellenenden montiert, um die Bewegungen der Radaufhängung und der Lenkung zu berücksichtigen. Ein Gleichlaufgelenk besteht aus einer auf Keilverzahnungen der Antriebswellen sitzenden Nabe, sechs Stahlkugeln und einem mit den Keilverzahnungen des Radnabenflansches verbundenen Kugelkäfig.
Je nach Fahrzeugausführung werden unterschiedliche Gelenke zur Verbindung der Innenseite der Antriebswellen und den Differentialausgangswellen eingebaut. Die Beschreibung befasst sich nur mit dem in der Innenseite der Differentialseitenräder befestigten Wellen.

12.1 Aus- und Einbau einer Antriebswelle

In der Werkstatt wird ein Spezialwerkzeug zum Ausziehen der Antriebswelle aus dem inneren Gelenk benutzt, während dieses am Getriebe verbleibt. Um die Welle zusammen mit dem Gelenk auszubauen, kann das in Bild 139 gezeigte Werkzeug verwendet werden. Vorausgesetzt, dass dieses Werkzeug (18G 1243) zur Verfügung steht, folgendermassen vorgehen:

- Radzierblende entfernen und die Radmuttern lockern.
- Den Splint der Wellenmutter herausziehen und die Mutter lockern (Stecknuss) und abschrauben. Die Scheibe entfernen.
- Von der Innenseite des Radkastens eine Schraube lösen und den Rückprallgummi entfernen. Einen festen Teil der gleichen Stärke an dessen Stellen einschieben (siehe Bild 144).
- Fahrzeug jetzt an der Vorderseite auf Böcke setzen und die Räder abschrauben.
- Den Splint aus der Mutter des Spurstangenkugelgelenks herausziehen, die Mutter lösen und den Kugelbolzen mit einem geeigneten Abzieher trennen. Bild 14 zeigte bereits, wie der Abzieher aussehen muss. Erfahrene Heimwerker können die Verbindung auch lösen, indem man einen grossen Hammer auf einer Seite gegen den Lenkhebel ansetzt und auf der gegenüberliegenden Seite mit einem kleineren Hammer gegen den Hebel schlägt. Durch die Schlagwirkung wird der Kugelbolzen herausspringen.
- Die Mutter des oberen Aufhängungsgelenks am Querlenker entfernen und den Kugelbolzen von der Verbindung trennen. Danach die Mutter wieder lose anschrauben.
- Das Spezialwerkzeug jetzt fest gegen das innere Gelenk ansetzen und danach den Kegelspannstift einschlagen.

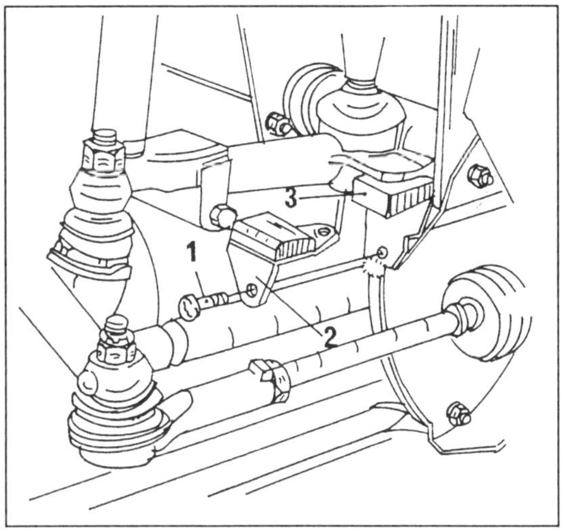

Bild 144
Ein Holzkeil (3) der gleichen Stärke wie der Rückprallgummi (2) ist an der gezeigten Stelle einzuschieben, um die Radaufhängung unter Spannung zu halten. Die Schraube (1) zum Lösen des Prallgummis entfernen.

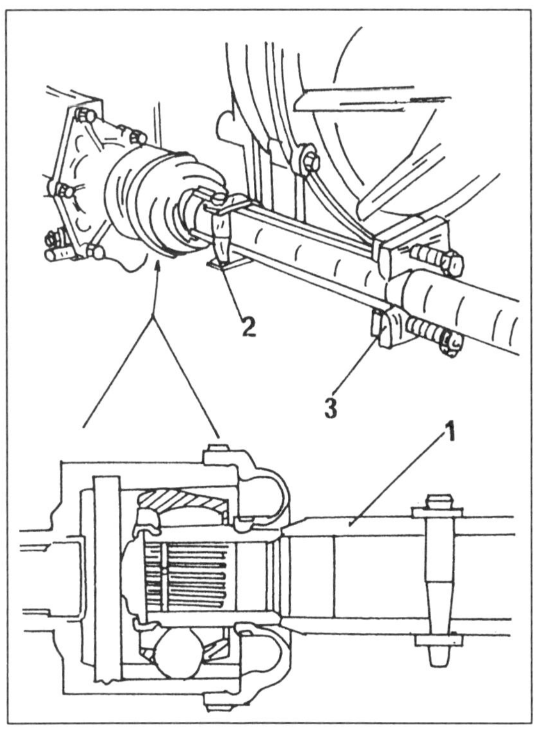

Bild 145
Ansetzen des Werkzeuges zum Herausziehen der Antriebswellen. Im oberen Bild ist das Werkzeug an der Welle angesetzt. Das untere Bild zeigt, wie das Abziehwerkzeug gegen das Gelenk angesetzt ist.
1 Spezialwerkzeug 18G 1243
2 Werkzeug liegt gegen Gelenkflansch an
3 Platte in Rille der Welle eingesetzt

- Den "U"-förmigen Teil des Werkzeuges in die Rille der Welle einsetzen und die beiden Schrauben gleichmässig anziehen, bis die Welle aus dem inneren Gelenk herauskommt. Bild 145 zeigt wie das Werkzeug verwendet wird. Falls man das erwähnte Werkzeug nicht zur Verfügung hat, kann man es anhand der folgenden Methode versuchen, jedoch ist die Beschreibung einfacher als die eigentliche Praxis. Ein Helfer ist dabei erforderlich:

- Einen geraden Reifenhebel durch die Öffnung im Nebenrahmen einsetzen so dass er gegen die Antriebswelle ansitzt und in Kontakt mit dem Flansch des Gelenks ist. Die Wellenmanschette dabei nicht beschädigen.
- Die Antriebswelle ca. 25 mm nach aussen ziehen und vom Helfer in dieser Stellung halten lassen.

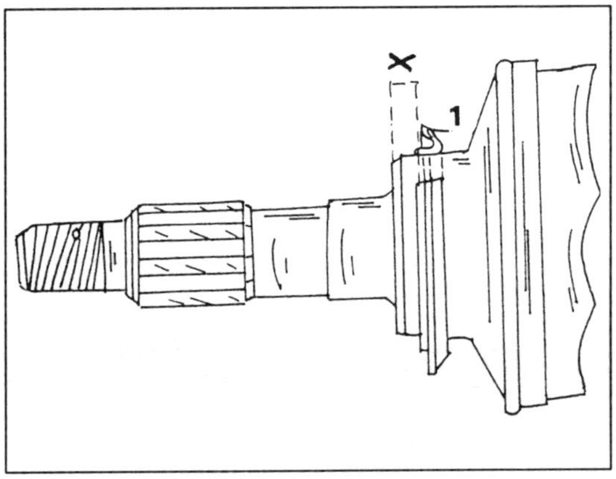

Bild 146
Vorschriftsmässige Anbringung des Schutzbleches (1) auf der Antriebswelle. Das Mass "x" muss eingehalten werden.

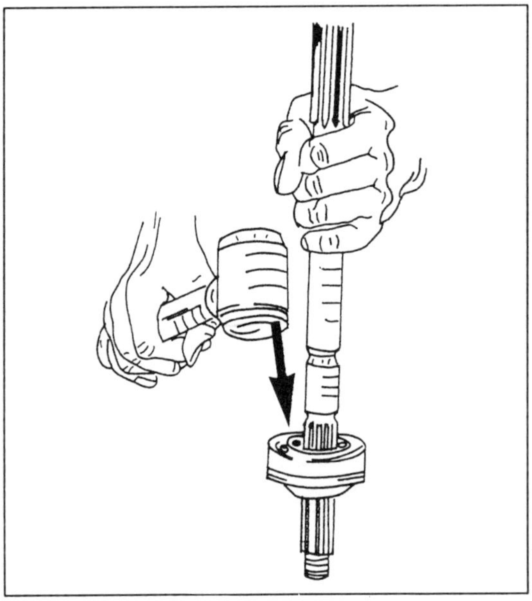

Bild 147
Abschlagen des Gleichlaufgelenks von der Antriebswelle.

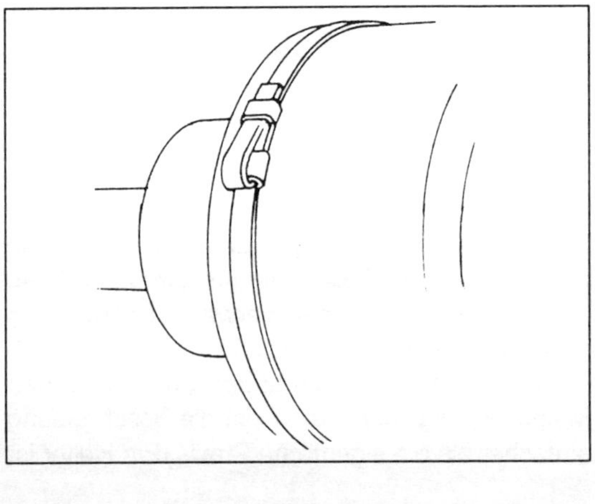

Bild 148
Zur Befestigung der Schelle für die Gummimanschette (siehe Text zwecks Arbeitsbeschreibung).

- Mit einem kräftigen Hammer einige Male auf das Ende des Reifenhebels schlagen. Dadurch wird der Gelenkflansch nach innen bewegt und kommt vom Ende der Welle frei. Die gegebenen Ratschläge sind nach bestem Wissen und Gewissen erteilt und führen nicht immer unbedingt zum Erfolg.
- Das obere Gelenk wieder freimachen und die Welle aus dem inneren Gelenk herausziehen, aber gleichzeitig die Gummimanschette so halten, dass diese nicht herunterkommen kann.
- Die Welle nach innen schieben (über den Achsantrieb) und das Wellenende aus der Nabe herausziehen.
- Die Welle aus der Nabe ziehen und das Schutzblech (es soll das Eindringen von Wasser verhindern) abnehmen.

Der Einbau der Antriebswelle geschieht in umgekehrter Reihenfolge wie der Ausbau. Besondere Aufmerksamkeit beim Aufschieben des Schutzbleches auf die Welle legen. Ein Abstand von 6 mm muss zwischen der Endfläche des Bleches und dem Bund der Welle hergestellt werden. Gemessen wird dabei wie in Bild 146 (Mass "x").

Um die Welle in das innere Gelenk einzuschieben, ist sie kurz und ruckartig einzustossen, so dass der im Ende der Welle sitzende Sicherungsring innen einschnappen kann.

Kugelbolzenmuttern und Achswellenmutter auf das vorgeschriebene Anzugsdrehmoment anziehen.

12.2 Erneuerung des äusseren Gleichlaufgelenks

- Bei ausgebauter Antriebswelle die Schelle der Manschette aufschneiden und die Manschette zurückfalten, um das Gelenk freizulegen.
- Die Welle senkrecht halten, mit dem Gelenk nach unten, und mit einem Weichmetallhammer gegen die Kante des Gelenks schlagen, um die Sprengringverbindung in der Innenseite zu lösen. Das Wellenende dabei auf eine weiche Unterlage aufsetzen, um das Gewinde nicht zu beschädigen (Bild 147). Den Sprengring aus der Welle nehmen.
- Einen neuen Sprengring an der Welle anbringen, diesen etwas zusammendrücken und gleichzeitig das Gelenk ansetzen. Mit einem Weichmetallhammer die Antriebswelle in das Gelenk einschlagen, bis der Sprengring einschnappt.
- Das Lager mit 30 cm³ Duckhams Bentone-Fett 05795 oder dem in Ihrer Werkstatt verwendeten Fett füllen. Wichtig ist, dass das vorge-

schriebene Fett im Gelenk verwendet wird. Die Manschette am Gelenk anbringen.

- Die Befestigungsschelle so anbringen, dass die Endzunge in Drehrichtung des Rades weist. Das freie Ende der Schelle nach vorn ziehen und die beiden Zungen über die Schelle biegen. Danach die Schelle umbiegen, wie es Bild 148 gezeigt ist und die hinteren Laschen zur Sicherung umbiegen.

12.3 Erneuerung des inneren Gleichlaufgelenks

Obwohl die Antriebswelle zum Erneuern des inneren Gleichlaufgelenks nicht ausgebaut werden muss, kann die Arbeit jedoch erleichtert werden, wenn man die Welle ausbaut, wie es beschrieben wurde. Zum Ausbau des Gelenks ist das bereits erwähnte Keilwerkzeug erforderlich, welches zwischen Gelenk und Differentialdeckel eingeschlagen wird, um die Verbindung zu lösen.

Falls eine Welle vom Getriebe gelöst ist, wie es beim Erneuern des äusseren Antriebsgelenks beschrieben wurde, verbleibt das inneren Gelenk am Getriebe und ist wie in Bild 145 gezeigt, zu lösen.

Der Einbau des neuen Gelenks geschieht in umgekehrter Reihenfolge wie der Ausbau. Alle Anzugsdrehmomente beachten.

13 Die Lenkung

Die eingebaute Zahnstangenlenkung ist an der Spritzwand des Motors befestigt. Die auf die Spurstangenhebel wirkenden Spurstangen sind an beiden Seiten der Zahnstange mit Kugelgelenken angebracht.
Die Lenksäule greift in das keilverzahnte Ende des Lenkritzels ein und wird durch eine Klemmschraube gehalten.
Das Axialspiel des Lenkritzels wird durch Unterlegen von Ausgleichsscheiben unter das untere Ritzellager ausgeglichen. Eine unter der Zahnstange eingesetzte Flatterbremse (Lenkungsdämpfer) reguliert das Flankenspiel zwischen Zahnstange und Ritzel.

13.1 Lenkrad — Aus- und Einbau

- Die Schraube an der Unterseite der Lenksäulenverkleidung lösen und die beiden Schrauben der Verkleidungshälften vom Bügel an der Lenksäule abschrauben. Die Verkleidung abnehmen.

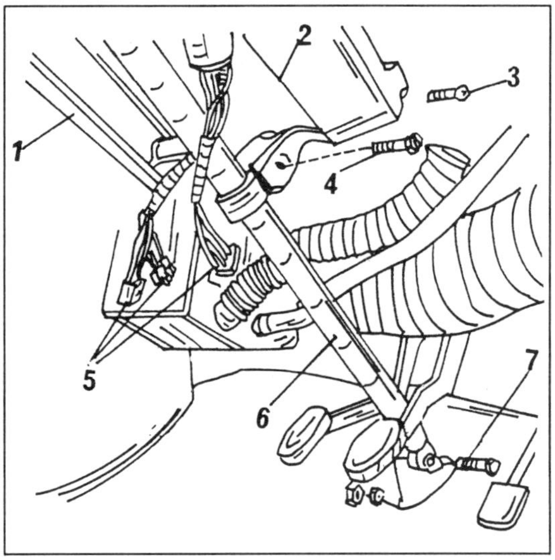

Bild 149
Einzelheiten zum Ausbau der Lenksäule.
1 Lenksäulenverkleidung
2 Lenksäulenverkleidung
3 Schraube der Verkleidungen
4 Scherschraube
5 Kabelstecker
6 Lenksäule
7 Klemmschraube des Lenkritzels

- Mit einem kleinen Schraubenzieher das Ziermotiv aus der Lenkradnabe heraushebeln.
- Die Lenkradnabe im Verhältnis zur Lenksäule mit einer Reissnadel anzeichnen und das Lenkrad mit einem geeigneten Abzieher herunterziehen. Die Räder müssen in Geradeausstellung stehen.

Hinweis: Falls kein Abzieher zur Verfügung steht, die Lenkradmutter wieder aufschrauben, bis sie bündig mit der Lenksäule abschliesst. Danach in den Fahrersitz setzen und mit den Knien von unten gegen die Lenkradfelge drücken, während man gleichzeitig mit einem Hammer auf ein gegen die Lenkradmutter angesetztes Rohrstück schlägt. Das Lenkrad sollte durch die Schlagwirkung herunterkommen.

Vor dem Einbau die Räder wieder in Geradeausstellung bringen und die Schlitze in der Schalterbüchse in der Innenseite der Lenksäule mit der Lenkradnabe ausrichten. Das kleine Dreieck in der Büchse muss zum Hupendruckknopf weisen.
Das Lenkrad entsprechend der Kennzeichnung wieder aufstecken und die Lenkradmutter auf das vorgeschriebene Anzugsdrehmoment anziehen.
Bei Lenkrädern mit zwei Speichen müssen diese waagerecht stehen, bei Lenkrädern mit drei Speichen müssen zwei waagerecht stehen, während die dritte senkrecht an der Unterseite stehen muss.
Die Verkleidung so anschrauben, dass ein Spalt von 3 mm zwischen der Lenkradnabe und der Oberseite der Verkleidung verbleibt. Falls erforderlich, die Klemmschraube am Mantelrohr lokkern und das Mantelrohr verschieben.

13.2 Lenksäule — Aus- und Einbau

- Die Lenksäulenverkleidung ausbauen, wie es beschrieben wurde.
- Die drei Kabelstecker unter der Verkleidung abziehen.
- Die Klemmschraube zwischen Lenksäule und Lenkritzel lösen und herausschlagen.
- Die Schraube (4) in Bild 149 ist eine Scherschraube und zum Herausdrehen ist entweder ein Schlitz einzusägen (Schraubenzieher kann angesetzt werden) oder man bohrt ein Loch in die Schraube und benutzt einen Linksgewindezieher.
- Die Räder in die Geradeausstellung setzen.
- Die Lenksäule komplett nach oben herausziehen.

Die Lenksäule in umgekehrter Reihenfolge wieder einbauen. Die folgenden Anweisungen sind jedoch zu beachten:

- Die Zahnstange muss genau zentriert werden. Dazu den Bodenteppich zurückschlagen, um den Gummistopfen unter dem Teppich freizulegen. Den Stopfen herausdrücken und die darunterliegende Inbusschraube aus dem Zahnstangenrohr herausdrehen.

- Einen Zylinderdorn von 6 mm Durchmesser einsetzen (Spiralbohrer zum Beispiel) und bei angehobenen Rädern die Zahnstange verschieben (an den Rädern ziehen), bis der Dorn in das Loch in der Zahnstange eingreift.
- Die Lenksäule so einsetzen, dass die Lenkradspeichen vorschriftsmässig ausgerichtet sind und die Lenksäule über das Ritzel schieben.
- Eine neue Scherschraube einsetzen, aber noch nicht anziehen.
- Die Lenksäule verschieben, um einen Spalt von 3 mm zwischen Verkleidung und Lenkradnabe herzustellen und danach die Scherschraube anziehen, bis sie abbricht.

13.3 Zahnstangenlenkung

13.3.1 Aus- und Einbau

Wir möchten darauf hinweisen, dass die Rückseite des vorderen Nebenrahmens gelöst und abgesenkt werden muss, um die Lenkung vom Fahrgestell abzunehmen.

- Luftfilter ausbauen.
- Das Auspuffrohr vom Auspuffkrümmer abschrauben. Bei bestimmten Modellen muss man den kompletten Auspuff ausbauen (Cooper S).
- Die obere Motorstütze an der Motorbügelseite lockern und die Schraube am Motor vollkommen entfernen. Auf das Masseband und die grosse Scheibe achten.
- Den Montagebügel verdrehen und die Stütze zur Seite schieben.
- Die beiden Schrauben der Nebenrahmentürme vom Karosseriequerträger entfernen.
- Rechte Verkleidungshälfte der Lenksäule abschrauben.
- Die Scherschraube (4) in Bild 149 lösen (Schlitz einsägen und Schraubenzieher verwenden).
- Die Bodenabdeckung zurückschlagen und die Klemmschraube am Lenkritzel entfernen.
- Die Lenksäule nach oben ziehen, bis sie das Ritzel vollkommen frei gibt.
- Die vier Muttern der Bügelschrauben lösen und die Bügelschrauben vorsichtig herausschlagen.
- Die Radmuttern lockern und das Fahrzeug unter der Seite der Karosserie aufbocken.
- Einen Wagenheber mit einem langen Holzblock unter die unteren Gelenkpunkte der Achsschenkel ansetzen und den Wagen anheben.
- Die Räder abschrauben.
- Die Stossdämpfer von den oberen Querlenkern abschrauben.
- Die Spurstangengelenke von den Lenkhebeln trennen (Kugelbolzenabzieher, siehe Bild 14). Bei dieser Gelegenheit ebenfalls den Aufhängungshalter des Auspuffrohres vom Motoraufhängungsbügel lösen.
- Die durchgehende Schraube vom Schaltgehäuse lösen (es könnte sein, dass man das Gehäuse nach einer Seite hebeln muss) und das Gehäuse zur Seite schieben.
- Die mittleren Schrauben des Nebenrahmens von der Karosserie lösen und die vier Schrauben der hinteren Befestigung vom Nebenrahmen lösen. Die Rückseite des Nebenrahmens absenken, bis ein Abstand von ca. 20 mm zwischen der Oberseite des Turms und der Öffnung im Kotflügelseitenblech hergestellt ist. Die Bügelschrauben können jetzt vollkommen herausgenommen werden.
- Die Zahnstange nach innen bewegen und gleichzeitig verdrehen, bis das Lenkritzel senkrecht steht, so dass es durch die Öffnung geführt werden kann.
- Die Lenkung auf der Fahrerseite zwischen Nebenrahmen und Karosserie herausnehmen.
- Die Abdichtung vom Lenkritzelgehäuse entfernen.

Falls eine neue Lenkung eingebaut wird, ist der Ölstand zu kontrollieren. Falls erforderlich frisches Öl nachfüllen. Beim Einbau der Lenkung in umgekehrter Reihenfolge vorgehen, aber folgende Punkte beachten:

- Die Bügelschrauben anfänglich nur fingerfest anziehen.
- Den Gummistopfen aus dem Bodenblech herausnehmen und einen Zylinderdorn (Spiralbohrer zum Beispiel) in die Öffnung des Zahnstangengehäuses einführen (Inbusschraube vorher lösen), bis dieser in das Loch der Zahnstange eingreift (Zahnstange dazu hin- und herschieben).
- Die Lenksäule in Eingriff mit dem Lenkritzel bringen und die Klemmschraube einsetzen.
- Die Lenkung einige Male aus einem Anschlag in den anderen drehen und die Klemmschraube anziehen. Der Zylinderdorn ist vorher herauszuziehen.
- Die Bügelschrauben jetzt langsam und gleichmässig um nicht mehr als eine halbe Umdrehung auf einmal anziehen. Darauf achten, dass das überstehende Gewinde aller Bügelschraubenenden gleich lang ist.
- Eine neue Scherschraube einsetzen und anziehen, bis der Kopf abbricht.
- Alle Muttern und Schrauben auf das vorgeschriebene Anzugsdrehmoment anziehen.
- Abschliessend die Vorspur ausmessen und ggf. berichtigen. Da die Vorspur mit elektronischen Geräten ausgemessen werden sollte, empfehlen wir eine Werkstatt.

13.3.2 Überholen der Lenkung

● An beiden Spurstangen die Muttern der Kugelgelenke lösen und die Gelenke abschrauben.

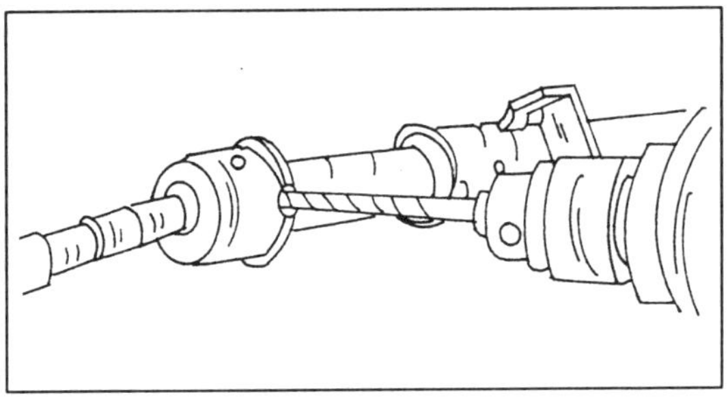

Bild 150
Ausbohren der Kontermutter und der Kugelpfanne zur Aufnahme des Sicherungsstiftes, bzw. zum Entfernen des Stiftes bei der Zerlegung.

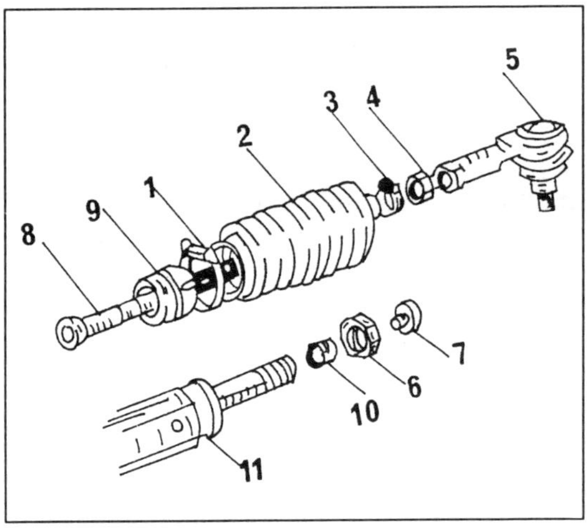

Bild 151
Zum Zerlegen der Spurstangen.
1 Grosse Schelle
2 Lenkmanschette
3 Kleine Schelle
4 Kontermutter
5 Spurstangenkopf
6 Kontermutter
7 Kugelbolzensitz
8 Spurstange
9 Kugelbolzengehäuse
10 Feder
11 Zahnstangengehäuse mit Zahnstange

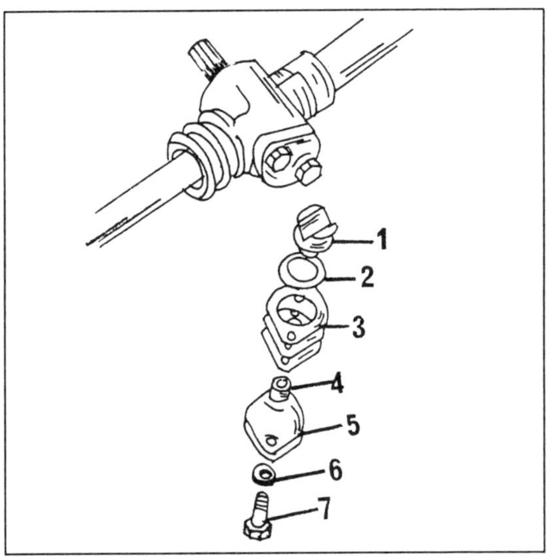

Bild 152
Montagebild des Lenkungsdämpfers (Flatterbremse).
1 Dämpferstück
2 "O"-Dichtring
3 Ausgleichsscheiben
4 Feder
5 Deckel
6 Federring
7 Schraube

● Die Schlauchschellen der Lenkungsmanschetten lösen und die Manschetten herunterziehen. Bei einigen Ausführungen wird Bindedraht zur Befestigung der Manschetten benutzt. Vor Auslaufen von Schmieröl wird gewarnt.

● Die Kugelgelenkgehäuse der Spurstangen werden mit einem Federspannstift gesichert und sind zum Trennen der Gelenke auszubohren (Bild 150). Dazu einen Spiralbohrer von 3,97 mm Durchmesser verwenden und ein Loch von 4 mm Tiefe einbohren (nicht tiefer).

● Das Kugelgelenkhäuse lösen. Ein Spezialwerkzeug (18G 1278) steht dazu zur Verfügung. Andernfalls kann man es mit einer Gripzange versuchen, ohne jedoch die Teile dabei zu zerquetschen. Falls die Teile wieder verwendet werden sollen, sind sie nach dem Auseinandernehmen auf ihre Seitenzugehörigkeit zu kennzeichnen.

● Spurstange, Kugelbolzensitz, Feder und Kontermutter von jedem Ende der Zahnstange entfernen. Bild 151 zeigt die bis zu diesem Schritt zerlegten Teile.

● Zwei Schrauben des Deckels der Flatterbremse lösen und den Deckel mit den Ausgleichsscheiben abnehmen. Feder, "O"-Dichtring und Dämpferblock aus der Öffnung herausnehmen. Diese Teile sind in Bild 152 gezeigt.

● Unter Bezug auf Bild 152 die beiden Schrauben (1) des Ritzeldeckels (3) entfernen und die Dichtung (4) und die Ausgleichsscheiben (5) herausnehmen. Das Ritzel (8) und das untere Lager (9) herausdrücken. Die Zahnstange aus der Ritzelseite des Gehäuses herausziehen.

Achtung: Falls die Zahnstange auf der anderen Seite herausgezogen wird, beschädigt man die Zahnstangenbüchse mit den Zähnen der Zahnstange.

● Oberes Ritzellager (7) von der gegenüberliegenden Seite vorsichtig herausschlagen und den Dichtring (6) aus dem Zahnstangengehäuse heraushebeln.

● Zum Ausbau der Zahnstangenbüchse die Schraube lösen oder den Niet entfernen und die Büchse herausschlagen.

Alle Teile gründlich reinigen und genau auf Verschleiss und andere Beschädigungen überprüfen. Falls die Zähne von Zahnstange und Ritzel angegriffen sind, ist es besser, wenn man eine neue Lenkung einbaut, da das Gehäuse in diesem Fall ebenfalls ausgeschlagen oder verschlissen sein wird. Ebenfalls die Kugelsitze der Spurstangen gut kontrollieren, da diese frei von Kerben, Riefen, usw. sein müssen.

Beim Zusammenbau folgendermassen vorgehen:

● Neue Zahnstangenbüchse bis zum Anschlag einschlagen und durch das Loch für die Schraube in 10,5 mm tiefes Loch von 3 mm Durchmesser bohren. Die Schraube mit Dichtungsmasse einschmieren und einsetzen.

● Oberes Lager auf das Ritzel montieren und mit dessen Hilfe das Lager vollkommen in das

Zahnstangengehäuse schlagen. Das Ritzel wieder entfernen, ohne dass sich das Lager dabei versetzt.

● Die Zahnstange von der Ritzelseite aus in das Gehäuse schieben (gut eingeölt) und die Zahnstange in die Mittelstellung bringen, so dass man einen 6 mm-Dorn in die Bohrung des Gehäuses und in das Loch der Zahnstange einschieben kann.

● Das Ritzel zusammen mit dem unteren Lager in das Zahnstangengehäuse montieren. Die Vorspannung des Ritzels ist jetzt folgendermassen einzustellen, wobei auf Bild 153 verwiesen wird:

- Die Ausgleichsscheiben (5) einlegen, bis sie soeben über der Ritzeldeckelfläche liegen.
- Den Deckel auflegen und die Schrauben leicht und gleichmässig anziehen.
- Mit einer Fühlerlehre, wie in Bild 154 gezeigt, den Spalt zwischen dem Deckel und der Gehäusefläche ausmessen.
- Den Deckel wieder abschrauben und entsprechende Ausgleichsscheiben auswählen, um einen Abstand von 0,28 bis 0,33 mm herzustellen. Dies gibt den Ritzellagern eine Vorspannung von 0,025 bis 0,08 mm. Scheiben stehen in Stärken von 0,06, 0,13 und 0,25 mm zur Verfügung. Die starke Scheibe ist immer 1,52 mm dick und muss immer gegen den Deckel anliegen.

● Den Deckel mit einer neuen Dichtung auflegen, die Schrauben mit Dichtungsmasse einschmieren und gleichmässig anziehen.

● Von der anderen Seite des Ritzels einen neuen Öldichtring einschlagen, bis er bündig mit dem Zahnstangengehäuse abschneidet.

● Als nächstes wird der Zahnstangendämpfer folgendermassen eingestellt, wobei Bezug auf Bild 152 zu nehmen ist:

- Den Dämpferblock (1) ohne "O"-Dichtring (2) einsetzen und den Deckel (5) anschrauben. Die Deckelschrauben (7) anziehen, bis die Zahnstange leicht durch den Dämpfer festgeklemmt wird.
- Den Zentrierstift aus der Zahnstange herausziehen und das Ritzel um 180° verdrehen. Falls erforderlich, die Deckelschrauben lockern oder anziehen, so dass sich die Zahnstange ohne Klemmstellen hin- und herdrehen lässt.
- Den Spalt zwischen dem Deckel und dem Gehäuse in ähnlicher Weise wie in Bild 154 gezeigt ausmessen und das Mass notieren.
- Die Teile wieder montieren und eine Ausgleichsscheibenstärke zusammenstellen, die der ausgemessenen Stärke entspricht und dazu eine Vorspannung von 0,05 - 0,13 mm hinzufügen.
- Den Deckel mit den Scheiben anbringen und die Schrauben festziehen. Das Ritzel verdrehen, um die Zahnstange von links nach rechts zu bewegen und kontrollieren, dass keine schweren Stellen vorhanden sind.
- Die Zahnstange wieder in die Mittelstellung bringen und mit dem 6 mm-Dorn feststellen.

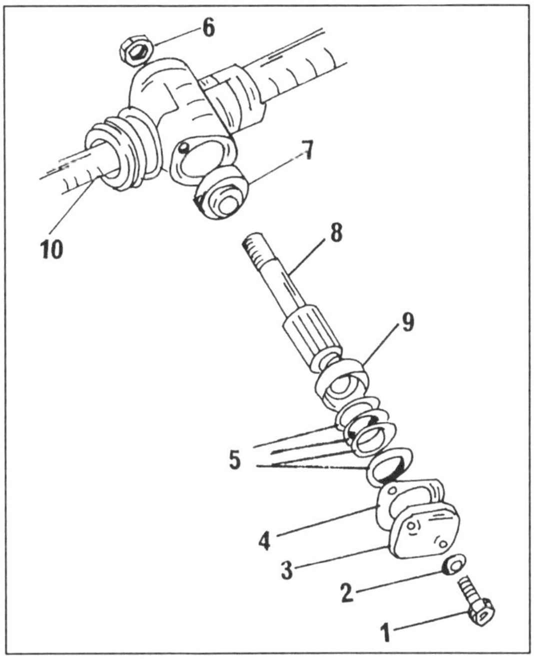

Bild 153
Zum Ausbau des Lenkritzels und der Ritzellager.
1 Deckelschraube
2 Federring
3 Deckel
4 Dichtung
5 Ausgleichsscheiben
6 Dichtring
7 Oberes Ritzellager
8 Ritzel
9 Unteres Ritzellager
10 Zahnstange

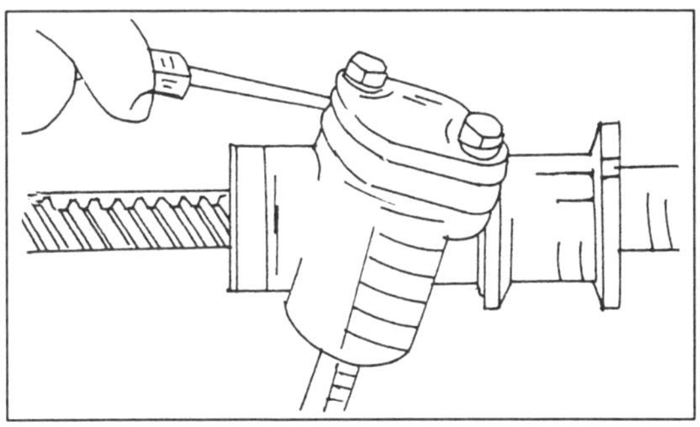

Bild 154
Ausmessen des Spaltes zur Bestimmung der Ritzellagervorspannung.

● Als nächstes werden die Spurstangen montiert. Dazu die Kontermutter (6) in Bild 151 bis zum Anschlag auf die Zahnstange schrauben und die Feder (10) und den Kugelbolzensitz (7) in das Ende der Zahnstange einschrauben.

● Das Kugelende der Spurstange gut einfetten und in den Kugelsitz einführen. Das Kugelgehäuse (9) aufsetzen und anziehen, bis die Spurstange festgeklemmt ist.

● Die Kontermutter (6) gegen das Kugelbolzengehäuse (9) anziehen, Kugelbolzengehäuse um 1/8 Umdrehung zurücklassen und danach die Kontermutter anziehen, ohne dass sich das Gehäuse (9) dabei wieder lockert.

● Eine Federwaage am Ende der Spurstange anbringen und kontrollieren, dass sich die Spurstange mit einer Zugkraft von 0,36 bis 0,59 kg in alle Richtungen bewegen lässt. Falls dies nicht der Fall ist, die Kontermutter wieder lockern und das Kugelbolzengehäuse entsprechend lockern oder anziehen. Die Kontermutter wieder anziehen und erneut kontrollieren.

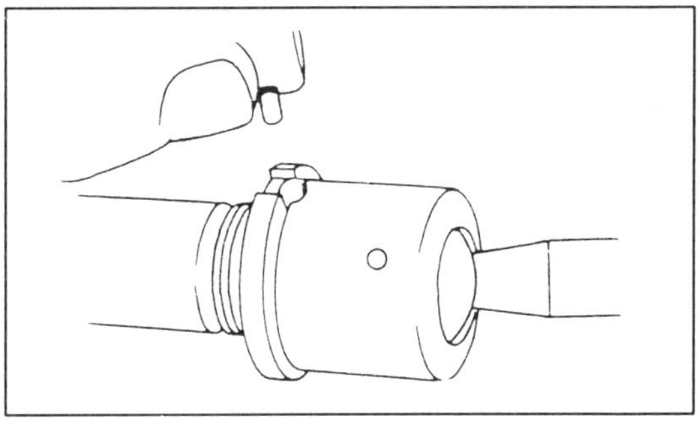

Bild 155
Den Sicherungsstift in das eingebohrte Loch einsetzen und einschlagen.

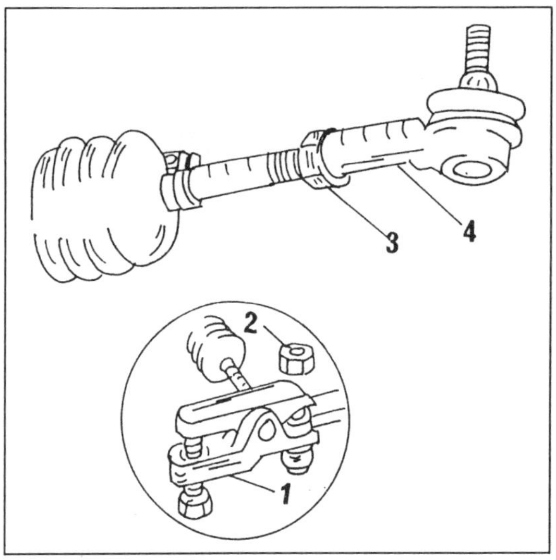

Bild 156
Einzelheiten zum Aus- und Einbau eines Spurstangenkopfes.
1 Abzieher
2 Kugelbolzenmutter
3 Kontermutter der Spurstange
4 Spurstangenkopf

- Abschliessend ein Loch in die Verbindung zwischen Kontermutter und Gehäuse einbohren und einen neuen Stift einschlagen. Das Loch muss einen Durchmesser von 3,97 mm und eine Tiefe von 8,0 mm haben. Das Zahnstangenende darf nicht mehr als drei Mal gebohrt werden und das neue Loch muss 90° vom alten Bohrloch versetzt werden. Nicht in der Nähe der Zähne bohren. Den Sicherungsstift nach Einschlagen verstemmen.

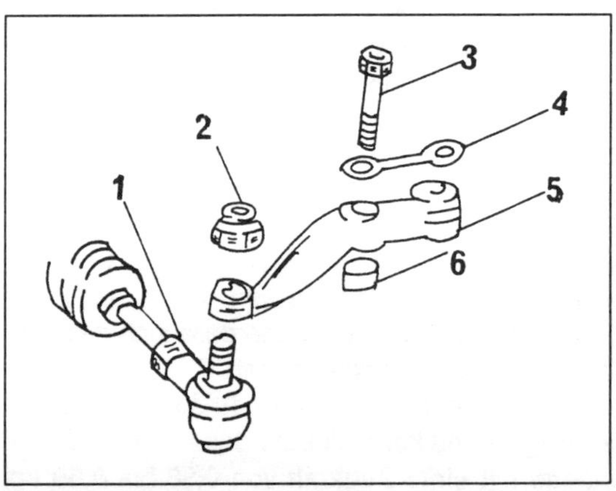

Bild 157
Einzelheiten zum Aus und Einbau eines Lenkhebels.
1 Spurstangenkopf
2 Mutter
3 Schrauben
4 Sicherungsblech
5 Lenkhebel
6 Passringe

- Die Kontermuttern der Spurstangenköpfe aufschrauben und die Spurstangenköpfe anbringen. Beide Köpfe um den gleichen Wert aufschrauben, bis der Abstand zwischen den beiden Kugelbolzen 1056 mm beträgt, wenn die Bolzen senkrecht stehen.
- Eine der Manschetten anbringen und befestigen und danach die Lenkung mit Getriebeöl füllen (0,2 Liter).

13.4 Erneuerung eines Spurstangengelenks

Spurstangengelenke unterliegen einem hohen Verschleiss und eine Auswechslung könnte erforderlich werden, ehe irgendwelche Arbeiten an der Lenkung erforderlich sind. Die Spurstangengelenke können bei eingebauter Lenkung erneuert werden:

- Handbremse anziehen, Radmuttern lockern und das Fahrzeug vorn auf Böcke setzen.
- Die Kontermutter der Spurstange lockern und die Mutter des Spurstangenbolzens lösen. Mit einem Abzieher, ähnlich wie in Bild 156 gezeigt, die Kolbenbolzenverbindung lösen und den Spurstangenkopf abschrauben, nachdem dessen genaue Stellung auf der Spurstange angezeichnet wurde.
- Den neuen Spurstangenkopf in die ursprüngliche Stellung schrauben und die Spurstange wieder anschliessen. Die Kontermutter wieder anziehen, ohne dabei den Gelenkkopf unter Spannung zu setzen.
- Die Vorspur kontrollieren, es sei denn, dass man den neuen Spurstangenkopf genau in die ursprüngliche Lage geschraubt hat und die Vorspur hat vorher gestimmt.

13.5 Erneuerung eines Lenkhebels

In ähnlicher Weise wie unter der obigen Überschrift beschrieben kann ein Lenkhebel erneuert werden, wenn der Spurstangenkopf getrennt wurde. Die betroffenen Teile sind in Bild 157 gezeigt.

- Sicherungsbleche der Befestigungsschrauben zurückschlagen und die Schrauben lösen.
- Den Lenkhebel abnehmen.
- Die beiden Passringe von der Unterseite des Lenkhebels herausnehmen.
- Den neuen Lenkhebel in umgekehrter Reihenfolge wieder montieren. Die Schrauben auf das vorgeschriebene Anzugsdrehmoment anziehen. Unbedingt darauf achten, dass die Monta-

geflächen von Lenkhebel und Achsschenkel sauber sind und nicht die Passringe vergessen.

13.6 Erneuerung eines Lenkschlosses

Dies sollte nur erforderlich sein, wenn das darin befindliche Zündschloss nicht mehr einwandfrei funktioniert. Bild 158 zeigt die Befestigungsweise.

- Stecker des Zündschlosses abziehen.
- Die beiden Hälften der Lenksäulenverkleidung abschrauben.
- Mit einem Bohrer die beiden Scherschrauben des Lenkschlosses ausbohren und mit einem Linksgewindezieher herausdrehen.
- Klemmschale abnehmen und das Schloss entfernen.

Beim Einbau das Schloss über die Aussparung im Mantelrohr setzen und die Klemmschale mit neuen Scherschrauben leicht anziehen, ohne die Köpfe dabei abzureissen. Den Stecker wieder am Zündschloss anklemmen und die Arbeitsweise des Lenkschlosses und Zündschlosses kontrollieren. Nachdem man überzeugt ist, dass alles einwandfrei arbeitet, die beiden Schrauben anziehen, bis die Köpfe von den Schraubenschäften abreissen.

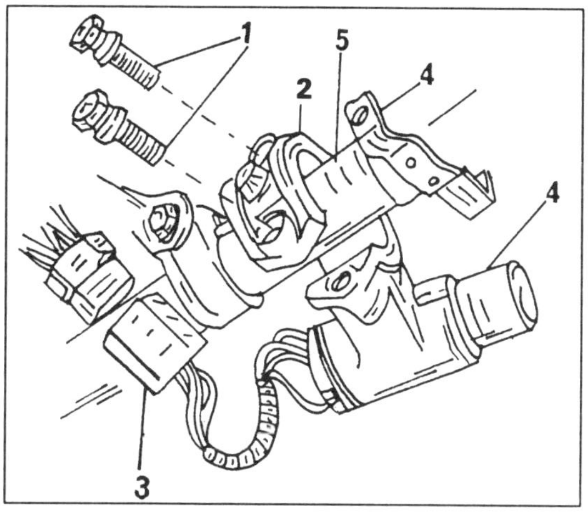

Bild 158
Einzelheiten zum Aus- und Einbau des Lenk/Zündschlosses.
1 Scherschrauben
2 Klemmschale
3 Kabelstecker
4 Zündschloss
5 Lenksäule

14 Die Radaufhängung

Die in dieser Ausgabe behandelten Modelle sind mit einer sogenannten Gummifederelementradaufhängung ausgerüstet, die jetzt bei allen Modellen anstelle der früher eingebauten Hydrolastic-Radaufhängung verwendet wird. Hydraulische Telekop-Stossdämpfer werden vorn und hinten verwendet.
In der folgenden Beschreibung gliedern wird die Arbeiten entsprechend den Baugruppen auf, d.h. Vorderradnaben, Vorderradaufhängung, Hinterradnaben, Hinterradaufhängung und Stossdämpfer.

Hinweis: Da die Federelemente unter Spannung stehen, ist ein Spezialwerkzeug (18G 574B) zum Neutralisieren der Elemente bei verschiedenen Ausführungen erforderlich. Auf das Werkzeug wird im Laufe der Beschreibungen eingegangen.

Ein weiterer, wichtiger Unterschied besteht im Aufbau der Vorderradnabe, die beim 1275 GT eine unterschiedliche Bauweise hat. Bei dieser Ausführung wird ein Schrägrollenlager in der Nabe verwendet, während die anderen Ausführungen Kugellager haben. Es kann auch vorkommen, dass die Hinterradnaben dieser Fahrzeuge auf Schrägrollenlagern laufen.
Radbolzen und Radmuttern des 1275 GT dürfen nicht bei anderen Ausführungen verwendet werden.

14.1 Erneuerung der Vorderradnabenlager

14.1.1 Ausführung mit Trommelbremsen

Die Teile der Vorderradnabe sind in Bild 159 gezeigt und auf das Bild ist während der folgenden Beschreibung Bezug zu nehmen. Bei der folgenden Beschreibung wird angenommen, dass sich die Radnabe im Fahrzeug befindet. Die Radlager werden dann auf einer Werkbank erneuert.

- Die Radmuttern lockern, den Splint herausziehen und die Nabenmutter (1) lockern. Die Vorderseite des Fahrzeuges auf Böcke setzen und das Rad abnehmen.
- Den Bremstrommeleinsteller zurückstellen und die Bremstrommel sowie die Bremsbacken ausbauen, wie es im Abschnitt "Bremsen" beschrieben ist. Die Nabenmutter vollkommen abschrauben und die Scheibe abnehmen.
- Zum Abziehen des Nabenflansches wird in der Werkstatt ein Spezialabzieher (18G 304 und 18G 304F) verwendet, jedoch eignet sich ein Klauenabzieher, dessen Klauen man an die Radbolzen anschrauben kann, so dass die Mittelschraube auf die Antriebswelle drückt.
- Die Schrauben der Bremsträgerplatte lösen, die Platte abnehmen und mit einem Stück Draht an der Radaufhängung festbinden. Da der Bremsschlauch nicht abgeschlossen wird, darf man die Platte nicht am Schlauch hängen lassen.
- Die Kugelbolzenverbindung vom Spurstangenhebel und dem oberen und unteren Kugelgelenk trennen. Ein Kugelbolzenausdrücker ist dazu erforderlich. Der gesamte Achskopf kann jetzt von der Antriebswelle heruntergezogen werden. Ein paar Schläge auf das Ende der Antriebswelle mit einem Weichmetallhammer erleichtert den Austritt der Achswelle aus dem Radlager.
- Das ganze in einen Schraubstock einspannen und den Abstandsring (4) sowie den äusseren Öldichtring (5) mit einem Schraubenzieher

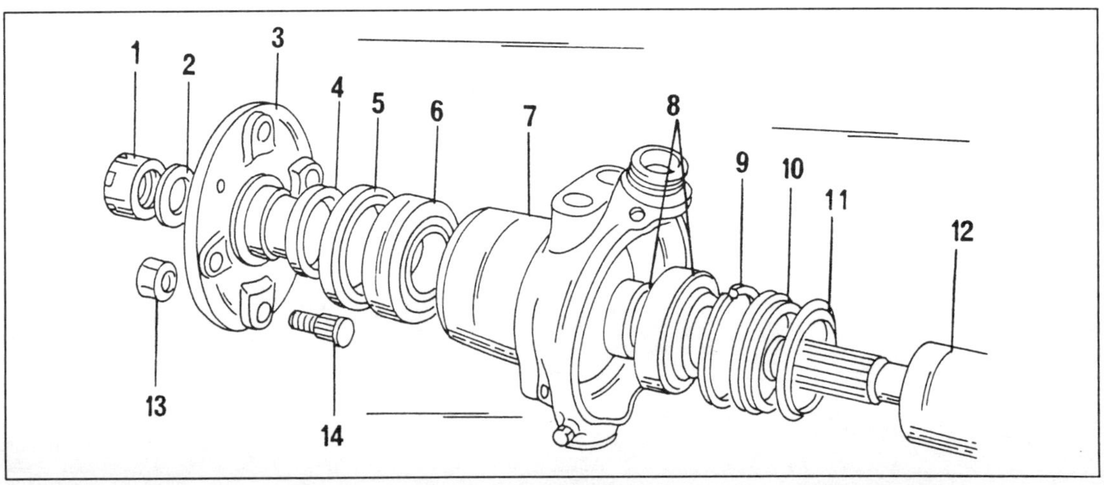

Bild 159
Die Einzelteile einer Radnabe bei eingebauten Trommelbremsen.
1 Achswellenmutter
2 Scheibe
3 Antriebsflansch
4 Abstandsring
5 Äusserer Öldichtring
6 Äusseres Radlager
7 Radnabe
8 Inneres Radlager
9 Abstandsring
10 Innerer Öldichtring
11 Wasserableitring
12 Antriebswelle (Achswelle)
13 Radmutter
14 Radbolzen

herausheben. Ebenfalls den inneren Öldichtring (10) und den Abstandsring (9) entfernen.

- Beide Lager (6) und (8) aus der Innenseite der Nabe herausschlagen und die Abdichtscheibe (11) von der Antriebswelle herunterziehen.

Alle Teile gründlich reinigen und auf Beschädigung kontrollieren. Die Dichtringe müssen immer erneuert werden. Die Lager dürfen nicht ausgeschlagen sein, wenn sie wieder verwendet werden sollen.

Der Zusammenbau der Radnaben geschieht folgendermassen:

- Die beiden Lager mit Heisslagerfett einschmieren und sie in die Radnabe einschlagen, so dass die beiden mit "Thrust" (Druckseite) gezeichneten Seiten sich im eingebauten Zustand gegenüberstehen. Unbedingt darauf achten, dass die Lagerringe gerade eingeschlagen werden. Verkanten sie sich, könnten sie platzen.
- Die Öldichtringe mit den Dichtlippen nach innen weisend einschlagen. Zu beachten ist, dass der innere Dichtring ebenfalls an der Aussenseite eine Dichtlippe besitzt.
- Die Wasserableitscheibe auf die Antriebswelle schlagen, bis das Mass "A" in Bild 160 zwischen der Fläche der Scheibe und dem Wellenbund 6 mm beträgt. Die Dichtfläche der Wasserableitscheibe mit Fett einschmieren.

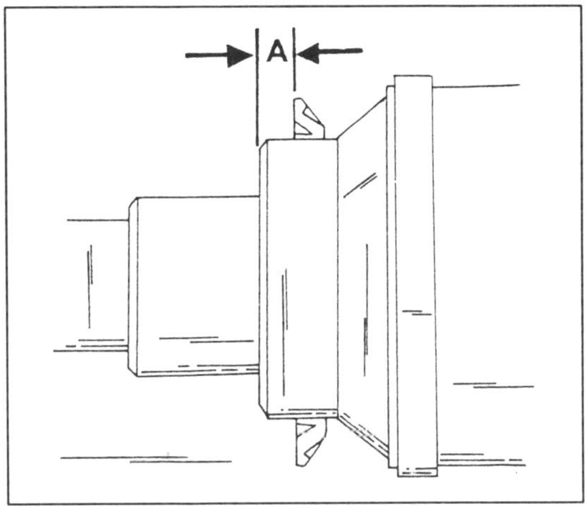

Bild 160
Zur Montage der Wasserableitscheibe. Das Mass "A" muss 6 mm betragen.

Mutter lockern. Das Fahrzeug jetzt vorn auf Böcke setzen.

- Das Rad vollkommen abschrauben.
- Die beiden Schrauben des Bremssattels entfernen und den Sattel abnehmen. Den Sattel mit einer Drahtschlinge am Fahrgestell festbinden, damit er nicht am Bremsschlauch herunterhängen kann.
- Die Nabenmutter (1) abschrauben und den dahinter sitzenden Sicherungsring (2) herunternehmen.
- Den Antriebsflansch zusammen mit der

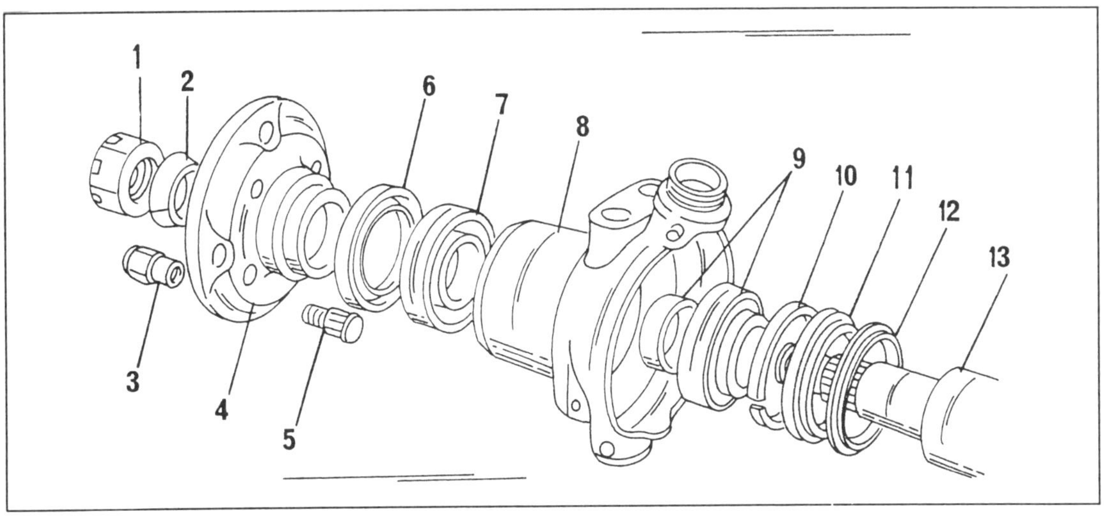

Bild 161
Montagebild der Radnabe bei Ausführungen mit Scheibenbremsen an den Vorderrädern.
1 Achswellenmutter
2 Sicherungsring
3 Radmutter
4 Antriebsflansch
5 Radbolzen
6 Äusserer Öldichtring
7 Äusseres Radlager
8 Nabe und Achsschenkel
9 Inneres Lager und Lagerabstandsring
10 Abstandsring für Öldichtring
11 Innerer Öldichtring
12 Wasserableitscheibe
13 Antriebswelle (Achswelle)

- Den Abstandsring (4) mit der Anschrägung zum Nabenflansch weisend aufschieben.
- Beim Einbau der Teile der Radaufhängung alle Anzugsdrehmomente beachten.

14.1.2 Ausführungen mit Scheibenbremsen

Die Teile der Vorderradnabe sind in Bild 161 gezeigt.

- Die Radmuttern lockern, den Splint aus der Mutter der Antriebswelle herausziehen und die

Bremsscheibe von der Achswelle herunterziehen. In der Werkstatt wird dazu der Abzieher 18G 304 mit 18G 304F benutzt. Wahlweise kann man einen Zwei- oder Dreiklauenabzieher benutzen, den man mit den Radmuttern festschraubt. Die Mittelschraube drückt dabei gegen die Antriebswelle, um die Nabe herunterzuziehen.

- Das Spritzblech vom Achsschenkel abschrauben.
- Die Kugelbolzen der Spurstange und des oberen und unteren Aufhängungsgelenks trennen und den Achsschenkel von der Achswelle

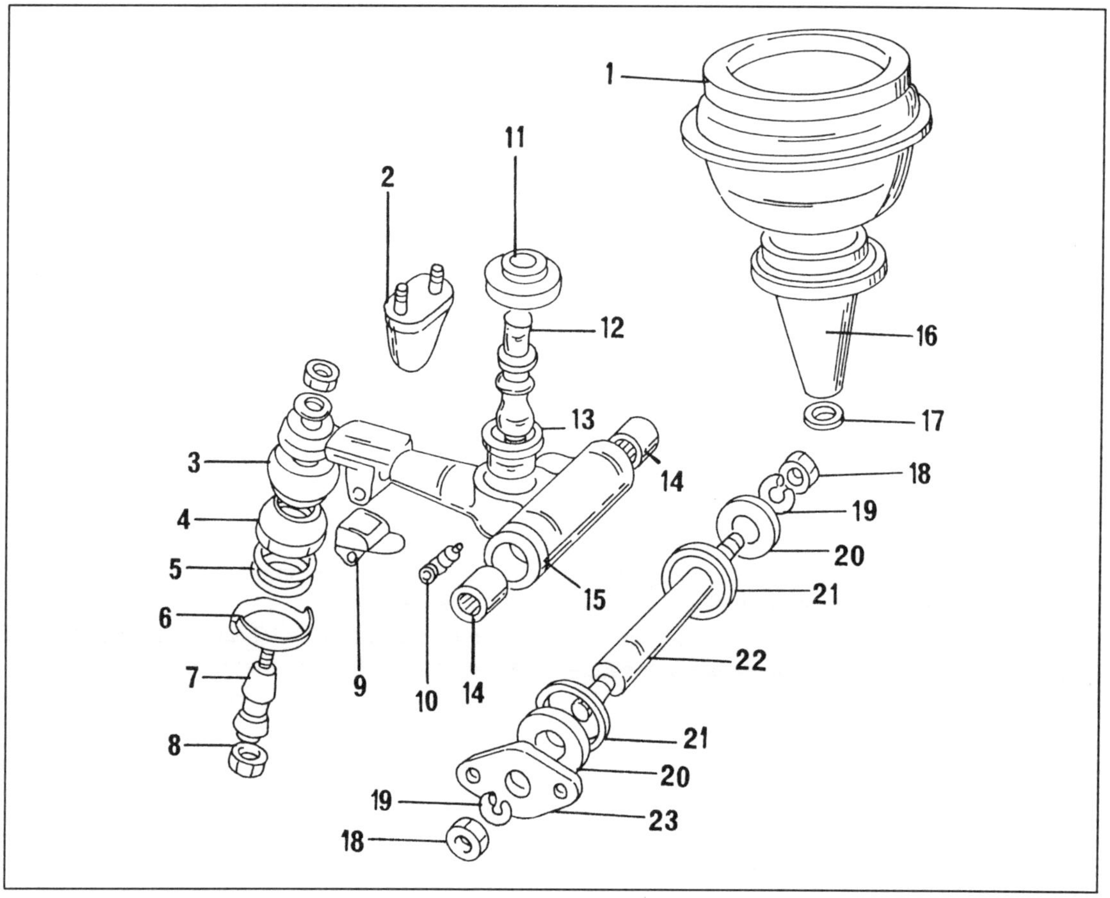

Bild 162
Die Teile der Radaufhängung an der Oberseite.
1 Gummifederelement
2 Rückprallgummi
3 Staubschutzkappe
4 Kugelbolzengehäuse
5 Ausgleichsscheiben
6 Sicherungsring
7 Kugelbolzen
8 Kugelbolzenpfanne
9 Rückprallgummi
10 Winkelschmiernippel
11 Staubschutzkappe
12 Kugelgelenk
13 Kugelbolzenpfanne
14 Nadelrollenlager
15 Oberer Querlenker
16 Federtopf
17 Unterlegscheibe
18 Mutter
19 Federring
20 Anlaufscheibe
21 Dichtring
22 Querlenkerlagerbolzen
23 Befestigungsplatte

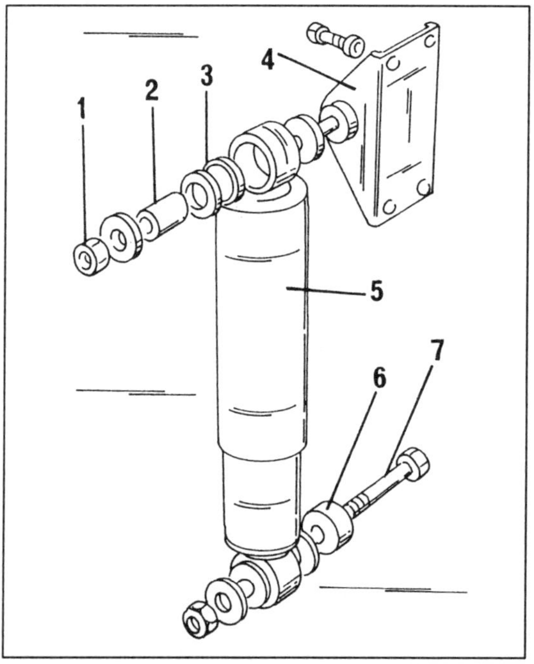

Bild 163
Befestigung eines vorderen Stossdämpfers.
1 Sechskantmutter
2 Abstandshülse
3 Gummibüchse
4 Dämpfermontagewinkel
5 Stossdämpfer
6 Abstandsring
7 Stossdämpferschraube

herunterziehen. Ein Nachhelfen mit einem Weichmetallhammer könnte erforderlich sein.

● Den Achsschenkel in einen Schraubstock einspannen und mit einem Schraubenzieher den inneren Öldichtring (11) heraushebeln.

● Den Abstandsring (10) herausnehmen. Dieser Ring ist speziell für Radnaben mit Scheibenbremsen hergestellt.

● Den äusseren Öldichtring (7) von der anderen Seite der Nabe heraushebeln.

● Den äusseren Lagerlaufring aus der Nabe herausschlagen und den Abstandsring (9) und den inneren Lagerring von der Achswelle abziehen. Die Laufringe aus der Nabe herausziehen.

Beim Einbau der neuen Lager diese mit Lagerfett einschmieren, aber den Raum zwischen den Lagern nicht füllen. Die Öldichtringe mit einem passenden Dorn einschlagen. Die Aussenfläche des inneren Dichtringes besitzt eine Dichtlippe an der Aussenseite. Den Raum zwischen den Lagern und den Öldichtringen mit Fett füllen.

Die Wasserableitscheibe (3) entsprechend den Anweisungen bei Ausführungen mit Trommelbremsen auf der Antriebswelle anbringen (siehe ebenfalls Bild 160) und die Lauffläche mit Fett einschmieren.

Die Antriebswelle durch die Lager führen und soweit aufdrücken, dass die Mutter angesetzt werden kann, um sie vollkommen einzuziehen. Danach alle weiteren Arbeiten in umgekehrter Reihenfolge wie beim Ausbau durchführen. Die ausgebauten Teile der Radaufhängung mit den am Ende der Ausgabe angegebenen Anzugsdrehmomenten anziehen.

Achtung: Die Teile des Radlagers, der Antriebsflansch, der Abstandsring für den Öldichtring (10 in Bild 161), der Sicherungsring (2) und Radmuttern und Radbolzen des 1275 GT können nicht bei Ausführungen mit Trommelbremsen verwendet werden.

14.2 Aus- und Einbau eines Achsschenkels

Der Aus- und Einbau des Achsschenkels wurde bereits beim Erneuern der Radlager beschrieben, da der Achsschenkel zu dieser Arbeit ausgebaut werden muss.

14.3 Obere Querlenker

14.3.1 Aus- und Einbau

Die Teile der Befestigung eines oberen Querlenkers und mit diesem verbundenen Teile sind in Bild 162 gezeigt. Ohne das im Text erwähnte Spezialwerkzeug wird es jedoch kaum möglich sein, einen Querlenker auszubauen. Beim Ausbau eines Querlenkers folgendermassen vorgehen:

- Radmuttern auf der betreffenden Seite lösen und das Fahrzeug vorn auf Böcke setzen. Das Rad abnehmen.
- Zum Ausbau des Querlenkers muss das Federelement jetzt folgendermassen mit dem Spezialwerkzeug zusammengedrückt werden, um die Federwirkung zu neutralisieren:
  - Die Schraube des Turms des Nebenrahmens vom Querträger der Karosserie entfernen und das Werkzeug 18G 574B, wie in Bild 163 gezeigt, ansetzen und die mittlere Schraube neun komplette Umdrehungen in das Federelement einschrauben.
  - Die Knarre in Pfeilrichtung bewegen, um die Mutter anzuziehen, bis sie gegen das Gehäuse des Werkzeuges anliegt. Die Mutter jetzt gegenhalten und die Knarre nach rechts drehen, bis das Federelement ausreichend zusammengedrückt ist.
- Den Stossdämpfer vom oberen Querlenker abschrauben und zusammendrücken, so dass er den Querlenker freigibt.
- Die Mutter des Kugelbolzens am Querlenker lösen und den Kugelbolzen mit einem Kugelbolzenabzieher herausdrücken.
- Die Radnabe von unten abstützen, so dass sie nicht am Bremsschlauch herunterhängen kann.
- Den Rückprallgummi abschrauben.
- Den Federtopf aus seinem Sitz im oberen Querlenker heraushebeln und den Topf entfernen.

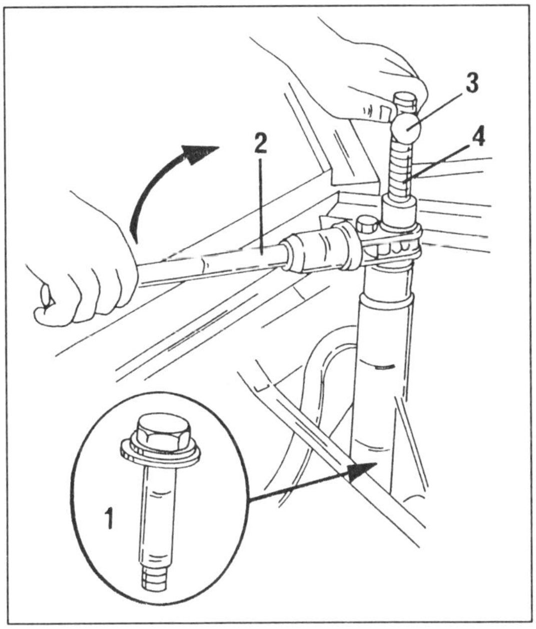

Bild 164
Zusammendrücken des Federelements. Diese Massnahme ist bei verschiedenen Ausführungen durchzuführen, wenn die Federwirkung zu entlasten ist.
1 Entfernte Schraube
2 Knarre
3 Knebelgriff
4 Mittelschraube

- Mutter und Federring vom hinteren Ende der Lagerwelle des Querlenkers lösen und die beiden Schrauben der Befestigungsplatte auf der anderen Seite entfernen.
- Die Lagerwelle des Querlenkers nach vorn hebeln, den Querlenker nach aussen verdrehen und von der Lagerwelle herunterziehen.
- Die hintere Anlaufscheibe und die Dichtringe vom Querlenker abnehmen und den Querlenker von der Vorderseite des Nebenrahmens abheben.
- Den Querlenker in einen Schraubstock einspannen und die Nadelrollenlager ausbauen. Dazu steht ein Spezialauszieher zur Verfügung (18G 581). Eine Ausweichmöglichkeit ist ein Schlaghammer, mit einem geeigneten hakenähnlichen Adapter, welchen man unter die Lagerkante ansetzt oder man versucht die Lager von gegenüberliegenden Seiten auszuschlagen. Wenn die Nadelrollenlager erneuert werden, sind sie mit der Beschriftung nach aussen weisend einzuschlagen. Die Lager gut einfetten.

Der Einbau des Querlenkers geschieht in umgekehrter Reihenfolge wie der Ausbau, jedoch sind die folgenden Punkte zu beachten:

- Die beiden Anlaufscheiben sind mit den Schmiernuten zum Querlenker weisend einzusetzen und die Lagerwelle gut eingefettet einschieben.
- Dextra-Fett Super G.P. an die Kugelpfanne schmieren (von Ihrem Händler beziehen) und das Kugelgelenk und die Staubschutzkappe (11

und 12, Bild 162) am Federtopf (16) anbringen. Kugelbolzen und Kugelpfanne in den oberen Querlenker einsetzen und den Federtopf vorsichtig montieren.

● Bei Ausführungen mit automatischem Getriebe eine Unterlegscheibe (17) unter den Federtopf unterlegen.

● Alle Anzugsdrehmomente sind der Aufstellung am Ende des Buches zu entnehmen.

14.4 Untere Querlenker

14.4.1 Aus- und Einbau

Bild 165 zeigt die mit dem unteren Querlenker verbundenen Teile. Bild 166 zeigt die Anschlussweise der Reaktionszugstrebe.

● Einen Keil zwischen den oberen Querlenker und den Rückprallgummi einschieben, wie es bereits schon einige Male erwähnt wurde.

● Radmuttern lockern, das Fahrzeug vorn auf Böcke setzen und das Rad abschrauben.

● Unter Bezug auf Bild 166 die Schraube (7) lösen und die Zugstrebe (4) vom unteren Querlenker trennen.

● Die Mutter des (19) Kugelgelenks an der Unterseite des Querlenkers lösen und den Kugelbolzen mit einem Abzieher herausdrücken. Die Scheibe (18) abnehmen. Die Zahlen beziehen sich auf Bild 165.

● Den Querlenker abziehen und das zweite Gummilager herausnehmen.

Der Einbau des Querlenkers geschieht in umgekehrter Reihenfolge wie der Ausbau. Zu beachten ist, dass die Fläche an der Lagerwelle vorschriftsmässig ausgerichtet sein muss. Die Mutter (15) der Lagerwelle (17) anziehen, wenn das Gewicht des Fahrzeuges auf den Rädern ruht, um die Gummibüchsen einwandfrei vorzuspannen. Alle Anzugsdrehmomente beachten. Diese sind in der Aufstellung am Ende des Buches unter der betreffenden Überschrift zu finden.

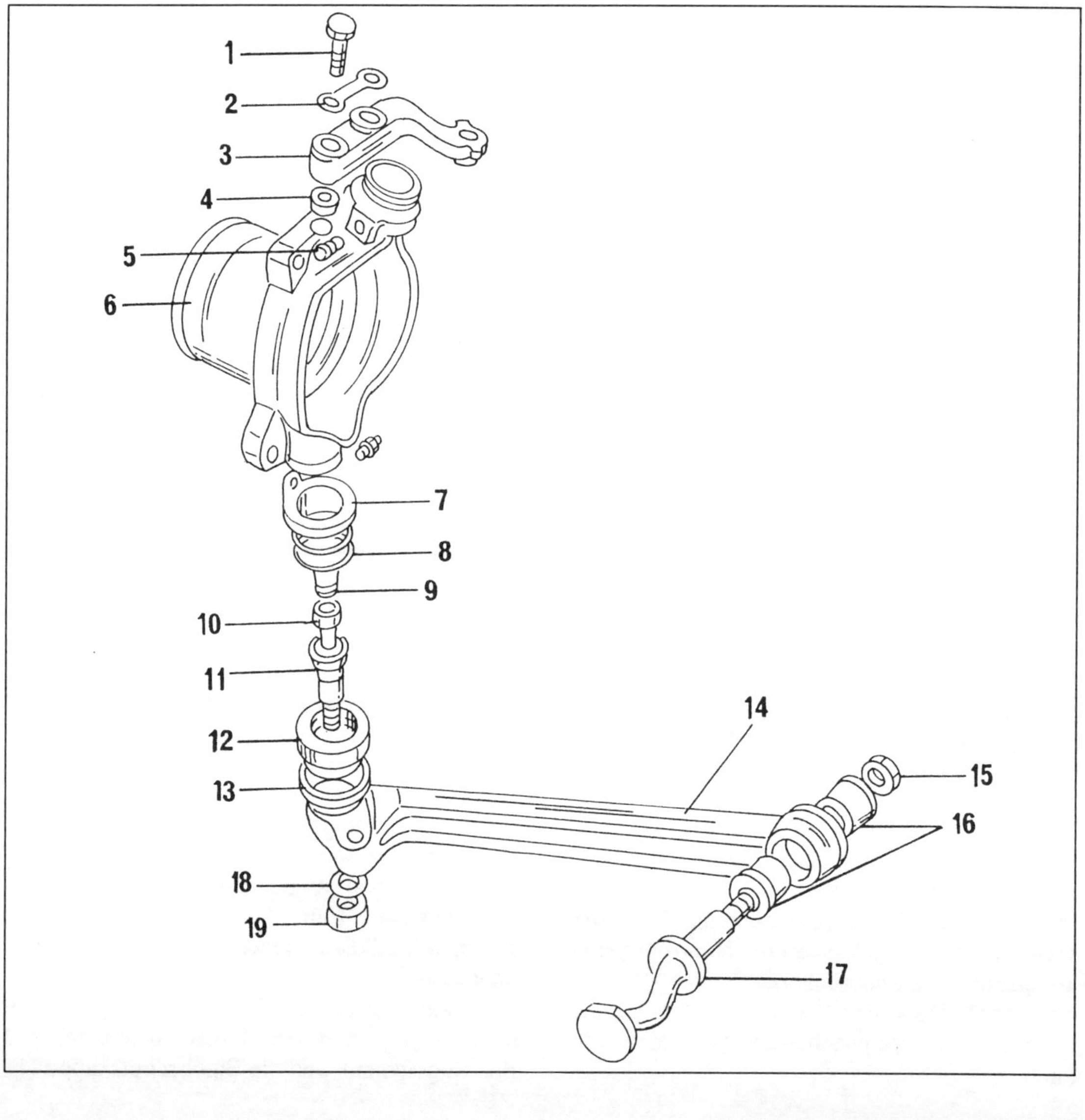

Bild 165
Befestigung eines unteren Querlenkers an der Unterseite des Achsschenkels.
1 Schraube
2 Sicherungsblech
3 Lenkhebel (Spurstange)
4 Passring
5 Schmiernippel
6 Achsschenkel
7 Sicherungsblech
8 Ausgleichsscheiben
9 Feder für unteres Gelenk
10 Kugelbolzenpfanne
11 Kugelbolzen
12 Kugelbolzengehäuse
13 Staubschutzkappe
14 Unterer Querlenker
15 Sechskantmutter
16 Querlenkerbüchsen
17 Lagerbolzen
18 Unterlegscheibe
19 Sechskantmutter

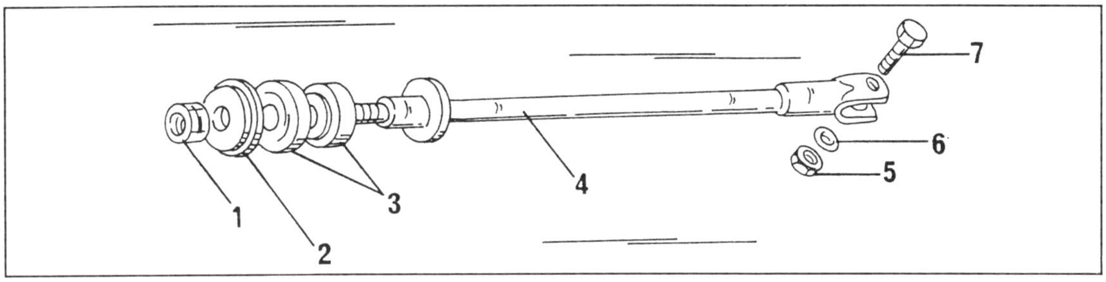

Bild 166
Die Befestigungsweise der Reaktionszugstrebe.
1 Sechskantmutter
2 Formscheibe
3 Gummilager
4 Zugstrebe
5 Sechskantmutter
6 Federring
7 Sechskantschraube

14.5 Reaktionszugstrebe

14.5.1 Aus- und Einbau

Bild 166 zeigt die Befestigung der Reaktionszugstrebe.

- Radmuttern lockern, Vorderseite des Fahrzeuges auf Böcke setzen und das Rad abnehmen.
- Die Mutter (1) der Strebenbefestigung am Nebenrahmen entfernen. Die Druckscheibe (2) und das äussere Gummilager (3) abziehen.
- Die Zugstrebenverbindung auf der anderen Seite vom unteren Querlenker lösen (Teile 5 bis 7) und die Zugstrebe aus der Lagerung des Nebenrahmens herausziehen. Das verbleibende Gummilager (3) von der Strebe herunterziehen.

Der Einbau geschieht in umgekehrter Reihenfolge wie der Ausbau. Falls die Gummibüchsen ausgeschlagen sind, ist es möglich, dass man einen Reparatursatz beziehen kann. Die Anzugsdrehmomente beachten.

14.6 Aufhängungskugelgelenke erneuern

14.6.1 Obere Gelenke

Alle Vorarbeiten treffen, wie sie bereits erwähnt wurden und das Gummifederelement zusammendrücken, wie es beim Ausbau des oberen Querlenkers auf Seite 103 beschrieben wurde. Bild 162 zeigt wie das Kugelgelenk montiert ist. Bild 167 zeigt die Einzelteile eines oberen Gelenks.

- Einen Wagenheber unter den unteren Querlenker setzen und die Mutter und Scheibe vom Kugelbolzen des oberen Querlenkers entfernen (an der Oberseite des Querlenkers). Mit einem Abzieher die Kugelbolzenverbindung trennen.
- Unter Bezug auf Bild 167 die Staubschutzkappe (1) entfernen und den Schmiernippel (4) herausschrauben.
- Sicherungsblech (5) zurückschlagen und das Kugelgelenkgehäuse (2) mit einem Schlüssel geeigneter Grösse abschrauben.
- Den Kugelbolzen (3) mit Ausgleichsscheiben, Sicherungsblech (5) und die Kugelbolzenpfanne (6) abnehmen.
- Alle Teile gründlich reinigen und wie erforderlich erneuern.

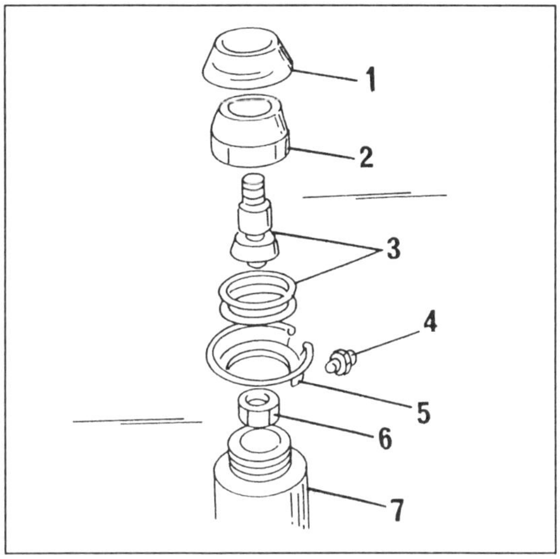

Bild 167
Die Einzelteile eines Aufhängungskugelgelenks. Gezeigt ist das obere Gelenk. Beim unteren Gelenk ist eine Feder unter die Kugelbolzenpfanne (6) untergesetzt.
1 Staubschutzkappe
2 Kugelbolzengehäuse
3 Kugelbolzen und Ausgleichsscheiben
4 Schmiernippel
5 Sicherungsblech
6 Kugelbolzenpfanne
7 Achsschenkel (Radnabe)

Beim Zusammenbau den Kugelbolzen zuerst ohne die Ausgleichsscheiben einsetzen (auch das Sicherungsblech weglassen) und das Gehäuse (2) anziehen, bis kein Spiel mehr zwischen Kugelbolzen und Kugelpfanne vorhanden ist. Nachdem dies der Fall ist, den Spalt "A" in Bild 168 mit einer Fühlerlehre ausmessen.

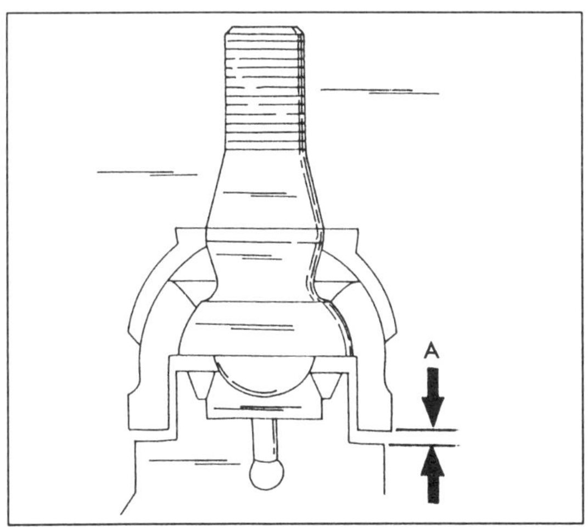

Bild 168
Ausmessen des Spiels beim zusammengebauten Kugelbolzen zur Bestimmung der Ausgleichsscheibenstärke "A".

- Von dem erhaltenen Mass einen Wert von 0,90 mm abziehen, um die genaue Ausgleichsscheibenstärke zu erhalten.
- Das Kugelgelenk mit den gefundenen Scheiben zusammenbauen und auf Beweglichkeit kontrollieren. Das max. zulässige Spiel des Kugelbolzens beträgt 0,08 mm, also kaum wahrnehmbar. Scheiben stehen in Stärken von 0,05, 0,08, 0,13, 0,25 und 0,51 mm zur Verfügung.

Achtung: Es ist äussert wichtig, dass das Kugelgelenk sich in alle Richtungen frei bewegen lässt, ohne dass es an irgendeiner Stelle klemmt.

- Den Kugelbolzen mit Fett einschmieren und mit allen Teilen zusammenbauen.
- Den Schmiernippel einschrauben.
- Das Kugelbolzengehäuse fest anziehen und das Sicherungsblech gegen die drei Flächen des Gehäuses umschlagen, wobei eine neben der Bremsträgerplatte oder Bremsscheibe verwendet werden muss, je nach Ausführung. Alle Anzugsdrehmomente beachten.

14.6.2 Untere Gelenke

Zur Erneuerung des unteren Aufhängungskugelgelenks muss der Achsschenkel ausgebaut werden.

- Achsschenkel aufrecht in einen Schraubstock spannen, so dass das Kugelgelenk sich an der Oberseite befindet und den Schmiernippel und die Staubschutzkappe ("13", Bild 165) entfernen.
- Das Sicherungsblech (7) zurückschlagen und das Kugelgelenkgehäuse (12) lösen.
- Kugelbolzen (11), Kugelbolzenpfanne (10), Feder (9), Ausgleichsscheiben (8) und das Sicherungsblech abnehmen.
- Alle Teile gründlich reinigen und wie erforderlich erneuern, falls Verschleiss festgestellt werden kann.

Hinweis: Falls beide Kugelbolzen erneuert werden müssen, ist der Achsschenkel ebenfalls auszubauen. In diesem Fall nach Ausbau des unteren Bolzens den oberen Bolzen in ähnlicher Weise ausbauen.

Beim Einbau des neuen Bolzens oder Neueinstellung des ursprünglichen Bolzens in gleicher Weise vorgehen, wie es beim oberen Aufhängungsgelenk beschrieben wurde. Alle Anzugsdrehmomente bei der Montage beachten.

14.7 Aus- und Einbau eines vorderen Gummielements

Alle in Kapitel 14.3.1 beschriebenen Arbeiten durchführen und wenn die Federwirkung wie unter dieser Überschrift beschrieben neutralisiert ist, das Gummifederelement herausnehmen, indem man das Spannwerkzeug langsam löst, bis die Federbelastung aufgehoben ist.
Der Einbau des Federelements geschieht in umgekehrter Reihenfolge wie der Ausbau.

14.8 Arbeiten an der Hinterradaufhängung

Das hintere Gummifederelement und der Schwingarm können getrennt ausgebaut werden. Die letztere Arbeit ist zur Erneuerung des Nadelrollenlagers und der Bronzebüchse der Schwingarmlagerung erforderlich, obwohl man diese Arbeit am besten einer gut ausgerüsteten Werkstatt überlassen sollte.

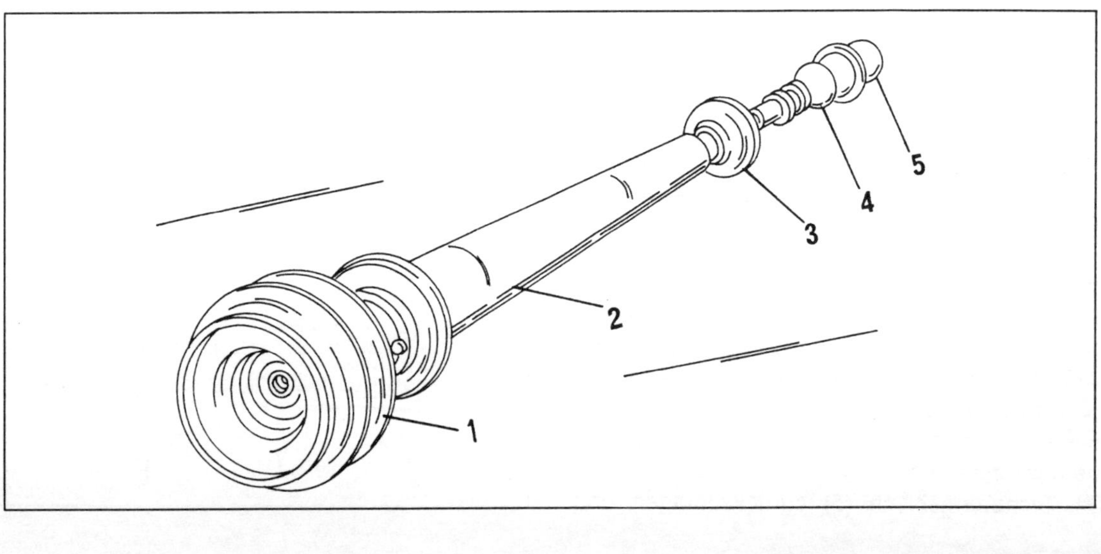

Bild 169
Die Einzelteile eines hinteren Gummifederelements.
1 Gummifederelement
2 Federtopf
3 Staubschutzabdeckung
4 Kugelgelenk
5 Kugelgelenkpfanne

14.8.1 Gummifederelement — Aus- und Einbau

Die Befestigung des Gummifederelements ist in Bild 169 gezeigt.

- Rückseite des Fahrzeuges auf Böcke setzen und das Rad abnehmen.
- Den Stossdämpfer ausbauen, wie es in Kapitel 14.9.2 beschrieben wird.
- Den Schwingarm mit einem Wagenheber anheben, um den Stossdämpfer auszubauen.

Eindringen von Schmutz zu vermeiden.

- Den Wagenheber ablassen, bis der Federtopf aus dem Gummifederelement gezogen werden kann (siehe Bild 171). Danach den Federtopf an der anderen Seite aus dem Eingriff bringen und herausnehmen.
- Unter Bezug auf Bild 170 die Mutter (1) und den Federring (2) lösen und auf der gegenüberliegenden Seite den Schmiernippel (15) aus-

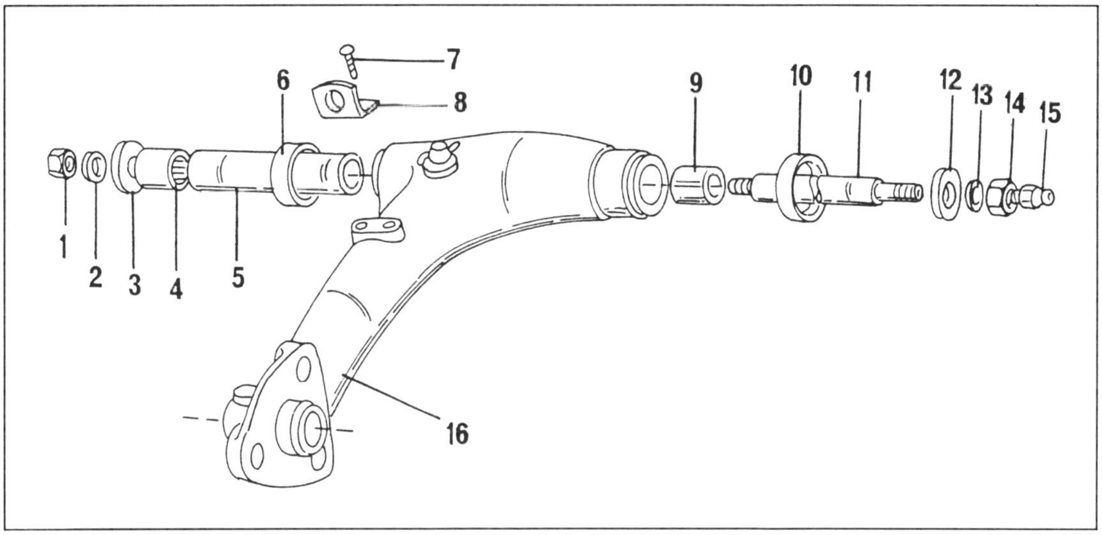

Bild 170
Die Einzelteile eines Schwingarms.
1 Sechskantmutter
2 Federring
3 Unterlegscheibe
4 Nadelrollenlager
5 Schmierrohr
6 Dichtring
7 Schraube
8 Blechwinkel (Bremsschlauch)
9 Bronzebüchse
10 Dichtring
11 Lagerwelle
12 Unterlegscheibe
13 Federring
14 Sechskantmutter
15 Schmiernippel
16 Schwingarm

- Den Schwingarm langsam senken.
- Den Federtopf vom Gummifederelement abziehen und das Gelenk vom Federtopf entfernen.
- Das Gummifederelement kann jetzt aus seinem Sitz im Nebenrahmen gezogen werden.

Der Einbau des Federelementes geschieht in umgekehrter Reihenfolge wie der Ausbau. Das Kugelgelenk vor dem Einsetzen in den Schwingarm mit Dextra-Fett GP einschmieren. Darauf achten, dass der Federtopf und das Kugelgelenk in Eingriff kommen, während der Schwingarm zum Anschliessen des Stossdämpfers angehoben wird.

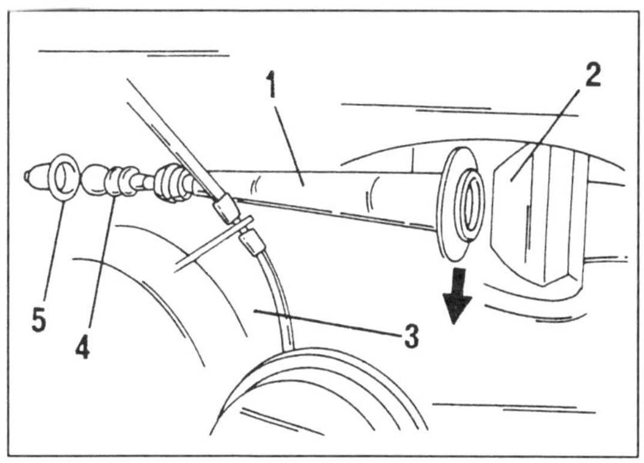

Bild 171
Zum Aus- und Einbau des hinteren Gummifederelementes.
1 Federtopf
2 Gummifederelement
3 Schwingarm
4 Kugelgelenk
5 Kugelbolzenpfanne

14.8.2 Schwingarme — Aus- und Einbau

Wie die Schwingarme eingebaut sind, kann man Bild 170 entnehmen.

- Rückseite des Fahrzeuges auf Böcke setzen.
- Den Schwingarm mit einem Wagenheber anheben, um den Stossdämpfer auszubauen.
- Handbremsseil vom Handbremshebel lösen.
- An der Bremsträgerplatte den Splint und den Splintbolzen der Handbremsseilbefestigung herausziehen.
- Den Bremsschlauch von der Bremsleitung trennen und vom Winkel (8) in Bild 170 freimachen. Die Leitungsenden zustopfen, um ein Eindringen von Schmutz zu vermeiden.

schrauben, die Mutter (14) lösen und den Federring (13) abnehmen. Vier Befestigungsschrauben des Montagewinkels vom Nebenrahmen entfernen. Eine Stecknuss mit Verlängerung wird dazu erforderlich sein. Den Schwingarm (16) vom Nebenrahmen abnehmen.

- Von der anderen Seite des Schwingarmes die grosse Anlaufscheibe (12) und den Dichtring (10) entfernen.
- Die Lagerwelle (11) kann jetzt aus dem Schwingarm herausgezogen werden.
- Aus dem äusseren Ende des Schwingarmes die Bronzebüchse (9) herausziehen oder herausschlagen und von der anderen Seite das Nadelrollenlager (4) ausbauen.
- Das Schmierrohr (5) aus der Innenseite des Schwingarmes entfernen.

Die Lagerwelle und die Lager gut reinigen und und die Teile sorgfältig überprüfen. Zeichen von Verschleiss kann man vor allem an der Lagerwelle sehen. In diesem Fall müssen Lager und Welle erneuert werden.

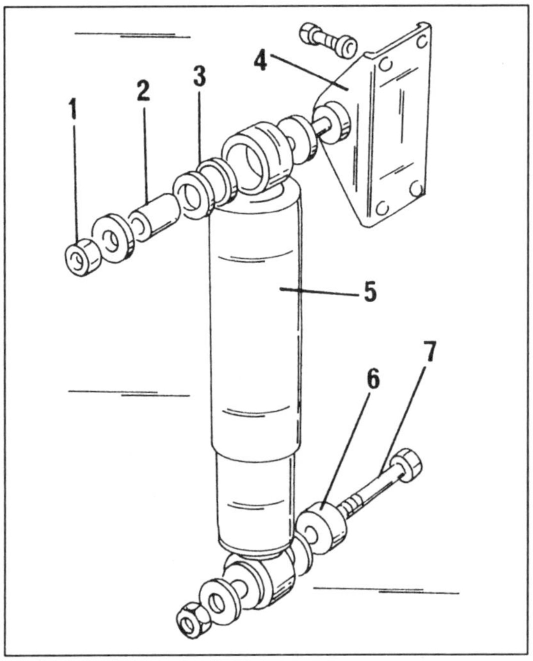

Bild 172
Befestigung eines vorderen Stossdämpfers.
1 Sechskantmutter
2 Abstandshülse
3 Gummibüchse
4 Dämpfermontagewinkel
5 Stossdämpfer
6 Abstandsring
7 Stossdämpferschraube

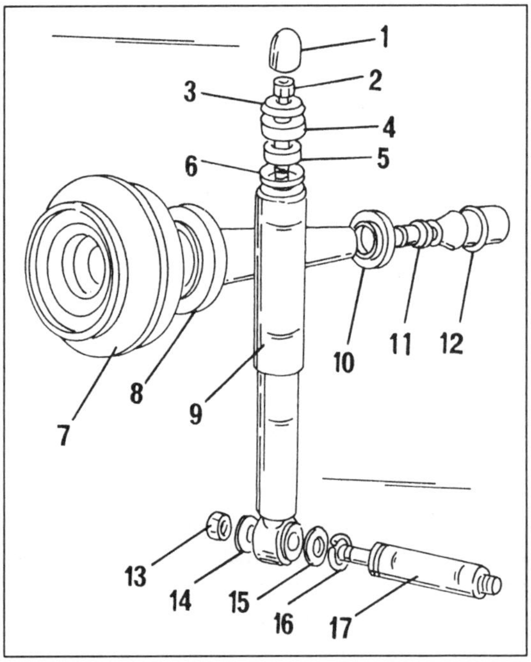

Bild 173
Die Teile des Stossdämpfers und der Gummielementfederung für die Hinterradaufhängung.
1 Gummikappe
2 Mutter
3 Formscheibe
4 Gummibüchse
5 Gummibüchse
6 Formscheibe
7 Gummifederelement
8 Hinterer Federtopf
9 Stossdämpfer
10 Staubschutzabdeckung
11 Kugelbolzengelenk
12 Kugelbolzenpfanne
13 Mutter
14 Scheibe
15 Scheibe
16 Federring
17 Stossdämpferbolzen

Das Einziehen der Bronzebüchse und das Einpassen der Lagerwelle wird in der Werkstatt mit Spezialwerkzeugen durchgeführt. Da es sehr schwer sein wird, die genaue Passung mit einer einfachen Reibahle herzustellen, empfehlen wir, dass man einen neu zu lagernden Schwingarm in eine Werkstatt bringt, wo die Büchse eingezogen und auf das richtige Mass aufgerieben werden kann.

Wichtig ist, dass die neue Bronzebüchse nach dem Einschlagen auf das genaue Mass der Lagerwelle aufgerieben werden muss. Alle Späne entfernen und das Schmierrohr (5) mit dem kleineren Durchmesser zur Büchse zu einsetzen. Auf der anderen Seite das Nadelrollenlager (6) einschlagen. Die Büchse und das Lager gut mit Fett einschmieren. Die Anlaufscheiben (3) und (12) mit den Schmiernuten gegen den Schwingarm anlegen und die Lagerwelle (11) wieder einsetzen. Alle anderen Arbeiten in umgekehrter Reihenfolge wie beim Ausbau durchführen. Alle Anzugsdrehmomente beachten und abschliessend die Bremsanlage entlüften.

14.9 Stossdämpfer

14.9.1 Aus- und Einbau eines vorderen Stossdämpfers

Die Befestigung der vorderen Stossdämpfer ist in Bild 172 gezeigt.

- Fahrzeug vorn aufbocken und das Rad abnehmen.
- Die Muttern (1) oben und unten an der Aussenseite des Dämpfers lösen und die Scheiben abnehmen.
- Einen Wagenheber unter den unteren Querlenker untersetzen und die Radaufhängung anheben, bis man sehen kann, dass sich der Stossdämpfer zusammengeschoben hat.
- Den Stossdämpfer abnehmen.
- Die beiden anderen Scheiben und vom Querlenker die Abstandsbüchse herunternehmen.

Zur Kontrolle eines Stossdämpfers diesen mit der Unterseite in einen Schraubstock einspannen und das Oberteil hineinschieben und herausziehen. An keiner Stelle darf man "tote Stellen" feststellen. Ist dies der Fall, muss ein neuer Stossdämpfer eingebaut werden. Wir empfehlen, dass man einen Stossdämpfer aufrecht stehend lagert, bis er wieder eingebaut wird.

Die Gummibüchsen in den Stossdämpferaugen können getrennt erneuert werden.

Der Einbau geschieht in umgekehrter Reihenfolge wie der Ausbau. Falls der Wagenheber in der Zwischenzeit abgesenkt wurde, ihn wieder unter die Unterseite des Querlenkers untersetzen und den Lenkerarm anheben, bis man den Stossdämpfer oben und unten ohne Spannung anbringen kann. Den Wagenheber wieder ablassen und danach die Muttern auf das vorgeschriebene Anzugsdrehmoment anziehen. Die Gummibüchsen werden dabei vorgespannt.

14.9.2 Aus- und Einbau eines hinteren Stossdämpfers

Bild 173 zeigt die Befestigungsweise eines hinteren Stossdämpfers.

● Falls der linke Stossdämpfer bei Limousinen ausgebaut werden muss, ist vorher der Kraftstofftank auszubauen. Das gleiche trifft bei Fahrzeugen mit Zwillingstanks zu.

● Rückseite des Fahrzeuges auf Böcke setzen und das Rad abschrauben.

● Einen Wagenheber unter den Schwingarm untersetzen und diesen anheben.

● Aus dem Inneren der Wagenrückseite die Gummikappe (1) in Bild 173 entfernen, falls eine vorhanden ist, den Gewindebolzen gegenhalten und die Mutter (2) lösen.

● Die Formscheibe (3) und die Gummibüchse (4) herunternehmen.

● Die Mutter (13) und die Scheibe (14) am Schwingarm lösen.

Den Stossdämpfer zusammendrücken und nach hinten drücken, bis er waagerecht liegt. Den Dämpfer in dieser Lage vom Schwingarm abziehen.

● Die Teile (5) und (6) von der Oberseite des Dämpfers abnehmen und den Dämpfer senkrecht hinstellen, falls er wieder eingebaut werden soll.

Vor Einbau eines Stossdämpfers diesen in einen Schraubstock spannen und einige Male auseinanderziehen und zusammendrücken, bis alle Luft ausgestossen ist. Danach den Dämpfer in umgekehrter Reihenfolge wie beim Ausbau wieder einbauen.

14.10 Hinterradnaben

14.10.1 Aus- und Einbau einer Radnabe

Wie bei den Vorderradnaben ist auch die Lagerung der Naben beim 1275 GT und den anderen Mini-Ausführungen unterschiedlich. Beim 1275 GT werden Schrägrollenlager verwendet, während bei anderen Ausführungen Kugellager eingebaut sind. Beim Ausbau der Radnaben folgendermassen vorgehen:

● Bei gelösten Rädern die Rückseite des Fahrzeuges auf Böcke setzen und das Rad abnehmen.

● Den Bremseinsteller zurücklassen (siehe Abschnitt "Bremsen"). Die beiden Schrauben herausdrehen und die Bremstrommel herunterziehen.

● Die Nabenfettkappe von der Nabe entfernen und den Splint aus der Kronenmutter herausziehen. Die Nabenmutter abschrauben und die Scheibe abnehmen. Zu beachten ist, dass die linke Nabe Linksgewinde und die rechte Nabe Rechtsgewinde besitzt, so dass die Muttern entsprechend zu lösen sind.

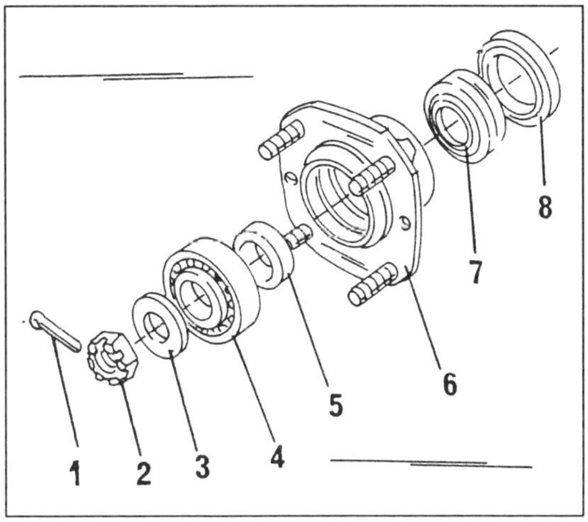

Bild 174
Montagebild einer Hinterradnabe mit Kugellagem.
1 Splint
2 Kronenmutter
3 Scheibe
4 Äusseres Radlager
5 Radnabe
6 Lagerabstandsring
7 Inneres Radlager
8 Öldichtring

● Zum Abziehen der Nabe ist bei allen Minis ein geeigneter Abzieher erforderlich. Beim 1275 GT wird man jedoch feststellen, dass sich die Nabe mit der Hand herunterziehen lässt.

Falls die Radlager erneuert werden sollen, ist im nächsten Kapitel nachzulesen.

Beim Einbau der Radnabe folgendermassen vorgehen:

● Die Nabe auf den Achsstumpf stecken und gut aufschlagen, so dass die Mutter und Scheibe angebracht werden können.

● Die Mutter auf das vorgeschriebene Anzugsdrehmoment anziehen und versplinten. Kein Fett in die Nabenfettkappe schmieren.

14.10.2 Erneuerung der Radlager

Bilder 174 und 175 zeigen wie sich die in der Mini-Baureihe eingebauten Radnaben und Radlager zusammensetzen. Bei der Erneuerung der Radlager folgendermassen vorgehen:

● Die Radnabe in einen Schraubstock einspannen und das Lager aus der Innenseite der Nabe herausschlagen. Den eingelegten Lagerabstandsring entfernen. Falls Schrägrollenlager eingebaut sind, werden die inneren Lagerkäfige herausgenommen und man schlägt die Lagerlaufringe aus.

● Den Öldichtring aus der Innenseite der Nabe heraushebeln.

● Alle Teile gründlich reinigen und auf Beschädigung, Verschleiss, usw. kontrollieren. Die Nabe und die Welle auf Riefenbildung überprüfen. Die Lager dürfen keine Verfärbung oder Laufspuren aufweisen.

- Neue Lager mit Lagerfett einschmieren und in die Nabe einschlagen.
- Den Öldichtring vor dem Einschlagen in Öl eintauchen. Mit Ausnahme des 1275 GT muss der

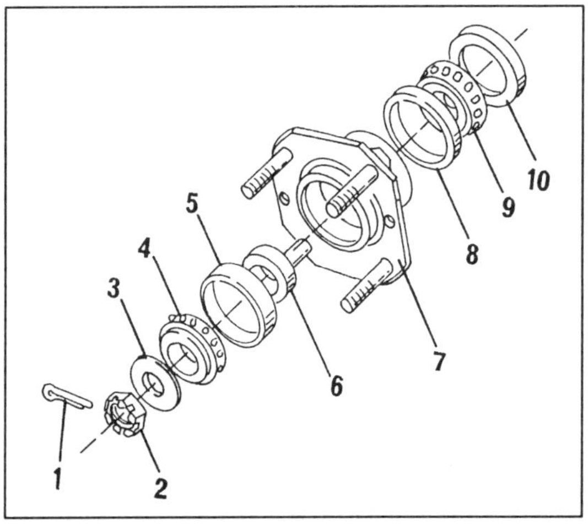

Bild 175
Montagebild der Hinterradnabe bei eingebauten Schrägrollenlagern.
1 Splint
2 Kronenmutter
3 Scheibe
4 Schrägrollenlager, aussen
5 Äusserer Lagerlaufring
6 Lagerabstandsring
7 Radnabe
8 Äusserer Lagerlaufring
9 Schrägrollenlager, innen
10 Öldichtring

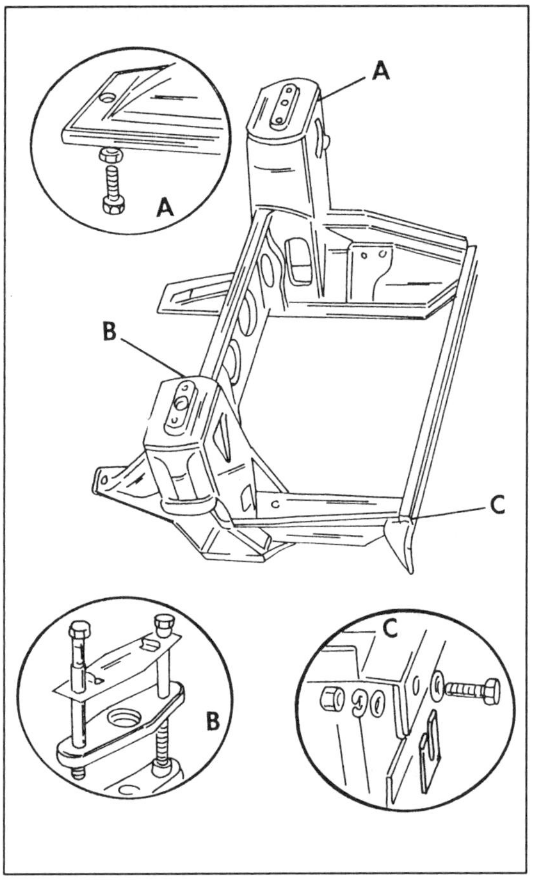

Bild 176
Die Befestigungsweise des vorderen Nebenrahmens der Radaufhängung. A, B und C zeigen wo die einzelnen Befestigungen sitzen.

Öldichtring mit der Dichtlippe zum Lager weisend eingeschlagen werden. Beim 1275 GT muss die Dichtlippe nach dem Einschlagen nach aussen weisen.
Vor dem Einbau der Radnabe alles an der Nabe angesammelte Fett einwandfrei abwischen und die Nabe wieder einbauen.

14.11 Aufhängungsnebenrahmen

Der vordere und hintere Nebenrahmen sind sehr rostanfällig und es könnte vorkommen, dass das Fahrzeug aufgrund eingetretener Durchrostung nicht durch die technische Kontrolle kommt. Auch ist es möglich, dass man die Aufhängungslager der beiden Nebenrahmen auswechseln kann.

14.11.1 Vorderer Nebenrahmen

Der vordere Nebenrahmen kann zusammen mit dem Motor und Getriebe ausgebaut werden. Dazu kann man den Anweisungen zum Ausbau von Motor und Getriebe folgen und den Nebenrahmen entweder zusammen mit dem Antriebsaggregat herausfahren oder man schraubt den Nebenrahmen nach Herausheben des Aggregats ab.
Bild 176 zeigt die Befestigungsstellen des Nebenrahmens zur Hilfe.
Die vorderen und hinteren Aufhängungslager des Nebenrahmens können bei eingebautem Rahmen erneuert werden:

Vordere Aufhängungen

- Fahrzeug vorn auf Böcke setzen und Unterstellböcke unter die Seite der Karosserie untersetzen.
- Auf der Seite der auszuwechselnden Aufhängungen einen Wagenheber mit dem Teller unter den Nebenrahmen ansetzen. Dies kann ein hydraulischer Heber sein, welchen man genügend hoch anheben kann.
- Die Mutter und Schrauben der Aufhängungslagerbefestigung am Nebenrahmen und die Schraube und Mutter der Befestigung an der Karosserie entfernen.
- Zwei Muttern und Schrauben des Nebenrahmens an der hinteren Aufhängung entfernen.
- Den Wagenheber langsam absenken, bis man das vordere Aufhängungslager herausnehmen kann.
- Das neue Lager in umgekehrter Reihenfolge wieder montieren.

Hintere Aufhängungen

- Fahrzeug anheben, wie es oben beschrieben wurde und den Nebenrahmen wieder von unten abstützen.
- Zwei Muttern und Schrauben des Nebenrahmens von der Aufhängung abschrauben.

● In der Innenseite des Fahrzeuges den Bodenteppich anheben und von einem Helfer die Köpfe der Schrauben der Aufhängungsbefestigung an der Karosserie gegenhalten lassen.
● Die Muttern von der Unterseite lösen und die Aufhängung herausnehmen, sobald sie nach Absenken des Wagenhebers frei wird.
● Neue Aufhängung in umgekehrter Reihenfolge wieder einbauen.

14.11.2 Hinterer Nebenrahmen

Bild 177 zeigt die Befestigung des hinteren Nebenrahmens. Die Befestigungsstellen werden durch die Buchstaben angegeben. Ein Kunststoff-Einkaufbeutel sollte bereitliegen. Ein versierter Helfer ist erforderlich.

Aus- und Einbau des Nebenrahmens
● Rückseite des Fahrzeuges anheben und Unterstellböcke unter die Seiten der Karosserie untersetzen.
● Handbremsseile vom Wagenboden lösen. Der Bodenteppich muss dazu angehoben werden. Wo die Handbremsseile in den Wagenboden verschwinden, sind die Seilführungen angeschraubt. Die Muttern sitzen an der Unterseite und müssen gegengehalten werden, die Schrauben kann man dann von oben lösen. Die Seilenden aus dem Wagenboden herausziehen.
● Die Verschraubung des Vorratsbehälters des Hauptbremszylinders öffnen, ein Stück aus dem Kunststoffbeutel ausschneiden und über die Öffnung des Vorratsbehälters auflegen. Die Kappe wieder aufschrauben. Durch die luftdichte Verbindung kann jetzt kaum noch Bremsflüssigkeit auslaufen.
● Die Bremsleitung verfolgen und die Überwurfmutter vom Anschluss am hinteren Nebenrahmen ausschrauben. Diese ist entweder an einem Leitungsverbinder oder einem Dreiweganschluss angeschraubt. Austropfende Flüssigkeit aufsaugen.
● Die komplette Auspuffanlage ausbauen.
● Bei eingebauter elektrischer Kraftstoffpumpe, die elektrischen Leitungen abschliessen, die Schellen der Schlauchbefestigung lockern und die Schläuche abziehen. Um ein Auslaufen von Kraftstoff zu vermeiden, kann man die Schläuche mit Zwingen abklemmen. Nach dem Abschliessen eine Schraube passenden Durchmessers in die Schlauchenden stecken.
● Die beiden Schwingarme jetzt mit einem Wagenheber anheben (man muss natürlich zwei zur Verfügung haben) und von der Innenseite des Fahrzeuges die obere Stossdämpferbefestigung lösen. Auf der linken Seite einer Limousine wird es erforderlich sein den Kraftstofftank nach Lösen des Tankbandes zu verschieben, um an die Befestigung zu kommen.
● Einen hydraulischen Wagenheber unter jede Seite des Nebenrahmens oder einen Rollwagenheber mit einem Holzbalken in der Mitte unter den Nebenrahmen setzen (der Balken sollte beide Seiten des Rahmens abstützen) und die oder den Wagenheber anheben, bis das Gewicht des Rahmens soeben von den Wagenheber(n) gehalten wird.
● Die Befestigungsschrauben der vier Nebenrahmen-Aufhängungslager von der Karosserie lösen. Die Schrauben könnten sehr fest sitzen. Um ein Abreissen zu vermeiden, sollte man beim ersten Abweichen von "eingeschweissten" Schrauben alle Befestigungsstellen mit Rostlösungsmittel einsprühen und eine Weile warten, bis dieses in die Gewinde eindringen kann.
● Nach Lösen der Schrauben kann der Nebenrahmen abgesenkt werden. Ein Helfer sollte die oder den Wagenheber betätigen, während der Nebenrahmen dabei gehalten wird, bis man ihn auf den Rädern ruhend nach hinten herausziehen kann.
● Um den Rahmen zu erneuern, sind die daran montierten Teile entsprechend den gegebenen Anweisungen zu zerlegen.
Der Einbau geschieht in umgekehrter Reihenfolge. Den Nebenrahmen zuerst in die richtige Lage setzen und die Schrauben einstweilen fingerfest anziehen. Erst nachdem der Nebenrahmen einwandfrei sitzt, die Schrauben über Kreuz in mehreren Durchgängen anziehen. Die Bremsanlage abschliessend entlüften.

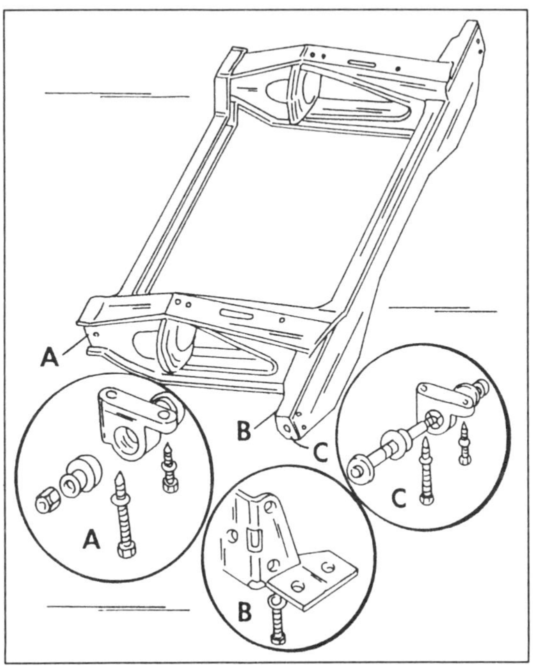

Bild 177
Der hintere Nebenrahmen und dessen Befestigung. Die Buchstaben geben an, wo die einzelnen Befestigungen liegen.

Erneuerung der Nebenrahmenaufhängungen
Wiederum muss man zwischen den vorderen Aufhängungen und den hinteren Aufhängungen unterscheiden.

Vordere Aufhängungen

- Den Schwingarm ausbauen, wie es weiter vorn beschrieben wurde.
- Die Befestigungsstellen des Nebenrahmens ausfindig machen und lösen.
- Den Nebenrahmen mit einem Reifenhebel etwas nach unten drücken und die Aufhängung herausziehen.
- Der Lagerbolzen und die Gummibüchse können jetzt aus dem Aufhängungslager ausgebaut und ersetzt werden.
- Der Einbau geschieht in umgekehrter Reihenfolge wie der Ausbau.

Hintere Aufhängung

- Muttern und Schrauben der Aufhängungsbefestigung vom Nebenrahmen abschrauben.
- Bei einer Limousine vom Helfer die Schrauben von der Innenseite des Kofferraums gegenhalten lassen, während man die Muttern von der Unterseite abschraubt. Bei anderen Ausführungen die zwei Schrauben der Aufhängung von der Karosserie lösen.
- Den Nebenrahmen mit einem Reifenhebel nach unten drücken, bis man die Aufhängung seitlich herausziehen kann.
- Die Gummilager in der Aufhängungskonsole können jetzt erneuert werden.
- Der Einbau geschieht in umgekehrter Reihenfolge wie der Ausbau. Nicht die Schrauben verwechseln, da eine kürzer ist. Die Anzugsdrehmomente dem Ende des Buches entnehmen. Die Schrauben gleichmässig anziehen.

Die normalen Ausführungen der Mini-Modelle haben Trommelbremsen an den Vorderrädern und Trommelbremsen an den Hinterrädern. Der ursprüngliche 1275 GT sowie später gebaute Modelle mit dem 1,3 Liter-Motor und auch der Cooper S haben Scheibenbremsen an den Vorderrädern und Trommelbremsen an den Hinterrädern.
Die Handbremse wirkt bei allen Ausführungen auf die Hinterräder. Ein Druckregelventil kann in die Zweikreisanlage eingebaut sein. Ausser der Zweikreisanlage werden auch Ausführungen mit Einkreisbremsanlagen auf den folgenden Seiten behandelt.

15.1 Einstellen der Bremsen

Bei Scheibenbremsen an den Vorderrädern sind keinerlei Einstellungen an den Bremsen erforderlich, da diese automatisch durch die Betätigung der Fussbremse erfolgt. Trommelbremsen sind folgendermassen einzustellen:

Vorderradbremsen

● Die Handbremse anziehen und die Vorderseite des Fahrzeuges auf Böcke setzen.
● Die beiden Vierkant-Bremsversteller auf der Rückseite der Bremsträgerplatte von der Mitte des Fahrzeuges gesehen nach rechts verdrehen, bis die Bremsbacken die Bremstrommel blokkieren. Diese Arbeit zuerst an einem Einsteller durchführen und diesen danach zurückstellen, bis sich das Rad wieder frei drehen lässt. Bild 178 zeigt wo die beiden Einsteller sitzen. Wir möchten darauf hinweisen, dass es spezielle Einstellschlüssel für die eingebauten Vierkante gibt. Andernfalls einen Gabelschlüssel benutzen, welcher nicht vom Vierkant abrutschen darf.
● Gleiche Arbeit am zweiten Einsteller durchführen und das andere Rad in gleicher Weise einstellen.
● Beide Räder einige Male durchdrehen und nochmals auf Schleifgeräusche überprüfen. Das Fahrzeug danach wieder auf die Räder ablassen.

Hinterradbremsen

● Ziegensteine vor die Vorderräder legen und die Rückseite des Fahrzeuges auf Böcke setzen.
● Die Handbremse lösen.
● Die einzelnen Einsteller an der Rückseite der Bremsträgerplatte (Bild 179) von der Mitte gesehen nach aussen verdrehen, bis die Bremstrommel blockiert ist. Danach die Einsteller zurücklassen, bis sich das Rad ohne Schleifgeräusche durchdrehen lässt.

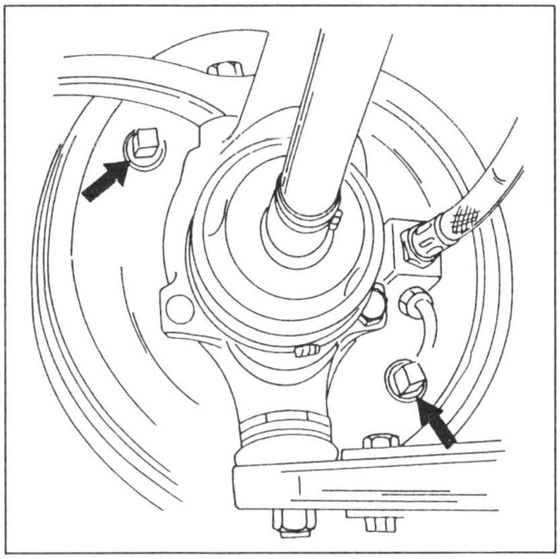

Bild 178
Die Lage der beiden Bremseinsteller an der Vorderradbremse.

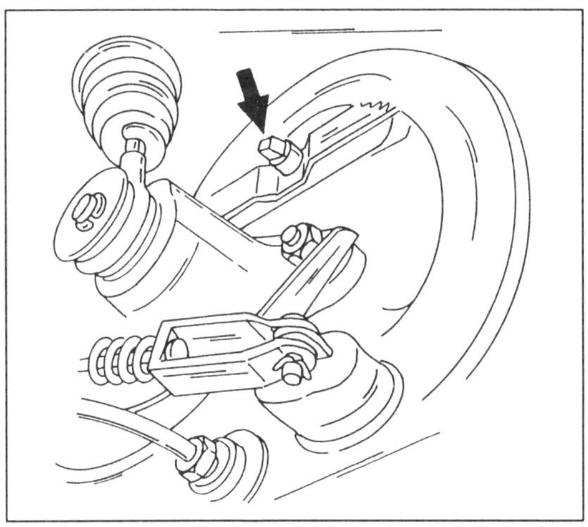

Bild 179
Die Lage des Bremseinstellers an der Hinterradbremse.

● Gleiche Arbeiten am anderen Rad durchführen. Beide Räder einige Male durchdrehen, um sie auf Schleifgeräusche aus der Innenseite zu kontrollieren.

Handbremsseil einstellen

● Die Rückseite des Fahrzeuges auf Böcke setzen (Vorderräder verkeilen) und die Hinterradbremsen einstellen, wie es bereits beschrieben wurde.
● Den Handbremshebel ziehen, bis der dritte Zahn einrastet.
● Mit den beiden Händen versuchen das Rad durchzudrehen. Falls dies soeben möglich ist,

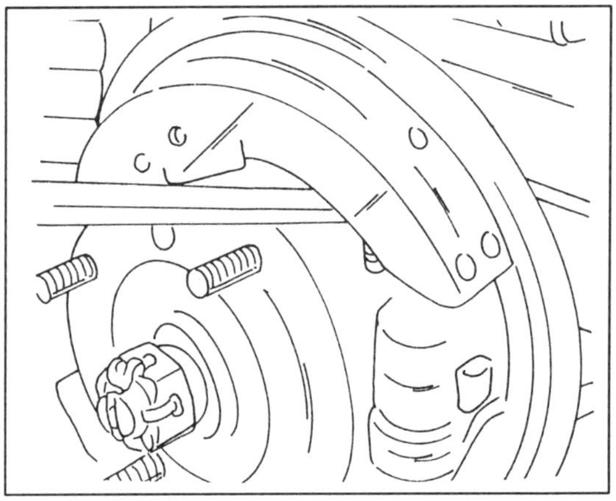

Bild 180
Die Bremsbacken mit einem Schraubenzieher aus dem Gehäuseende des Radbremszylinders herausheben.

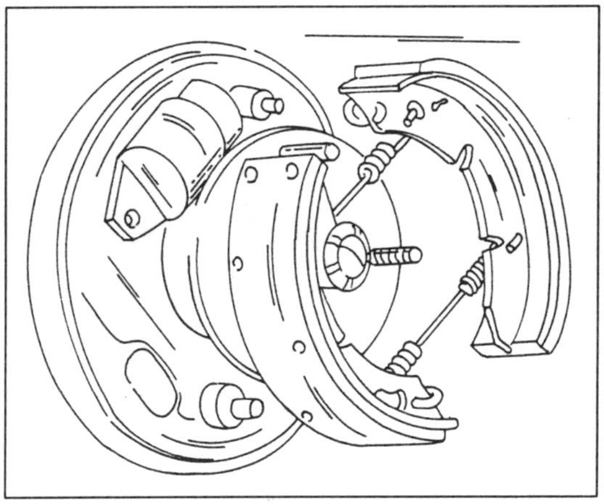

Bild 181
Ansicht einer ausgebauten Vorderradbremse.

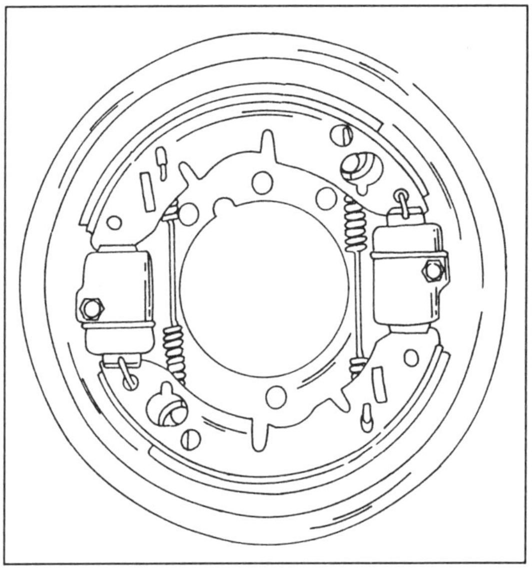

Bild 182
Richtiger Einbau der vorderen Bremsbacken und Rückzugfedern. Zu beachten ist, dass das Bild die linke Seite zeigt.

stimmt die Einstellung. Andernfalls das Bremsseil folgendermassen einstellen:

● Beide Sitze nach vorn klappen und die Bodenabdeckung zurückziehen. Die Kontermutter am Seilende hinter dem Handbremshebel lockern. Die Einstellmutter verstellen und die Kontermutter wieder anziehen.

● Die Handbremseinstellung nochmals wie vorhin beschrieben kontrollieren und danach den Hebel zurücklassen. Kontrollieren, ob sich beide Räder frei durchdrehen lassen.

15.2 Vorderradtrommelbremsen

15.2.1 Erneuerung der Bremsbacken

● Die Vorderseite des Fahrzeuges auf Böcke setzen und die Vorderräder abschrauben.

● Die beiden Bremseinsteller nach links drehen, um sie zurückzulassen.

● Die beiden Schrauben der Bremstrommel entfernen und die Bremstrommel herunterziehen.

● Die Ankerfedern der Bremsbacken aus den Radbremszylindern aushängen.

● Die Enden der Bremsbacken vorsichtig mit einem Schraubenzieher aus den Radbremszylindern heben (Bild 180). Die Federn werden dabei locker und die Backen können aus den Widerlagern gehoben werden. Um zu verhindern, dass die Kolben der Radbremszylinder herauskommen, ist ein Gummiband um beide Kolben zu wickeln.

Alle Teile gründlich reinigen. Falls die Radbremszylinder überholt werden müssen, wird auf die nächste Überschrift verwiesen. Die Bremsträgerplatten gut reinigen, aber bei Verwendung einer Luftleitung zum Ausblasen darauf achten, dass der Asbeststaub nicht eingeatmet wird. Vor Einbau der neuen Backen kontrollieren, dass sich die Einsteller einwandfrei verdrehen lassen. Andernfalls sind sie leichtgängig zu machen.

Bei Erneuerung der Bremsbacken sind immer alle vier Backen zu erneuern, da bei Erneuerung von nur einer Seite die Bremse einseitig ziehen könnte.

Beim Einbau die Rückzugfedern vorschriftsmässig einhängen. Dazu sieht man sich Bild 182 an. Die Backen über die Einstellerzapfen setzen und in die Radbremszylinder hineinhebeln. Die Ankerfedern zwischen Bremsbacken und Radbremszylinder einhängen. Die Bremstrommeln wieder montieren und die Bremsen einstellen, wie es bereits beschrieben wurde.

15.2.2 Radbremszylinder

Falls die Zylinder überholt werden sollen, ist bei ausgebauten Bremsbacken die Verbindungsleitung zwischen den Zylindern zu lösen und die Bremsleitung an der Rückseite des hinteren Zylinders abzuschliessen. Die Schrauben des Zylinders lösen und den Zylinder sowie die Dichtung abnehmen. Danach die Bremsleitung vom vorderen Zylinder abschrauben und den Brems-

schlauch vom Zylinder lösen.
Zum Zerlegen die Staubschutzkappe abnehmen und die Kolben herausziehen. Die Kolbenmanschetten mit den Fingern herunternehmen. Bild 183 zeigt einen zerlegten Zylinder.
Alle Teile in Spiritus oder Bremsflüssigkeit reinigen. Die Manschette muss immer erneuert werden und ist in Bremsflüssigkeit eingetaucht einzusetzen. Nur die Finger dazu verwenden und die Manschette so aufziehen, dass die Dichtlippe zur Innenseite der Zylinderbohrung weist. Den Kolben vorsichtig in die Bohrung schieben, ohne die Manschette zu verletzen und die Staubschutzkappe wieder anbringen.
Der Einbau des Zylinders geschieht in umgekehrter Reihenfolge wie der Ausbau. Nach dem Einbau muss die Bremsanlage entlüftet werden.

15.2.3 Bremsträgerplatten

Eine Bremsträgerplatte kann ausgebaut werden, nachdem Bremsbacken, Radbremszylinder und der Radnabenflansch vom Vorderrad abmontiert wurden. Danach die Bremsträgerplatte vom Achsschenkel abschrauben. Alle Arbeiten werden unter den betreffenden Überschriften beschrieben und der Einbau geschieht in umgekehrter Reihenfolge. Die Bremsanlage abschliessend entlüften.

dass Bremsflüssigkeit aus dem Vorratsbehälter des Hauptbremszylinders herausgedrückt wird, so dass entsprechende Vorsichtsmassnahmen zu treffen sind, um ein Überlaufen zu vermeiden (etwas Flüssigkeit absaugen).

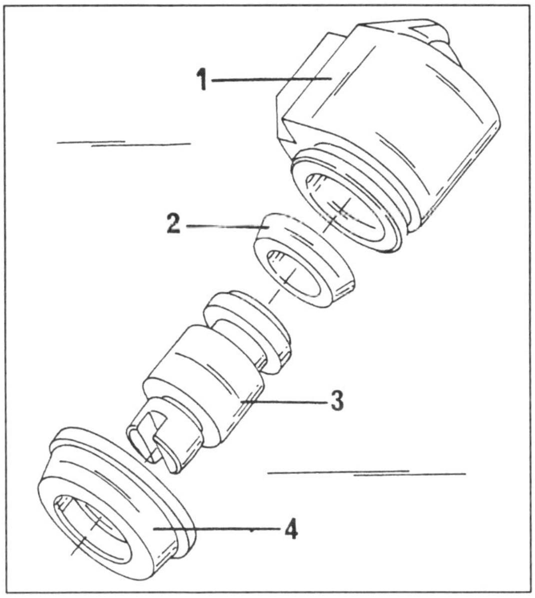

Bild 183
Die Einzelteile eines vorderen Radbremszylinders.
1 Zylindergehäuse
2 Kolbenmanschette
3 Zylinderkolben
4 Staubschutzkappe

- Die Bremsklötze in umgekehrter Reihenfolge wie beim Ausbau wieder einbauen und die Bremsen einige Male betätigen, so dass die Kolben die Bremsklötze in die vorschriftsmässige Lage bringen können.

15.3 Vorderradscheibenbremsen

15.3.1 Erneuerung der Bremsklötze

- Vorderseite des Fahrzeuges auf Böcke setzen und die Räder abnehmen. Die Arbeiten auf beiden Seiten durchführen.
- Die Splinte aus den Bremsklötzen herausziehen, die Spannfedern entfernen und die Bremsklötze aus den Schächten herausnehmen. Bremsklötze müssen immer im Satz erneuert werden.
- Alle Teile mit Spiritus oder Bremsflüssigkeit reinigen.
- Die Staubschutzringe der Bremssättel kontrollieren, ehe die neuen Bremsklötze eingebaut werden.
- Beide Flächen der Bremsscheiben kontrollieren. Falls sie auf einer Seite mehr abgeschliffen ist als auf der anderen Seite, könnte es sein, dass ein Kolben im Bremssattel festgefressen ist.
- Vor dem Einsetzen der neuen Klötze die Kolben vorsichtig in die Bohrungen des Bremssattels zurückdrücken. Dabei könnte es sein,

15.3.2 Aus- und Einbau eines Bremssattels

- Die Bremsklötze ausbauen, wie es im letzten Kapitel beschrieben wurde.
- Falls der Bremssattel überholt werden soll, das Bremspedal langsam durchtreten lassen, um die Kolben soweit wie möglich nach aussen zu bringen. Die Kolben dabei aber beobachten, damit sie nicht vollkommen herauskommen.
- Falls eine Zwinge zur Verfügung steht, kann man den Bremsschlauch in der Mitte abdrücken. Dies verhindert ständiges Auslaufen der Bremsflüssigkeit nach dem Ausbau des Bremssattels.
- Den Bremsschlauch am Bremssattelanschluss um eine halbe Umdrehung lockern.
- Die beiden Befestigungsschrauben des Bremssattels lösen und den Sattel abheben und so weit wie durch den Schlauch erlaubt herausziehen. Den Bremssattel jetzt einfach vom Bremsschlauch abdrehen. Die Kupferscheibe unter dem Bremsschlauch entfernen. Ein Stück Klebband um das Ende des offenen Bremsschlauchs wickeln, um Eintreten von Schmutz zu vermeiden.

Der Einbau des Bremssattels geschieht in umgekehrter Reihenfolge wie der Ausbau. Nach Festziehen des Bremsschlauchs kontrollieren, dass dieser nicht verdreht ist. Falls erforderlich muss man die Verbindung zur Bremsleitung lockern, um den Schlauch zu verdrehen. Die Schrauben der Bremszange auf das vorgeschriebene Anzugsdrehmoment anziehen. Abschliessend die Bremsanlage entlüften.

15.3.3 Überholung eines Bremssattels

Bild 184 zeigt, wie ein Bremssattel zusammengesetzt ist. Obwohl die Bremssattelhälften durch Schrauben zusammengehalten werden, dürfen diese nicht gelöst werden, d.h. den Sattel nicht in die beiden Hälften auseinandernehmen.

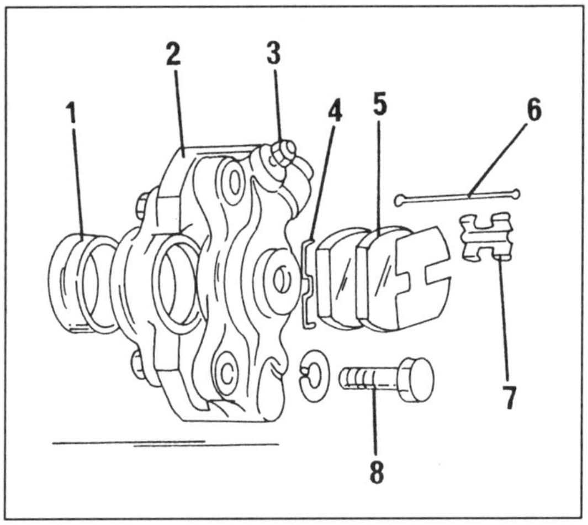

Bild 184
Ansicht eines zerlegten Bremssattels. In jeder Hälfte des Bremssattels befindet sich ein Kolben.
1 Kolben
2 Bremssattel
3 Entlüftungsschrauben
4 Ausgleichsscheiben
5 Bremsklotzsatz
6 Sicherungssplinte (2)
7 Spannfedern (2)
8 Schraube und Federring

- Die Aussenseite des Bremssattels gründlich reinigen. Dazu Spiritus oder Bremsflüssigkeit benutzen, niemals Benzin.
- Einen Kolben in geeigneter Weise festklemmen und den anderen Kolben durch Ansetzen einer Luftleitung herausblasen. Wenn man den Anweisungen beim Ausbau des Bremssattels gefolgt ist, werden die Kolben weit genug herausstehen, um sie herauszuziehen. Eine weitere Methode ist durch Wiederanschrauben des Bremsschlauchs möglich. Durch Betätigen des Bremspedals wird der nicht festgespannte Kolben heraustreten. Falls beide Kolben erfasst werden können, kann man sie natürlich beide ausbauen.
- Mit einem stumpfen Gegenstand den Staubschutzring und den Zylinderdichtring aus jeder Zylinderbohrung entfernen.
- Alle ausgebauten Teile nach Reinigung einer genauen Kontrolle unterziehen. Kolben mit Fressstellen oder anderen sichtbaren Schönheitsfehlern brauchen nicht wieder eingebaut zu werden. In diesem Fall einen neuen Bremssattel montieren. In den meisten Fällen wird man einen Reparatursatz für den Bremssattel erhalten. Alle im Satz enthaltenen Teile sind bei der Montage zu verwenden.
- Einen neuen Dichtring mit Bremsflüssigkeit oder Bremsfett einschmieren und den Dichtring in die Rille der Zylinderbohrung einsetzen (beide Bohrungen).
- Den Staubschutzring an den beiden Kolben anbringen.
- Den Kolben, gut eingeschmiert, in die Zylinderbohrung so einschieben, dass sich der Ausschnitt an der Oberseite befindet und bis noch 8 mm des Kolbens aussen sichtbar sind.
- Einen neuen Staubschutzring in die Halterung einsetzen.
- Ring und Halterung am Kolben anbringen und die Teile vollkommen in den Zylinder stossen. Die Entlüftungsschraube muss bei dieser Arbeit um eine Umdrehung geöffnet werden, um keinen Widerstand zu bieten.
- Die Entlüftungschraube anziehen und die gleichen Arbeiten am zweiten Kolben durchführen.
- Den Bremsschlauch nach Ende der Arbeit nur lose anziehen und festziehen, wenn der Bremssattel wieder eingebaut ist.

15.3.4 Aus- und Einbau der Bremsscheiben

Das Abmontieren der Bremsscheiben findet in gleicher Weise statt, wie es beim Erneuern der Radlager bei Ausführungen mit Scheibenbremsen im Abschnitt "Radaufhängung" auf Seite 101 beschrieben wurde. Nach dem Ausbau des Nabenflansches die Bremsscheibe mit Blechbacken in einen Schraubstock einspannen und die vier Schrauben des Nabenflansches von der Scheibe lösen. Den Nabenflansch und die Bremsscheibe mit einem Gummihammer trennen.

Der Einbau der Bremsscheibe geschieht in umgekehrter Reihenfolge. Darauf achten, dass die Flächen des Nabenflansches und der Bremsscheibe sauber sind, ehe die Schrauben festgezogen werden.

Falls man Schwierigkeiten mit den Bremsscheiben hatte, ist es möglich, dass man den Schlag der beiden Scheiben mit einer Messuhr ermittelt. Diese dazu mit einem Ständer vor der Bremsscheibe aufstellen und den Messstift gegen den Scheibenrand ansetzen. Bei langsamem Durchdrehen der Scheibe die Anzeige ablesen. Beträgt der Ausschlag an irgendeiner Stelle mehr als 0,10 mm (auf Null bezogen), kann man annehmen, dass sich die Scheibe verzogen hat. Nun liegen zwei Wahlen vor, d.h. man erneuert die Bremsscheibe oder lässt sie in einer Werkstatt nachschleifen, vorausgesetzt, dass noch genügend Material zum Nacharbeiten vorhanden ist.

15.4 Hinterradbremsen

15.4.1 Erneuerung der Bremsbacken

- Die Rückseite des Fahrzeuges auf Böcke setzen.
- Den Bremsbackeneinsteller an der Innenseite der Bremsträgerplatte nach links verdrehen, um die Bremsbacken zurückzustellen.
- Die beiden Schrauben der Bremstrommel lösen und die Trommel herunterziehen.
- Einen der Bremsbacken an der Oberseite erfassen und nach aussen ziehen, bis er aus dem Backenwiderlager (dem Bremsenversteller) herauskommt. Den Backen jetzt nach innen zurücklassen. Dabei wird die obere Rückzugfeder frei und kann abgenommen werden. Vor Abnehmen der Feder muss man sich überzeugen, wie die Haken eingehängt sind.
- Den Backen an der Oberseite weiter zur Innenseite drücken und gleichzeitig den gleichen Backen an der Unterseite gegen die Spannung der Rückzugfeder nach aussen ziehen, bis das Backenende aus dem Kolben des Radbremszylinders herauskommt. Die freie Rückzugfeder jetzt herausnehmen. Wiederum vermerken wie die Haken eingehängt sind.
- Die Handbremsdruckstange aus dem Eingriff bringen und beide Bremsbacken abnehmen.

Alle Teile gründlich reinigen. Zum Ausblasen der Bremsanlagen eignet sich natürlich am besten eine Druckluftleitung. Aufgrund des Asbestgehalts der Bremsbacken kann dies jedoch Ihrer Gesundheit schaden, es sei denn, man trägt eine Gesichtsmaske. In Autozubehörgeschäften gibt es jetzt Sprays, welche das Aufwirbeln von Staub bei der Reinigung vermeiden. Erkundigen Sie sich darüber. Ihre Lungen werden es Ihnen danken. Waschbenzin kann auch benutzt werden, solange es von den Staubschutzkappen der Radbremszylinder ferngehalten wird.

Die Stärke der verbleibenden Bremsbeläge ausmessen. Falls diese weniger als 1,5 mm über den Nietköpfen steht, müssen neue Backen eingebaut werden. Falls aufgeklebte Bremsbeläge eingebaut sind, darf die Stärke des verbleibenden Materials auch nicht unter dem genannten Mass liegen. Die Bremsbacken müssen immer im Satz erneuert werden, niemals einzeln.

Die Bremsbacken müssen frei von Feuchtigkeit sein. Diese deutet auf einen undichten Radbremszylinder, welchen man auch an Verschmutzungen um die Staubschutzkappen der Zylinder herum feststellen kann. In diesem Fall den Zylinder überholen (siehe nächstes Kapitel) oder erneuern. Sehen die Zylinder trocken aus, kann man deren Arbeitsweise nach Einbau der Bremsbacken kontrollieren (siehe unten).

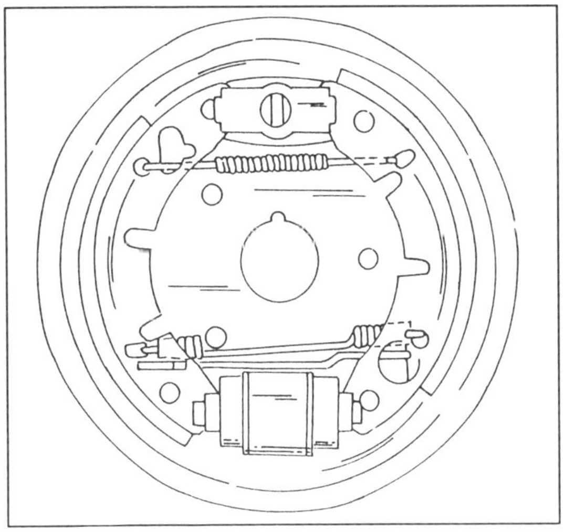

Bild 185
Vorschriftsmässig zusammengebaute Hinterradbremse. Auf die Einbauweise der Backen ist zu achten, da die Beläge nicht symmetrisch angebracht sind.

Die Bremstrommeln an den Schleifflächen kontrollieren. Falls Sie Zweifel haben, kann man die Trommeln vielleicht ausdrehen lassen.

Beim Einbau der Bremsbacken muss man sich an Bild 185 halten. Dieses Bild zeigt, wie die Backen einzubauen sind und ebenfalls, dass der Verbindungsdraht der unteren Rückzugfeder sich an der Unterseite der Federwicklungen befindet. Den Handbremshebel einhängen und danach die Backen in den Bremszylinder einsetzen. Die obere Rückzugfeder einhängen und den Backen nach aussen ziehen, bis er in den Bremseinsteller zurückgelassen werden kann.

Die Bremstrommel wieder montieren und die Bremsen einstellen. Neue Bremsbacken sind am Anfang mit Gefühl zu behandeln, damit sich die Beläge den Trommelflächen anpassen können.

15.4.2 Hintere Radbremszylinder

Falls die Zylinder ausgebaut werden sollen:

- Die Verbindung zwischen Bremsleitung und Bremsschlauch ist zu trennen und der Bremsschlauch vom Bremszylinder abzuschrauben.
- Die Entlüftungsschraube herausdrehen und die Sicherungsspange des Zylinders an der Rückseite der Bremsträgerplatte mit einem Schraubenzieher herausdrücken.
- Den Zylinder abnehmen. Eine Dichtung befindet sich hinter der Zylinderfläche. Einzelheiten der Zylinderbefestigung können Bild 186 entnommen werden.

Der Einbau des Zylinders geschieht in umgekehrter Reihenfolge wie der Ausbau. Die Brems-

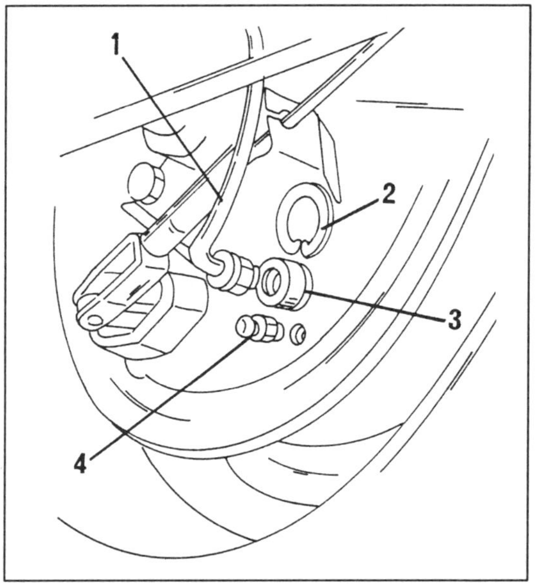

Bild 186
Die Befestigung der hinteren Radbremszylinder an der Bremsträgerplatte.
1 Überwurfmutter der Bremsleitung
2 Sicherungsspange
3 Führungszapfen des Zylinders
4 Entlüftungsschraube

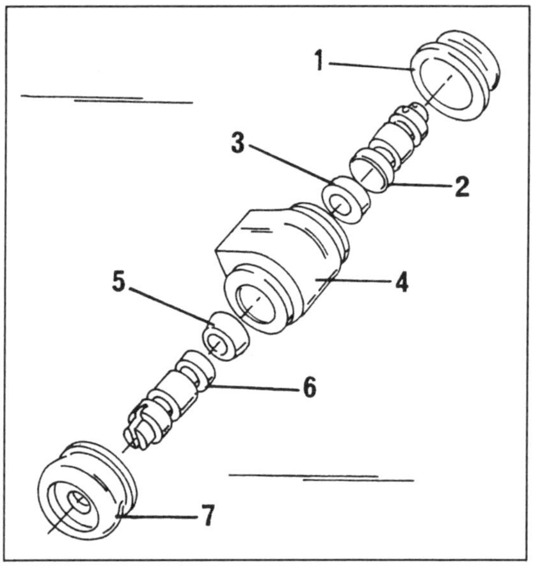

Bild 187
Die Einzelteile eines hinteren Radbremszylinders.
1 Staubschutzkappe
2 Kolben
3 Kolbenmanschette
4 Zylindergehäuse
5 Kolbenmanschette
6 Kolben
7 Staubschutzkappe

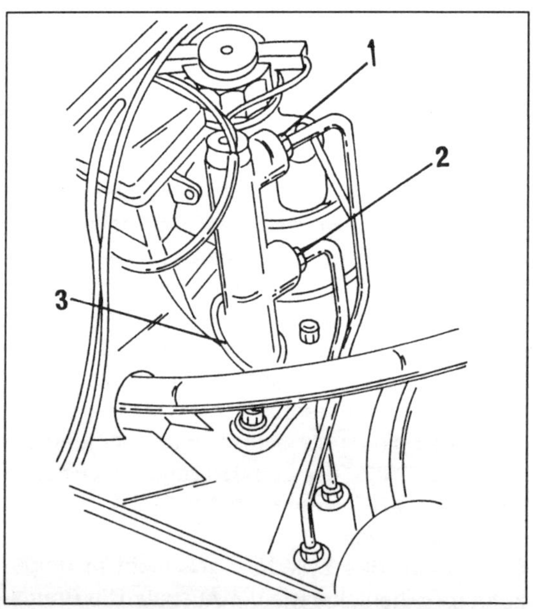

Bild 188
Senkrecht angeordneter Hauptbremszylinder bei Bremsanlagen mit vorn/hinten-Teilung.
1 Überwurfmutter mit kleinem Gewinde
2 Überwurfmutter mit grossem Gewinde
3 Gelbes Farbband zur Kennzeichnung

anlage muss abschliessend entlüftet werden. Beim Einbau der Bremsbacken nicht die Staubschutzkappen der Radbremszylinder beschädigen.
Falls ein Zylinder überholt werden soll, ist Bezug auf Bild 187 zu nehmen. Die Überholung des Zylinders findet in ähnlicher Weise statt, wie es bei den vorderen Bremszylindern beschrieben wurde. Die Anweisungen gelten ebenfalls für die hinteren Radbremszylinder.

15.5 Der Hauptbremszylinder

Da entweder ein Einkreis- oder ein Zweikreiszylinder eingebaut sein kann, werden die beiden Ausführungen getrennt beschrieben. Ein Einkreis-Zylinder kann an dem Metallvorratsbehälter erkannt werden, an welchem die Bremsleitung nach oben weisend angeschlossen ist.
Der Hauptbremszylinder hat vielleicht die umfassendsten Änderungen während der Jahre erfahren. Da diese von Wichtigkeit sind, sollen wir kurz darauf eingehen.

- Die Zweikreisbremsanlage wurde diagonal geteilt, d.h. jeweils ein Vorderrad und ein Hinterrad wurden mit einem Bremskreis abgebremst. Der Hauptbremszylinder ist senkrecht im Fahrzeug angeordnet.
- Ab Ende 1985 wurde ein neuer Hauptbremszylinder eingebaut. Zusammen mit dieser Änderung wurde die Bremsanlage jetzt in die Vorderradbremsen und die Hinterradbremsen unterteilt, d.h. Vorderradbremsen und Hinterradbremsen werden von getrennten Bremskreisen mit Druck beliefert. Der neue Zylinder hat eine abgestufte Bohrung für den Druckkolben und den Zwischenkolben. Erkennen kann man einen solchen Zylinder an einem gelben Farbband an der in Bild 188 gezeigten Stelle. Ausserdem wird man ein Druckverminderungsventil am Stirnwandquerträger sehen. Falls ein Zylinder eines Fahrzeuges älteren Baujahres erneuert werden muss, wird man Ihnen höchstwahrscheinlich den neuen Zylinder liefern. Da dabei einige Umrüstungsarbeiten erforderlich sind, gehen wir im nächsten Kapitel auf diese ein.
- Ab ca. Baujahr 1989 wird ein waagerecht eingebauter Hauptbremszylinder eingebaut, welcher direkt am Bremskraftverstärker verschraubt ist. Auch dessen Aus- und Einbau wird getrennt beschrieben.

15.5.1 Aus- und Einbau des Hauptbremszylinders

Bei den folgenden Arbeiten wird angenommen,

dass das Fahrzeug beim Entleeren der Bremsanlage jeweils auf sicheren Unterstellböcken ruht.

Einkreisbremszylinder

● Einen Entlüftungsschlauch über eine Entlüftungsschraube der Vorderradbremse stecken, den Schlauch in ein Gefäss halten, die Schraube öffnen und das Bremspedal durchpumpen, bis die Flüssigkeit ausgestossen ist. Die Schraube schliessen und die Flüssigkeit sofort wegschütten.

● Den Luftschlauch der Heizung auf der Seite der Heizung abziehen und am Radkasten lösen.

● Die Splintbolzenverbindung der Stösselstange am Bremspedal lösen.

● Die Überwurfmutter der Bremsleitung an der Oberseite des Vorratsbehälters abschrauben. Leitungsende gegen Eindringen von Schmutz schützen.

● Die beiden Muttern des Zylinders lösen und den Zylinder vorsichtig herausheben, ohne dass Bremsflüssigkeit auf die Lackflächen tropfen kann.

Zweikreiszylinder bis Ende 1985

● Einen Entlüftungsschlauch über eine Entlüftungschraube der Vorderradbremse stecken, den Schlauch in ein Gefäss halten, die Schraube öffnen und das Bremspedal durchpumpen, bis die Flüssigkeit aus dem Behälter ausgepumpt ist. Die Schraube festziehen und die gleiche Arbeit nochmals durchführen, nur dieses Mal den Schlauch auf die Entlüftungsschraube der anderen Vorderradbremse aufstecken.

● Die Bremsleitungen von der Seite des Zylinders abschrauben (Überwurfmuttern) und die Leitungsenden zustopfen, um ein Eindringen von Schmutz zu vermeiden.

● Die beiden Muttern des Zylinders an der Stirnwand abschrauben und den Zylinder vorsichtig abheben, ohne dass Bremsflüssigkeit auf die Lackstellen tropfen kann. Die Stösselstange verbleibt am Bremspedal.

Zweikreiszylinder ab Ende 1985

● Einen Entlüftungsschlauch über eine Entlüftungsschraube der Vorderradbremse stecken, das Schlauchende in ein Gefäss halten, die Schraube öffnen und das Bremspedal durchtreten lassen, bis die Flüssigkeit aus dem Behälter gestossen ist. Die Schraube festziehen und die gleiche Arbeit nochmals durchführen, aber dieses Mal den Schlauch auf eine der Entlüftungsschrauben der Hinterradbremsen aufstecken.

● Falls vorhanden, die Kabel von der Klemmen an der Verschraubung des Vorratsbehälters abziehen (Warnschalter der Bremsflüssigkeitskontrolle).

● Die Bremsleitungen von der Seite des Zylinders abschrauben (Überwurfmuttern) und die Leitungsenden zustopfen, um ein Eindringen von Schmutz zu vermeiden.

● Die beiden Muttern des Zylinders an der Stirnwand abschrauben und den Zylinder vorsichtig abheben, ohne dass Bremsflüssigkeit auf die Lackstellen tropfen kann. Die Stösselstange verbleibt am Bremspedal.

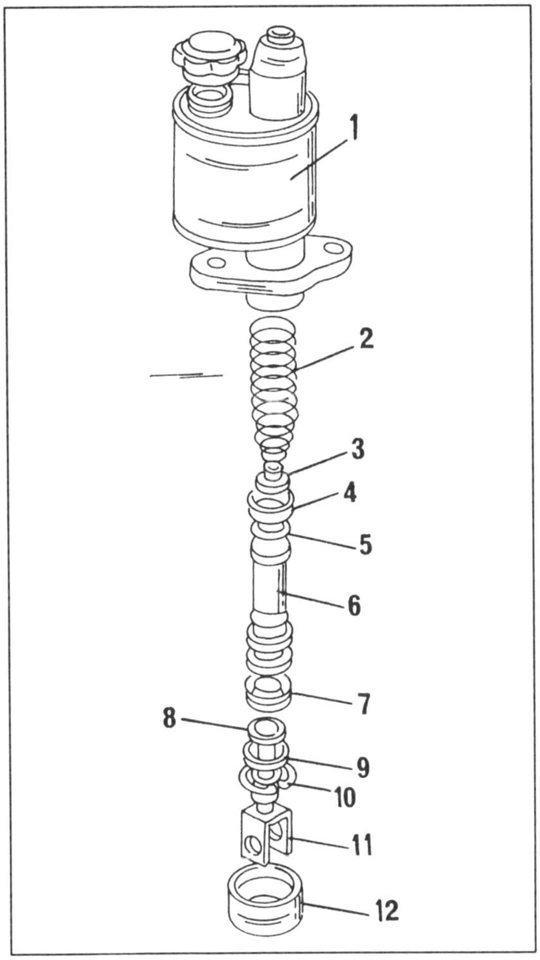

Bild 189
Montagebild eines Einkreis-Hauptbremszylinders
1 Vorratsbehälter und Deckel
2 Federsitz
3 Federsitz
4 Hauptmanschette
5 Füllscheibe
6 Kolben
7 Kolbenmanschette
8 Stösselstange
9 Anschlagscheibe
10 Sprengring
11 Stösselstangengabel
12 Staubschutzkappe

Hauptbremszylinder ab Baujahr 1989

● Die Bremsanlage entleeren, wie es unter der letzten Überschrift beschrieben wurde. Auch diese Zweikreisanlage ist vorn/hinten geteilt.

● Die Stecker von den Klemmen des Warnschalters für niedrigen Bremsflüssigkeitsstand von der Verschraubung des Vorratsbehälters abziehen.

● Einen Lappen unter den Hauptbremzylinder unterlegen und die Bremsleitungen vom Zylinder abschrauben (Überwurfmuttern) und herausziehen. Die Leitungsenden in geeigneter Weise ge-

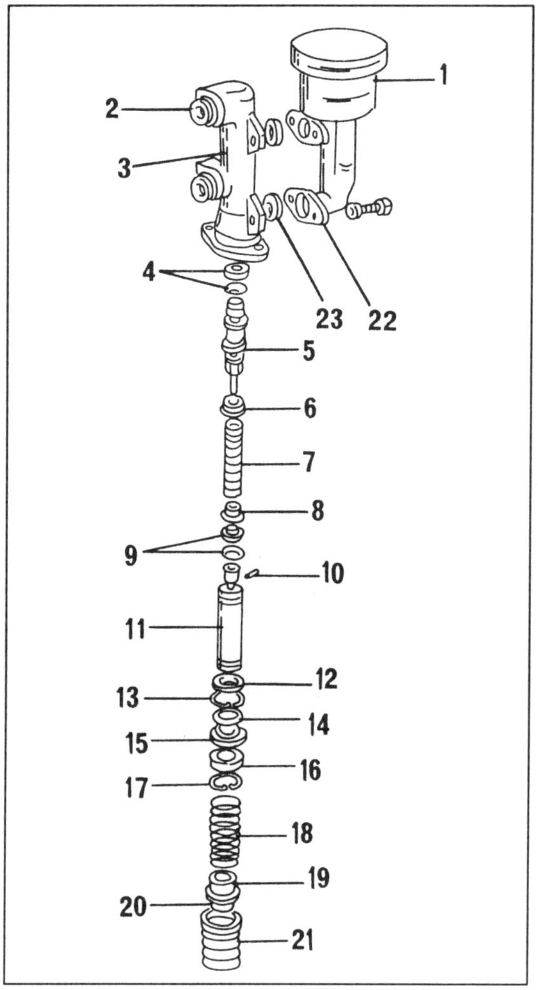

Bild 190
Montagebild des Zweikreiszylinders (senkrechte Einbauweise).
1 Verschraubung
2 Anschlussstücke
3 Hauptbremszylinder
4 Kolbenmanschette und Scheibe
5 Zwischenkolben
6 Kolbenmanschette
7 Rückholfeder
8 Federsitz
9 Kolbenmanschette und Scheibe
10 Sicherungsstift
11 Druckkolben
12 Scheibe
13 Sprengring
14 Scheibe
15 Sekundärmanschette
16 Nylonführung
17 Sprengring
18 Rückholfeder
19 Federsitz
20 Sicherungsring
21 Staubschutzkappe
22 Vorratsbehälter
23 Dichtringe

gen Eindringen von Schmutz verschliessen.

- Die Befestigungsmuttern des Zylinders von der Stirnfläche des Bremskraftverstärkers abschrauben und herausheben. Darauf achten, dass keine Bremsflüssigkeit auf Lackstellen tropfen kann. Der eingelegte Lappen sollte ein Tropfen in die Teile des Motorraums vermeiden.
- Den Gummidichtring in der Innenseite des Zylinders herausnehmen.

Einbau des Hauptbremszylinders

Der Einbau des Hauptbremszylinders geschieht in umgekehrter Reihenfolge wie der Ausbau. Nur falls ein Hauptbremzylinder der älteren Generation durch einen neuen, senkrecht montierten Zylinder ersetzt wird, muss man anhand der folgenden Anweisungen vorgehen. Die Anweisungen gehen aus Erfahrungen vor und sind nicht unbedingt die Werksinstruktionen:

- Zwei neue Bremsleitungen sind für den neuen Zylinder erforderlich. Ebenfalls einen Kabelstrang für Warneinrichtung des Bremsflüssigkeitsstands besorgen.
- Die ursprünglichen Bremsleitungen zwischen dem Bremsdruckverminderungsventil und dem Hauptbremszylinder entfernen und die neuen Leitungen am Ventil anschliessen. Aufgrund des unterschiedlichen Durchmessers der Überwurfmuttern kann man die Leitungen nicht verwechseln.
- Den neuen Zylinder in umgekehrter Reihenfolge montieren und die Leitungen entsprechend der Gewindegrösse anschliessen.
- Der Anschluss des Kabelstrangs ist etwas schwieriger, vor allem, wenn der alte Zylinder eine Warneinrichtung hatte. Zuerst die Steckverbinder von den beiden schwarz/weissen Kabeln des alten Kabelanschlusses abschneiden. Die Kabel mit einem für die Steckzunge an der Verschlusskappe des neuen Zylinders geeigneten Stecker verbinden und den Stecker auf die Zunge aufschieben.
- Aus einem Stück Kabel ein Massekabel herstellen, welches zwischen der zweiten Klemme an der Verschlusskappe (entsprechenden Steckverbinder anschliessen) und unter der Schraube des existierenden Massekabels anzuschliessen ist. Das Kabel muss mit Kabelbindern am Kabelstrang im Motor befestigt werden. Das Kabel sollte eine Länge von ca. 60 cm haben.
- Die Zündung einschalten und kontrollieren, dass die Warnleuchte aufleuchtet, wenn sich keine Bremsflüssigkeit im Zylinder befindet. Nach Füllen des Zylinders muss diese dagegen erloschen sein.
- Abschliessend die Anlage mit Flüssigkeit füllen und entlüften.

15.5.2 Hauptbremszylinder überholen

Einkreiszylinder

Die Zerlegung und der Zusammenbau des Einkreiszylinders ist eine einfache Angelegenheit. Grösste Sauberkeit ist zu beachten. Alle Manschetten sind bei jeder Zerlegung zu erneuern, auch wenn sie noch gut aussehen sollten. Der Kolben kann ausgebaut werden, nachdem man die Staubschutzkappe und den Sprengring am Ende der Zylinderbohrung entfernt hat. Die Manschetten nur mit den Fingern abnehmen und wieder aufziehen. Spitze Werkzeuge haben hier keinen Platz. Darauf achten, dass sie in der vorgeschriebenen Weise eingebaut werden. Bild 189 auf der letzten Seite zeigt ein Montagebild dieses Zylinders.

Zweikreiszylinder

Der senkrecht eingebaute Zylinder ist in Bild 190 als Montagebild gezeigt. Bild 191 zeigt den ab Ende 1989 waagerecht eingebauten und am Bremskraftverstärker montierten Zylinder. Die Beschreibung bezieht sich auf Bild 190.

- Flüssigkeit aus dem Vorratsbehälter entleeren.
- Die Verschraubung (1) wieder aufschrauben.
- Die Aussenseite des Zylinders gründlich reinigen.
- Den Zylinder so in einen Schraubstock einspannen (Blechbacken), dass die Zylinderbohrung sich an der Oberseite befindet.
- Einen Schraubenzieher in den Kolben einschieben und den Kolben nach innen schieben, damit der Sicherungsring (20) aus der Nut des Kolbens (11) entfernt werden kann.
- Den Federsitz (19) und die Rückholfeder (18) herausnehmen.
- Mit einer langen Sprengringzange den Sprengring (17) aus der Bohrung entfernen.
- Den Kolben (10) in der Bohrung auf- und abbewegen, um die Nylonführung (16), die Sekundärmanschette (15) und die Scheibe (14) freimachen. Die Teile herausnehmen.
- Ebenfalls mit einer langen Sprengringzange den Sprengring (13) aus der Innenseite der Bohrung lösen und den Druckkolben (11) und den Zwischenkolben (5) zusammen mit der Anschlagscheibe (12) herausnehmen.
- Die Feder (7) zwischen den beiden Kolben zusammendrücken und den Sicherungsstift (10) herausziehen, um den Kolben zu trennen. Die Teile (9) abnehmen und den Federsitz (8) mit der Feder (7) herausziehen.
- Die Manschette und die Scheibe (4) vom Zwischenkolben (5) abnehmen.
- Die vier Schrauben des Vorratsbehälters (22) lösen und den Behälter vom Zylinder trennen. In der Trennfläche befinden sich zwei Dichtringe (23). Die beiden Anschlussstücke (2) aus dem Zylinder drehen und die Feder und Ventile darunter herausnehmen.

Alle Teile gründlich reinigen und wie erforderlich erneuern. Alle Manschetten erneuern und alle Teile vor dem Zusammenbau in Bremsflüssigkeit eintauchen. Der Zusammenbau des Zylinders geschieht in umgekehrter Reihenfolge wie die Zerlegung. Bild 190 gibt die Lage der einzelnen Teile an.

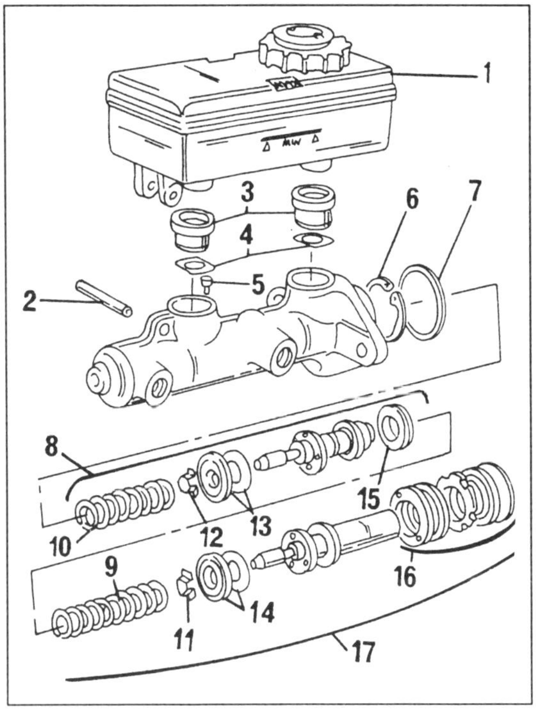

Bild 191
Montagebild des waagerecht eingebauten Hauptbremszylinders.
1 Vorratsbehälter
2 Federspannstift
3 Gummitüllen
4 Metallscheiben
5 Anschlagstift, Sekundärkolben
6 Sprengring
7 Gummidichtring
8 Teile des Sekundärkolbens
9 Rückholfeder
10 Rückholfeder
11 Federsitz
12 Federsitz
13 Manschette und Scheibe
14 Manschette und Scheibe
15 Kolbenmanschette
16 Manschetteneinheit
17 Teile des Druckkolbens

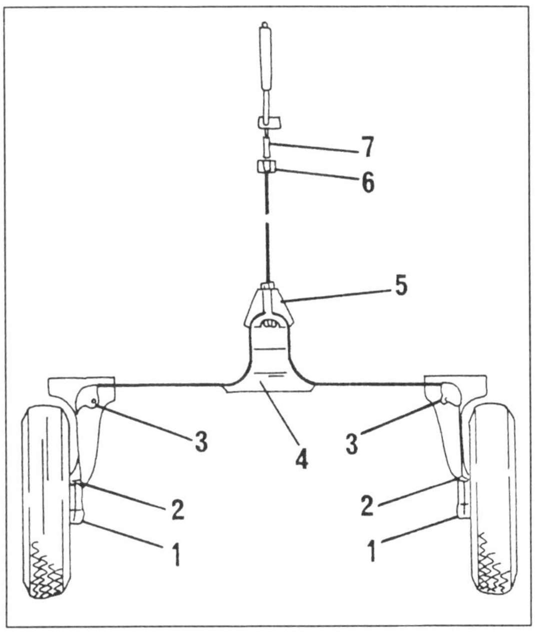

Bild 192
Verlegung der Handbremsseile.
1 Befestigung an den Bremsträgerplatten
2 Seilhüllenführung
3 Führung am Rahmen
4 Führungsplatte am Nebenrahmen
5 Handbremsausgleich
6 Seilhalter im Innenraum
7 Befestigung am Handbremshebel

15.6 Handbremsseile erneuern

Bild 192 zeigt die Verlegung der Handbremsseile. Die folgende Beschreibung behandelt das vordere und hintere Handbremsseil, die jedoch einzeln erneuert werden können. Folgendermassen vorgehen:

- Die vorderen Sitze nach vorn kippen und die Bodenabdeckung zurückschlagen.
- Die Kontermutter an der Rückseite des Handbremshebels lockern und das Seil von der Einstellmutter abschrauben.
- Die Schrauben des Seilhalters lösen und den Seilhalter und die Abdichtung entfernen.
- Das vordere Seil durch die Öffnung im Boden herausziehen und aus dem Handbremsausgleich an der Wagenunterseite aushängen.
- Die Sicherungssplinte aus den Splintbolzen an beiden Hinterradbremsen herausziehen und die Gabelköpfe lösen.
- Dem Verlauf des Seils auf beiden Seiten folgen und das Seil aus den Führungen aushängen, bzw. lösen.

● Die Laschen zurückbiegen, wo das Seil am Nebenrahmen gehalten ist und das Seil zusammen mit dem Ausgleich herausnehmen.
Der Einbau beider Bremsseile geschieht in umgekehrter Reihenfolge wie der Ausbau. Nach dem Einbau die Handbremse einstellen, wie es bereits am Anfang dieses Abschnitts beschrieben wurde. Beim Anschliessen der Seile Bild 192 folgen.

15.7 Entlüften der Bremsen

Wenn bei Zerlegungsarbeiten oder Montage Luft in die Bremsanlage geraten ist, muss die Bremsanlage entlüftet werden. Den Vorratsbehälter des Hauptbremszylinders bis zum richtigen Stand mit

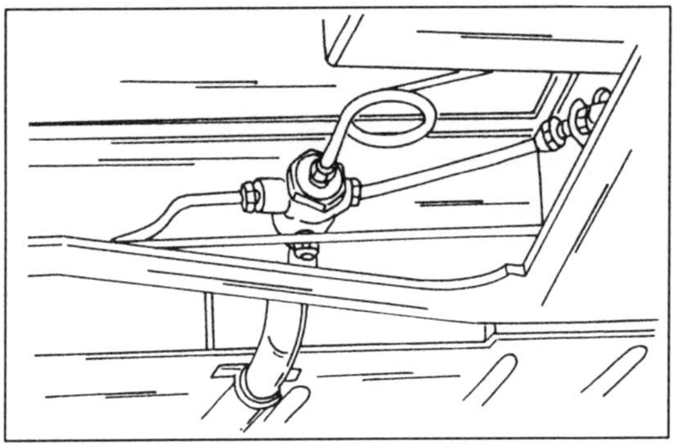

Bild 193
Das Bremsdruckregelventil der Einkreisbremse ist an der Unterseite des hinteren Nebenrahmens verschraubt.

Bremsflüssigkeit füllen (bei den letzten Modellen kann er an der Aussenseite kontrolliert werden) und während des gesamten Entlüftungsvorganges mindestens halbvoll halten, da andernfalls wieder Luft angesaugt wird.
Je nach Bremssystem-Ausführung folgendermassen vorgehen:

Einkreisbremse
● Einen Entlüftungsschlauch auf die rechte, vordere Entlüftungsschraube stecken und das freie Ende des Schlauchs in einen mit etwas Bremsflüssigkeit gefüllten Behälter einhängen.
● Die Schraube öffnen und das Bremspedal von einem Helfer schnell und bis zum Anschlag durchtreten lassen und von allein zurück lassen. Nach vier oder fünf Pumphüben die Schraube schliessen, wenn das Pedal auf dem Boden aufsitzt und frische Flüssigkeit nachfüllen.
● Diesen Pumpvorgang wiederholen, bis die in das Glasgefäss einströmende Flüssigkeit keine Luft mehr enthält. Abschliessend den Vorratsbehälter erneut füllen.
● Als nächstes die gleichen Arbeiten am linken Vorderrad, danach am rechten Hinterrad und schliesslich am linken Hinterrad wiederholen.

● Flüssigkeitsstand nochmals überprüfen und die Verschlusskappe aufschrauben.

Zweikreisbremse
Die Entlüftungsarbeiten sind die gleichen wie bei der Einkreisbremse beschrieben, mit dem Unterschied, dass die Entlüftungsreihenfolge nicht gleich ist:
● Ist die Bremsanlage diagonal geteilt und hat einen getrennten Bremsdruckregler, lautet die Reihenfolge hinten links, hinten rechts, vorn rechts und vorn links.
● Ist die Bremsanlage diagonal geteilt und der Bremsdruckregler ist in den Hauptbremszylinder eingebaut, lautet die Reihenfolge hinten rechts, vorn links, hinten links und vorn rechts.
● Ist die Bremsanlage vorn/hinten geteilt, lautet die Reihenfolge hinten links, hinten rechts, vorn links und vorn rechts.

15.8 Bremsdruckregelventil

Alle Fahrzeuge mit Einkreisbremsanlage haben ein Bremsdruckregelventil im hinteren Bremskreis. Das Ventil reguliert den zu den Hinterradbremsen gelangenden Bremsdruck und verhindert dabei ein Blockieren der Hinterräder bei scharfen Abbremsungen. Bei normalen Abbremsungen kann die unter Druck stehende Flüssigkeit durch das Ventil zu den Hinterradbremsen gelangen. Wenn der Druck in den Leitungen bei kräftigerem Betätigen der Fussbremse ansteigt, bewegt sich der Ventilschieber gegen die Kraft einer Feder und verschliesst den Ausgang zu den Hinterradbremsen. Dadurch werden die Hinterradbremsen nicht weiter abgebremst und jegliche Abbremsung findet durch die Vorderradbremsen statt. Bei Verringerung des Bremsdrucks öffnet die Feder das Ventil erneut und die Hinterradbremsen kommen wieder in Betrieb. Das Ventil ist an der Unterseite des hinteren Nebenrahmens angeschraubt.
Bei Fahrzeugen mit Zweikreisbremsanlage kann ein Druckverminderungsventil eingebaut sein. Dieses arbeitet in der oben beschriebenen Weise.
Andere Fahrzeuge mit Zweikreisbremsanlage haben einen Druckausgleichsschalter, welcher den Druckunterschied zwischen den Vorderradbremsen und den Hinterradbremsen in der Anlage überwacht. Dieser ist an der Stirnwand des Motors angeschraubt (bei älteren Modellen) oder in den Hauptbremszylinder integriert. Im letzteren Fall ist bei Ausfall des Schalters natürlich der Hauptbremszylinder auszubauen.

Der Aus- und Einbau der genannten Teile bringt im allgemeinen keine Schwierigkeiten mit sich. Nach Abschrauben der angeschlossenen Bremsleitungen kann das Ventil, bzw. der Druckschalter von der genannten Stelle abgeschraubt werden. Bilder 193 und 194 zeigen wo zwei der Einrichtungen sitzen.
Obwohl das Druckregelventil und der Druckausgleichsschalter zerlegt und repariert werden können, sehen wir es als angebracht, dass man bei vermutetem Ausfall ein Neuteil einbaut. Die Bremsanlage muss nach dem Einbau entlüftet werden.

15.9 Bremskraftverstärker

Nur bestimmte Fahrzeuge haben einen Bremskraftverstärker, welcher durch den Unterdruck des Motors, d.h. im Ansaugkrümmer befindlichen Unterdruck, die Ansprechweise der Bremsanlage verstärkt. Ungewöhnlich bei dem in älteren Fahrzeugen eingebauten Bremskraftverstärker (mit senkrecht montiertem Hauptbremszylinder) ist die Bauweise. Bei dieser Ausführung setzt sich das Gerät aus einem Unterdruckteil und einem Hydraulikteil zusammen. Der im Bremskraftverstärker sitzende Hydraulikzylinder ist in Serie zwischen dem hydraulischen Hauptkreis und den Bremssätteln und Radbremszylindern geschlossen.
Zu beachten ist deshalb die unterschiedliche Bauweise bei älteren Modellen (senkrecht eingebauter Hauptbremszylinder) und den in den letzten Jahren gebauten Modellen (Hauptbremszylinder am Servogerät angeschraubt), wodurch sich auch der Aus- und Einbau unterscheiden:

Ältere Modelle

- Verschraubung des Vorratsbehälters abschrauben, ein Stück eines Kunststoffbeutels auf die Öffnung legen und die Verschraubung wieder aufschrauben.
- Von der Innenseite des rechten Radkastens den Luftansaugschlauch lösen und zur Innenseite des Motorraums herausziehen.
- Die Unterdruckleitung vom Rückschlagventil am Bremskraftverstärker abschliessen.
- Den Befestigungsbügel vom Ende des Bremskraftverstärkers abschrauben.
- Die Überwurfmuttern der Bremsleitungen vom Bremskraftverstärker abschrauben und die Leitungen herausziehen. Die Leitungsenden in geeigneter Weise gegen Eindringen von Schmutz schützen (die Enden mit Klebband umwickeln).
- Die Befestigungsmuttern des Bremskraftverstärkers von der Montagekonsole lösen und das Gerät herausheben.

Der Einbau geschieht in umgekehrter Reihenfolge wie der Ausbau. Die Bremsanlage muss abschliessend entlüftet werden.

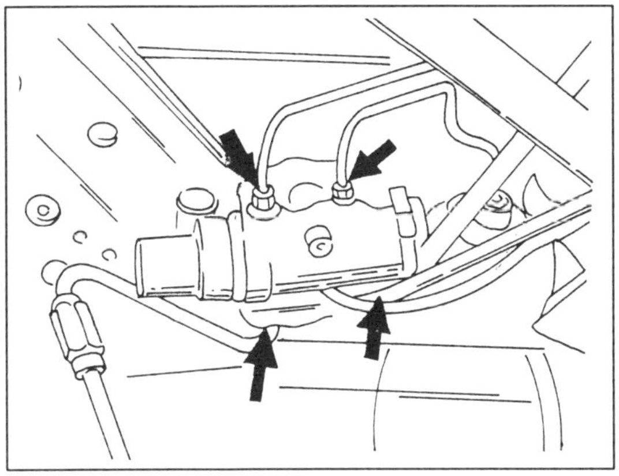

Bild 194
Die Einbaulage des Druckverringerungsventils. Die Anschlussstellen der Leitungen sind mit den Pfeilen angegeben.

Neuere Modelle

Bei dieser Ausführung muss der Hauptbremszylinder von der Stirnfläche des Bremskraftverstärkers gelöst werden, ohne dass man ihn ausbaut. Es reicht aus, wenn man den Zylinder abschraubt und vom Bremsservo wegzieht. Die Bremsleitungen sollten gelockert werden, um dem Zylinder etwas Bewegungsfreiheit zu geben. Weitere Arbeiten:

- Den Unterdruckschlauch vom Bremskraftverstärker abschliessen und von der Halteschelle befreien.
- Den Splint und den Splintbolzen der Stösselstangenverbindung am Bremspedal entfernen.
- Die Schrauben und Muttern der Haltekonsole des Bremskraftverstärkers an der Stirnwand lösen. Falls an dieser ein Steuerventil angebracht ist, die Schläuche vom Ventil abziehen und das Ventil abschrauben.
- Den Bremskraftverstärker mit der Konsole herausheben. Der Bremskraftverstärker kann jetzt abgeschraubt werden. In der Innenseite des Hauptbremszylinders sitzt ein Dichtring, den man immer erneuern sollte.

Der Einbau geschieht in umgekehrter Reihenfolge wie der Ausbau. Die Bremsanlage muss entlüftet werden, da durch die gelösten Leitungen Luft in die Anlage eingedrungen ist.

Hinweis: Unter der Gummimanschette an der Rückseite des Bremsservos sitzt ein Luftfilter. Diesen kann man auswechseln. Den alten Filter mit einer Reissnadel herausheben. Den neuen Filter zerschneiden und um die Stösselstange in das Gerät eindrücken. Manschette anbringen.

16 Die elektrische Anlage

Eine von Lucas hergestellte Drehstromlichtmaschine ist in alle Ausführungen des Minis eingebaut, jedoch wurden verschiedene Ausführungen während der Baujahre gewählt. Im allgemeinen kann man davon ausgehen, dass der Typ 16 ARC bis zu Ende Baujahr 1982 eingebaut wurde. Danach kommen entweder eine Lichtmaschine des Typs A115 oder A127 zum Einbau. Die letztgenannte kann ausserdem eine Leistung von 45 oder 55 A haben.
Der für den Mini seit Jahren eingebaute Anlasser der Ausführung M35J, mit getrennt angeordnetem Einrückmagnetschalter, wurde ca. 1986 durch einen Schubtriebanlasser ersetzt.
Unterschiede wird man auch bei der Batterie vorfinden, da Ausführungen mit 30 Ah, 40 Ah oder 50 Ah zum Einbau kommen.

16.1 Die Batterie

Die eingebaute 12 Volt-Batterie besitzt sechs Zellen, die aus positiven und negativen Platten bestehen, welche in eine Schwefelsäurelösung eingetaucht sind. Die Batterie hat die Aufgabe, den Strom zum Anlassen des Fahrzeugs, zur Beleuchtung des Fahrzeugs sowie für andere Stromverbraucher zu liefern.
Die folgenden Arbeiten sind von Zeit zu Zeit durchzuführen, um der Batterie eine lange Lebensdauer zu geben und deren Leistung immer auf dem Höhepunkt zu halten.

- Batterie und die sie umgebenden Teile immer sauber halten. Die Oberfläche der Batterie muss immer gut trocken sein, da sich sonst zwischen den einzelnen Zellen Kriechströme entwickeln können, wovon sich die Batterie von selbst entladen kann.
- Die Batteriesäure muss jederzeit 10 - 15 mm über den Trennplatten in der Oberseite der Batterie stehen. Die Zellenstopfen dazu herausschrauben. Batterien mit einer Aussenanzeige der Batteriesäure können jedoch ebenfalls eingebaut sein. In diesem Fall muss man sich an die Strichkennzeichnung an der Aussenseite halten. Zum Nachfüllen destilliertes Wasser verwenden. Im Notfall kann man die Batterie mit Regenwasser oder sogar mit geschmolzenem Eis aus dem Kühlschrank nachfüllen. Fehlende Batteriesäure macht sich beim Fahren mit eingeschaltetem Licht gern bemerkbar. Wenn die Scheinwerfer sich beim Gasgeben erhellen, werden Sie feststellen, dass man die Batterie nachfüllen muss.
- Bei kaltem Wetter die Batterie nicht in ungeladenem Zustand stehen lassen, da sie sonst einfriert. Schwach geladene Batterien frieren eher ein als geladene, d.h. man muss der Batterie die notwendige Pflege geben, um dies zu verhindern.

16.1.1 Prüfen der Batterie

Säurestand Die Batterie ist mit Schwefelsäure gefüllt, die mit destilliertem Wasser verdünnt wurde. Da die Wasseranteile verdunsten können, muss man gelegentlich den Säurestand überprüfen und ggf. destilliertes Wasser nachfüllen. Die Batteriesäure muss, wie bereits erwähnt, zu sehen sein, wenn man die Verschlussstopfen ausschraubt, d.h. die in der Innenseite sichtbaren Platten müssen bedeckt sein. Überfüllte Batterien können "kochen", ungenügend gefüllte Batterien verkürzen die Lebensdauer.

Ladezustand Zur Kontrolle des Ladezustandes ist ein Säureheber erforderlich. Zur Kontrolle die Verschlussstopfen herausdrehen und die Spitze des Säurehebers in die Öffnung einsetzen. Mit Hilfe des Gummiballs genügend Säure ansaugen, dass der Schwimmer frei schwimmen kann. Je nach Ladezustand besitzt die Säure ein unterschiedliches spezifisches Gewicht, welches durch das Eintauchen des Schwimmers in die Säure angezeigt wird.
Bei einer Anzeige von ca. 1,28 ist die Batterie voll geladen; bei 1,12 ist die Batterie vollkommen entladen. Dazwischenliegende Werte weisen auf die entsprechende Ladestärke hin. Die Anzeigen am Säureheber sind in kg/l gegeben, hängen aber auch von der augenblicklichen Temperatur der Batterie ab.

Aufladen der Batterie Eine sehr entladene Batterie sollte erst nach dem Aufladen mit destilliertem Wasser aufgefüllt werden. Beim Laden steigt der Säurestand an und eine vorschriftsmässig gefüllte Batterie könnte aus diesem Grund "überkochen". Der Ladestrom sollte am Anfang 10% der Batteriekapazität nicht überschreiten. Je nach Aufbau des verwendeten Batterieladegeräts, wird sich der Ladestrom allmählich automatisch verringern. Die Batterie ist voll geladen, wenn sich die Säuredichte innerhalb zwei aufeinanderfolgenden Stunden nicht verändert.
Die Verschlussstopfen der Batterie sollten im allgemeinen herausgeschraubt und lose auf die Einfüllöffnungen gelegt werden. Damit kann das

aus Sauerstoff und Wasserstoff entstehende Knallgas entweichen. Da bei lebhafter Aufladung ein Spritzen der Säure unvermeidlich ist, sollte man die Umgebung der Batterie mit Zeitungen oder ähnlichem schützen. Wird die Aufladung in einem geschlossenen Raum durchgeführt, muss dieser gut belüftet sein. Auf keinen Fall mit nackter Flamme in die Batterieöffnungen leuchten.

Hinweis: *Bei bestimmten Fremdbatterien werden die Zellenstopfen beim Aufladen der Batterie und Kontrolle der Spannung in der Batterie gelassen. Erkundigen Sie sich vorsichtshalber in der Werkstatt, welche Batterie in Ihrem Fahrzeug eingebaut ist, vor allem, wenn das Fahrzeug ein Gebrauchtwagen ist.*

Bei Verwendung eines Heimladegeräts kann die Batterie im Auto verbleiben. Auch die Kabel braucht man nicht abzuschliessen. Anders ist es bei der Verwendung eines Schnelladegeräts. Beide Batteriekabel abklemmen um die Dioden der Drehstromlichtmaschine, die elektronischen Schaltgeräte, das Autoradio, usw. nicht zu gefährden.

Aus- und Einbau Die Batterie sitzt im Kofferraum neben dem Ersatzrad bei einer Limousine, unter dem Rücksitz bei einem Kombiwagen oder hinter dem Beifahrersitz bei einem Pick-up oder Lieferwagen. Die Batteriekabelklemmen sind mit Schrauben an den Batteriepolen befestigt. Bild 195 zeigt, wo die Batterie bei einer Limousine sitzt.
Vor dem Ausbau die beiden Batteriekabel von den Polen abschrauben. Immer zuerst das Minuskabel abklemmen. Die Batterieklemmen nur durch Hin- und Herdrehen lösen. Abhebeln mit einem Schraubenzieher kann zum Platzen des Batteriegehäuses führen. Der weitere Ausbau ist offensichtlich. Beim Herausheben muss man die Batterie gerade halten, damit keine Batteriesäure austropfen kann.
Beim Einbau der Original-Batterie zuerst die Polköpfe reinigen und mit einem guten Polfett einschmieren. Normalerweise wird hier ein Bosch-Fett verwendet. Zuerst das Pluskabel anschliessen und festschrauben. Die Kabelklemmen kann man aufgrund ihrer Grösse nicht verwechseln. Die Schrauben der Klemmen gut anziehen.

Start mit leerer Batterie Am einfachsten ist die Verwendung von Starthilfekabeln, die aber einen kräftigen Querschnitt und starke Anschlussklemmen haben müssen, um den Strom von einer Batterie zur anderen durchzulassen. Beim Anschaffen solcher Kabel sollte man immer etwas tiefer in die Tasche greifen, um Kupferkabel zu kaufen. Aluminiumkabel sind zwar billiger, werden aber sehr heiss, so dass die Isolierung schmilzt und man sich beim Abnehmen der Klemmen die Finger verbrennen kann. Zuerst das Pluskabel an die beiden Pluskabel anklemmen und danach erst die Minuskabel anschliessen. Der "Helfer" sollte den Motor anlassen und mit mittleren Drehzahlen laufen lassen, damit die Lichtmaschine zusätzlichen Strom aufbauen kann.
Anschieben oder Anrollenlassen sowie Anschleppen in der bekannten Weise sind die bekanntesten Methoden zum Anlassen eines Motors mit schwacher Batterie.

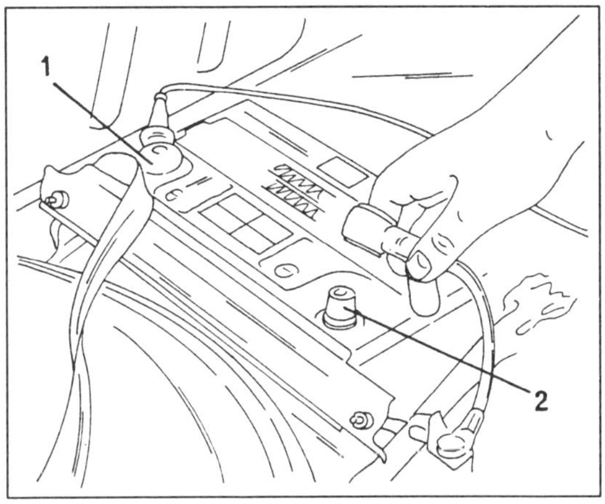

Bild 195
Einbaulage der Batterie. Klemme (1) ist die Stromklemme. Die Masseklemme (2) ist durch das Kabel mit der Karosserie verbunden.

Bei einem Mini Automatik kann es schon mal vorkommen, dass die Batterie geladen ist, man den Anlasser jedoch nicht betätigen kann. Dies könnte am Anlasssperrschalter liegen. Bei diesen handelt es sich um einen Schalter, welcher durch die Schaltung in Betrieb gebracht wird und den Stromkreis zwischen Zündschloss und Anlasser unterbricht, wenn ein Gang eingelegt ist. Sollte dieser Schalter einen Defekt haben, kann man sich folgendermassen helfen:

- Gangwählhebel in Stellung "P" schalten, die Handbremse anziehen und die Zündung einschalten.
- Ein Stück Kabel zwischen der Klemme "2" an der Sicherungsdose und der kleinen Klemme am Einrückmagnetschalter halten (dies ist die Klemme mit dem rot/weissen Kabel). Falls der Motor jetzt anspringt, ist der Schalter schadhaft. Das Kabel abklemmen, nachdem der Motor läuft.

Warnung beim Anschleppen von Fahrzeugen mit Getriebeautomatik
Bei eingebauter Automatik kann man den Mini ebenfalls anschleppen. Die folgenden Hinweise sollten jedoch dabei beachtet werden:

- Zündung einschalten und den Wählhebel in Stellung "N" schalten.
- Dem Fahrer des "Zugautos" mitteilen, dass

er mit einer Geschwindigkeit von nicht mehr als 30 km/h fahren soll.

- Den Wählhebel in den zweiten Gang einschalten und das Gaspedal zum Starten des Motors durchtreten. Falls das Fahrzeug oder der Motor verhältnismässig neu sind, könnte es besser sein, wenn man den Hebel in "D" schaltet. In den meisten Fällen sollte der Motor unter 50 km/h anspringen.

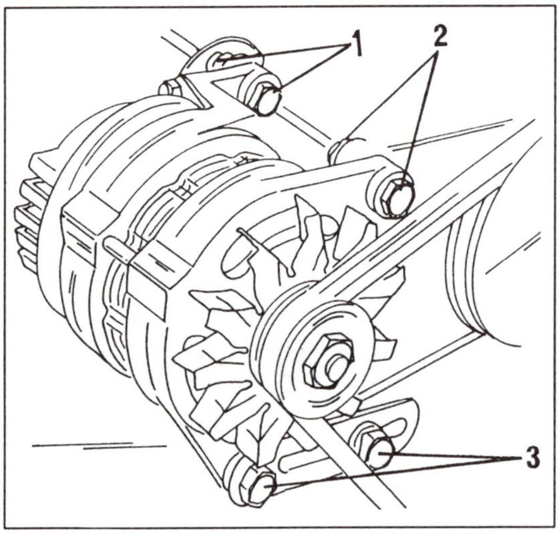

Bild 196
Die Befestigung der Drehstromlichtmaschine. Die Schrauben und Muttern (1) bis (3) halten die Maschine am Motor.

Wir möchten besonders darauf hinweisen, dass die Betätigung des Fahrpedals kritisch ist. Sie werden überrascht sein, wie schnell Sie das vor Ihnen fahrende Fahrzeug erreichen, sobald der Motor anspringt.

16.2 Die Drehstromlichtmaschine

16.2.1 Vorsichtsmassnahmen bei Arbeiten an der Ladestromanlage

Ehe irgendwelche Arbeiten an der Ladestromanlage durchgeführt werden, müssen die folgenden Vorsichtsmassnahmen unbedingt eingeprägt werden:

- Niemals die Batterie oder den Spannungsregler abklemmen, während der Motor und somit die Lichtmaschine laufen.
- Niemals die Erregerklemme (Feldklemme) der Lichtmaschine oder das daran befestigte Kabel in Berührung mit Masse kommen lassen.
- Niemals die beiden Leitungen des Spannungsreglers verwechseln.
- Niemals den Spannungsregler in Betrieb bringen, wenn er mit Masse verbunden ist (sofortige Beschädigung).
- Niemals die Lichtmaschine ausbauen, wenn die Batterie nicht vorher aus dem Stromkreis genommen wurde.
- Beim Einbau der Batterie darauf achten, dass die Minusklemme an Masse angeschlossen wird.
- Niemals eine Prüflampe verwenden, die direkt an das Hauptstromnetz (110 oder 220 V) angeschlossen ist. Nur eine Prüflampe mit einer Spannungsstärke von 12 V benutzen. Eine Ausnahme ist dabei die Kontrolle verschiedener Teile der Lichtmaschine nach der Zerlegung.
- Falls eine Batterie im eingebauten Zustand mit einem Batterieladegerät aufgeladen wird, müssen die beiden Batteriekabel abgeklemmt werden (ausser bei Benutzung bestimmter Heimladegeräte, Anweisungen des Herstellers folgen). Die positive Klemme des Ladegerätes an den positiven Pol der Batterie und die negative Klemme an den negativen Pol der Batterie anschliessen.
- Falsches Anschliessen der Leitungen führt zur Zerstörung der Gleichrichter und des Reglers sowie anderer Teile.

16.2.2 Eingebaute Drehstromlichtmaschine prüfen

Während normaler Fahrt muss die Ladekontrollleuchte erlöschen. Falls dies nicht der Fall ist, liegt ein Fehler in der Drehstromlichtmaschine oder im Spannungsregler vor. Als erstes alle Stromverbindungsanschlüsse der Drehstromlichtmaschine prüfen.
Kontrollieren, ob der Keilriemen einwandfrei gespannt ist. Die weiteren Überprüfungsarbeiten sind bei ausgebauter Drehstromlichtmaschine durchzuführen. In Eigenregie sollte man sich nur mit den Schleifkohlen der Lichtmaschine beschäftigen. Aufgrund eines Prüflaufs sind alle anderen Arbeiten einer Werkstatt zu überlassen, es sei denn, dass Sie Erfahrungen mit Lichtmaschinen haben.

16.2.3 Aus- und Einbau

Die Befestigung der Drehstromlichtmaschine ist in Bild 196 gezeigt.

- Massekabel der Batterie abklemmen und das Kabel gut vom Batteriepol wegdrücken (könnte sonst wieder zurückspringen).
- Beim Clubman und 1275 GT sowie anderen Ausführungen die drei Sicherungsspangen der Abschirmung für den Zündverteiler lösen und die Abschirmung abnehmen.
- Die Muttern und Schrauben (3) des Spannbügels der Keilriemeneinstellung an der Lichtmaschine lockern.
- Die beiden oberen Muttern und Schrauben (1) und (2) der Lichtmaschine lösen.
- Die Lichtmaschine nach innen drücken, bis

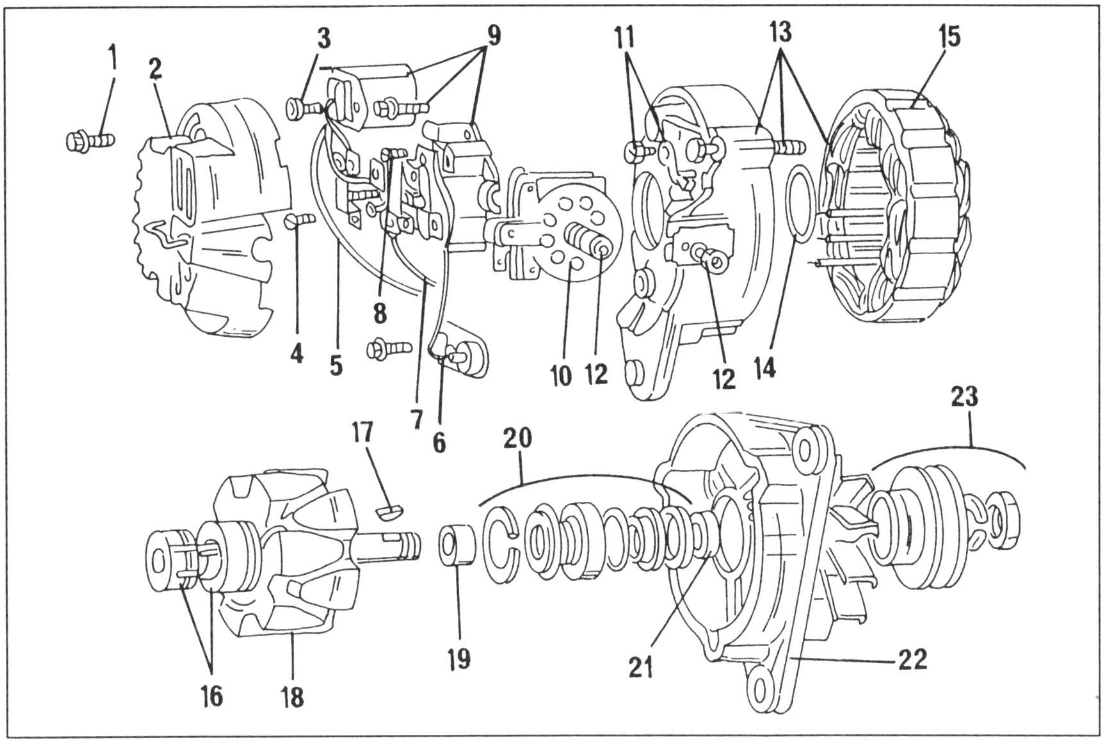

Bild 197
Montagebild der Lichtmaschine.
1 Deckelschrauben
2 Deckel
3 Schraube
4 Schraube
5 Leitung
6 Schraube und Schutzdiode
7 Leitung
8 Schraube
9 Bürstenträger und Regler
10 Gleichrichterdioden
11 Masseverbindung und Schraube
12 Gleichrichter und Mutter
13 Spannschrauben
14 "O"-Dichtring
15 Ständer
16 Schleifring und Lager
17 Scheibenfeder
18 Läufer
19 Abstandsring
20 Teile des Antriebslagers
21 Abstandsring
22 Antriebslagerschild
23 Teile der Riemenscheibe

der Keilriemen abgenommen werden kann.

- Den Spannbügel jetzt vollständig abschrauben.
- Die Federspange zurückdrücken und den Stecker von der Rückseite der Lichtmaschine abziehen.
- Beide oberen Schrauben herausnehmen und die Lichtmaschine herausheben.
- Falls eine neue Lichtmaschine eingebaut wird, ist die Riemenscheibe abzubauen, da die neue Lichtmaschine ohne Riemenscheibe geliefert wird. Dazu die Riemenscheibe mit Blechbacken in einen Schraubstock einspannen, um die Mutter zu lösen.

Der Einbau der Riemenscheibe geschieht in umgekehrter Reihenfolge wie der Ausbau. Die Keilriemenspannung durch Nachaussendrücken der Lichtmaschine einstellen, bis man den Riemen an seiner längsten Laufstrecke ca. 13 mm auf- und abbewegen kann.

16.2.4 Überholung der Lichtmaschine

Die Überholung der Lichtmaschine ist anhand der Ausführung 16 ACR beschrieben, die in Bild 197 als Montagebild gezeigt ist.

- Die Mutter der Riemenscheibe lösen und die Riemenscheibe zusammen mit dem Lüfterrad von der Läuferwelle herunterziehen. Die Scheibenfeder aus der Läuferwelle herausziehen (Seitenschneider).
- Die beiden Schrauben (1) des Verschlussdeckels (2) entfernen und den Deckel abnehmen.
- Den Kabelstecker (3) von der Zunge an der äusseren der drei Gleichrichterplatten abziehen und das Kabel (5) von der Zunge zwischen der mittleren und der inneren der drei Gleichrichterplatten abziehen.
- Die vier Schrauben lösen, um die beiden Bürsten vom Bürstenträger zu lösen.
- Schraube (8) lösen, die das Kabel der Spannungsschutzdiode am Bürstenträger hält.
- Drei Schrauben lösen, um den Bürstenträger und den Regler vom Schleifringlagerschild zu lösen. Eine Blattfeder ist an der Seite der inneren Bürste eingesetzt. Nach Lösen der Schraube (3) kann der Regler vom Bürstenträger abgenommen werden.
- Schraube (6) lösen und die Spannungsschutzdiode vom Schleifringlagerschild entfernen. Ebenfalls die Schraube (11) lösen, die die Masseverbindung des Gleichrichters mit dem Schleifringlagerschild verbindet.
- Mit einer Spitzzange, die als Wärmeableiter dienen soll, die drei Ständerleitungen von den Gleichrichterdioden ablöten. Die Dioden auf keinen Fall durch die Lötarbeiten überhitzen.
- Die Mutter des Gleichrichters (12) lösen und den Gleichrichter abnehmen.
- Das Antriebslagerschild, den Ständer und das Schleifringlagerschild in geeigneter Weise auf Zusammengehörigkeit kennzeichnen und die drei Spannschrauben lösen. Den "O"-Dichtring (14) aus der Innenseite des Lagerschilds (22)

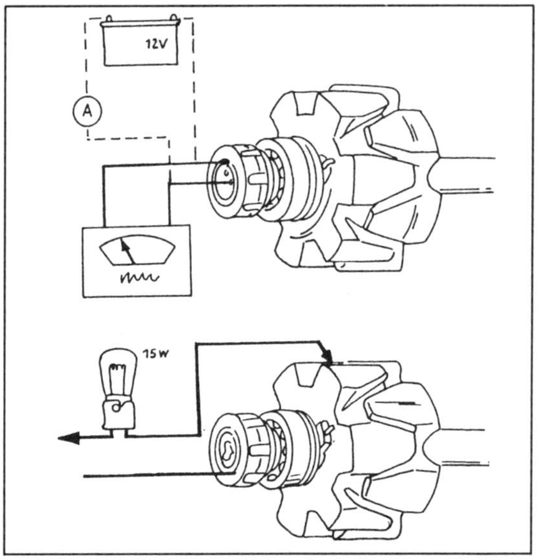

Bild 198
Überprüfung der Läuferwicklungen. Oben auf Widerstand und unten auf Isolierungsschluss.

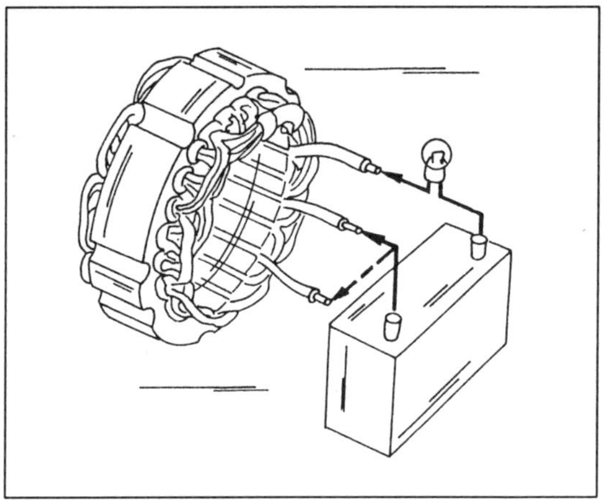

Bild 199
Überprüfen der Ständerwicklungen auf Stromunterbrechung.

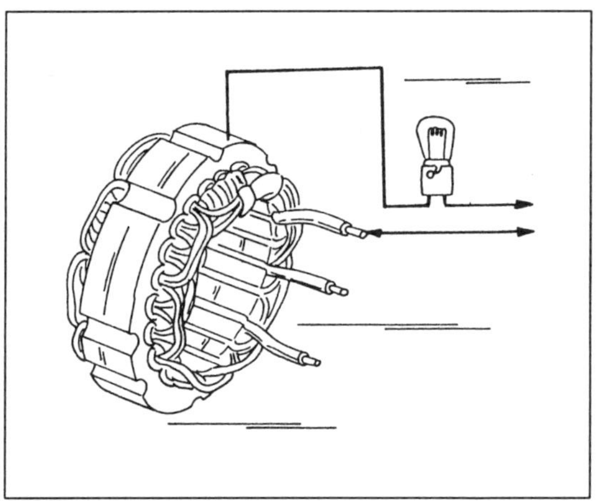

Bild 200
Prüfen der Ständerwicklungen auf Masseschluss.

herausnehmen.

- Den Läufer unter einer Presse aus dem Lagerschild herausdrücken und den Abstandsring (19) entfernen. Zum Erneuern des Lagers den Sprengring lösen und alle mit (20) gezeigten Teile aus dem Lagerschild herausnehmen. Das Lager muss ausgepresst werden.

Die folgenden Prüfungen sind jetzt an den zerlegten Lichtmaschinenteilen durchzuführen, wenn man die Lichtmaschine wieder fachmännisch zusammenbauen will.

Läufer

- Den Widerstand der Läuferwicklungen überprüfen, indem man ein Ohmmeter zwischen die Schleifringe anlegt, wie es in Bild 198 gezeigt ist. Der Widerstand sollte 4,3 Ohm betragen. Falls ein Ohmmeter nicht zur Verfügung steht, kann ein Ampèremeter und eine 12-Vol-Batterie benutzt werden. Die Anzeige des Ampèremeters sollte in diesem Fall 3,0 A betragen.
- Als nächstes die Isolierung des Läufers überprüfen. Dazu ist eine an das Hauptstromnetz angeschlossene 15 Watt-Prüflampe zwischen einen der Schleifringe und einem Läuferpol anzuschliessen, wie es aus Bild 198 ersichtlich ist. Die Lampe darf nicht aufleuchten. Falls dies der Fall ist, muss der Läufer erneuert werden. Beim Umgang mit dem Starkstrom natürlich die notwendigen Sicherheitsvorschriften beachten.

Ständer

- Die Leitungen des Ständers, wie in Bild 199 gezeigt anschliessen, so dass jedes Mal zwei der drei Ständerleitungen mit einer 12-Vol-Batterie und einer Glühbirne von mindestens 36 Watt zusammengeschlossen sind. Danach die Prüfung mit dem dritten Kabel wiederholen. Die Lampe muss während allen drei Prüfungen aufleuchten. Falls dies nicht der Fall ist, muss der Ständer erneuert werden. Eine neue Lichtmaschine sollte man ebenfalls in Betracht ziehen.
- Den Ständer wie in Bild 200 gezeigt so an das Hauptstromnetz anschliessen, dass jeweils eine der Leitungen mit den Ständerblechen verbunden ist. Falls die Lampe aufleuchtet, sind die Wicklungen auf Masse geschlossen und der Ständer ist zu erneuern. Die Prüflampe darf nur 1,5 Watt haben.

Dioden

- Der Reihe nach jede Diode in Serie mit einer 1,5 Watt-Glühbirne und einer Klemme mit einer 12-Volt-Batterie anschliessen, wie man es in Bild 201 sehen kann. Die andere Batterieleitung an den Träger der zu prüfenden Diode anlegen. Auf die Glühbirne achten und danach die beiden Batteriekabel in umgekehrter Weise anschliessen. Die Prüflampe darf nur in einer Stromrichtung aufleuchten. Falls sie in beiden Stromrichtungen aufleuchtet, muss der gesamte Gleichrichter erneuert werden.

Der Zusammenbau der Drehstromlichtmaschine

geschieht in umgekehrter Reihenfolge wie das Zerlegen, jedoch sind die folgenden Punkte zu beachten:

- Beim Einsetzen des Ständers in das Schleifringlagerschild darauf achten, dass die Schlitze im Ständer mit den Löchern für die Spannschrauben in einer Linie liegen. Beim Aufpressen des Lagers auf die Läuferwelle den Innenring des Lagers anpressen, nicht den Aussenring. Die verkapselte Seite des Lagers muss zum Läufer weisen.
- Beim Montieren des Lagers für das Antriebslagerschild den Fettdichtring in das Lagerschild einsetzen, das Lager einpressen und den äusseren Fettdichtring mit dem Sprengring befestigen.
- Zum Anlöten der Leitungen der Gleichrichter eine Spitzzange verwenden (als Wärmeableiter), um ein Überhitzen der Gleichrichterdioden zu vermeiden. Unbedingt darauf achten, dass alle Leitungsanschlüsse wieder in der ursprünglichen Weise hergestellt werden.
- Die Mutter der Riemenscheibe mit einem Anzugsdrehmoment von 35 Nm anziehen.

16.3 Der Anlasser

16.3.1 Aus- und Einbau des Anlassers

Beim Aus- und Einbau des Anlassers muss man zwischen dem Anlasser in älteren Fahrzeugen und dem Schubtriebanlasser bei neueren Fahrzeugen unterscheiden:

Ältere Ausführungen

Dies ist der Anlasser bei welchem ein getrennter Einrückmagnetschalter eingebaut ist.

- Die Batterie abklemmen und die Motorhaube öffnen.
- Die Mutter von der Stirnseite des Anlassers lösen und die Scheibe sowie das Kabel abnehmen.
- Die Mutter des Spulenhalters lösen und die Zündspule auf eine Seite legen.
- Die beiden Schrauben des Anlassers lösen, wobei die untere zuerst zu lösen ist und den Anlasser vom Motor abziehen.

Der Einbau des Anlassers geschieht in umgekehrter Reihenfolge wie der Ausbau.

Schubtriebanlasser

Der Schubtriebanlasser ist in Bild 201 gezeigt, d.h. der Einrückmagnetschalter sitzt auf der Oberseite des Anlassers. Der Ausbau erfolgt in ähnlicher Weise, wie es oben beschrieben ist, mit dem Unterschied, dass man die Kabelanschlüsse am Einrückmagnetschalter abschliessen muss. Die Hupe mit dem Hupenhalter muss vielleicht ausgebaut und auf eine Seite abgelegt werden, um an die Befestigungen des Anlassers heranzukommen.

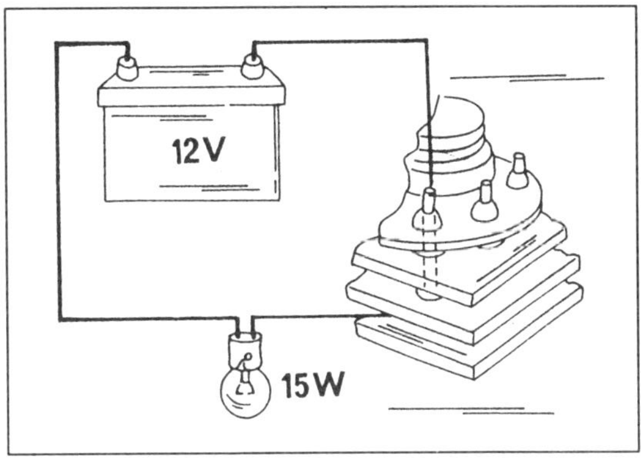

Bild 201
Überprüfen der Dioden auf Masseschluss.

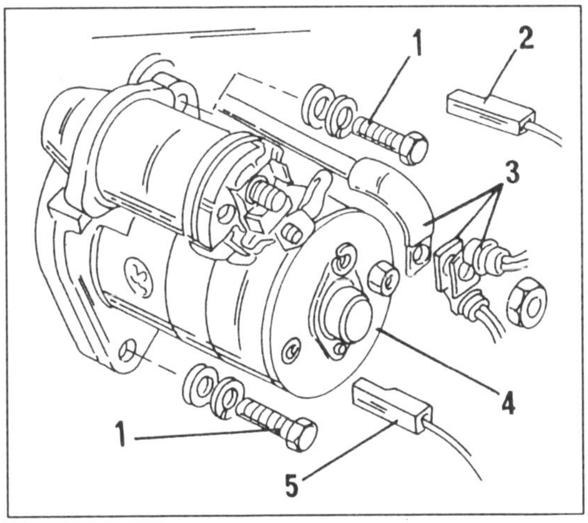

Bild 202
Befestigung eines Schubtriebanlassers.
1 Befestigungsschrauben mit Scheiben und Federringen
2 Kabelstecker
3 Kabelanschlüsse
4 Anlasser
5 Kabelstecker

16.3.2 Überholung des Anlassers

Die folgende Beschreibung bezieht sich nur auf den Anlasser ohne Einrückmagnetschalter. Wer mit einem Schubtriebanlasser vertraut ist, wird keine Schwierigkeiten haben einen solchen in seine Bestandteile zu zerlegen, da der Aufbau der herkömmlichen Bauweise entspricht. Der beschriebene Anlasser dagegen ist beim Mini eigentümlich. Bild 203 zeigt wie der Anlasser zerlegt aussieht.

- Die beiden Schrauben des Antriebslagerschildes lösen und das Lagerschild zusammen mit dem Anker und dem Antrieb herunterziehen.
- Die Anlaufscheibe vom Kollektorende des Anlassers herunternehmen.
- Die vier Schrauben des Kollketorlagerschildes entfernen und das Lagerschild vom Anlassergehäuse abnehmen, wobei die Erregerfeldbürsten aus den Bürstenhaltern herauszuzie-

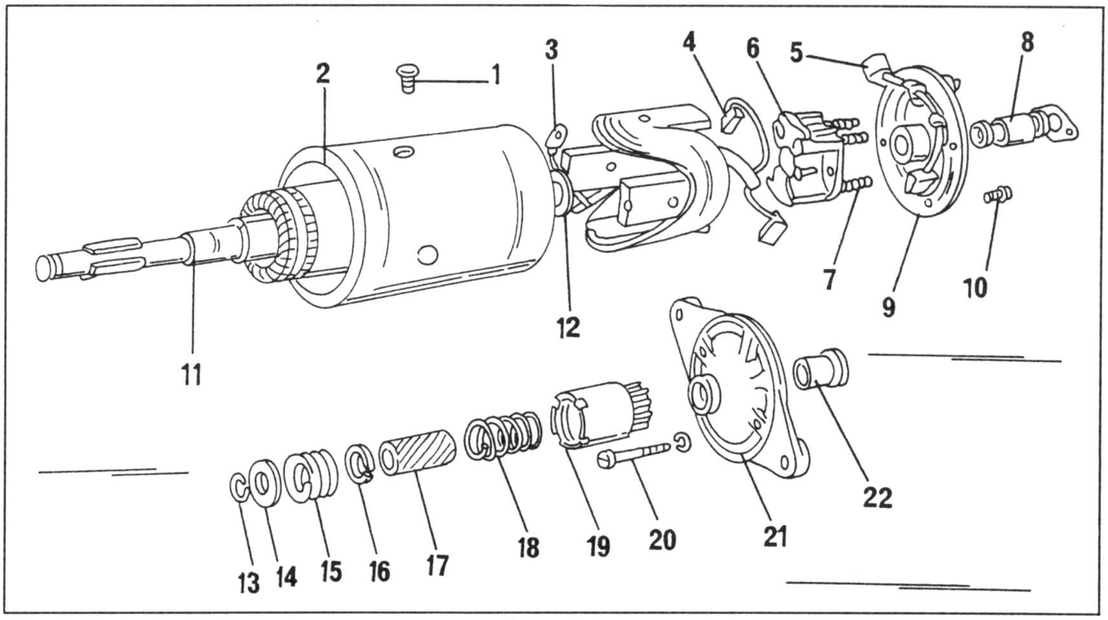

Bild 203
Montagebild des Anlassers.
1 Polschuhhalteschraube
2 Anlassergehäuse
3 Feldspulenanschluss
4 Feldspulenbürsten
5 Bürstenhalter
6 Kollektorschildbürsten
7 Bürstenfedern
8 Kollektorlagerschildbüchse
9 Kollektorlagerschild
10 Schraube
11 Anker
12 Anlaufscheibe
13 Sprengring
14 Federsitz
15 Antriebsfeder
16 Federring
17 Schraubengang
18 Dämpffeder
19 Antrieb
20 Spannschraube
21 Antriebslagerschild
22 Büchse

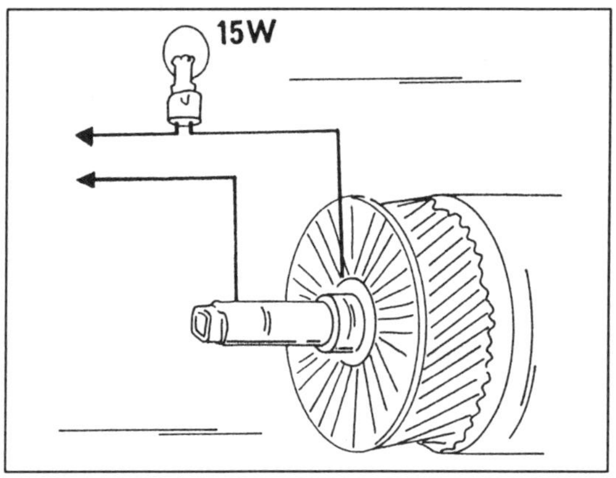

Bild 204
Prüfen der Ankerisolierung mit einer Glühbirne, an einem 110 V. Stromnetz angeschlossen.

hen sind.

- Die Feder des Antriebs zusammendrücken und den Sicherungsring vom Ende der Ankerwelle entfernen.
- Den Antrieb von der Ankerwelle herunterziehen.
- Das Antriebslagerschild von der Ankerwelle abnehmen.

Die Teile des Anlassers sind folgenden Prüfungen zu unterziehen, oder Reparaturen, je nach Erforderlichkeit.

Lager

Lager, die soweit ausgeschlagen sind, dass sie der Ankerwelle seitliches Spiel erlauben,. müssen erneuert werden. Die Büchse des Kollektorlagerschildes sitzt unter einer angenieteten Platte, die vorher abzunieten ist. Den Filzring und den Bürstenhalter abnehmen und einen Gewindeschneider von ca. 13 mm Durchmesser in die Büchse schneiden und diese damit herausziehen. Die Büchse des Antriebslagerschildes kann ausgepresst werden.

Vor dem Einbau der neuen Büchsen diese 24 Stunden lang in dünnes Motoröl einlegen, damit sich die Poren vollsaugen können. Neue Büchsen mit einem gut sitzenden Dorn in das Lagerschild einpressen. Die Büchsen nach dem Einpressen nicht aufreiben, um die Schmierfähigkeit nicht zu beeinträchtigen.

Bürsten

Kontrollieren, dass sich die Bürsten einwandfrei in ihren Haltern bewegen lassen. Falls die Bürsten bis auf die Mindestlänge von 8 mm abgeschliffen sind, können sie folgendermassen erneuert werden:

- Die Bürstenleitung am Kollketorlagerschild von der Anschlussklemme abschneiden. Mit einer Säge eine Rille in die Klemme schneiden, bis sich die Leitung der neuen Bürste einlegen lässt und die kurze und lange Leitung der beiden Bürsten an der Klemme anlöten.
- Die Bürstenleitung der Massebürsten ungefähr 6 mm von der Verbindung der Erregerfeldleitungen abschneiden und die neuen Bürsten an die Enden der alten Bürstenleitungen anlöten. Darauf achten, dass die Verbindung gut isoliert wird.

Anker

Ein Anker lässt sich nicht reparieren und muss bei Schäden immer erneuert werden. Zur Überprüfung eines Ankers muss man eine am Stromnetz angeschlossene Glühlampe (15 Watt) benutzen und nur wenn Sie sich dies zutrauen, sollten Sie die Arbeit versuchen. Die Anschlüsse der Glühlampe werden zwischen die Ankerwelle und die Kollektorsegmente angelegt. Wenn die Glühbirne aufleuchtet, ist die Wicklungsisolierung beschädigt (Bild 204, auf der letzten Seite).

Feldspulen
Eine Prüflampe mit zwei Fühlspitzen in Serie mit einer Batterie schalten und an die Feldspule halten. Wenn die Glühbirne nicht aufleuchtet, ist dies ein Zeichen, dass der Stromkreis der Feldspule unterbrochen ist und die schadhafte Felspule ist auszuwechseln. Wenn die Fühlspitzen an die Bürstenanschlüsse angelegt werden, muss die Birne aufleuchten. Bild 205 zeigt die Prüfung. Falls die Feldspulen ausgebrannt sind, ist es besser, wenn man einen Austauschanlasser einbaut, da es sein könnte, dass andere Teile ebenfalls Schaden erlitten haben.

Kollektor
Kollektor mit einem in Benzin getauchten Lappen bei gleichzeitigem Drehen reinigen. Falls dies erfolglos ist, kann er auch mit einem Stück Sandpapier abgezogen werden, wie man es in Bild 206 sehen kann.
Um einen stark verschmutzten Kollektor wieder aufzuarbeiten, kann er in einer Auto-Elektro-Werkstatt abgedreht werden.
Der Zusammenbau des Anlassers findet in umgekehrter Reihenfolge wie der Ausbau statt. Bild 202 kann beim Zusammenbau hinzugezogen werden.

16.4 Sicherungskasten

Der Sicherungskasten kann nach Öffnen der Motorhaube gesehen werden. Der Kasten enthält vier Sicherungen und nur die Sicherung zwischen Anschlüssen 3 und 4 und zwischen 5 und 6 (die beiden mittleren) haben die gleiche Sicherungsstärke (25 A). Die Stärke der Sicherung zwischen 1 und 2 beträgt 35 A, die Sicherung zwischen 7 und 8 15 A.
Beim Austausch einer Sicherung immer die vorschriftsmässige Stärke einbauen.
Eine durchgebrannte Sicherung kann sofort daran erkannt werden, dass zwei oder mehrere Stromverbraucher nicht mehr funktionieren. Aus der untenstehenden Tabelle kann man erkennen, welche Stromverbraucher miteinander gesichert sind:

Sicherung zwischen 1 und 2
Bremsleuchten, Rückfahrleuchten, Blinkleuchten und beheizte Heckscheibe. Diese Stromabnehmer funktionieren nur bei eingeschalteter Zündung.

Sicherung zwischen 3 und 4
Signalhupe, Lichthupe, Überwachungskreis der Bremsanlage. Diese Stromabnehmer funktionieren bei ausgeschalteter und eingeschalteter Zündung.

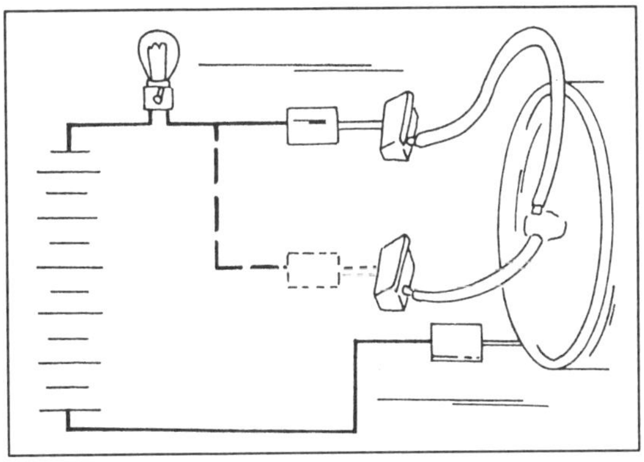

Bild 205
Prüfen der Feldspulen.

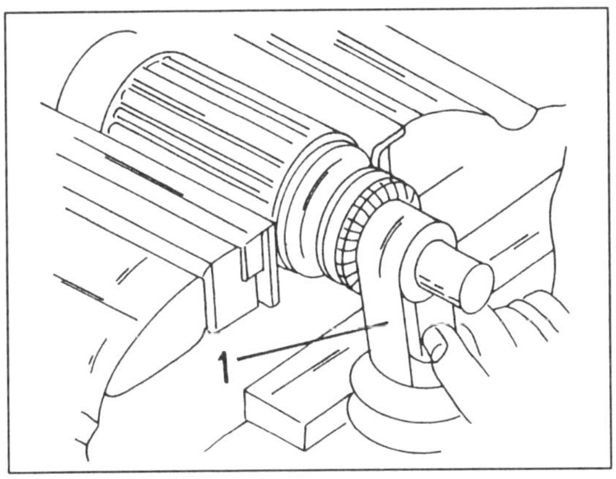

Bild 206
Abziehen eines Kollektors mit Sandpapier. Einen Sandpapierstreifen (1) auf- und abbewegen. Den Kollektor von allen Seiten abziehen.

Sicherung zwischen 5 und 6
Heizungsgebläsemotor, Scheibenwischermotor, Scheibenwaschanlage und Radio. Diese Stromabnehmer arbeiten in Zündschalterstellung I und II.

Sicherung zwischen 7 und 8
Standleuchten, Schlussleuchten und Instrumentbeleuchtung.

16.5 Scheibenwischer

Scheibenwischerarme
Zum Ausbau der Scheibenwischerarme diese von der Windschutzscheibe zurückklappen und vom verzahnten Antrieb abziehen, während man den Clip gleichzeitig mit einem kleinen Schraubenzieher löst. Die Parkstellung des Arms vermerken.
Den neuen Arm in der urspünglichen Stellung aufdrücken. Der Clip wird dabei einrasten. Den Wischer einschalten und kontrollieren, ob der Wischerarm in der richtigen Stellung anhält.

Scheibenwischerblatt
Ein Wischerblatt kann entweder bei eingebautem oder ausgebautem Wischerarm erneuert werden. Ein kleiner Metall-Clip hält das Blatt am Arm. Den Clip anheben und das Blatt herausziehen. Das neue Blatt in die Aufnahme einschieben, bis der Clip einrastet.

Scheibenwischermotor
- Die Batterie abklemmen.
- Die Wischerarme ausbauen.
- Die Überwurfmutter auf einer Seite des Motorgehäuses lösen und den Kabelstecker abziehen.
- Zwei Schrauben des Motors lösen und den Motor zusammen mit dem Antrieb herausnehmen.

Beim Einbau den Antrieb in das Gehäuse einschieben, so dass er mit den Scheibenwischerarmantrieben in Eingriff kommt. Den Motor dann in umgekehrter Reihenfolge wieder montieren. Kontrollieren, ob die Scheibenwischer einwandfrei arbeiten.

16.6 Scheinwerfer

16.6.1 Erneuerung der Glühbirnen

Die Erneuerung ist nicht bei allen Ausführungen gleich. Aus der Beschreibung werden Sie schnell erfahren, wie die Glühbirne erneuert werden kann. Der Scheinwerfer muss ausgebaut werden, um die Glühbirne auszuwechseln.

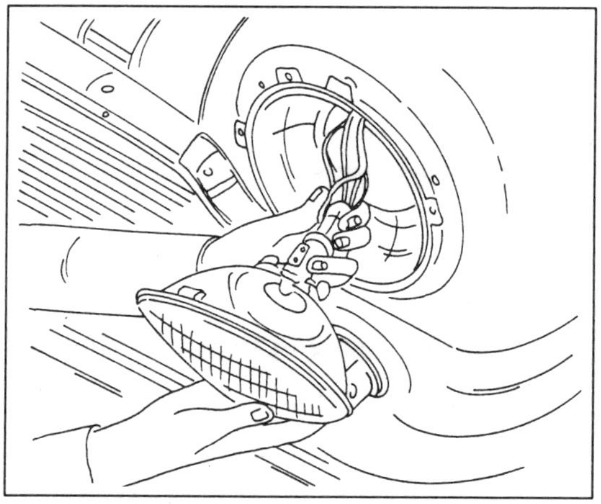

Bild 207
Der Plastikstecker an der Rückseite des Scheinwerfers kann nur in einer Stellung aufgeschoben werden. Eine Birnenfassung wird bei eingebauter Zweifadenbirne verwendet.

Zum Ausbau eines Scheinwerfers die Motorhaube öffnen und den Stecker an der Rückseite des Scheinwerfers abziehen. Das Kabel durch das Kotflügelseitenteil ziehen. Beim 850- und 1000 cm^3-Fahrzeug die Schraube des Scheinwerferringes an der Unterseite lösen, den Ring unten erfassen und nach oben bewegen, bis er ausgehakt werden kann. Beim Clubman und 1275 GT die vier Schrauben lösen und die Scheinwerferumrandung herausnehmen. Die vier Niete ausbohren, die den Scheinwerfer an der Karosserie halten und den Scheinwerfer herausnehmen.

Hinweis: Falls Sealed-Beam-Scheinwerfer eingebaut sind, ihn ähnlicher Weise vorgehen, aber die drei Schrauben lösen, um den Scheinwerfereinsatz von der Karrosserie abzuschrauben. Danach den Stecker vom Scheinwerfer abziehen. Bild 207 zeigt den Ausbau eines solchen Scheinwerfers, d.h. den Stecker nach Herausziehen der Leuchteneinheit abziehen.

Falls der Scheinwerfer nicht in der beschriebenen Weise befestigt ist, wird bestimmt die unten beschriebene Ausführung eingebaut sein.
- Die Schraube an der Unterseite des Scheinwerferringes lösen und den Ring nach oben zu abnehmen und aushaken. Man wird jetzt drei federgespannte Schrauben sehen.
- Den Leuchteneinsatz gegen die Federspannung nach innen drücken und nach links verdrehen, bis die Köpfe der Schrauben durch die vergrösserten Löcher der Langlöcher geführt werden können. Den Scheinwerfer jetzt herausnehmen.
- Den Stecker an der Rückseite wie in Bild 207 gezeigt abziehen und die Scheinwerferbirne und die Birnenfassung zusammen nach links verdrehen, bis sie frei werden.

Der Einbau der Glühbirnen und Scheinwerfer geschieht in umgekehrter Reihenfolge wie der Ausbau.
Die Scheinwerfer sollten in einer Werkstatt eingestellt werden lassen, um die Beleuchtungsanlage innerhalb der Gesetze des Landes zu halten. Die Einstellschrauben liegen an den folgenden Stellen:
- Bei einem Scheinwerfer mit Zweifadenbirne sind drei Einstellschrauben vorhanden. Die obere, federgespannte Schraube verstellt den Scheinwerfer in der Höhe, die beiden seitlichen Schrauben schwenken die Scheinwerferstrahlen seitlich.
- Bei eingebauten Sealed-Beam-Scheinwerfern sind nur zwei Schrauben vorhanden. Die obere Schraube verstellt den Scheinwerfer in der Höhe, die an der Seite sitzende Schraube verstellt die Scheinwerferstrahlen seitlich.

Falls eine Scheinwerferbirne während einer Nachtfahrt ausbrennt, ist es angebracht, dass man anhält und den verbleibenden Scheinwerfer so einstellt, dass er so viel wie möglich der Fahrbahn beleuchtet, ohne jedoch entgegenkommenden Verkehr zu blenden.

Achtung: Diese Noteinstellung verstösst gegen alle Gesetze der Strassenverkehrsordnung und darf wirklich nur im äussersten Notfall angewandt werden, um zum Beispiel in die nächste Nachttankstelle zu kommen.

16.6.2 Erneuerung der Standleuchtenbirne

Die Glühbirne für die Standleuchte sitzt in der Rückseite des Scheinwerferreflektors und kann nach Ausbau des Scheinwerfers ausgewechselt werden.

16.7 Schlussleuchtengruppe

Die Glühbirnen können leicht ausgewechselt werden, nachdem man die Kreuzschlitzschrauben der Abdeckscheibe für die Leuchtengruppe abgeschraubt wurde (Bild 208). In der Fassung sitzen die Birne für die Blinkleuchte (oben) sowie die Rück- und Bremsleuchte (mittlerer Raum). Die Glühbirne der Rückfahrleuchte ist unten eingesetzt.
Die Birnen haben Renkverschlüsse, d.h. man drückt sie nach innen und dreht sie nach links um sie herauszunehmen. Neue Birnen nicht mit den blossen Fingern anfassen.
Der Einbau der Birnen geschieht in umgekehrter Reihenfolge.

16.8 Vordere Blinkleuchten

Zum Ausbau der Abdeckscheibe einen Schraubenzieher vorsichtig zwischen dem Dom und der Gummidichtung einschieben und den Gummi über die Kante abheben (Bild 209).
Die Birne aus der Fassung herausziehen und auswechseln.

16.9 Kabelfarben

Wie bei allen Fahrzeugen haben alle Kabel eine bestimmte Farbe. Beim Mini sind diese einem bestimmten Abschnitt der elektrischen Anlage zugeordnet. Die verwendeten Hauptfarben sind untenstehend angegeben:

Braun oder braun/blau	Unter Strom
Blau und weiss	Fernlicht
Blau und rot	Abblendlicht
Rot	Stand- und Schlussleuchten
Grün und weiss	Rechte Blinkleuchten
Grün und rot	Linke Blinkleuchten
Grün und purpurfarben	Bremsleuchten
Schwarz	Masse
Purpurfarben	Signalhupen

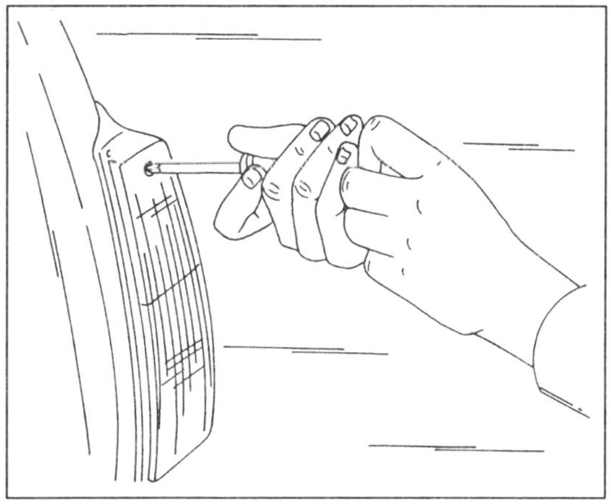

Bild 208
Die Abdeckscheibe der hinteren Leuchtengruppe ist oben und unten befestigt.

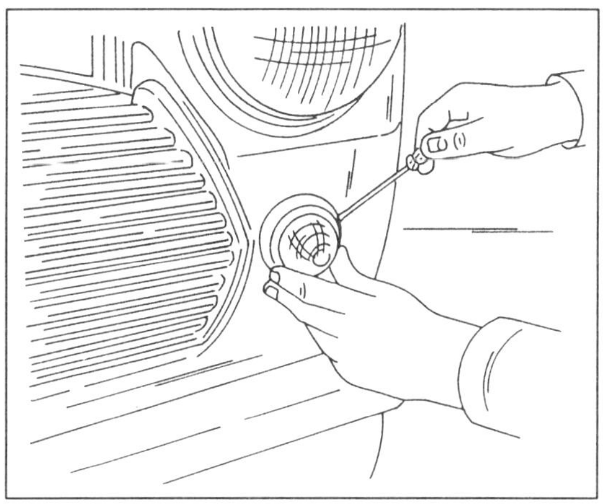

Bild 209
Zum Ausbau einer vorderen Blinkleuchte vorsichtig einen Schraubenzieher zwischen den Abdichtgummi und den Dom einsetzen und den Gummi ringsherum aushebeln.

16.10 Tankgeber

Zum Ausbau des Tankgebers den Kraftstoff aus dem Tank heraussaugen und die Rückseite des Fahrzeuges aufbocken, wenn es sich um einen Kombiwagen handelt. Bei diesem Modell die Leitungen vom Tankgeber abschliessen und den Kraftstofftank ausbauen. Danach den Tankgeber abschrauben und herausnehmen. Den Dichtring entfernen.
Bei einer Limousine die Leitungen vom Tankgeber abklemmen und den Tankgeber abschrauben und herausziehen. Die Dichtung entfernen.
Der Einbau geschieht in umgekehrter Reihenfolge wie der Ausbau.

In der folgenden Aufstellung sind die von BL/Rover angegebenen Empfehlungen sowie durch Erfahrungen gesammelte Wartungsarbeiten angeführt, um Ihr Fahrzeug in gutem Zustand zu halten. In ***Kursivschrift*** angegebene Wartungsarbeiten muss man in einer Werkstatt durchführen lassen.

Regelmässige Wartungsarbeiten

Funktion der Standleuchten, Rückleuchten, Bremsleuchten, Nebelleuchten, Nebelschlussleuchten, Blinkanlage, Rundumblinkanlage und Signalhupe kontrollieren ☐
Funktion der Scheibenwischer und Scheibenwaschanlage und Scheinwerferreinigungsanlage überprüfen. Falls erforderlich Flüssigkeitsbehälter nachfüllen ☐
Motor auf Öllecksteilen kontrollieren ☐
Stand des Kühlmittels überprüfen. Falls erforderlich durch Nachfüllen von zusätzlichem Frostschutzmittel berichtigen. Den Zustand aller Kühlmittelschläuche überprüfen ☐
Motorölstand überprüfen ☐
Bremsen prüfen ☐
Reifendruck prüfen. Nach angemessener Zeit die Profiltiefe der Reifen kontrollieren ☐

Alle 6 Monate oder 10 000 km (bis Ende 1984)

Arbeitsweise von Signalhupe, Blinkleuchten, Scheibenwischer/Wascher und der Beleuchtung kontrollieren ☐
Weg des Bremspedals kontrollieren und ggf. die Bremsen einstellen. Ebenfalls Arbeitsweise der Handbremse kontrollieren und falls erforderlich einstellen. Stärke der Bremsbeläge und/oder Bremsklötze kontrollieren und ggf. Backen oder Bremsklötze erneuern. Trommeln und Bremsscheiben kontrollieren ☐
Zustand und Befestigung der Sitzgurte kontrollieren ☐
Brems-, Kraftstoff- und Kupplungsleitungen auf guten Zustand, undichte Stellen oder Korrosion überprüfen. Beschädigte Leitungen erneuern oder erneuern lassen ☐
Auspuffanlage auf undichte Stellen, Aufhängung auf Festigkeit kontrollieren ☐
Motor/Getriebeöl sowie den Ölfilter wechseln. Den Ölstand im Vergaser kontrollieren/berichtigen ☐
Zündkerzen überprüfen. Falls erforderlich erneuern ☐
Kupplungsspiel überprüfen. Falls erforderlich den Anschlag einstellen ☐
Unterbrecherkontaktabstand im Verteiler überprüfen und ggf. einstellen. Falls erforderlich die Kontakte erneuern. Zündverteiler nachschmieren ☐
Alle Betätigungsgestänge auf Leichtgängigkeit kontrollieren und ggf. ölen ☐
Zündzeitpunkt kontrollieren und ggf. einstellen oder ***einstellen lassen*** ☐
Vergasereinstellung kontrollieren und ggf. einstellen ☐
Zustand der Manschetten, Staubschutzkappen, Gelenke, usw. der Lenkung prüfen ☐
Alle Schmierarbeiten an der Radaufhängung durchführen ☐
Flüssigkeitsstand in den Vorratsbehältern der Bremsanlage und der Kupplungsanlage prüfen ☐
Keilriemenspannung kontrollieren. Riemen ggf. erneuern ☐
Scheibenwischergummi kontrollieren und ggf. erneuern ☐
Scheinwerfer einstellen lassen ☐
Vorderradeinstellung kontrollieren oder ***oder kontrollieren lassen*** ☐

Inspektion alle 12 Monate oder 20 000 km (ab 1985)

Motor/Getriebeöl und Ölfilter wechseln ☐
Keilriemenspannung/Zustand des Keilriemens kontrollieren ☐
Gummiteile der Radaufhängung, Antriebswellen und Lenkung kontrollieren ☐
Säurestand in der Batterie kontrollieren und ggf. berichtigen. Vielleicht Batteriepole säubern und leicht einfetten ☐
Frostschutzmittel der Kühlanlage mit Hydrometer kontrollieren. Falls erforderlich durch Nachfüllen von zusätzlichem Frostschutzmittel berichtigen. Den Zustand aller Kühlmittelschläuche überprüfen ☐
Alle Kontrollinstrumente und Warnleuchten auf einwandfreie Funktion kontrollieren ☐
Alle Gelenke, Schlösser, usw. schmieren und auf Leichtgängigkeit überprüfen ☐

Inspektion alle 12 Monate oder 20 000 km (bis 1984)

Die bereits angegebenen Arbeiten und Kontrollen durchführen und zusätzlich die folgenden Arbeiten durchführen. Bei Fahrzeugen ab Baujahr 1985 können einige Wartungszwischenzeiten auf 40 000 km oder 24 Monate ausgedehnt werden:

- Luftfiltereinsatz erneuern (alle 40 000 km ab 1985) ☐
- Öleinfüllverschluss und Filter in der Zylinderkopfhaube erneuern (alle 40 000 km ab 1985) ☐
- ***Abgasüberprüfung durchführen lassen***. Laut Landesgesetz alle 2 oder 3 Jahre. ☐
- Zündkerzen erneuern ☐
- Festigkeit der Einspritzleitungen und Schläuche kontrollieren (Einspritzmotor) ☐
- Kraftstoffilter erneuern (Einspritzmotor), alle 40 000 km ab 1985 ☐
- Aktivkohlefilter erneuern ☐

Inspektion alle 40 000 km oder 24 Monate

Bei der 12-Monate-Inspektion angegebene Arbeiten sowie die folgenden Arbeiten durchführen:

- Radnabenlager kontrollieren und ggf. erneuern ☐
- Kondensator des Zündverteilers erneuern ☐
- Kompression der Zylinder kontrollieren. Falls notwendig den Zylinderkopf entkohlen ☐
- Bremsflüssigkeit wechseln. Bremsanlage auf einwandfreien Betrieb kontrollieren ☐
- Spiel in der Lenkung kontrollieren. Dazu gehören die Spurstangengelenke innen und aussen ☐
- Gleichlaufgelenke und Manschetten der Antriebswellen kontrollieren ☐
- Funktion des Bremskraftverstärkers kontrollieren ☐
- Alle Kraftstoffleitungen auf Korrosion kontrollieren ☐

Motor — Allgemein

850 cm³-Motor

Motortyp	85H
Anzahl der Zylinder	4
Zylinderbohrung	62,94 mm
Kolbenhub	68,25 mm
Zylinderinhalt (Hubraum)	848 cm³
Verdichtungsverhältnis	8,3 : 1
Zündfolge	1—3—4—2
Max. Leistung	25 kW (34 PS) bei 5000/min
Max. Drehmoment	58 Nm bei 3000/min
Ventilsteuerung	Durch Stössel, Stösselstangen und Kipphebel
Verdichtungsdruck	120 bar
Leerlauf	750/min
Beschleunigter Leerlauf	1200/min
Zündzeitpunkt	7° vor o.T. bei 1000/min
Ventilspiel	0,30 mm bei kaltem Motor

1000 cm³-Motor — Wie 850 cm³-Motor mit folgenden Unterschieden:

Motortyp	99H, A-Plus ab 1980
Zylinderbohrung	64,59 mm
Kolbenhub	76,20 mm
Zylinderinhalt (Hubraum)	998 cm³
Verdichtungsverhältnis (wie vorhanden):	
— Ursprünglich	8,3 : 1
— ca. 1983 bis 1987 (Schaltgetriebe)	10,3 : 1
— Ab ca. 1988	9,6 : 1
— Ab ca. 1989	8,3 :1 oder 9,6 : 1
Max. Leistung	29,5 kW (40 PS) bei 5000/min
— Max. Leistung, verschiedene Länder	30 kW (41 PS) bei 5250/min
	32,5 kW (44 PS) bei 5250/min (1988 bis 1990)
	31 kW (42 PS) bei 5250/min (1988 bis 1990)
Max. Drehmoment	70,5 Nm bei 2600/min
Verschiedene Länder	67 Nm bei 2600 (1988 bis 1990)
	68 Nm bei 2500/min (ab 1991)
Verdichtungsdruck	120 bar
Leerlauf	750/min
Beschleunigter Leerlauf:	
— Mit Schaltgetriebe	1300/min
— Mit Getriebeautomatik	1200/min
Zündzeitpunkt	7° vor o.T. bei 1000/min
Ventilspiel	0,30 mm bei kaltem Motor

1100 cm³-Motor — Wie 850 cm³-Motor mit folgenden Unterschieden:

Motortyp	10H, A-Plus, ab 1980
Zylinderbohrung	64,59 mm
Kolbenhub	83,72 mm
Zylinderinhalt (Hubraum)	1098 cm³
Verdichtungsverhältnis	8,5 : 1, 10,3 : 1
— Mit Katalysator	9,6 : 1 (1992)
Max. Leistung	29,5 kW (40 PS) bei 4750/min
Max. Drehmoment	83 Nm bei 2450/min
Verdichtungsdruck	117 bar
Leerlauf	750/min
Beschleunigter Leerlauf	1200/min
Zündzeitpunkt	12° vor o.T. bei 1000/min
Ventilspiel	0,30 mm bei kaltem Motor

1275 cm³-Motor — Wie 850 cm³-Motor mit folgenden Unterschieden:

Motortyp	12H oder 12A, A-Plus
Zylinderbohrung	70,61 mm
Kolbenhub	81,28 mm
Zylinderinhalt (Hubraum)	1275 cm³
Verdichtungsverhältnis:	
— Ursprünglich	8,8 : 1
— Cooper-Modelle	9,75 : 1
— Andere Modelle	9,4 : 1
Max. Leistung	40,5 kW (55 PS) bei 5250/min
— Mini Cooper — ab 1991	45 kW (61 PS) bei 5500/min
— Mini Cooper — ab 1993	46 kW (63 PS) bei 5700/min
— Mit Katalysator	39 kW (53 PS) bei 5000/min
Max. Drehmoment	94 Nm bei 3000/min
— Ab 1993	89, 91, 92 oder 95 Nm, je nach Motor
Verdichtungsdruck	123 bar
Leerlauf	850/min
Beschleunigter Leerlauf	1300/min
Zündzeitpunkt	13° vor o.T. bei 1000/min
Ventilspiel	0,30 mm bei kaltem Motor

Motor — Mechanisch

Kurbelwelle

Hauptlagerdurchmesser:	
— 850, 1000, 1100	44,46 - 44,47 mm
— 1275 mm, ohne Farbkennzeichnungen	50,83 - 50,84 mm
— 1275 mit Farbkennzeichnungen der Lager (ab 1990):	
— Ohne Farbkennzeichnung	50,83 - 50,84 mm
— Rote Farbkennzeichnung	50,81 - 50,82 mm
— Grüne Farbkennzeichnung	50,82 - 50,83 mm
— Gelbe Farbkennzeichnung	50,83 - 50,84 mm
Stärke der Hauptlagerschalen mit Farbkennzeichnungen:	
— Rote Farbkennzeichnung	1,831 - 1,841 mm
— Grüne Farbkennzeichnung	1,821 - 1,831 mm
— Gelbe Farbkennzeichnung	1,811 - 1,821 mm
Min. Schleifdurchmesser der Hauptlagerzapfen:	
— 850, 1000, 1100	43,45 mm
— 1275, ohne wählbare Lagerschalen	49,78 mm
— 1275 mit wählbaren Lagerschalen (ab 1990)	50,32 mm
Kurbelzapfendurchmesser:	
— 850, 1000, 1100	43,45 mm
— 1275	44,44 - 44,46 mm
Min. Kurbelzapfen-Schleifdurchmesser:	
— 850, 1000, 1100	40,27 mm
— 1275, ältere Motoren	43,44 mm
— 1275, ab ca. 1990	43,93 mm
Kurbelwellenaxialspiel	0,025 - 0,127 mm
— 1275 ab 1990	0,051 - 0,076 mm
Kurbelwellenaxialdruck	Aufgenommen durch Anlaufscheiben am mittleren Kurbelwellenlager
Anzahl der Hauptlager	3
Breite der Hauptlager:	
— 850, 1000, 1100	26,75 mm
— 1275	24,76 - 25,02 mm
Hauptlagerlaufspiel (1275 ab Baujahr 1990 in Klammern)	0,025 - 0,068 mm (0,017 - 0,81 mm)

Pleuelstangen und Pleuellager

Bauart	Pleuellager im 45°-Winkel geteilt. Pleuelauge mit Klemmschraube bei 850 cm³-Motor, andere mit Büchse im Pleuellager
Länge zwischen Bohrungsmitten:	
— Alle Motoren	146,05 mm
Befestigung der Pleuellagerdeckel:	
— 850, 1000, 1100	Schrauben und Sicherungsbleche
— 1275	Polygon-Muttern
Pleuellagerausführung	Dünnwandige Lagerschalen
Breite der Lager:	
— 850, 1000, 1100	22,22 mm
— 1275	21,33 - 21,59 mm
Pleuellagerlaufspiel:	
— Alle ausser 1275 ab 1990	0,025 - 0,064 mm
— 1275 ab 1990	0,038 - 0,081 mm
Pleuellagerseitenspiel	0,20 - 0,31 mm

Kolben

Bauart:	
— 850	Aluminium mit Schlitz im Kolbenmantel
— 1000, 1100	Aluminium-Festmantelkolben
— 1275	Aluminium-Festmantelkolben mit Mulde im Kolbenboden
Kolbenlaufspiel:	
— 850 — Oberseite des Kolbens	0,066 - 0.081 mm
— 850 — Unterseite des Kolbens	0,015 - 0,030 mm
— 1000 — Oberseite des Kolbens	0,060 - 0,085 mm
— 1000 — Unterseite des Kolbens	0,010 - 0,026 mm
— 1100 — Oberseite des Kolbens	0,050 - 0,080 mm
— 1100 — Unterseite des Kolbens	0,013 - 0,040 mm
— 1275 — Oberseite des Kolbens	0,070 - 0,114 mm
— 1275 — Unterseite des Kolbens	0,031 - 0,056 mm
— 1275 — Oberseite des Kolbens — ab ca. 1990	0,074 - 0,114 mm
— 1275 — Unterseite des Kolbens — ab ca. 1990	0,023 - 0,064 mm
Anzahl der Kolbenringe	4 (3 Verdichtungsringe, 1 Ölabstreifring)
Breite der Kolbenringnuten:	
— 850 — obere, zweite und dritte	1,805 - 1,843 mm
— 850 — Ölabstreifringnut	3,213 - 3,238 mm
— 1000 — obere, zweite und dritte	1,638 - 1,663 mm
— 1000 — Ölabstreifringnut	Wie 850
— 1100 — obere, zweite und dritte	Wie 1000
— 1100 — Ölabstreifringnut	Wie 850
— 1275 — obere, zweite und dritte	1,230 - 1,250 mm
— 1275 — Ölabstreifringnut	4,001 - 4,003 mm
Kolbenbolzenbohrung:	
— 850, 1000, 1100	15,876 - 15,872 mm
— 1275	20,640 - 20,650 mm
Übergrösse-Kolben:	
— 850 und 1000	0,254, 0,508, 0,762 und 1,016 mm
— 1100 und 1275	0,254 und 0,508 mm

Kolbenringe

Verdichtungsringe — Ausführung:	
— Oben	Einfach, verchromt — 850, 1000, 1100 Mit Innenfase, verchromt — 1275
— Zweiter und dritter	Trapezquerschnitt, Gusseisen, alle
Kolbenringbreite:	
— 850	1,75 - 1,78 mm

Kolbenringbreite, Fortsetzung:	
— 1000	1,580 - 1,587 mm
— 1100	1,562 - 1,588 mm
— 1275	Wie 1100
Kolbenringstossspiele:	
— 850, 1000, 1100	0,178 - 0,305 mm
— 1000 — Ringe	0,305 - 0,711 mm
— Seitenfedern	2,54 - 3,81 mm
— 1275 — Oberer Ring — vor 1990	0,28 - 0,41 mm
— Zweiter und dritter Ring — vor 1990	0,20 - 0,33 mm
— 1275 — Oberer Ring — ab 1990	0,25 - 0,45 mm
— Zweiter Ring — ab 1990	0,20 - 0,33 mm
— Ölabstreifring — ab 1990	0,38 - 1,04 mm
Spiel der Ringe in Kolbenringnuten:	
— 850	0,038 - 0,089 mm
— 1000	0,051 - 0,102 mm
— 1100	Wie 1000
— 1275	Wie 850
Ölabstreifringe — Bauart:	
— 850	Abstreifring mit Schlitz
— 1000	Abstreifring mit Schlitz
— 1100	Duaflex 61
— 1275	Apex
Ölabstreifringe — Breite:	
— 850, 1000, 1100	3,15 - 3,175 mm
— 1275	3,962 - 4,013 mm

Kolbenbolzen

Bauart und Lagerung:	
— 850	In Pleuelauge festgeklemmt
— 1000, 1100	Schwimmend gelagert, mit Sprengringen
— 1275 und spätere 1000	Presspassung in Pleuelauge
Durchmesser:	
— 850, 1000, 1100	15,85 mm
— 1275	20,63 - 20,64 mm
Passung im Kolbenauge (ausser 1275 und spätere 1000)	Handdruck bei Temperatur von 20° (Raumtemperatur)
Passung in Pleuelstange	1275 (1000) — 0,02 - 0,04 mm Schrumpfsitz, Kolbenpassung wie andere Motoren

Nockenwelle

Axialspiel	0,076 - 0,18 mm
Aufnahme des Axialdrucks	An Halteplatte der Nockenwelle
Antrieb	Kette mit Kettenrad von der Kurbelwelle
Steuerzeichen	Zeichen in Steuerrädern, Markierungen am Schwungrad
Lagerzapfendurchmesser:	
— Vorn	42,304 - 42,316 mm
— Mitte	41,218 - 41,231 mm
— Hinten	34,857 - 34,887 mm
Lagerbüchsendurchmesser (nach Aufreibung):	
— Vorn	42,342 - 42,355 mm
— Mitte	41,262 - 41,288 mm (einige 41,225 - 41,267 mm)
— Hinten	34,908 - 34,938 mm (einige 34,912 - 34,925 mm)
	Von den in Klammern angegebenen Werten sind 1000- und 1100 cm^3-Motoren betroffen
Lagerausführung — 850:	
— Vorn	Weissmetallbüchse
— Mitte und hinten	Direkt im Zylinderblock

Lagerausführung — Alle anderen Motoren	3 Weissmetallbüchsen	
Lagerlaufspiel:		
— 850 — Vorn	0,012 - 0,051 mm	
— 850 — Mitte und hinten	0,032 - 0,07 mm	
— 1000, 1100, 1275 — Alle	0,025 - 0,051 mm	

Ventilsteuerung

	850, 1000 (1000, siehe unten)	*1100, 1275 (1275 siehe unten)*
Einlassventil öffnet	5° vor o.T.	5° vor o.T.
Einlassventil schliesst	45° nach u.T.	45° nach u.T.
Auslassventil öffnet	40° vor o.T.	51° vor u.T.
Auslassventil schliesst	10° nach o.T.	21° nach o.T.
Ventilspiel — Kalt	0,30 mm	0,30 mm
12A-Motor (1275)	0,33 - 0,38 mm	

Ventilsteuerung — Spätere 1000/1275 — ab ca. 1985

	1000	*1275*
Einlassventil öffnet	9° vor o.T.	16° vor o.T.
Einlassventil schliesst	41° nach u.T.	56° nach u.T.
Auslassventil öffnet	49° vor u.T.	59° vor u.T.
Auslassventil schliesst	11° nach o.T.	29° nach o.T.

Stössel

Ausführung	Becherstössel mit gewölbtem Boden
Aussendurchmesser	20,62 mm
Länge	38,10 mm

Ventile

Ventilsitzwinkel — Alle Motoren	45°, alle Ventile
Ventiltellerdurchmesser:	
— Einlassventile — 850, 1000	27,76 - 27,89 mm
— 1100	29,23 - 29,36 mm
— 1275	33,20 - 33,22 mm
— 1275 — 12A-Motor	35,58 - 35,71 mm
— Auslassventile — 850, 1000	25,40 - 25,53 mm
— 1100	25,40 - 25,53 mm
— 1275	29,24 - 29,37 mm
— 1275 — 12A-Motor	29,24 - 29,38 mm
Ventilschaftdurchmesser:	
— Einlassventile — Alle Motoren	7,094 - 7,107 mm
— Auslassventile — Alle Motoren	7,082 - 7,094 mm
Ventilhub:	
— 850, 1000, 1100	7,24 mm
— 1275 — 12H-Motor	8,06 mm
— 1275 — 12A-Motor	8,08 mm

Ventilführungen

Länge — 850, 1000, 1275	42,85 mm
— 1100	38,89 mm
Aussendurchmesser:	
— 850, 1000, 1275	11,94 - 11,97 mm
— 1100	11,91 - 11,94 mm
Innendurchmesser	7,145 - 7,157 mm
Einbauhöhe über Zylinderkopffläche:	
— 850, 1000, 1275	13,72 mm
— 1100	15,09 mm
Schrumpfsitz im Zylinderkopf	0,01 - 0,04 mm

Ventilfedern	
Ungespannte Länge:	
— 850, 1000	44,45 mm
— 1100	49,70 mm
— 1275	49,53 mm
Belastung bei Einbaulänge:	
— 850, 1000	24,90 kg
— 1100	31,80 kg
— 1275	36,03 kg

Motorschmierung

Bauart	Druckumlaufschmierung mit Nassumpf
Öldruck:	
— Bei Vollast	4,2 bar
— Im Leerlauf	1,05 bar
Öldruckkontrolleuchte leuchtet auf bei	0,4 - 0,7 bar
Ölpumpe	
Bauart	Hobourn-Eaton oder "Concentric"-Kreiselläuferpumpe
Axialspiel der Pumpenläufer	0,127 mm
Spiel zwischen Aussenläufer und Gehäuse	0,25 mm
Spiel zwischen Spitzen der Läufer	0,15 mm
Ölüberdruckventil:	
— Öffnungsdruck	4,2 bar
Überdruckventilfeder:	
— Länge	72,64 mm
— Einbaulänge	54,77 mm
— Einbaubelastung	5,9 - 6,35 kg
Ölfilter	Hauptstromfilter mit Wegwerfpatrone (bereits ab 1974)

Kühlanlage

Bauart	Thermosyphonanlage mit unter Druck stehendem Kühler und Wasserpumpe. Mit keilriemengetriebenem Ventilator oder elektrisch eingeschaltetem Ventilator (1275). Mit oder ohne Ausgleichsbehälter (Dehngefäss)
Thermostat-Öffnungstemperatur	88° C
Kühlerverschlussdeckel — Öffnungsdruck	1,05 bar
Füllmenge der Anlage:	
— Gesamtfüllmenge	ca. 3,55 Liter
— Ohne Heizung	3,0 Liter
Keilriemenspannung	Riemen muss sich an der oberen Laufstrecke 13 mm hin- und herbewegen lassen
Wasserpumpe:	
— Bauart	Schleuderwasserpumpe

Kraftstoffanlage — Vergaser

Eingebauter Vergaser	*850*	*1000*
Typ	SU Typ HS4	SU Typ HS4

	850	*1000*
Kennzeichnung	FZX 1043, FZX 1064 FZX 1142, FZX 1143	FZX 1044, FZX 1065 FZX 1146, FZX 1147
Kolbenfederfarbe	Rot	Rot
Düsengrösse	3,0 mm	3,0 mm
Düsennadel	ADH	ADE oder AAC
CO-Anteil	3% ausser FZX 1064 3 - 4%, FZX 1064	3 % ausser FZX 1065 3 - 4%, FZX 1065

	1100	*1275*
Typ	SU Typ HS4	SU Typ HS4
Kennzeichnung	FZX 1045, FZX 1066 FZX 1160, FXZ 1161	FZX 1046, FZX 1047 FZX 1164, FZX 1165
Kolbenfederfarbe	Rot	Rot
Düsengrösse	3,0 mm	3,0 mm
Düsennadel	ABP	ABB oder AAT
CO-Anteil	3 %, ausser FZX 1066 3 - 4 %, FZX 1066	3 %, ausser FZX 1047 3 - 4 %, FZX 1047

Zündanlage — Mit Vergaser

Zündverteiler

Hersteller und Typ	Lucas 45D4
Unterbrecherabstand	0,36 - 0,40 mm
Drehrichtung	Linksdrehend
Schliesswinkel	51 ± 5°
Kondensatorkapazität	0,18 - 0,24 mfd

Unterdruckverstellung

	850	*1000*
Beginnt	76,2 mm Hg	152,0 mm Hg
Endet	18° bei 381 mm Hg	16° bei 356 mm Hg
	1100	*1275*
Beginnt	152 mm Hg	76,0 mm Hg
Endet	16° bei 356 mm Hg	20° bei 254 mm Hg

Fliehkraftverstellung — 850

Beginnt	300/min
12 - 16° bei	1600/min
18 - 22° bei	2800/min
24 - 28°	4800/min

Fliehkraftverstellung — 1000

Beginnt	800/min
0 - 1° bei	900/min
6 - 10° bei	1500/min
9 - 13° bei	2400/min
14 - 18° bei	4000/min

Fliehkraftverstellung — 1100

0 - 1° bei	900/min
6 - 10° bei	1500/min
9 - 13° bei	2400/min
14 - 18° bei	4000/min
20 - 24° bei	6000/min

Fliehkraftverstellung — 1275

0 - 3° bei	800/min
4 - 8° bei	1600/min
6.5 - 0° bei	2100/min
11 - 15° bei	2800/min
18 - 22° bei	4000/min

Zündkerzen

Eingebaute Kerzen (wahlweise)	Champion RN N9Y
Ebenfalls eingebaut	Champion N12YCC, N12YC, RN12YCC, RN12YC
Elektrodenabstand:	
— Ausser N12YC	0,8 mm
— N12YC	0,6 mm

Zündspule

Eingebauter Typ — bis 1982	Lucas LA12, HA12, 15C6
— 1982	AC Delco oder Ducellier
— ab 1983	GLC 144
— ab 1990	GLC 143
— Mit Einspritzanlage	AUU 1326 oder ADU 8779
Primärwiderstand:	
— LA12- und 15C6-Zündspule	3,2 - 3,4 Ohm (kalt)
— HA12-Zündspule	3,0 - 3,4 Ohm (kalt)
— AC Delco/Ducellier-Zündspule	1,2 - 1,5 Ohm
— GLS 143/AUU 1326/ADU 8779-Zündspule	0,8 Ohm
— GLC 144-Zündspule	1,4 Ohm

Zündzeitpunkt

850	7° vor o.T. bei 1000/min
1000	7° vor o.T. bei 1000/min
1000, 1983 bis 1987	8° vor o.T. bei 1500/min (0°/—2°)
1000, 1988	10° vor o.T. bei 1500/min (0°/—2°)
1000, ab 1989	10° vor o.T. bei 1500/min (0°/—2°)
1100	12° vor o.T. bei 1000/min (0°/—2°)
1275	13° vor o.T. bei 1000/min
1275, 12A-Motor	5 ± 1° vor o.T. bei 1500/min

Elektronische Zündung

Eingebaute Anlage	Lucas 65DM4, elektronische Arbeitsweise
Zündungsverstärker	Lucas 9EM

Zündanlage — Mit Einspritzung

Bauart	Rover/Motronic-Motorelektronik-System (MEMS), vollelektronische Zündung, durch Steuergerät der Einspritz/Zündanlage gesteuert
Kennzeichnung des Steuergeräts:	
— Cooper-Modelle	MNE 10027
— Alle anderen mit Schaltgetriebe	MNE 10025
— Alle anderen mit Automatik	MNE 10026
Kurbelwellen-Positions-Sensor	ADU 7340
Zündverteiler	NJC 10034
Drehrichtung des Verteilers	Linksdrehend
Zündzeitpunkt (nicht verstellbar)	15° vor o.T. im Leerlauf
Zündspule	AUU 1326 oder ADU 8779
Primärwiderstand bei 20° C	0,71 - 0,81 Ohm

Kupplung

Bauart	Einscheibentrockenkupplung mit Tellerfeder. Hersteller Borg & Beck. Später Verto/Valeo-Kupplung
Betätigung	Durch hydraulische Anlage mit getrenntem Geberzylinder und Vorratsbehälter
Kupplungsdurchmesser (alle)	181,0 mm
Farbkennzeichnungen der Tellerfeder (wie vorhanden):	
— 850, 1000	Braun
— 1100	Hellgrün
— 1275 GT	Dunkelblau
Hauptbremszylinderdurchmesser:	
— Ausser Verto-Kupplung	19,05 mm
— Verto-Kupplung	22,22 mm
Spiel am Kupplungsausrückhebel	0,50 mm
Spiel am Ausrückanschlag (Verto)	6,5 mm

Schaltgetriebe

Bauart	Vierganggetriebe, alle Gänge synchronisiert. Getriebe an der Unterseite des Motors angeflanscht. Motor und Getriebe benutzen das gleiche Schmieröl	
Gangübersetzungen (typische Angaben):		
	850, 1000, 1100	*1275*
— Erster Gang	3,52 : 1	3,33 : 1
— Zweiter Gang	2,22 : 1	2,09 : 1
— Dritter Gang	1,43 : 1	1,35 : 1
— Vierter Gang	1,00 : 1	1,00 : 1
— Rückwärtsgang	3,54 : 1	3,54 : 1
	Ab ca. 1990 *1000, 1275*	
— Erster Gang	3,65 : 1	
— Zweiter Gang	2,19 : 1	
— Dritter Gang	1,43 : 1	
— Vierter Gang	1,00 : 1	
— Rückwärtsgang	3,67 : 1	
Schmieröl	Siehe unter "Füllmengen", weiter hinten	

Automatisches Getriebe

Bauart	Planetenradgetriebe mit Drehmomentwandler
Hersteller	Automotive Products
Übersetzung	2,1 : 1, höchste Vervielfältigung
Gangübersetzungen:	
— Erster Gang	2,69 : 1
— Zweiter Gang	1,845 : 1
— Dritter Gang	1,46 : 1
— Vierter Gang	1,00 : 1
— Rückwärtsgang	2,69 : 1
Schmierung	Motor/Getriebesystem kombiniert. Gesamtfüllmenge ca. 5,0 Liter

MASS- UND EINSTELLDATEN

Achsantrieb

Bauart	Schrägverzahnte Räder und Differential
Übersetzungen:	
— 850	3,76 : 1
— 1000	3,44 : 1
— 1100	3,44 : 1
— 1275 GT	3,44 : 1
— Ab ca. 1990 (einige eher)	3,11 oder 3,21 : 1
— Automatik	3,27 : 1

Lenkung

Bauart	Zahnstangenlenkung ohne Servounterstützung
Lenkraddurchmesser (typische Angaben):	
— 850, 1000	400 mm
— 1100, 1275	381 mm
Vorderradeinstellung:	
— Sturz	2° ± 1° (positiv)
— Nachlauf	3° ± 1° (positiv)
— Spureinstellung	1,6 mm Nachspur (negativ)
— Spurdifferenzwinkel	21° ± 1,5 °, Räder im 20° Winkel
Lenkradumdrehungen, Anschlag/Anschlag	2,7
Schmiermittel:	
— Füllmenge	0,1 Liter
— Schmiermittel	Duckhams Adgear 00 empfohlen

Räder und Reifen

Felgengrössen (typische Angaben):	
— 850, 1000 und Clubman	Scheibenräder mit Kühlschlitzen, 3,5B x 10
— 1275 GT	Scheibenräder mit Kühlschlitzen, 4,5J x 12
— Cooper S	Scheibenräder mit Kühlschlitzen, 4,5J x 10
— Leichtmetallfelgen (Sonderwunsch)	5J x 10
Reifengrössen (typische Angaben):	
— 850, 1000, Clubman	5,20 — Diagonalreifen 145 x 10 — Gürtelreifen
— 1275 GT	145/70SR x 12, Gürtelreifen
— Mit Leichtmetallfelgen	165/70HR x 10

Reifendrücke: Entsprechend den Tabellen der Reifenhersteller oder Angaben in der Betriebsanleitung. Zu beachten: Bei einigen Reifenausführungen ist der Druck der Vorderreifen höher als der Druck der Hinterreifen, bei anderen ist der Reifendruck hinten höher als vorn, bei anderen wiederum ist der Druck aller Reifen gleich. Abgesehen davon liegt der Druck zwischen 1,7 und 2,0 bar.

Radaufhängungen

Bauart — Vorderradaufhängung	Einzelradaufhängung der Vorderräder, mit Gummifederelementen, oberen und unteren Querlenkern von ungleicher Länge und Teleskop-Stossdämpfern. Radaufhängung an ausbaubaren Nebenrahmen montiert.

Bauart — Hinterradaufhängung	Einzelradaufhängung der Hinterräder, mit Gummifederelementen und als Längslenker ausgebildeten Schwingarmen. Hydraulische Teleskop-Stossdämpfer
Einstellung der Vorderräder	Siehe Seite 146
Einstellung der Hinterräder:	
— Spureinstellung	3,18 mm Vorspur
— Sturzeinstellung	0,5 bis 2,5° positiv, Fahrzeug bei Betriebsgewicht

Bremsanlage

Bauart — Trommelbremsen/Trommelbremsen	Trommelbremsen mit zwei Anlaufbacken und Handnachstellung bei 850, 1000 und Clubman, an Vorderrädern. Trommelbremsen mit Anlauf/Ablaufbacken und Handnachstellung an Hinterrädern
Bauart — Scheibenbremsen/Trommelbremsen	Scheibenbremsen mit Festsattel (zwei Kolben) bei 1275 GT, Cooper S und 1,3 Liter. Trommelbremsen im Anlauf- und Ablaufbacken an Hinterrädern
Zweikreisbremsanlagenteilung	Je nach Baujahr Diagonalteilung oder Teilung für Vorder- und Hinterräder
Trommelbremsen vorn	
Trommeldurchmesser	178,0 mm
Bremsfläche pro Rad	213 cm^2
Gesamtbremsfläche	264,5 cm^2
Bremsbelagabmessungen	171,5 mm lang x 38,1 mm breit
Min. Bremsbelagstärke	1,5 mm über Nietenköpfen Achtung: Später auf 3,0 mm erhöht. Anhand des Baujahres feststellen (in der Werkstatt erkundigen)
Belagmaterial	Don 202
Radbremszylinderdurchmesser	23,8 mm
Durchmesser des Hauptbremszylinders	17,80 mm
Scheibenbremsen vorn	
Scheibendurchmesser:	
— 1275 GT	213,4 mm
— Cooper S	190,5 mm
— Alle ab 1989	213,4 mm
Bremsfläche pro Rad	107,1 cm^2
Gesamtbremsfläche	433,7 cm^2
Belagmaterial	Mintex M121 oder LBD 751. Immer den neuesten Empfehlungen folgen
Min. Belagstärke des Bremsklotzmaterials	1,6 mm. Achtung: Später auf 3,0 mm erhöht, Anhand des Baujahres feststellen (in der Werkstatt erkundigen)
Bremsssatteldurchmesser	50,8 mm
Hauptbremszylinderdurchmesser	17,8 mm
Hinterradbremsen	
Bremstrommeldurchmesser	178,0 mm
Bremsbelagabmessungen	171 mm lang x 31,75 mm breit
Bremsfläche pro Rad	117,42 cm^2
Belagmaterial	Don 202
Min. Belagmaterialstärke	1,5 mm über Nietenköpfen. Achtung: Später auf 3,0 mm erhöht. Anhand des Baujahres feststellen (in der Werkstatt erkundigen)
Radbremszylinderdurchmesser:	
— 850, 1000, Clubman — Einkreisanlage	19,05 mm

Radbremszylinderdurchmesser — Fortsetzung:	
— Zweikreisbremsanlage — Einkreisbremsanlage	13,35 mm
— Zweikreisbremsanlage — vorn/hinten Teilung	17,46 mm
— 1275 GT	12,7 mm

Elektrische Anlage

Drehstromlichtmaschine	
Typ	Lucas 16ARC, A115, A127/45 oder A127/55
Leitung bei 14 V und 6000/min:	
— 16ARC-Maschine	34 A
— A115-Maschine	45 A
— A127-Maschine	45 oder 55 A
Läuferwicklungswiderstand bei 20° C	4,33 Ohm
— Spannungsreglung bei 600/min und Strom von weniger als 10 A	13,6 - 14,4 V
Max. Läuferdrehzahl	15 000/min
Länge der Schleifkohlen:	
— Neu	12,6 mm
Min. Schleifkohlenlänge:	
— 16ARC-Maschine	7,5 mm
— A115-Maschine	10,0 mm
— A127-Maschine	5,0 mm
Bürstenfederspannung (Bürste muss bündig mit Bürstenhalter abschneiden)	255 - 369 g
Anlasser	
Eingebaute Ausführung	Lucas M35J oder Schubtriebanlasser M79
Min. Bürstenlänge:	
— M35J-Anlasser	8,0 mm
— M79-Anlasser	3,5 mm
Ankeraxialspiel (M35J)	min. 0,10 mm
Laufstrom ohne Belastung (M35J)	50 A bei 8000 - 11500/min
Sperrdrehmoment bei 350 - 375 A (M35J)	9 Nm
Bürstenfederspannung (M35J)	800 g
Batterie	
Spannung	12 V
Kapazität	30, 40 oder 50 Ah
Sicherungen	
Stärke der Sicherungen:	
— Nr. 1 - 2	17 A
— Nr. 3 - 4, 5 - 6	12 A
— Nr. 7 - 8	8 A
— Radio, falls eingebaut	1,5 A

Allgemeine Abmessungen

Aufgrund der Vielzahl der Mini-Ausführungen gibt die untenstehende Liste nur eine allgemeine Zusammenfassung und umfasst nicht unbedingt alle in dieser Anleitung behandelten Baujahre.

Radstand:	
— Limousine	2036 mm

— Lieferwagen, Kombi	2138 mm
Höhe über alles, unbeladen:	
— Limousine	1346 mm
— "90"iger Modelle	1335 mm
— Lieferwagen, Kombi	1359 mm
Breite über alles	1410 mm
— "90"iger-Modelle	1410 oder 1440 mm
Länge über alles:	
— Limousine	3054 mm
— "90"iger-Modelle	3050 oder 3100 mm
— Lieferwagen	3300 mm
— Clubman Limousine	3166 mm
— Kombiwagen	3402 mm
— Pick-up	3315 mm
Bodenfreiheit	160 mm oder 150 mm ("90"iger Modelle)
Spurweite vorn:	
— 1275 GT	1239 mm
— "90"iger Modelle	1240 oder 1250 mm, je nach Felgen
— Alle anderen	1215 mm
Spurweite hinten:	
— 1275 GT	1205 mm
— "90"-iger Modelle	1210 oder 1205 mm, je nach Felgen
— Alle anderen	1178 mm
Wendekreis zwischen Bordsteinen:	
— Limousine	8,55 m
— Kombi, Lieferwagen	8,84 m

Füllmengen

Kraftstofftank:	
— 850, 1000	25 Liter
— Clubman	34 Liter
— Lieferwagen, Kombi	27,5 Liter
— 1275 GT	34 Liter
Kühlanlage	3,5 Liter
Motor und Getriebe	4,85 Liter
Motor mit automatischem Getriebe:	
— Gesamtfüllmenge	7,4 Liter
— Ölwechsel	5,0 Liter

ANZUGSDREHMOMENTE

Motor

Nockenwellenradmutter	90 Nm
Schraube der Pleuellagerdeckel	51 Nm
Muttern der Pleuellagerdeckel	46 Nm
Mutter der Kurbelwellenriemenscheibe	103 Nm
Zylinderkopfmuttern	69 Nm
Zylinderblockseitendeckel	5 Nm
Klemmschraube für Kolbenbolzen	32 Nm
Hauptlagerdeckel	87 Nm
Ölpumpenschrauben	11 Nm
Ölfiltersockel	19 Nm
Ölüberdruckventil	60 Nm
Kipphebelhaube	5 Nm
Kipphebellagerböcke	32 Nm
Wasserpumpenschrauben	22 Nm
Wasserauslassstutzen	11 Nm
Wärmefühler	22 Nm
Schwungradmittelschraube	155 Nm
Schwungradgehäuse	25 Nm
Kupplungsfedergehäuse an Druckplatte	22 Nm
Mitnehmerbügel an Schwungrad	22 Nm
Heizungsregelventil an Zylinderkopf	11 Nm
Krümmermuttern	19 Nm
Hohlschraube der Ölleitung	53 Nm
Zündkerzen	25 Nm
Stirndeckel:	
— Kleine Schrauben	7 Nm
— Grosse Schrauben	17 Nm
Mittelschraube des Drehmomentwandlers	152 Nm
Mittlere Schrauben des Wandlers	30 Nm

Schaltgetriebe

Ölablassstopfen	18 Nm
Lagergehäuse für Hauptwelle	18 Nm
Mutter der Antriebswelle	207 Nm
Mutter der Abtriebswelle	207 Nm
Getriebe an Kurbelgehäuse	8 Nm
Unterer Deckel	7 Nm
Tachometerantrieb-Muttern	25 Nm

Automatisches Getriebe

Mittlere Schraube des Wandlers	152 Nm
Innere Schrauben (6) des Wandlers	30 Nm
Ablassstopfen des Wandlers	28 Nm
Wandlergehäuseschrauben	25 Nm
Schrauben der Differentialflansche	60 Nm
Ölfiltergehäuse	19 Nm
Getriebe an Motor	17 Nm
Klemmschraube des Schaltseils	4 Nm
Mutter des Schalters der Rückfahrleuchte	5 Nm

Achsantrieb

Antriebsrad an Differentialgehäuse	83 Nm
Antriebsflanschmuttern	97 Nm
	(auf nächstes Splintloch anziehen)
Differentialdeckel	25 Nm

Lenkung

Klemmschraube der Lenksäule	17 Nm
Lenkhebel an Achsschenkel	45 Nm
Spurstangenkugelgelenkmutter	30 Nm
Lenkradmutter	48 Nm
Kugelgelenk an Zahnstange	53 Nm
Bügelschrauben der Lenkung	15 Nm
Lenksäulenbügel und Scherschraube	19 Nm

Radaufhängung

Radmuttern	65 Nm
Vorderradaufhängung:	
— Kugelgelenkmuttern	53 Nm
— Kugelgelenkgehäuse	103 Nm
— Nabenmuttern — 1275 GT	207 Nm
	(auf nächstes Splintloch anziehen)
— Grundmodelle	83 Nm
	(auf nächstes Splintloch anziehen)
Bügelschrauben der Antriebswellen	14 Nm
Zugstreben an Querlenker	26 Nm
Zugstrebe an Karosserielager	30 Nm
Mutter des Lagerbolzens, oberer Querlenker	73 Nm
Mutter des Lagerbolzens, unterer Querlenker	45 Nm
Hinterradaufhängung:	
— Nabenmutter	83 Nm
	(auf nächstes Splintloch anziehen)
Mutter der Lagerlaufwelle	7,3 Nm

Bremsen

Bremssattelschrauben	53 Nm
Scheibe an Antriebsflansch	58 Nm
Bremsträgerplatte, hinten	28 Nm
Vorratsbehälterschrauben	0,7 Nm
Stopfen des Hauptbremszylinders	39 Nm
Hauptbremszylinder an Bremskraftverstärker	20 Nm
Bremskraftverstärkerschrauben	23 Nm
Verschlussstopfen des Bremsdruckregelventils	19 Nm
Radmuttern	65 Nm
Schrauben der Bremstrommelbefestigung	10 Nm
Bremsleitungen an Bremsschläuche	13 Nm
Bremsschläuche an Bremssättel	20 Nm
Radbremszylinder an Bremsträgerplatte	13 Nm
Bremsleitung an Radbremszylinder	13 Nm
Entlüftungsschrauben an Sättel/Zylinder	0,7 Nm

Legende zum Schaltplan — Mini 1000 — ab 1976 — **Siehe Seite 153**

1 Drehstromlichtmaschine
3 Batterie
4 Anlassereinrückmagnetschalter
5 Anlasser
6 Lichtschalter
7 Scheinwerfer-Abblendschalter
8 Scheinwerfer-Abblendlicht
9 Scheinwerfer-Fernlicht
10 Fernlichtkontrolleuchte
11 Rechtes Standlicht
12 Linkes Standlicht
14 Instrumentenbeleuchtung
15 Kennzeichenleuchten
16 Bremsleuchten
17 Rechte Schlussleuchte
18 Hydraulischer Bremslichtschalter
18 Mechanischer Bremslichtschalter
19 Sicherungsdose
20 Innenleuchte
21 Türkontaktschalter
22 Linke Schlussleuchte
23 Signalhupe
24 Hupendruckknopf
25 Blinkgeber
26 Blinkschalter
27 Blinkkontrolleuchte
28 Rechte, vordere, Blinkleuchte
29 Linke, vordere Blinkleuchte
30 Rechte, hintere Blinkleuchte
31 Linke, hintere Blinkleuchte
32 Heizungsschalter
33 Heizungsgebläsemotor
34 Kraftstoffmesser
35 Tankgeber
37 Scheibenwischermotor
38 Zünd/Anlassschalter
39 Zündspule
40 Zündverteiler
44 Ladekontrolleuchte
45 Lichthupe
46 Fernthermometer
47 Wärmefühler für Fernthermometer
60 Radio, falls eingebaut
64 Spannungsregler für Instrumente
67 Schmelzsicherung
75 Sperrschalter für Anlasser (Automatik)
77 Scheibenwaschmotor
83 Einsatzheizung und Thermostat, (falls eingebaut)
84 Saugkammerheizung (falls eingebaut)
110 Blinkwiederholleuchten (falls eingebaut)
115 Schalter für beheizte Heckscheibe
116 Beheizte Heckscheibe
118 Kombischalter für Scheibenwischer und Scheibenwaschanlage
152 Kontrolleuchte für Rundumwarnblinkanlage
153 Schalter für Rundumwarnblinkanlage
154 Geber für Rundumwarnblinkanlage
158 Gedruckte Schaltung
159 Warnlampe für Bremsanlage
160 Bremsdruckschalter

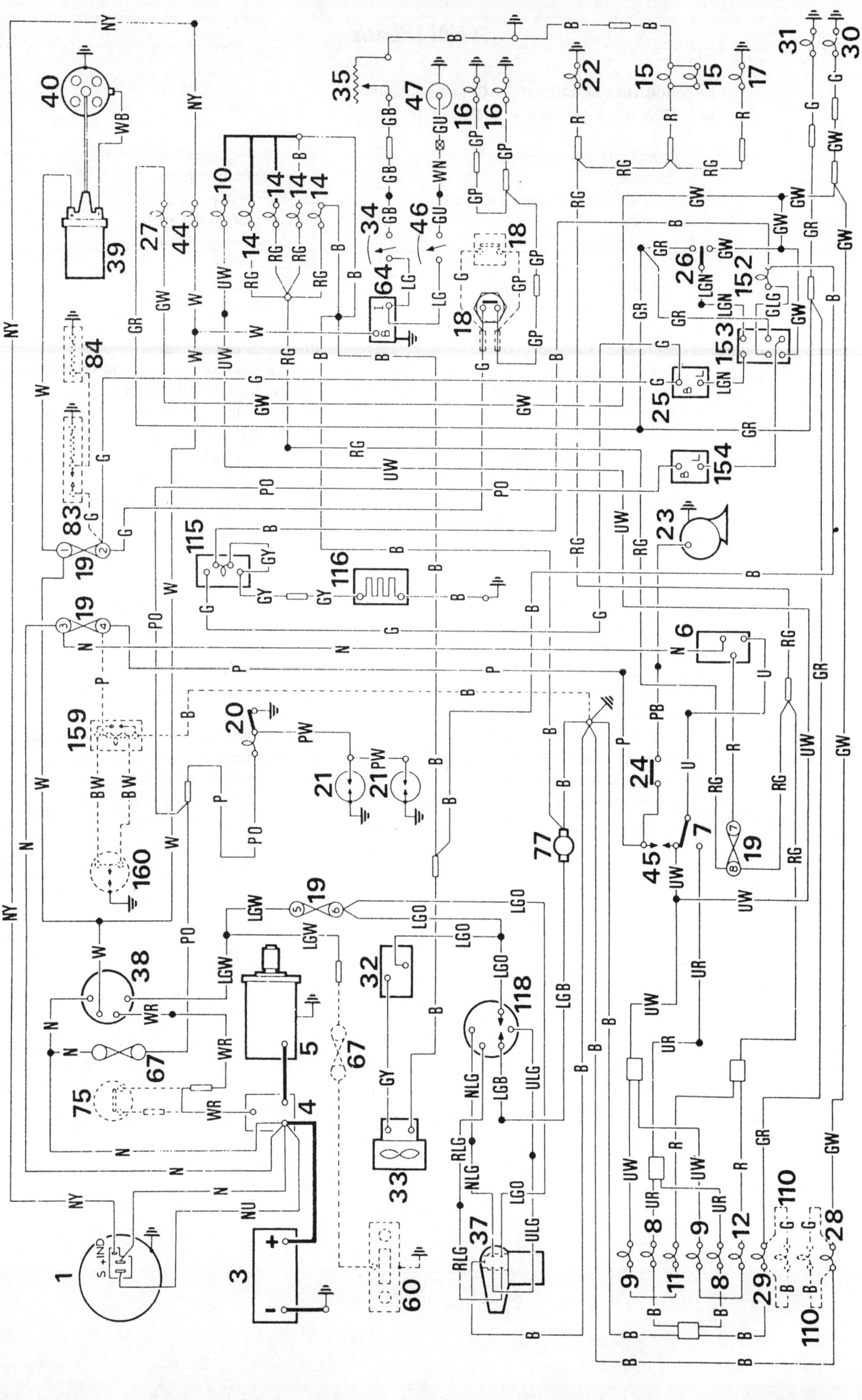

Legende zum Schaltplan — Clubman, Kombi und 1275 GT — ab 1976 — Siehe Seite 155

1 Drehstromlichtmaschine
3 Batterie
4 Anlasser-Einrückmagnetschalter
5 Anlasser
6 Lichtschalter
7 Scheinwerfer-Abblendschalter
8 Scheinwerfer-Abblendlicht
9 Scheinwerfer-Fernlicht
10 Fernlichtkontrolleuchte
11 Rechtes Standlicht
12 Linkes Standlicht
14 Instrumentenbeleuchtung
15 Kennzeichenleuchten
16 Bremsleuchten
17 Rechte Schlussleuchte
18 Hydraulischer Bremslichtschalter
18 Mechanischer Bremslichtschalter
19 Sicherungsdose
20 Innenleuchte
21 Türkontaktschalter
22 Linke Schlussleuchte
23 Signalhupe
24 Hupendruckknopf
25 Blinkgeber
26 Blinkschalter
27 Blinkkontrolleuchte
28 Rechte, vordere, Blinkleuchte
29 Linke, vordere Blinkleuchte
30 Rechte, hintere Blinkleuchte
31 Linke, hintere Blinkleuchte
32 Heizungsschalter
33 Heizungsgebläsemotor
34 Kraftstoffmesser
35 Tankgeber
37 Scheibenwischermotor
38 Zünd/Anlassschalter
39 Zündspule
40 Zündverteiler
44 Ladekontrolleuchte
45 Lichthupe
46 Fernthermometer
47 Wärmefühler für Fernthermometer
60 Radio, falls eingebaut
64 Spannungsregler für Instrumente
67 Schmelzsicherung
75 Sperrschalter für Anlasser (Automatik)
77 Scheibenwaschmotor
83 Einsatzheizung und Thermostat, (falls eingebaut)
84 Saugkammerheizung (falls eingebaut)
95 Drehzahlmesser
110 Blinkwiederholleuchten (falls eingebaut)
115 Schalter für beheizte Heckscheibe
116 Beheizte Heckscheibe
118 Kombischalter für Scheibenwischer und Scheibenwaschanlage
152 Kontrolleuchte für Rundumwarnblink-anlage
153 Geber für Rundumwarnblinkanlage
159 Warnlampe für Bremsanlage
160 Bremsdruckschalter

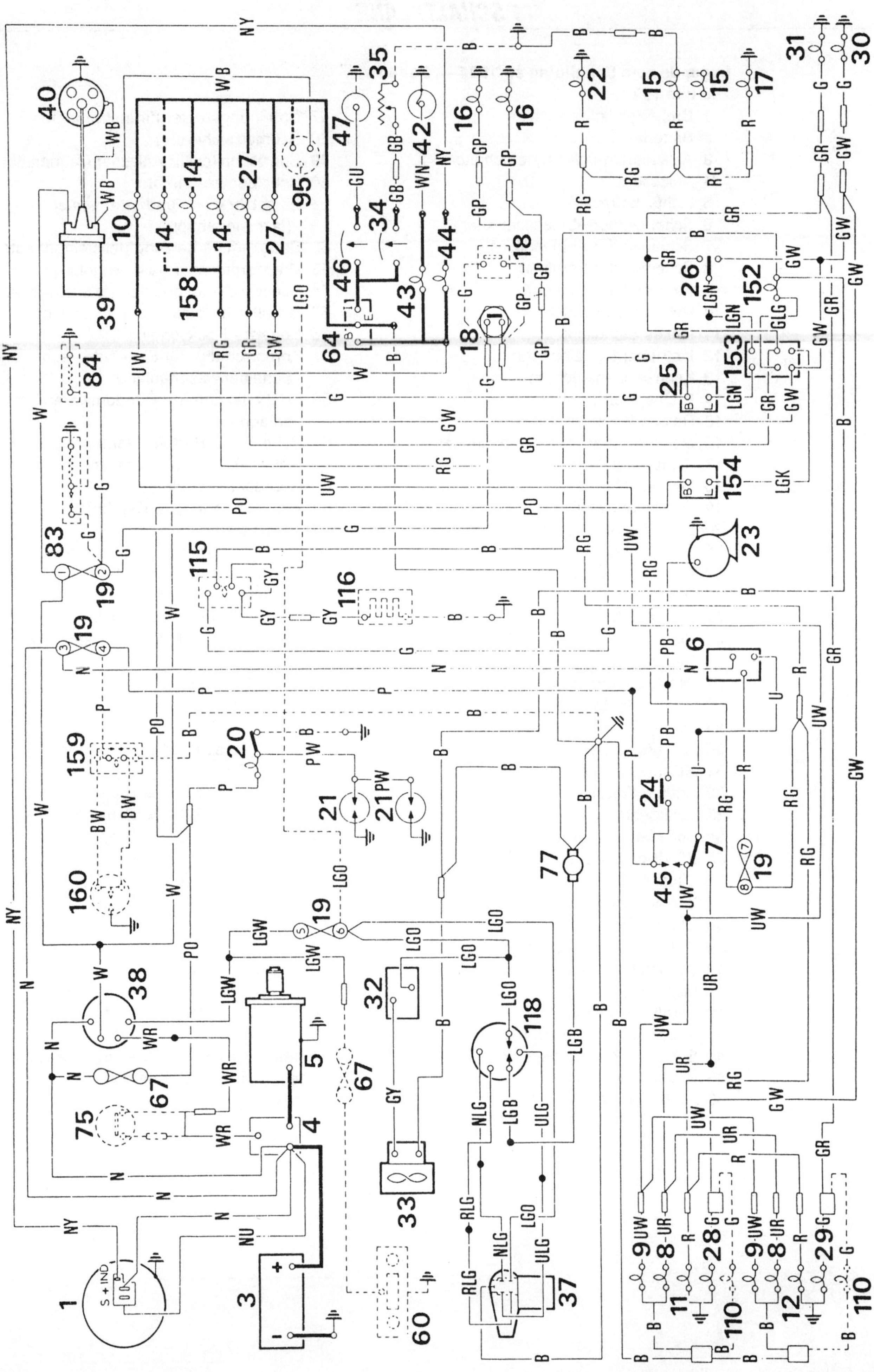
1
3
60
37
11
110
12
110
9
8
28
29
33
118
4
75
67
5
32
19
38
160
159
20
21
77
45
24
7
6
83
115
116
23
154
25
153
152
26
18
43
44
42
64
46
34
47
35
16
22
15
17
31
30
39
40
10
14
158
27
95
84

Legende zum Schaltplan ab 1984 — Seiten 156 und 157

1 Drehstromlichtmaschine
2 Batterie
3 Anlassereinrückmagnetschalter
4 Anlasser
5 Lichtschalter
6 Scheinwerfer-Abblendschalter
7 Scheinwerfer-Abblendlicht
8 Scheinwerfer-Fernlicht
9 Fernlichtkontrolleuchte
10 Rechtes Standlicht
11 Linkes Standlicht
12 Instrumentenbeleuchtung
13 Kennzeichenleuchten
14 Bremsleuchten
15 Rechte Schlussleuchte
16 Mechanischer Bremslichtschalter
17 Sicherungsdose
18 Innenleuchte
19 Türkontaktschalter
20 Linke Schlussleuchte
21 Signalhupe
22 Hupendruckknopf
23 Blinkgeber
24 Blinkschalter
25 Blinkkontrolleuchte
26 Rechte, vordere, Blinkleuchte
27 Linke, vordere Blinkleuchte
28 Rechte, hintere Blinkleuchte
29 Linke, hintere Blinkleuchte
30 Heizungsschalter
31 Heizungsgebläsemotor
32 Kraftstoffmesser
33 Tankgeber
34 Scheibenwischermotor
35 Zünd/Anlassschalter
36 Zündspule
37 Zündverteiler
38 Öldruckkontrolleuchte
39 Öldruckkontrolleuchte
40 Ladekontrolleuchte
41 Lichthupe
42 Fernthermometer
43 Wärmefühler für Fernthermometer
44 Schalter, Rückfahrleuchte
45 Rückfahrleuchte
46 Radio, falls eingebaut
47 Spannungsregler für Instrumente
48 Schmelzsicherung
49 Sperrschalter für Anlasser (Automatik)
50 Scheibenwaschmotor
51 Einsatzheizung und Thermostat, (falls eingebaut)
52 Saugkammerheizung (falls eingebaut)
53 Drehzahlmesser (falls eingebaut)
54 Blinkwiederholleuchten (falls eingebaut)
55 Schalter für beheizte Heckscheibe
56 Beheizte Heckscheibe
57 Kombischalter für Scheibenwischer und Scheibenwaschanlage
58 Kontrolleuchte für Rundumwarnblink-anlage
59 Schalter für Rundumwarnblinkanlage
60 Geber für Rundumwarnblinkanlage
61 Gedruckte Schaltung
62 Warnlampe für Bremsanlage
63 Vorwiderstand
64 Schalter, Nebelschlussleuchte
65 Warnleuchte, Nebelschlussleuchte
66 Nebelschlussleuchte
67 Warnschalter, Bremsflüssigkeit
68 Lautsprecher, Radio (falls eingebaut)

Kabelfarbenerklärung

BL = Blau
BK = Schwarz
BR = Braun
G = Grün
GR = Schiefergrau
LG = Hellgrün
O = Orangefarben
P = Purpurfarben
R = Rot
W = Weiss
Y = Gelb

Falls ein Kabel zwei Farben hat, weist die erste Farbe auf die Hauptfarbe und die zweite Farbe auf den Streifen hin.